Nachhaltiges Leistungs- und Vergütungsmanagement

W0176787

EBOOK INSIDE

Die Zugangsinformationen zum eBook Inside finden Sie am Ende des Buchs.

Jürgen Weißenrieder
(Hrsg.)

Nachhaltiges Leistungs- und Vergütungsmanagement

Entgeltsysteme zwischen Status quo,
Agilität und New Pay

2., vollständig überarbeitete und erweiterte Auflage

Mit Beiträgen von Peter Bender, Heiko Fischer,
Steffen Fischer, Oliver Müller, Jens Tigges,
Klaus Weiss und Gunther Wolf

 Springer Gabler

Hrsg.
Jürgen Weißenrieder
Tettnang, Deutschland

ISBN 978-3-658-25966-2   ISBN 978-3-658-25967-9   (eBook)
https://doi.org/10.1007/978-3-658-25967-9

Die Deutsche Nationalbibliothek verzeichnet diese Publikation in der Deutschen Nationalbibliografie; detaillierte bibliografische Daten sind im Internet über http://dnb.d-nb.de abrufbar.

Springer Gabler

Springer Gabler ist ein Imprint der eingetragenen Gesellschaft Springer Fachmedien Wiesbaden GmbH und ist ein Teil von Springer Nature
Die Anschrift der Gesellschaft ist: Abraham-Lincoln-Str. 46, 65189 Wiesbaden, Germany

Vorwort

Schon wieder nachhaltig – ich habe mir schon bei der 1. Auflage überlegt, ob ich das Wort „nachhaltig" überhaupt in den Titel dieses Buches aufnehmen soll. Es klingt inzwischen für viele (auch manchmal für mich) abgedroschen. Wenn man es bei Google abfragt, erhält man Tipps für nachhaltiges Einkaufen, nachhaltiges Predigen, nachhaltiges Reisen, nachhaltiges Publizieren und nachhaltiges Genießen. Aber ernsthaft: Man kann nachhaltig investieren oder man kann nachhaltige Formen der Energiegewinnung nutzen. Es geht immer um die nachhaltige Nutzung von Ressourcen. Auch bei Vergütungs- und Leistungsmanagement geht es um Ressourcen, und der Gedanke, den Nachhaltigkeitsbegriff auf HR-Prozesse zu übertragen, hat mich schon seit vielen Jahren angespornt und umgetrieben[1]. Deshalb ist dieses Buch für mich mehr als nur ein Sachbuch. Es verbindet meine Grundhaltung der Nachhaltigkeit und viele meiner Erfahrungen in HR-Projekten mit meinen Leib- und Magenthemen „Vergütung und Leistungsmanagement". An vielen Stellen werde ich meine Einschätzungen zu diesem Thema erläutern und Empfehlungen aussprechen, ohne in jedem Einzelfall eine Beweisführung antreten zu wollen. Wenn Sie meine Erläuterungen und Argumentationen plausibel finden und Sie mit meinen Empfehlungen gut arbeiten können, soll das für unsere virtuelle Zusammenarbeit im Rahmen dieses Buches ausreichend sein.

Was also ist mit Nachhaltigkeit im Zusammenhang mit Vergütungs- und Leistungsmanagement gemeint?

1. Geht es darum, es einfach nur gut, professionell und nach den Regeln der Kunst zu machen, damit es lange hält?
2. Oder geht es darum, ein HR-Instrument, das in der Regel sehr lange in Gebrauch ist, so zu gestalten, dass es auf zukünftige Entwicklungen und Trends reagieren kann,

---

[1]Kosel, M./Weißenrieder, J.: Nachhaltiges Personalmanagement. Acht Instrumente zur systematischen Umsetzung. Gabler, Wiesbaden. 2005 und Kosel, M./Weißenrieder, J.: Nachhaltiges Personalmanagement in der Praxis. Mit Erfolgsbeispielen mittelständischer Unternehmen. Gabler, Wiesbaden. 2010.

ohne dass diese Trends und Entwicklungen schon alle bekannt oder zumindest absehbar sind?

3. Oder geht es darum, mit den Human Resources nachhaltig umzugehen?
4. Oder geht es darum, nachhaltiges Handeln in Unternehmen in ein System für Leistungs- und Vergütungsmanagement zu integrieren?

Um eine schnelle Antwort schon im Vorwort zu geben: Ich antworte auf alle vier Fragen mit Ja und möchte mir gerne die Zeit nehmen, diese Gedanken der Nachhaltigkeit der Vergütung und der Vergütung der Nachhaltigkeit auf den folgenden Seiten zu entwickeln.

Vielleicht hat sich die Notwendigkeit dieser Betrachtungsweise in den vergangenen Jahren sogar noch verstärkt. Durch die Veränderungen (s. insbesondere Abschn. 1.6) in Richtung agiler Organisationen, Industrie 4.0 und Arbeitswelt 4.0 sowie demografischer Entwicklungen ist es umso wichtiger, die Human Resources ihrem gestiegenen Wert entsprechend nachhaltig im Sinne von besonders aufmerksam und „ressourcenschonend" einzusetzen und zu behandeln. Die veränderten Erwartungen der Generation Y ff. oder die Anforderungen agiler Organisationen lassen es jedenfalls lohnenswert erscheinen, die möglichen Auswirkungen auf das Performance- und Vergütungsmanagement konsequent zu Ende zu denken.

Schlagworte wie „New Work braucht New Pay"[2] machen die Runde, und das ist für manche Unternehmen nachvollziehbar und dringend notwendig. Für andere Unternehmen ist es etwas, das sich eher am Rande der Wahrnehmung abspielt. Was aber weiterhin eine Rolle spielen wird, ist, dass das Thema Vergütung, auch wenn in der Arbeitswelt 4.0 mehr Partizipation und mehr Transparenz gefordert sein werden, bei aller Agilität weiterhin klare Regeln braucht. Klare und einheitliche Regelungen sichern Transparenz und Nachvollziehbarkeit. Nur daraus ergibt sich in der Folge Vertrauen und Akzeptanz, auch wenn nicht alle individuellen Erwartungen für jeden Mitarbeiter erfüllt werden können. Ich gehe davon aus, dass dieser Zusammenhang auch in sich weiterentwickelnden Arbeitswelten einen exponierten Stellenwert haben wird.

Also: Es wird weiterhin Regelungen und Prozesse geben, wenn man nicht mit jedem Mitarbeiter einzeln ganz persönliche Vereinbarungen treffen will. Das ist zwar denkbar, aber tendenziell nur bei überschaubaren Unternehmensgrößen praktisch umsetzbar.

Vermutlich dürfen wir davon ausgehen, dass, je agiler in einem Unternehmen gearbeitet wird, es wohl umso mehr darum gehen wird, Verantwortung auch in Bezug auf die Entstehung und Anwendung von Entgeltsystemen zu teilen. Über diesen Weg wird eher eine Antwort auf die Frage zu finden sein, was am ehesten zu den Menschen dieses Unternehmens passt und gleichzeitig der Wertschöpfung des Unternehmens dient.

---

[2]Wer sich nur mit New Work und New Pay beschäftigen möchte, kann sich auch nur auf die Abschn. 1.6 und Kap. 7 konzentrieren, übersieht aber unter Umständen Aspekte und Grundstrukturen von Vergütungskonzepten, die sich auch in einer New-Work-Umgebung wiederfinden werden.

Das ist der Schwerpunkt von Kap. 7. Professionelle und erprobte Wege der Partizipation bei der Entstehung wie auch bei der Anwendung von Vergütungssystemen werden dort bis ins Detail untersucht und durchdacht. Insbesondere dann, wenn Veränderungsgeschwindigkeit zunimmt, sind diese Wege ein Zugang zu schnelleren Vergütungsprojekten – und zwar nicht in der Konzeptionsphase, sondern in der Umsetzung und ihren Folgeschritten.

Gleichzeitig möchte ich schon an dieser Stelle zu bedenken geben, dass Entgeltsysteme jeglicher Ausprägung im Unternehmen nie unumstritten sind. Von manchen Führungskräften wird die Anwendung als lästige und bürokratische Pflicht erlebt und abgetan. Dann ist die Forderung nach agileren und moderneren Methoden manchmal nur vorgeschoben und das Überarbeiten oder Weiterentwickeln des Systems bringt für diese Zielgruppe keine Besserung der Wahrnehmung der Situation. Wenn wir über Performance-Management- und Entgeltsysteme nachdenken, dann sind das immer nur dann hilfreiche und unterstützende Instrumente in den Händen von den Anwendern,

- die als Führungskräfte Einfluss nehmen wollen,
- die Leistungsergebnisse differenziert wahrnehmen und bewerten wollen und
- die sich mit Mitarbeitern entsprechend beschäftigen und ggf. auseinandersetzen wollen.

Für Führungskräfte, die diesen Teil ihrer Aufgabe so nicht annehmen wollen, gibt es keine funktionierenden und passenden Performance-Management- und Entgeltsysteme. Diese sind dann kraftvolle und unterstützende Tools, wenn sie genutzt und gebraucht werden, um Ziele ins Auge zu fassen, an deren Erreichung zu arbeiten und Mitarbeitern zum Weg und zum Ergebnis differenziert Feedback zu geben.

Nur dann lohnt es sich, in diesem Buch weiterzulesen und damit zu arbeiten. Arbeit wird es für Sie trotzdem bleiben, denn ich werde vielen Fragen nachgehen und viele Antwortalternativen parat halten, Ihnen beim Abwägen helfen, aber die Entscheidungen für das, was für Sie passt, werden Sie selbst treffen müssen.

Sie sind mit diesem Buch auch dann auf dem richtigen Weg, wenn Sie sich nicht im Besonderen mit dem Begriff der Nachhaltigkeit oder den zu erwartenden Veränderungen[3], sondern mit der professionellen und langfristig haltbaren Gestaltung Ihrer betrieblichen Vergütungsstrukturen auseinandersetzen wollen. Sie erhalten hier Impulse und praktische Anleitung dafür. Insbesondere der Teil mit den Werkstattberichten kann für Sie zur Fundgrube werden. Wenn Sie sich in einem eher akademischen Diskurs oder unter Personalkostenaspekten mit dem Thema befassen möchten, dann bietet Ihnen dieses Buch vielleicht die eine oder andere Einsicht und auch interessante Blickwinkel, es wird Sie allerdings nicht vollständig zufriedenstellen. Auch Arbeitsrechtler, die gerne

---

[3]Wie zum Beispiel andere Erwartungen der Generation Y ff., Agilität, Industrie 4.0 und Arbeitswelt 4.0.

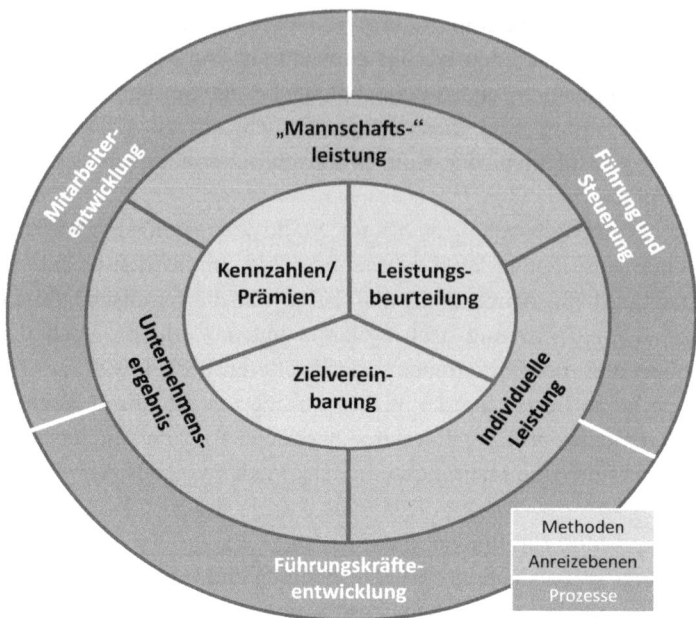

Abb.1 Verschiedene Ebenen der Konzeption und Einführung von Vergütungssystemen

juristische Feinheiten von Vergütungssystemen ausloten möchten, brauchen dazu andere weiterführende Literatur[4].

Alle anderen erhalten gemäß Abb. 1 eine Anleitung, um sich strukturiert mit der Bewertung von Arbeitsplätzen, leistungsvariablen und am Unternehmensergebnis ausgerichteten Vergütungselementen befassen zu können. Dies gilt sowohl für eher konservativ ausgerichtete Vergütungsmodelle als auch für erst in den vergangenen wenigen Jahren entstandenen progressivere Ansätze.

Auch die Konzeptionsphase im Projekt wie auch die Einführungs- und Umstellungsprozesse, die letztlich wesentlichen Einfluss auf die konfliktfreie Arbeit mit dem Ergebnis haben, werden intensiv beleuchtet. Ich möchte sogar behaupten, dass die „technische Raffinesse" eines Vergütungssystems weniger erfolgsentscheidend ist als die Integration aller Beteiligten im Zuge der Konzeptions-, Einführungs- und Umstellungsprozesse.

Damit richtet sich dieses Buch an HR-Manager, Geschäftsführer, Personalreferenten, Benefits- und Compensation-Experten, aber auch an Betriebsräte und Mitarbeiter, die verstehen möchten, wie betriebliche Vergütungssysteme „ticken" und was dahintersteckt – auch im Hinblick auf demografische Veränderungen, andere Werte der Generation Y ff. oder die besonderen Bedürfnisse agiler Organisationen.

---

[4]Steuer- oder sozialversicherungsrechtliche Aspekte bleiben vollständig außen vor, aber selbstverständlich sind alle Konzepte und Modelle auch in dieser Hinsicht ohne Einschränkungen darstellbar.

Abb. 2 Michelangelos David

Gedankensprung Vor ein paar Jahren war ich mit meiner Frau in der Toskana unterwegs. In der Galleria dell'Accademia in Florenz befindet sich ein außerordentliches Kunstwerk (siehe Abb. 2).

Die mehr als fünf Meter hohe und mehr als sechs Tonnen schwere David-Statue wurde von Michelangelo[5] aus einem Marmorblock geschlagen. Auf einem Bild sieht diese Statue einfach nur schön aus. Wenn man vor ihr steht, ist sie unglaublich beeindruckend. Auf die Frage, wie er bei seiner Arbeit vorgegangen sei, sagte Michelangelo dazu eher lapidar, er habe von einem Marmorblock einfach nur alles weggeschlagen, was nicht nach David ausgesehen habe. Die Geschichte hat mich fasziniert und ich bin ihr weiter nachgegangen. Mit einem Schmunzeln auf den Lippen sehe ich drei Parallelen zwischen Vergütungssystemen und der David-Statue von Michelangelo:

1. Michelangelo arbeitete zu Anfang des 16. Jahrhunderts fast bis auf den Tag genau drei Jahre an der Statue. Das ist ungefähr die Zeit, die es braucht, um ein neues Vergütungssystem zu entwickeln, zu implementieren, zu evaluieren, wirklich funktionsfähig zu machen und vollständig in Betrieb zu nehmen. Das mag vielleicht für jemanden, der unter dem Schlagwort „agil" die schnelle Lösung sucht, die vielleicht gerade einmal drei Jahre hält, widersprüchlich klingen. Aber: Die Änderung eines Entgeltsystems soll die Kultur eines Unternehmens aufgreifen und greift in der Regel gleichzeitig tief in die Kultur eines Unternehmens ein. Das braucht seine Zeit – auch in agilen Zeiten.

---

[5]Bildquelle: Wikimedia Commons, file: David von Michelangelo.jpg, Genehmigung: GNU-FDL, Urheber: Rico Heil (User: Silmaril).

2. Michelangelo hat angefangen zu arbeiten und hatte einen groben Rahmenplan. In dem Plan war nicht schon jedes Detail erkennbar, sondern die Details ergaben sich auf dem Weg. Hätte er für jedes Fältchen schon im Voraus eine Vorgabe gehabt, hätte er sich selbst in seiner Kreativität beschränkt und außerdem noch heillos verzettelt. Es gab zwar Modelle im Vorfeld, aber zu genaue Vorstellungen von Details, an denen man festhält, behindern den Weg zum Gesamtkunstwerk. Die Lösungen für Details ergeben sich auf dem Weg. Das entspricht bei genauerer Betrachtung einem wesentlichen Grundelement agiler Organisationen: Wenn du Neuland betreten willst, dann fang an und passe jeden nächsten Schritt den von dort aus sichtbaren Bedingungen an.

3. Im Zuge der Arbeit an einem neuen Vergütungssystem tauchen regelmäßig noch viele andere Themen in Unternehmen auf, die auch bearbeitet werden müssten, wie zum Beispiel ungewöhnliche Arbeitszeitregelungen, Mehrarbeitsproblematiken, organisatorische Unklarheiten, Führungskräfte, die ihren Job nicht machen (können/wollen/dürfen), und alte Geschichten, die die Arbeit zwischen den Betriebsparteien manchmal erschweren. Wenn man den Versuch macht, alle diese Themen auch noch im Zuge des Vergütungsprojekts mit zu bearbeiten, wird das eigentliche Thema überfrachtet. Daran scheitern Vergütungsprojekte oft und fast zwangsläufig. Deshalb: Lassen Sie wie Michelangelo alle anderen „Baustellen" weg, die nicht unmittelbar mit dem Projekt zu tun haben. Registrieren Sie gemeinsam diese „Baustellen", listen Sie sie auf und bearbeiten Sie sie später. Vielleicht erscheinen sie später schon gar nicht mehr so wichtig. Sie haben auf jeden Fall sonst kaum eine faire Chance, dass Sie am Ende Ihr Gesamtkunstwerk „Vergütungssystem" auch bekommen.

Meine Mitautoren und HR-Kollegen Peter Bender, Heiko Fischer, Steffen Fischer, Oliver Müller, Jens Tigges, Klaus Weiss und Gunther Wolf sind den Entwicklungsweg für ihr unternehmensspezifisches „Gesamtkunstwerk" gegangen. Für die praktischen Beispiele, die sie uns damit zur Verfügung stellen, möchte ich mich bei ihnen besonders herzlich bedanken: „Es ist nicht selbstverständlich, sein Vergütungssystem offenzulegen. Mit Ihren Beiträgen haben Sie das Buch rund gemacht." Der Dank gilt aber auch meinen Kunden, die sich mir mit diesem eher kniffligen Thema anvertraut haben und mich an den betrieblichen Entwicklungsprozessen teilhaben ließen. Ohne diese Projekte würde es dieses Buch nicht geben – auch nicht diese zweite Auflage. Und last but not least hat Stefanie Winter als Lektorin des Verlages dem Buch mit viel Fingerspitzengefühl den letzten Schliff gegeben.

Gleichzeitig hat mir das Schreiben dieses Buches geholfen, mein Leib- und Magenthema erneut zu ordnen und zu verdichten, mich fit zu halten für dieses spannende, herausfordernde Thema und meine Expertise weiterzuentwickeln. Deshalb vielen Dank an Sie als Leser, der Sie mir Ansporn sind, auch beim Schreiben mein Bestes zu geben.

Tettnang   Jürgen Weißenrieder
Januar 2019

Inhaltsverzeichnis

Mitarbeiterverzeichnis

Peter Bender SV Kaufmännischer Service GmbH & Co. KG, Ravensburg, Deutschland,
E-mail: p.bender@schwabisch-media.de

Heiko Fischer Resourceful Humans GmbH, Berlin, Deutschland,
E-mail: heiko@resourceful-humans.de

Steffen Fischer ifm electronic GmbH, Tettnang, Deutschland,
E-mail: steffen.fischer@ifm.com

Oliver Müller Allgemeine Gold- und Silberscheideanstalt AG, Pforzheim, Deutschland,
E-mail: o.mueller@allgemeine-gold.de

Jens Tigges Tigges GmbH & Co. KG, Wuppertal, Deutschland,
E-mail: gw@wolfgunther.de

Klaus Weiss Fritz GmbH & Co. KG, Schwaigern, Deutschland,
E-mail: Klaus.weiss@fritz-gruppe.de

Jürgen Weißenrieder WEKOS Personalmanagement GmbH, Tettnang, Deutschland,
E-mail: j.weissenrieder@wekos.com

Gunther Wolf Wolf I.O. Group GmbH, Wuppertal, Deutschland,
E-mail: gw@wolfgunther.de

Die Autoren der Beiträge

Peter Bender wurde 1962 in Nördlingen geboren. Nach dem Abitur im fränkischen Dinkelsbühl folgte das Studium der Pädagogik an der Universität der Bundeswehr in München. Studienschwerpunkte waren Medienpädagogik und Psychologie. Seit 1996 verantwortet er bei Schwäbisch Media die Personalarbeit der Unternehmensgruppe. In dieser Zeit hat er vielseitige Erfahrungen mit allen Facetten moderner Personalarbeit sammeln können. Gerne gibt er diese weiter und berücksichtigt dabei insbesondere die Anforderungen und Rahmenbedingungen kleiner und mittelständischer Unternehmen.
E-mail: p.bender@schwabisch-media.de

Heiko Fischer (Jg. 1977), wurde 2016 von CAPITAL zu einem der 40 besten deutschen Unternehmer unter 40 gewählt. Sein Karriereweg führte durch Managementtätigkeiten bei HP, Bayer, eBay und General Motors. Mit Angela Maus gründete er 2011 die Resourceful Humans (RH). Ihre Mission ist es, Organisationen in intelligente, unternehmerische Netzwerke zu transformieren. Mit ihrem Team entwickeln sie Software-Lösungen für Organisationen, die gleichzeitig mehr Unternehmertum, Kundenzentrierung sowie weniger Bürokratie anstreben. Heiko ist der Meinung, dass Organisationen eine positive Kraft in der Gesellschaft sein können und sein sollten. RH-Technologie unterstützt alle Mitarbeitenden in diesem Bestreben. 2018 verkündete RH offiziell, die Entwicklung einer eigenen Künstlichen Intelligenz namens AImee voranzutreiben, um Organisationen von Selbstorganisation zu Selbstbewusstsein zu führen.
E-Mail: heiko@resourceful-humans.de

Steffen Fischer studierte Rechtswissenschaften in Berlin mit dem Schwerpunkt Wirtschafts- und Arbeitsrecht. Er war von 1996 bis 2006 für die MTU Maintenance Berlin-Brandenburg GmbH tätig, zuletzt als Prokurist und Leiter der Abteilung Personal & Recht. Heute ist er Geschäftsführer Personal bei der ifm electronic gmbh Tettnang und Essen und Mitglied der zentralen Geschäftsleitung. Er beschäftigt sich zudem mit ganzheitlichen Ansätzen in der Personalarbeit und hat sich unter anderem 2004 in einer Diplomarbeit an der Business School St. Gallen mit der Änderung der Unternehmenskultur nach Erwerb durch ein Private-Equity-Unternehmen befasst. Er ist Leiter der Fachgruppe Strategisches Personalmanagement beim Bundesverband für Personalmanager.
E-Mail: steffen.fischer@ifm.com

Oliver Müller studierte nach einer Ausbildung zum Industriekaufmann Betriebswirtschaftslehre mit Schwerpunkt Personalmanagement an der Hochschule Pforzheim. Nach mehreren Stationen in verschiedenen Funktionen im Personalmanagement verantwortet er seit 2011 die Ressorts Personalmanagement und Öffentlichkeitsarbeit bei der Allgemeinen Gold- und Silberscheideanstalt in Pforzheim. Neben Employer Branding, Personalentwicklung und Talent Management gehören motivierende Führung und transparente Entgeltsysteme zu seinen strategischen Schwerpunkten. Als Leiter der Tarifkommission der Edelmetallindustrie Baden-Württemberg steht er im intensiven Kontakt mit vielen anderen Unternehmen und kennt die Herausforderungen moderner Personalarbeit im Detail.
E-Mail: o.mueller@allgemeine-gold.de

Jens Tigges (Jg. 1970) schloss seiner Ausbildung als Industriekaufmann ein Studium an, das er als Diplom-Wirtschaftsingenieur (FH) abschloss. Im Jahre 1998 übernahm er von seinem Vater die Geschäftsführung der TIGGES GmbH & Co. KG in Wuppertal. In den vergangenen 20 Jahren hat er das Unternehmen in weiten Teilen umfassend modernisiert und strategisch neu ausgerichtet. TIGGES ist heute ein führender Spezialhersteller von Verbindungselementen und gilt weltweit als ein kompetenter und erfahrener Lieferantenpartner sowie Lösungsanbieter für viele Bereiche, Branchen und Kunden.
E-Mail: gw@wolfgunther.de

Klaus Weiss studierte Betriebswirtschaftslehre an der Friedrich-Alexander-Universität Erlangen-Nürnberg mit den Schwerpunkten Führungslehre, Personalwesen und Arbeitsrecht. Seit 1996 ist er als Kaufmännischer Leiter Mitglied der Geschäftsleitung der Fritz-Gruppe und Prokurist bei der Fritz GmbH & Co. KG beziehungsweise Fritz Logistik GmbH sowie Geschäftsführer der Firmen Beck Fahrzeugtechnik GmbH und der Personal-Logistik-Service Heilbronn GmbH. Er ist dort unter anderem für die Bereiche Finanzen, Personal und Recht zuständig und verantwortet unter anderem die Ausgestaltung der Vergütungssysteme. Klaus Weiss ist ehrenamtlicher Arbeitsrichter, Mitglied im Richterausschuss und Vorsitzender des Prüfungsausschusses der IHK für den Ausbildungsberuf Kauffrau/-mann für Spedition- und Logistikdienstleistung. Er ist zudem Mitinitiator im Dialogkreis Schule und Wirtschaft in Schwaigern.
E-Mail: Klaus.weiss@fritz-gruppe.de

Jürgen Weißenrieder (Jg. 1961) hat in Konstanz, Madrid und Frankfurt/Main Verwaltungswissenschaften studiert. Seit 1987 ist er in unterschiedlichen Personalmanagementfunktionen tätig. 1996 übernahm er die Niederlassungsleitung der manage.ing Unternehmensberatung GmbH in Tettnang. Im Jahr 2003 erfolgte dieGründung von WEKOS Personalmanagement GmbH gemeinsam mit Marijan Kosel und in den Jahren danach die Entwicklung des Konzepts des Nachhaltigen Personalmanagements. Für die Themenfelder Führung und Vergütung ist Jürgen Weißenrieder als Berater, Trainer und Speaker unterwegs. Als Autor und Herausgeber veröffentlichte er mehrere Bücher und zahlreiche Fachbeiträge.
E-Mail: j.weissenrieder@wekos.com

Gunther Wolf ist Experte für Performance Management sowie ein gefragter Referent und Key Note Speaker für aktuelle Managementthemen. Mit dem Konzept der Zieloptimierung hat Gunther Wolf 1996 einen revolutionären Meilenstein in der Entwicklung von wirklich nachhaltigen Vergütungs- und Anreizsystemen gesetzt. Mit der Wenn-Dann-Verbindung (2002) schuf er die Möglichkeit, in variablen Vergütungssystemen Anreize für zusätzliche Zielerreichung zu geben, ohne dass diese eine Bonifizierung erfordern. Gunther Wolf ist Autor mehrerer Managementfachbücher, unter anderen „Variable Vergütung" (Verlag Dashöfer, 5. Auflage 2019). Der Diplom-Ökonom und Diplom-Psychologe ist seit 1984 als Management- und Strategieberater national und international tätig. Zu seinen Kunden zählen mittelständische Unternehmen ebenso wie international operierende Konzerne.
E-Mail: gw@wolfgunther.de

Abbildungsverzeichnis

Tabellenverzeichnis

Ein paar Gedanken vornweg

1

Jürgen Weißenrieder

Zusammenfassung

In diesem Kapitel erfahren Sie von den unterschiedlichen Beweggründen oder Hinderungsgründen der verschiedenen Betroffenen und Beteiligten von Vergütungssystemen. Es ist von verschiedenen Beispielen die Rede, in denen Sie auch Ihre Ausgangssituation wiederfinden können, aber auch von „dicken Brettern", von „Best Fit" und von „Best Practices". Wir versuchen uns in Definitionen von Leistung und Ergebnissen und ergründen den Zusammenhang von leistungsvariablen Vergütungssystemen und Motivation. Der Begriff der Nachhaltigkeit im Kontext von Leistungs- und Vergütungsmanagement taucht auf und wird ein- und abgegrenzt. Und dann wird uns noch eine Illusion genommen: Wahrscheinlich taugen Vergütungssysteme für sich genommen gar nicht zur Motivation. Oder vielleicht doch und wenn ja, unter welchen Umständen? Manches ist anders, als es scheint, aber eines scheint klar: Leistungsvariable Vergütungssysteme führen nicht, sie unterstützen Führung nur.

1.1 Die Stimmungslage zum Thema – Wir bohren dicke Bretter

In vielen Unternehmen ist zu erkennen, dass die Betroffenen und Beteiligten bezüglich der aktuellen Anwendung oder der Funktionsweise des Vergütungssystems unzufrieden sind. Trotz dieser teilweise massiven Unzufriedenheit erscheint es oft schwierig, das bestehende Vergütungssystem zu verändern. Es gibt eine ganze Reihe von Unternehmen, in denen sich die Betriebsparteien bereits seit vielen Jahren einig sind, dass ihr

J. Weißenrieder (✉)
WEKOS Personalmanagement GmbH, Tettnang, Deutschland
E-Mail: j.weissenrieder@wekos.com

© Springer Fachmedien Wiesbaden GmbH, ein Teil von Springer Nature 2019
J. Weißenrieder (Hrsg.), *Nachhaltiges Leistungs- und Vergütungsmanagement*,
https://doi.org/10.1007/978-3-658-25967-9_1

Vergütungssystem teilweise eklatante Mängel aufweist, und trotzdem bleibt es so, wie es ist. Das mag verwunderlich erscheinen, aber dafür gibt es eine ganze Reihe möglicher Gründe:

1. Aus unterschiedlichen Interessenslagen resultieren unterschiedliche Ziele. Es besteht lediglich Einigkeit darüber, dass das alte System die Erwartungen nicht erfüllt: „Wir sind uns nur einig darüber, dass wir das Alte nicht mehr wollen. Wir sind uns aber nicht einig darüber, wie das Neue aussehen soll."
2. Häufig haben sich auch Empfindlichkeiten im Zuge der Anwendung entwickelt, die sich immer wieder zu Konflikten zwischen Führungskräften, Mitarbeitern, Betriebs- räten und Personalbereich auswachsen. Im Ergebnis ist dann folgende Haltung erkennbar: „Wenn wir schon bei der Anwendung des Alten ständig uneinig sind, wie soll uns dann die Entwicklung eines neuen Systems gelingen?"
3. Das Thema Entgelt ist selbstverständlich ein wesentliches Gestaltungselement der betrieblichen Mitbestimmung und hat damit in der Regel hohe Aufmerksamkeit. Gleichzeitig wird es häufig von anderen Themen überlagert beziehungsweise beein- flusst und mit anderen Themen verbunden wie zum Beispiel Arbeitszeitgestaltung, Handhabung von Mehrarbeit, Befristung von Arbeitsverträgen und so weiter. Dadurch werden Lösungen nicht einfacher: „Wenn wir schon an anderen Fronten kämpfen, wie sollen wir uns dann zu einem so wichtigen und komplexen Thema wie Vergütung auch noch einig werden?"
4. Vergütungssysteme „leben" in der Regel über einen langen Zeitraum. Die Anwender sind sie seit vielen Jahren, oft sogar seit Jahrzehnten, gewohnt. Viele Führungskräfte und Mitarbeiter sind damit „aufgewachsen" und können sich andere Regelungen kaum noch vorstellen: „Wir mögen es zwar nicht, aber wir kennen es wenigstens."
5. Eine Änderung des Vergütungssystems kann gleichzeitig die Einkommensperspektive der Mitarbeiter wie auch die Kostenperspektive des Unternehmens massiv beein- flussen. Deshalb wird bei Veränderungen das Risiko von Fehlern und die damit ein- hergehende Verantwortung für beide Betriebsparteien besonders spürbar: „Es ist ein wirklich dickes Brett!" Man will auf keinen Fall etwas falsch machen.

Angesichts der vielen möglichen Hindernisse machen sich deshalb viele Unternehmen schon gar nicht auf den Weg, um die aktuell unbefriedigende Situation zu ändern. Es scheint aus den oben genannten Gründen kein Projekt wie jedes andere zu sein. Doch was die Arbeitsweise angeht, ist es ein Projekt wie jedes andere[1]. Bei Projekten wird immer Neuland betreten und es erscheint immer auch riskant. Es gibt viele Beteiligte und Betroffene, die sich in ihren Zielsetzungen teilweise ein bisschen, teilweise aber auch massiv unterscheiden. Das Thema hat eine gewisse Komplexität und braucht ent- sprechende Ressourcen. Und trotzdem: Andere sind diese Wege auch schon gegangen,

---

[1]Siehe Weißenrieder und Kosel (2007, S. 19–32).

haben dieses dicke Brett auch schon gebohrt. Deshalb folgt man am besten einer systematischen Vorgehensweise und den guten Beispielen anderer Unternehmen, über die im Folgenden zu sprechen sein wird.

1.2 Halbwahrheiten und Geschichten um Vergütung

Halbwahrheiten und Geschichten ranken sich hartnäckig rund um das Thema Vergütung. Es gibt unzählige Experten, die genau wissen, was ankommt, was motiviert und was nicht motiviert, was derzeit Mode ist und was funktioniert oder noch nie funktioniert hat. Äußerungen wie zum Beispiel „Zielvereinbarung ist der Stand der Technik", „Kennzahlen sind das einzig Wahre. Nur was gemessen werden kann, gilt" oder „Leistungsbeurteilung ist veraltet und geht doch nur nach dem Nasenfaktor" oder „Akkord ist doch ein Dinosaurier aus der betrieblichen Welt der 1950er- bis 1970er Jahre" oder „Leistungsbeurteilung ist immer subjektiv, aber wenigstens ruckzuck fertig" sind nicht ungewöhnlich. Sie klingen alle, je nach Standpunkt des Betrachters, falsch oder richtig. Dazu möchte ich drei Beispiele aus Unternehmen geben, die sich über mehrere Jahre hinweg eher auf der Stelle bewegt haben, weil wichtige Meinungsbildner den oben genannten Halbwahrheiten und Geschichten nachhingen. Daraus entstanden unrealistische und sich teilweise widersprechende Zielsetzungen, die eine Weiterentwicklung über einen längeren Zeitraum verhinderten. Jeder der Beteiligten hatte so seine Vorstellungen und Interpretationen zu dem Thema vor Augen.

> **Beispiel**
>
> In einem Unternehmen der Elektrotechnik mit circa 1500 Mitarbeitern in den Fertigungsbereichen und etwa 500 Mitarbeitern in den anderen Funktionsbereichen galten seit Gründung des Unternehmens in den 50er Jahren Akkordregelungen. In den Anfangsjahren war die Produktpalette überschaubar, Kunden bestellten ab Lager und der manuelle Anteil im Fertigungsprozess war relativ hoch. Schon in den 1990ern hatte sich das Bild geändert. Die Produktpalette umfasste mehrere hundert Produkte unterschiedlicher Komplexität, die Kunden bestellten unvorhersehbar in eher geringen Stückzahlen, aber dafür teilweise mehrmals täglich. Die Fertigung ist schon Ende der 1990er Jahre hochautomatisiert und deutlich stärker durch den Takt der Maschinen bestimmt.
>
> Unter diesen Rahmenbedingungen ist der Anteil der Arbeitsplätze, an denen die Voraussetzungen für Akkord noch gegeben waren, beständig gesunken. Immer mehr Mitarbeiter arbeiteten im „unechten Akkord". Für sie wurden Arbeitsergebnisse auf der Basis von Durchschnitten der Vergangenheit hochgerechnet und die Verbindung zu konkreter individueller Leistung ging immer mehr verloren. Es war absehbar, dass um 2005 nur noch etwa ein Viertel der Mitarbeiter in den Fertigungsbereichen im echten Akkord arbeiten würde. Trotzdem gelang es nicht, neue Regelungen zur Ablösung des Akkords zu gestalten. Ein wesentlicher Teil der Führungskräfte hatte

seine gesamte berufliche Entwicklung in diesem akkordgeprägten Umfeld verbracht. Akkord steuerte die Produktion und die Führungskräfte führten nicht im eigentlichen Sinne. Der Akkord führte, er „belohnte" und „bestrafte" – zumindest vermeintlich. Die Meister und Vorarbeiter konnten sich nicht mehr vorstellen, wie die Fertigung ohne Akkord funktionieren sollte, obwohl Akkord für alle sichtbar schon nicht mehr funktionierte. Eine Alternative war kaum vorstellbar.

Aus diesem Kreis der Mitarbeiter und Führungskräfte rekrutierte sich auch der Betriebsrat. In dieser Runde ging es wesentlich darum, die Besitzstände der Mitarbeiter zu sichern und gleichzeitig fehlte doch das Vorstellungsvermögen, wie eine Alternative aussehen könnte. Im Zuge der Einführung von ERA (Entgeltrahmentarifvertrag) wurde dann schnell – eher im Hau-ruck-Verfahren – die tarifliche Leistungsbeurteilung eingeführt, die auf dem Nährboden einer jahrzehntelangen Akkordkultur schon im ersten Jahr der Anwendung scheiterte. Als Rettung und Notlösung sollte dann die noch anspruchsvollere Zielvereinbarung als Leistungsentgeltmethode zügig eingeführt werden, die aber schon in der Konzeptionsphase von den betrieblichen „Mühlen" zermalmt wurde.

In dieser Situation war die gemeinsam verspürte „Not" so groß und damit die Zeit reif, sich endlich auf die Suche nach einer realistischen betrieblichen Lösung zu machen. Die Betriebsparteien „rauften" sich zusammen und begannen, eine gemeinsame Lösung zu suchen. Der Auftakt dieser Suche war klassisch. Es ging erst einmal darum, die gemeinsamen Ziele und auch die Unterschiede herauszuarbeiten.

Die Ausgangssituation in einem anderen Unternehmen unterschied sich davon wiederum deutlich. Ein Unternehmen mit Hightech-Produkten der Elektromechanik mit 8000 Mitarbeitern hat eine sehr bunte Vergütungslandschaft. Ein Tantiememodell für die obere Führungsmannschaft mit Entscheidungsprozessen, das sich im Wesentlichen nach „Gutsherrenart" vollzieht, führt über viele Jahre hinweg zu akzeptierten Ergebnissen. Als der Gründer als unbestrittene Integrationsfigur ausscheidet, führt die bisherige Vorgehensweise für viele Beteiligte nicht mehr zu nachvollziehbaren Ergebnissen und zu Konflikten zwischen den neuen Entscheidern. In anderen Zielgruppen im Unternehmen werden Gehälter zwischen Mitarbeitern und Führungskräften ausgehandelt. Wer nicht verhandelt, kommt zu kurz. In wieder anderen Bereichen werden Akkordsysteme aus den 1980er Jahren fortgeschrieben. Sie können nur noch mit großem bürokratischen Aufwand aufrechterhalten werden und werden von den Anwendern nicht mehr verstanden und akzeptiert. Sie sind einfach schon immer da gewesen und für den Einzelnen scheinen Änderungen ohnehin aussichtslos zu sein, zumal der zuständige Geschäftsführer verfügt hat, dass alles so bleiben soll, weil man derzeit andere „Baustellen" habe.

Die wesentlichen Entscheider spürten zwar, dass Veränderungen notwendig waren, aber bei den ersten Anläufen wurden zu viele Erwartungen damit verbunden und zu viele Ziele sollten gleichzeitig erreicht werden, sodass das Brett zu dick erschien. Mit jeder neuen Frage, die auftauchte, wurde es immer dicker. Die Zeit war noch nicht reif für

Veränderungen. Deshalb endete das Projekt, noch weit bevor der Betriebsrat überhaupt involviert werden konnte.

Auch im folgenden Beispiel war das Brett ein dickes. Allerdings war auch der Veränderungsdruck höher, sodass nicht nur der Startschuss gegeben wurde, sondern am Ende das im Projektteam vereinbarte Konzept auch umgesetzt wurde.

Beispiel

In einem IT-Unternehmen mit 300 Mitarbeitern soll eine Vergütungskomponente eingeführt werden, die sicherstellt, dass die individuelle Leistung jedes Mitarbeiters und gleichzeitig das Unternehmensergebnis sowohl das Jahresentgelt wie auch die individuelle mittelfristige Entgeltentwicklung jedes Mitarbeiters steuern sollen. Eigentlich ist dies eine Standardaufgabe, die konzeptionell keine große Herausforderung darstellen würde. Allerdings: Während einer dynamischen Wachstumsphase erfolgte das Vergütungsmanagement immer noch durch wenige Entscheider auf der Geschäftsleitungsebene. Während der Konzeptionsphase wurde schnell klar, dass zukünftig die unterste Ebene der Teamleiter in den Entscheidungsprozess einbezogen sein müsste, da nur auf dieser Ebene realistische Führungsspannen zu verzeichnen waren. Die Teamleiter hatten aber bis zu diesem Zeitpunkt nur fachliche und keine disziplinarischen Leitungsaufgaben. Mit Leistungsmanagement und Vergütung hatten sie bis zu diesem Zeitpunkt nichts zu tun.

Die Projektaufgabe bestand darin, nicht das modernste Vergütungssystem zu schaffen, sondern die Teamleiter, die diese Funktion aus ganz anderen Motiven heraus übernommen hatten, zu Entgeltverantwortlichen für die ihnen zugeordneten Mitarbeiter zu machen und ihnen damit wirklich Führungsaufgaben zu übertragen. Diese Erkenntnis fügte den ohnehin schon komplexen Projektzielen noch ein weiteres hinzu, nämlich in diesem Zuge die Teamleiter mit ihrer neuen Rolle als Führungskräfte vertraut zu machen. Dass sich in diesem Zuge die Rolle der nächsthöheren Führungsebene ebenfalls änderte, liegt auf der Hand. Diese Veränderung war nicht für alle Beteiligten leicht zu vollziehen.

Schon aus diesen wenigen Beispielen wird deutlich, dass die Themen, die im Zuge von Vergütungsprojekten auftauchen und bearbeitet werden müssen, sehr vielschichtig sind. Das zeigt auch: Vergütungssysteme sind Führungssysteme und können nicht losgelöst von Führungs- und Steuerungsprozessen betrachtet werden. Beides gehört zusammen.

Mit einer systematischen und systemischen Arbeitsweise lassen sich für diese Aufgabenstellungen Lösungen erarbeiten, die nicht „modern" sein müssen, sondern passen. Auf der Suche nach dem, was derzeit aktuell ist, stoßen Suchende auf sogenannte „Best-Practice"-Beispiele. Das ist grundsätzlich gut. Auch dieses Buch enthält Best-Practice-Beispiele, weil sie für das jeweilige Unternehmen einen guten Beitrag leisten können. Allerdings darf nicht vergessen werden zu fragen, für welche Rahmenbedingungen das Best-Practice-Beispiel gesucht wird. Das Beste ist das, was am besten für die konkrete

Situation passt. Es geht also nicht um Best Practice, sondern um Best Fit, um in diesem Wortspiel zu bleiben.

Die systematische Vorgehensweise wird im Kap. 4 ausführlich dargestellt.

1.3   Leistung, Ergebnisse, Motivation – Eine Begriffsklärung

Vor dem Eintauchen in die Konzeption und die Funktionsweise von Vergütungssystemen ist es hilfreich, einige Begriffe zu klären, die in der Diskussion um Entgeltsysteme fast zwangsläufig immer wieder genutzt, erwähnt und teilweise auch gebeugt werden.

Leistung In stark technisch geprägten Unternehmen wird gerne und häufig auf die rein physikalische Definition von Leistung verwiesen: Leistung = Arbeit pro Zeit. Das lässt sich rechnen und ist physikalisch korrekt, greift aber für Leistung im Zusammenhang mit leistungs- und ergebnisorientierter Vergütung regelmäßig zu kurz, weil es suggeriert, dass es sich nur um eine Dimension handeln würde. Das mag für klassische Akkordsysteme noch zutreffen. Wenn man allerdings in Unternehmen fragt: „Woran erkennen Sie gute Leistung in Ihrem Unternehmen?", erhält man viel weitreichendere Antworten, die mit in Betracht ziehen, wie Menschen sich in betrieblichen Prozessen bewegen, sich einfügen, Öl statt Sand im Getriebe des betrieblichen Geschehens sind. Auf die Definition von Leistung im Unternehmen werden wir später wieder zurückkommen, ebenso wie auf die Arbeitsschritte zu einer betriebsspezifischen oder sogar individuellen Definition – allerdings vor dem Hintergrund, dass Leistung wahrscheinlich nur in den wenigsten Unternehmen eindimensional ist.

Dazu eine persönliche Geschichte: Am Anfang meines Berufslebens durfte ich als Personalreferent mit sehr erfahrenen Führungskräften auf unterschiedlichen Ebenen zusammenarbeiten, unter anderem mit einem Entwicklungsbereichsleiter, den ich sehr schätzte und der auch mit mir als Newcomer sehr wertschätzend umging. Doch was die Leistungsbeurteilung seiner Mitarbeiter betraf, konnte ich ihm nicht folgen. Er beurteilte Mitarbeiter sehr positiv, die dafür bekannt waren, dass sie in der Zusammenarbeit mit ihren Kollegen und Chefs sehr schwierig waren. Mitarbeiter hingegen, die in Projekten dafür sorgten, dass nicht nur technische Aspekte, sondern auch Anwenderaspekte sowie Kosten- und Zeitplanungen berücksichtigt wurden, beurteilte er kritisch.

Als ich diese Beobachtung mit ihm besprechen wollte, fertigte er mich unerwartet barsch mit dem Hinweis ab, dass Leistung das sei, was am Ende herauskommt – und zwar technisch. In diesem Moment und mit meinem damaligen Horizont konnte ich nicht widersprechen und weiter argumentieren. Ich wusste nur, dass etwas nicht stimmte, aber ich konnte nicht orten, was es genau war. Obwohl Leistung in diesem Unternehmen mehrdimensional definiert war, verwendete er nur eine Dimension.

Ich schätze diesen Bereichsleiter übrigens auch heute noch sehr, aber in dieser Hinsicht war er auf dem Holzweg.

Ergebnisse Streng genommen geht es im betrieblichen Geschehen gar nicht um Leistung. Leistung ist nur ein Inputfaktor im Prozess. Eigentlich geht es um Ergebnisse, die erzielt werden. Allerdings macht diese Erkenntnis leistungsorientierte Vergütung nicht automatisch einfacher. Aber es ist wichtig, Leistung und Ergebnisse zu unterscheiden. Es kommt auf die Ergebnisse an, nicht auf den individuellen Inputfaktor der persönlichen Leistung. Unabhängig von der Leistungsentgeltmethode müssen die erreichten Ergebnisse die Einflussgröße für das variable Entgelt sein.

Allerdings sind auch die Ergebnisse meist nicht eindimensional, sondern auf mehreren Ebenen zu erkennen oder zu vermissen. Also könnte man die Leitfrage in diesem Sinne umformulieren: „Woran erkennen wir bei uns im Unternehmen gute Ergebnisse?"

Motivation Bei verschiedenen Untersuchungen zeigt sich seit vielen Jahren, dass Vergütung unter den verschiedenen Faktoren, die die Arbeitszufriedenheit beeinflussen, je nach Studie auf den Plätzen vier bis sechs landet. Davor rangieren sehr stabil:

- ein positives, kollegiales Arbeitsumfeld;
- Arbeitsinhalte, die passen und Spaß machen;
- ein guter Chef/eine gute Chefin;
- Möglichkeiten der Gestaltung und Einflussnahme.

Danach folgt eine angemessene (wohlgemerkt nicht überdurchschnittliche) Vergütung, die mehr die Rolle eines Hygienefaktors spielt. Die Studien zeigen weiterhin, dass Vergütung am motivierendsten wirkt, wenn sie als transparent und fair empfunden wird, wirklich variabel ist und durch die eigene Leistung beeinflusst werden kann[2].

Also ist Motivation (und Arbeitszufriedenheit) nicht monokausal. Sie kann durch sehr unterschiedliche Ereignisse, Verhaltensweisen oder Situationen ausgelöst oder gemindert werden: durch materielle Belohnungen, soziale Belohnungen wie Lob oder durch das Schaffen von günstigen Rahmenbedingungen wie Freiraum, Arbeitsmittel, Herausforderungen und so weiter.

> ▶ „Nicht jeder Mensch kann den genau zu ihm und seinen Motiven und Werten passenden Beruf ausüben, auch wenn das wünschenswert wäre. Das Arbeitsleben ist nun einmal kein Wunschkonzert, sondern vielfach härteste und schwer verdauliche Realität. Viele Menschen sind nicht aufgrund von persönlicher Neigung, sondern oft genug durch gut gemeinten, aber leider falschen Rat, Zufall oder existenzielle Notwendigkeit an ihren Job geraten. Glücklich sind diejenigen, die den Job haben, der zu ihnen, ihren Stärken, Motiven und

---

[2]Vergleiche Hay Group (2012, S. 7).

Werten passt. Sie können leicht aus sich selbst heraus motiviert arbeiten. Aber sind das wirklich so viele, die das von sich behaupten können? Ich wage zu behaupten: Nein."[3]

In diesem Statement sind mehrere wichtige Informationen enthalten:

1. Entgelt ist nur ein Aspekt unter den Anreizen, die im Zusammenhang mit Motivation betrachtet werden müssen. Das weite Feld immaterieller Anreizsysteme ist nicht Gegenstand dieses Buches.[4]
2. Im Zusammenhang mit Vergütungssystemen gehe ich nicht primär von einem Motivationsinstrument aus. Vergütungssysteme regeln die Bezahlung. Sie geben der Vergütungslandschaft im Unternehmen eine Struktur, sodass man nicht ständig zu jedem Zeitpunkt im Laufe eines Jahres und für jede Position und Person im Unternehmen über deren Wert und Leistung im Zusammenhang mit Vergütung nachdenken muss. Sie schaffen Spielregeln für Leistung und Gegenleistung.
3. Vergütungssysteme allein schaffen keine Motivation, geben der Arbeit keinen Sinn, schaffen kein produktives Umfeld, produzieren keine neuen Ideen und optimieren keine Prozesse. Sie stellen lediglich sicher, dass nach bestem Wissen und Gewissen eine angemessene Vergütung für gezeigte Ergebnisse nach dem Grundsatz erfolgt: Vergütung folgt der Leistung.

Vergütung kann also allenfalls eingeschränkt die Motivation für die Zukunft beeinflussen. Sie ist gleichzeitig eine Gegenleistung für gezeigte Leistungen und Ergebnisse und auch ein Feedback, das motivieren und beflügeln kann, aber das allein schafft noch keine Motivation. Eher das Gegenteil ist der Fall: Tendenziell wirkt sich eine unangemessene Vergütung eher demotivierend aus. Eine angemessene Vergütung wird eben als angemessen empfunden und wirkt somit eher als Hygienefaktor und weniger als Motivationsfaktor. Sie stellt ein Führungsinstrument dar, das seine Wirkung negativ entfaltet, wenn es nicht funktioniert oder falsch gehandhabt wird. Führungskräfte, die erwarten, dass Vergütungssysteme Führung ersetzen oder automatisieren können oder Motivation schaffen, wo ansonsten keine Motivation wäre, werden regelmäßig enttäuscht werden.

Fazit

Ich möchte hier nicht die vielfach geführten Diskussionen um unterschiedliche Motivationstheorien und Menschenbilder aufgreifen und weiterführen, sondern mich ganz praktisch der Frage widmen, wie Leistung und Gegenleistung klug geregelt werden können. Der Mindestanspruch ist, dass diese Regelungen nicht demotivieren.

---

[3]Vergleiche Rössler-Kruszona (2013).
[4]Weitere Anregungen dazu finden Sie in: Weißenrieder und Kosel (2005).

Eine motivatorische Wirkung entsteht allenfalls dadurch, dass Leistung und Gegenleistung in einer guten Balance sind. Das ist allerdings weit weniger, als sich manche Führungskräfte davon erhoffen.

Ich möchte sogar noch weitergehen. Eine Nicht-Regelung führt mit hoher Wahrscheinlichkeit zu einer Demotivation, weil sie nicht transparent sein kann und das Risiko birgt, als willkürlich und/oder manipulierend wahrgenommen zu werden. Die Mitarbeiter wissen nicht, wie sie auf ihr Entgelt Einfluss nehmen können. Führungskräfte und Mitarbeiter bewegen sich auf unsicherem Terrain und Verunsicherung führt eher zu Demotivation.

1.4   Nachhaltiges Leistungs- und Vergütungsmanagement – Warum und wozu?

Zur Beschreibung nachhaltigen Personalmanagements gibt es verschiedene Zugänge. Die sehr weit gefasste Definition, die in einem Expertenkreis der DGFP (Deutsche Gesellschaft für Personalführung) erarbeitet wurde, in dem ich mitwirken durfte, lautet: „Nachhaltigkeit ist ein Schlüsselkonzept für die Wirtschaft des 21. Jahrhunderts. Der Begriff steht für die gesellschaftliche Verantwortung von Unternehmen und erinnert Entscheider aus Organisationen daran, langfristige Konsequenzen ihres Handelns mitzudenken – in ökonomischer, ökologischer und sozialer Hinsicht. Unternehmen müssen im Rahmen ihrer Selbstverpflichtung transparent machen, welche Folgen das unternehmerische Tun hat und was zur Beseitigung und zur Prävention möglicher ökonomischer, ökologischer und sozialer Probleme geleistet wird, andernfalls drohen Reputations- und Imageverlust, aber auch Sanktionen auf den Finanz-, Ressourcen- und Absatzmärkten.

Auch das professionelle betriebliche Personalmanagement ist davon betroffen, da es das Unternehmensimage als Arbeitgeber mitbeeinflusst, die Humanressourcen-Flüsse im Unternehmen mitgestaltet und die gesellschaftliche Verantwortung des Unternehmens in mehrfacher Hinsicht mitträgt.

- Erstens muss das professionelle Personalmanagement die Unternehmensleitung bei der Umsetzung von Konzepten einer verantwortungsbewussten Unternehmensführung unterstützen, insbesondere durch die Sensibilisierung und Entwicklung von Führungskräften und die Verankerung entsprechender Werte mit Nachhaltigkeitsbezug in der Unternehmenskultur.
- Zweitens muss das Personalmanagement durch ein nachhaltiges Belegschaftsmanagement sicherstellen, dass das Unternehmen langfristig an der Erreichung aller Ziele arbeiten kann – mit einer gut ausgebildeten, motivierten und professionell gestalteten und eingesetzten Belegschaft. Das hat zur Folge, dass sämtliche Personalprozesse unter dem Gesichtspunkt der Nachhaltigkeit neu durchdacht werden müssen.

Beide Perspektiven ergänzen sich gegenseitig und führen (…) zu einem neuen strategischen Handlungsprogramm, das (…) als nachhaltiges Personalmanagement bezeichnet wird. Der Grundgedanke (…) ist, dass Nachhaltigkeit als Leitidee des Personalmanagements zum nachhaltigen Unternehmenserfolg führt und nur dadurch gerechtfertigt werden kann."[5]

Etwas pragmatischer ausgedrückt findet man auch andere Zugänge zu nachhaltigem Personalmanagement[6]. Ein erster wesentlicher Aspekt nachhaltigen Personalmanagements ist somit die Ausrichtung der Personalarbeit an mehrdimensionalen und langfristigen Zielen des Unternehmens. Die eher langfristige Gestaltung und Entwicklung des Unternehmens bestimmen das Handeln. Verschiedene Personalmanagementinstrumente werden so miteinander verknüpft, dass sie nicht nur potenziell die Unternehmensziele unterstützen, sondern nachweislich einen Beitrag zum Unternehmenserfolg leisten.

Ein zweiter zentraler Aspekt bezieht sich auf die Haltbarkeit beziehungsweise die langfristige Funktionsfähigkeit der eingesetzten Personalmanagementinstrumente. Sie sind so gestaltet, dass sie in ihren zentralen Funktionalitäten langfristig ausgerichtet und gleichzeitig langfristig haltbar sind.[7]

Übertragen auf das betriebliche Leistungs- und Vergütungsmanagement bedeutet dies:

1. Die wesentlichen Prozesse, Kennzahlen oder Eckdaten der betrieblichen Leistungserstellung sind im Vergütungssystem abgebildet.
2. Die wesentlichen Aufgaben und Funktionen im Prozess der betrieblichen Leistungserstellung sind im Vergütungssystem verankert.
3. Der Prozess der Leistungsmessung oder -einschätzung führt zuverlässig zu belastbaren Ergebnissen.
4. Der Erfolg des Unternehmens ist eine Einflussgröße im Vergütungssystem.
5. Führungskräfte und Mitarbeiter kennen die wichtigen Parameter und betrieblichen Spielregeln. Sie wenden das Vergütungssystem im Sinne der Zielsetzungen an.
6. Die Anwendung erfolgt auf dem „kulturellen Nährboden" nachhaltigen Personalmanagements mit einer eher längerfristigen und entwicklungsorientierten Ausrichtung.
7. Die Spielregeln des Vergütungssystems unterstützen längerfristige Unternehmensziele.
8. Das Vergütungssystem ist so konzipiert, dass es in seinen Grundzügen langfristig funktionsfähig ist.

---

[5]Vergleiche DGFP (2011).
[6]Vergleiche Weißenrieder und Kosel (2010).
[7]Vergleiche Weißenrieder und Kosel (2005).

**Weiterhin stellt sich die Frage: „Worüber reden wir bei nachhaltigem Leistungs-
und Vergütungsmanagement und worüber reden wir nicht?** Nachhaltig gestaltete
Vergütungssysteme beziehen ihre Wirksamkeit nicht über kurzfristige Gestaltungs-
tricks, wie zum Beispiel steuerfreie Tankgutscheine, die verwendbar sind, solange der
Gesetzgeber sie zulässt, oder Cafeteria-Modelle, in denen man zwischen einer Lebens-
versicherung, einer betrieblichen Altersversorgung oder einem schicken Dienstwagen
wählen kann. Auch die ultimativen Provisions- und Verkaufsanreizsysteme oder Aktien-
optionsmodelle für das Topmanagement sind nicht Gegenstand dieses Buches. Sie sind
mögliche Ergänzungen zu einem Vergütungssystem, das mit den folgenden Entgeltelementen eine solide Basis bildet:

- Element 1: Die Funktion des Mitarbeiters und der Wert der Funktion im Unter-
  nehmen, also die Bewertung der Arbeitsplätze (Abschn. 2.1)
- Element 2: Die individuellen Leistungsergebnisse (Abschn. 2.2)
- Element 3: Das Ergebnis beziehungsweise die Entwicklung des Unternehmens
  (Abschn. 2.3)
- Element 4: Die leistungsorientierte Entwicklung des individuellen Entgelts
  (Abschn. 2.4)

Die Auszahlung der Elemente 2 und 3 kann in monatlichen oder jährlichen Euro-Beträ-
gen erfolgen oder durchaus auch in Form einer Altersversorgung, eines Dienstwagens et
cetera erfolgen. Dies setzt aber zuerst eine Systematik voraus, wie Funktionen im Unternehmen bewertet werden, wie Leistungsergebnisse ermittelt werden, wie das Ergebnis
beziehungsweise die Entwicklung des Unternehmens in die Vergütung einfließen und
wie individuelle Leistung und individuelle Ergebnisse die Entwicklung des Entgelts steuern. Deshalb gilt das Hauptaugenmerk dieses Buches diesen vier Elementen.

Außerdem konzentrieren wir uns in diesem Buch[8] insbesondere auf die Anwendung
in Fertigungs-, Entwicklungs- und Administrationsbereichen von produzierenden Unternehmen. Die Grundgedanken können natürlich auch ohne großen Aufwand auf andere
Branchen und Funktionsbereiche im Unternehmen übertragen werden. Die Beispiele ent-
stammen aber dem unternehmenskulturellen Umfeld von produzierenden Unternehmen.

1.5 Auslöser und Ziele für die Neu- oder Umgestaltung von Vergütungssystemen

Wenn wir über die Ziele nachhaltiger Vergütungssysteme sprechen, dann sind die folgenden Alternativen als Beispiele zu verstehen. Es sind keine Muss-Ziele, aber alle
Themen können Auslöser oder Ziele sein. Teilweise widersprechen sich die folgenden

---

[8]Auch die Praxisbeispiele zeigen dies deutlich.

Beispiele sogar. Entscheidend ist, dass im Unternehmen dazu Klarheit geschaffen wird, welche Ziele mit der Gestaltung oder Umgestaltung von Vergütungssystemen verfolgt werden. Im Zuge des Einführungsprozesses werden wir uns im Kap. 4 mit diesem Denkschritt noch einmal befassen. Er ist elementar, denn abhängig von den Zielsetzungen können Vergütungsprojekte zu sehr unterschiedlichen Regelungen kommen.

Folgende Zielkategorien lassen sich unterscheiden:

1. Quantitative oder prozessbezogene Ziele
   - Anpassung an veränderte Abläufe
   - Anpassung an eine veränderte Aufbauorganisation
   - Unterstützung der Optimierung betrieblicher Prozesse
2. Finanzwirtschaftliche Ziele
   - Verbesserung der Planbarkeit der Kosten
   - Reduzierung der Kosten
   - Bessere Allokation der Ausgaben für Personal
   - Verknüpfung von Unternehmensentwicklung und Personalkosten
3. Qualitative beziehungsweise führungsbezogene Ziele:
   - Unterstützung der Führungskräfte durch ein kraftvolles Führungsinstrument
   - Schaffung von Anreizen
   - Steigerung der Leistungsorientierung im Unternehmen[9]
   - Orientierung geben, Energien lenken beziehungsweise fokussieren
   - Steigerung der Leistungsgerechtigkeit
   - Reduzierung der Unzufriedenheit mit dem bisherigen Verfahren
   - Abbau des Drucks der Führungskräfte, Mitarbeiter, Betriebsräte
   - Veränderung der Unternehmenskultur

Es ist durchaus nachvollziehbar, dass alle oben genannten Ziele beziehungsweise Auslöser vorkommen können, spannend ist allerdings schon die Frage:

„Welche Ziele verfolgt das eigene Unternehmen primär mit der Einführung eines neuen Entgeltsystems?" beziehungsweise „Was sind die Hauptauslöser für die Gestaltung oder Umgestaltung des Entgeltsystems?"

Es ist zwar verständlich, dass man gerne alles und von allem viel möchte, wenn man schon beginnt, diese mächtige Thema zu schultern. Allerdings ist es von Bedeutung, sich der Haupttreiber bewusst zu sein. Das wird dabei helfen, die verschiedenen Elemente sauber auszutarieren und fein abzustimmen.

Den unternehmensspezifischen Antworten auf diese Frage werden wir uns im Zusammenhang mit dem Gestaltungsprozess betriebsspezifischer Entgeltsysteme im Kap. 4 widmen.

---

[9]Basierend auf der Annahme: Leistungsorientierte Vergütungssysteme ziehen leistungsorientierte Menschen an und schrecken andere eher ab.

1.6 Variable Entgeltsysteme – Eine Standortbestimmung auf dem Weg zwischen Status quo, Agilität und Industrie 4.0!

Die HR-Community führt in der Fachpresse, auf Symposien und Fachtagungen die spannende Diskussion, ob durch die aktuellen und erwarteten Veränderungen in der Arbeitswelt nicht ganz andere Performance-Management- und Entgeltlösungen als die bisher bekannten und praktizierten gefragt sein werden. Dabei geht es im Wesentlichen um folgende Veränderungs- und Entwicklungsrichtungen in den Feldern Gesellschaft und Organisation bzw. Technologie und Produkte/Dienstleistungen:

- Die Gesamtentwicklung der Gesellschaft und Wirtschaftsbedingungen in Richtung einer VUKA-Welt
- Digitalisierung und die Entwicklung der Industrie und der Arbeitswelt in Richtung 4.0
- Andere Erwartungshaltungen der Generationen Y ff. und die demografische Entwicklung
- Agilität und flexibel organisierte Projektteams und -methoden

Jede der oben genannten Entwicklungen hat eine gewisse Komplexität und ich möchte nicht der Versuchung erliegen, darüber ein Buch zu schreiben. Deshalb in aller Kürze: Die Veränderungen überschneiden sich teilweise in ihren Ursachen und Wirkungen, haben Gemeinsamkeiten und Wechselwirkungen, finden allerdings trotzdem in hohem Maße unabhängig voneinander statt. Es lohnt sich, diese stattfindenden und/oder absehbaren Veränderungen genauer zu betrachten, bevor wir uns den sich daraus möglicherweise ergebenden Auswirkungen auf Performance Management und variable Entgeltsysteme widmen. Gleichzeitig möchte ich vorwegschicken, dass diese Veränderungen in unterschiedlicher Intensität und Geschwindigkeit auf verschiedene Branchen, Zielgruppen und Bereiche der Unternehmen zutreffen (werden). Es lohnt sich, sich dies zu vergegenwärtigen, weil es vielen Beteiligten die Möglichkeit eröffnet, sich vorausschauend und agierend statt nur reagierend mit den Veränderungen zu beschäftigen und von den Branchen sowie Zielgruppen zu lernen, die als Erste schon im Veränderungsprozess sind.

1.6.1 Die VUKA-Welt

Das Akronym VUKA beschreibt schwieriger werdende Rahmenbedingungen der Unternehmensführung und der Arbeitswelt. Der Begriff entstand in den 1990er Jahren in einer US-amerikanischen Militärhochschule und diente zunächst dazu, die multilaterale Welt nach dem Ende des Kalten Krieges zu beschreiben. Später breitete der Begriff sich auch in andere Bereiche strategischer Führung und auf andere Arten von Organisationen und damit in die Wirtschafts- und Organisationswelt aus.

V	Volatiler	Die Veränderungsgeschwindigkeit nimmt zu.
U	Unsicherer	Es ist weniger klar, was kommt.
K	Komplexer	Viele Faktoren und Veränderungen stehen in Wechselwirkungen zueinander.
A	Ambivalenter	Die Antworten auf Fragen werden immer weniger eindeutig.

Vermutlich werden Unternehmen Wettbewerbsvorteile erzielen, die diese sich verändernden Rahmenbedingungen schneller verstehen und agiler darauf reagieren. Es braucht wenig hellseherische Begabung, um zu erkennen, dass der Wirkungsgrad hierarchischer und bürokratischer Formen der Unternehmensorganisation dafür eher nicht ausreichen wird.

1.6.2 Die Digitalisierung der Arbeitswelt und die Entwicklung in Richtung Industrie 4.0

Die digitale Transformation vollzieht sich auf mehreren miteinander verbundenen Ebenen[10]. Auf der ersten Ebene finden wir die technologischen Veränderungen, die einen erheblichen Produktivitätssprung versprechen. Dies ist erkennbar in einer exponentiellen Steigerung der Leistungsfähigkeit der Informations- und Kommunikationstechnologien und dem Fortschritt weiterer Technologien wie der Robotik, Sensorik oder der additiven Fertigung (etwa 3-D-Druck) sowie auch der digitalen Vernetzung von Menschen und Dingen. Auf einer zweiten Ebene bilden diese Technologien die Basis für neue Produkte und Dienstleistungen, Produktionsprozesse sowie Organisations- und Geschäftsmodelle und in der Folge eine Neuausrichtung der globalen Arbeitsteilung. Im Ergebnis werden diese Veränderungen eine Steigerung von Kundennähe, Flexibilität und Innovationstempo erfordern und mit sich bringen. Um dies zu erreichen, stehen hierarchische und bürokratische Formen der Unternehmensorganisation auf dem Prüfstand.

Das legt nahe, dass sowohl die Prozesse wie auch die Tools, die bisher für bewährte Personalmanagementinstrumente wie Mitarbeitergespräche, Zielvereinbarungen, Beurteilungssysteme und Entgeltfindung angewendet wurden, mit der technologischen Entwicklung Schritt halten müssen, da sie ansonsten aus der Sicht der User antiquiert und nicht mehr leistungsfähig wirken. Wenn Apps helfen, eine Wohnung zu finden, die persönliche Fitness zu überwachen, den Urlaub zu planen, die Finanzen zu managen und Partner zu finden, dann mutet es für eine zunehmend große Zielgruppe möglicherweise vorsintflutlich an, wenn die Leistungsbeurteilung mit Papier und Bleistift ausgefüllt wird.

---

[10]Nach Benjamin Mikfeld: Zur Einführung: Trends, Diskurse, Klärungsbedarfe. Arbeiten 4.0 in der digitalen Transformation. In: Werkheft 01: Digitalisierung der Arbeitswelt. Hrsg. Bundesministerium für Arbeit und Soziales, Berlin (2018, S. 16 f.).

1.6.3   Veränderte Erwartungshaltungen der Generationen Y ff. und demografische Entwicklung

Die Generation der Digital Natives[11] unterscheidet sich in ihrer Kommunikation und Mediennutzung und auch (zumindest in Teilen) in ihrer Art zu arbeiten von vorhergehenden Generationen (Bedürfnis nach mehr Autonomie, Work-Life-Blending statt klarer Trennung von Arbeit und Privatleben). Ebenso treten veränderte Konsummuster auf, etwa der Wunsch nach individualisierten Produkten oder das Prinzip „Nutzen statt Besitzen". Diese kulturellen Veränderungen werden von der Technologie und den Geschäftsmodellen beeinflusst, sie wirken aber auch ihrerseits auf die Entstehung neuer Produkte und Dienstleistungen. Vermutlich erzeugen sie auch zusätzliche Anforderungen an Unternehmensorganisation und Führungsprozesse.

Diese sind schon vielfach sichtbar und beschrieben[12] und lassen sich wie folgt zusammenfassen:

- Mehr Freiwilligkeit und Einbeziehung statt „Ober sticht Unter"
- Sichtbarer und spürbarer Sinn der Arbeit bzw. Aufgaben und „Wozu ist das gut?" statt „Das muss jetzt eben sein!"
- Mehr Individualität und Partikularinteressen statt starrer Regelungen, die für alle gelten müssen
- Mehr Kooperation und Transparenz statt Einzelaktionen und geschlossene Entscheiderzirkel

Beim Schreiben dieser Zeilen wurde mir wieder bewusst, dass diese Erwartungen nicht erst für die Generation Y gelten. Ich bin Jahrgang 1961, nach dem Studium fand meine Sozialisierung in der Arbeitswelt Mitte der 1980er Jahre statt und ich kann sagen, dass mir jeder der oben genannten Punkte auch wichtig war und ist. Wahrscheinlich gilt, dass diese Werte auch unserer Generation schon wichtig waren, aber eben im damaligen Umfeld in geringerem Maße erfüllt wurden, denn: Gleichzeitig mit diesem Wandel der Werte und der Erwartungshaltungen an die Arbeitswelt findet derzeit im Unterschied zu den 1980er Jahren mit hoher Arbeitslosenquote, Lehrstellenmangel und diplomierten Taxifahrern „ein Machtwechsel am Arbeitsmarkt"[13] statt. Die Veränderung vom Arbeitgebermarkt zum Arbeitnehmermarkt wird in den kommenden Jahren weiter an Geschwindigkeit zunehmen. Aus 45 Mio. Erwerbstätigen in 2017 werden mit

---

[11]Nach Benjamin Mikfeld, a. a. O., S. 17.

[12]U. a. siehe Gunther Wolf, Zielvereinbarungen in der Praxis. Aufwand reduzieren, Nutzen maximieren, Chancen realisieren. Haufe-Lexware, Freiburg (2018, S. 261 ff.) Anmerkung: Dieses Buch beschäftigt sich nicht nur mit Zielvereinbarungen im engeren Sinne, sondern beschreibt die aktuellen und zu erwartenden Veränderungen der Arbeitswelt sehr anschaulich und detailliert.

[13]Zit. nach Gunther Wolf, a. a. O. (2018, S. 256).

der aktuellen demografischen Entwicklung in Deutschland bis 2037 33 Mio. Erwerbstätige[14]. Das ist leicht im Dreisatz zu errechnen, denn mehr als die aktuell geborenen Kinder werden in 20 Jahren nicht ins Berufsleben eintreten können. Trotz Kompensation durch Digitalisierung, Automatisierung bzw. Rationalisierung und Zuzug wird sich das „Machtgefüge" zugunsten der Beschäftigten und deren Erwartungen verschieben. In welchem Umfang dies letztlich zutreffen und sich auswirken wird, ist schwer prognostizierbar. Aber wir dürfen von der Annahme ausgehen, dass die oben genannten Erwartungen an Bedeutung und Durchsetzungskraft gewinnen werden.

1.6.4 Agilität und flexibel organisierte Projektteams und Projektmethoden

Die bisher beschriebenen Veränderungen der VUKA-Welt und der Digitalisierung bzw. Industrie 4.0 erhöhen die Anforderungen an Veränderungsgeschwindigkeit und damit auch die Anforderungen an Arbeits- und Projektmethoden. Diese Veränderungen treffen auf eine Arbeitswelt, die sich gleichzeitig mit kulturellen Veränderungen und Erwartungshaltungen der Beteiligten konfrontiert sieht. Arbeits- und Projektteams, die in häufiger als bisher wechselnden Zusammensetzungen Aufgaben bewältigen sollen, sind ihrerseits mit höheren Anforderungen konfrontiert. Die Nutzung neuer Methoden[15] wie Scrum oder Design Thinking stellt somit nicht nur höhere Anforderungen an die Teams selbst, sondern auch an die Unternehmensorganisation und die Führungsprozesse. Die Vermutung ist begründet, dass es nicht dauerhaft möglich sein wird, agile Teams und Agilität am Markt zu erwarten und alle anderen Rahmenbedingungen im Hintergrund wie Entscheidungsprozesse, Tools und Funktionen so zu lassen, wie es für lange Zeit war.

Die bisher genannten Veränderungstendenzen lassen Auswirkungen auf Performance-Management- und Entgeltsysteme erwarten. Daneben ist noch eine Reihe weiterer Veränderungen zu bemerken, die die oben genannten Effekte noch verstärken.

1.6.5 Und sonst noch?

Zum einen ist die Entwicklung erkennbar, dass Teams mit gemeinsamen Aufgabenstellungen zunehmend an unterschiedlichen Orten angesiedelt sind, die sich auch häufig in unterschiedlichen Ländern befinden. Dies hat zur Folge, dass sowohl die Steuerung anspruchsvoller wird als auch gleichzeitig das „Beobachten und Beurteilen" von

---

[14]Nach Gunther Wolf, a. a. O. (2018, S. 256) auf der Basis der Daten des Bundesministerium für Arbeit und Soziales.

[15]Auf die genannten Arbeitsmethoden wird an dieser Stelle nicht weiter eingegangen. Dazu ist umfangreiche Literatur verfügbar, u. a. Valentin Nowotny, Agile Unternehmen – Fokussiert, schnell, flexibel: Nur was sich bewegt, kann sich verbessern, Business Village, Göttingen, (2018).

Ergebnissen. Zum anderen machen fehlende Präsenz und gleichzeitig möglicherweise unterschiedliche kulturelle Hintergründe Kooperation aufwendiger und anfälliger für Missverständnisse und Konflikte.

Die Diskussion über die Frage, ob diese Veränderungen Auswirkungen auf die Ausgestaltung von Performance-Management- und Entgeltsystemen haben, ist angesichts der Vielzahl und Vielschichtigkeit der Veränderungen vollkommen berechtigt. Allerdings wird sie teilweise in Form von Entweder-oder-Grundsatzdebatten und Prophezeiung vollständiger Umbrüche sowie der Verkündigung neuer Heilslehren zumindest partiell unter folgenden Fragestellungen geführt:

- „Wird jetzt alles bisher Bekannte obsolet und innerhalb kurzer Zeit durch ganz neue, bisher allenfalls ansatzweise bekannte Modelle ersetzt werden?"
- „Wird das dann gleich für alle Zielgruppen im Unternehmen in gleicher Weise der Fall sein?"
- „Ist zum Beispiel Leistungsbeurteilung noch zeitgemäß oder heute schon hoffnungslos veraltet?"
- „Ist Zielvereinbarung dann die richtige Methode?"
- „Ist eine Zielerreichungsprämie grundsätzlich richtig oder grundsätzlich falsch?"
- „Sind eher reine Kennzahlenmodelle oder eher Zielvereinbarungen mit Bonus das Richtige?"
- „Sind Teamprämien vielleicht das Richtige für die veränderten Rahmenbedingungen?"
- „Ist es vielleicht grundsätzlich sinnvoller, allen Mitgliedern eines Teams das gleiche Entgelt zu bezahlen?"
- „Entscheiden Mitarbeiter und/oder Teams zukünftig besser autonom und ohne Chef über die Verteilung von Boni oder die Festlegung ihres Monatsentgelts?"
- usw.

Angesichts der Intensität der angekündigten Umbrüche ist es sinnvoll, die Entwicklung etwas längerfristiger und mit etwas mehr Abstand zu betrachten. Es ist spannend, über die Jahre immer wieder neue Trends in der bunten Landschaft von Führungsinstrumenten und Entgeltsystemen zu entdecken. Und in der Tat, unabhängig von eher kurzfristigen Modetrends haben sich die in den Unternehmen angewandten Entgeltsysteme weiterentwickelt. Fast keine Erscheinung, die anfangs eher den Charakter eines modischen Accessoires hatte oder von anderen gar als Heilslehre für alle Vergütungsprobleme propagiert wurde, ist in der Folge ganz von der Bildfläche verschwunden – im Gegenteil, unterschiedlichste Modelle finden in dem einen Unternehmen oder Bereich ihren Platz und leisten dort gute Dienste. Dafür scheitert die gleiche Anwendung in anderen Unternehmen oder anderen Anwendungsbereichen. Das gilt sowohl für die Methodik der Bewertung von Arbeitsplätzen wie auch für leistungsvariable Entgeltbestandteile. Genauso ist dies zu beobachten bei der Vielzahl von denkbaren und möglichen Sozial- und Nebenleistungen bis hin zu deren Verknüpfung in einem eigenständigen Vergütungselement als Cafeteria-Modell.

Anforderungsbezogene Eingruppierungssysteme, Zielerreichungsprämien, Dienst-wagenregelungen, Mehr-Netto-vom-Brutto-Ansätze, Benzingutscheine, Leistungszulagen oder Leistungsprämien, Tantiemeregelungen, kennzahlengebundene Gruppenprämien, Kollegialbeurteilungen, Aktien(-optionen)-Programme können in Unternehmen funk-tionieren – oder eben auch nicht. Manches, was in einem Unternehmen seine beste Zeit bereits hinter sich hat und nicht mehr richtig funktioniert, kann zum gleichen Zeit-punkt in einem anderen Unternehmen neu eingeführt werden und dann über lange Zeit gute Dienste tun. Nicht die neueste Mode, sondern die beste Passform unterstreicht den Charakter und die Kultur eines Unternehmens – und das gilt nicht nur in der Mode-welt, sondern eben in gleicher Weise für Vergütungssysteme, die auch ihren Dienst als Führungs- und Steuerungssysteme leisten sollen. Beste Passform kann auch bedeuten, dass sich innerhalb eines Unternehmens gegenläufig zu sonstigen Zentralisierungs-bestrebungen unterschiedlichste Modelle parallel zueinander herausbilden.

Angesichts zu erwartender sozialer und technologischer Veränderungen in der Arbeitswelt ist zu prüfen, ob sich Vergütungssysteme gleichzeitig oder mit einem Zeit-versatz mitverändern sollen oder sogar müssen. Zumindest bisher sind Vergütungs-anwendungen eher lang- als kurzlebig. Sie folgen eher der Organisationsentwicklung, als dass sie die Entwicklung der Organisation treiben. Gerade in dynamisch-agilen Orga-nisationen mit tendenziell kürzer werdenden Veränderungsintervallen bleiben bezüglich der Ausgestaltung der passenden Vergütungssysteme wahrscheinlich folgende Leitfragen in der Entwicklung eines Konzepts weiterhin hilfreich und notwendig:

1. Welche längerfristigen (nachhaltigen) Ziele verfolgen wir mit unserem Vergütungs-system?
2. Was vermissen wir bezüglich der Steuerungswirkung bei unserem heutigen Ver-gütungssystem?
3. Was schätzen wir an unserem heutigen Vergütungssystem und sollten es bei Ver-änderungen nicht unüberlegt oder gar zufällig über Bord werfen?
4. Welche Kennzahlen stehen zur Verfügung und könnten eine Entgeltwirkung entfalten?
5. Wer sind die Anwender und welchen Reifegrad haben sie bezogen auf Führung, Feedbackkompetenz, Zielklarheit und Zielvereinbarungskompetenz?
6. Wo wollen wir eine Verbindung zwischen Leistungsmanagement (Feedback, Personalentwicklung, Training etc.) und Vergütungsmanagement (anforderungs-bezogene Vergütungselemente, individuelle oder Gruppenleistungsprämien etc.) und wo wollen wir ausdrücklich keine Verbindung?

Abhängig von den unternehmensspezifischen Antworten auf diese Fragen werden dann auch die richtigen Lösungen für dieses Unternehmen gefunden. Unabhängig von den unternehmensspezifischen Antworten auf diese Fragen kann Folgendes für das Gros der Unternehmen in Deutschland als gesichert gelten:

- Menschen im Arbeitsleben wollen auch zukünftig mit einer großen Mehrheit eine Verbindung zwischen den Anforderungen der Tätigkeit, ihrer persönlichen Leistung und ihrem Entgelt erkennen. Dies trifft insbesondere auf Spitzenleister und Leistungsträger zu. Variable Vergütung bleibt somit weiterhin ein Führungs- und Vergütungsinstrument.
- Wenn sich in agilen Organisationen Rollen und deren Inhalte häufiger als bisher ändern, dann bedeutet das nicht, dass Beschreibungen und Bewertungen dieser Rollen überflüssig werden. Menschen werden weiterhin entsprechend ihrer Eignung (Fähigkeiten und Fertigkeiten) und damit ihrem Marktwert eingesetzt werden. Auch in einer Fußballspitzenmannschaft werden Spitzenspieler nicht nur auf ihrer Lieblingsposition spielen (können), sondern dort, wo die Mannschaft bzw. der Verein sie braucht. Auch Unternehmen werden bestrebt sein, ihre „Spieler" dort einzusetzen, wo sie den größten Beitrag leisten können. Das kann bedeuten, dass zum Beispiel der Scrum-Master auch eine Zeit lang als Product Owner tätig sein kann. Damit ändert sich zwar die Rolle, aber nicht zwingend das Anforderungsniveau der Rolle und damit auch nicht der Marktwert für das Unternehmen. Auch die Zuordnung der Rolle zu einem Gehaltsband muss sich damit nicht ändern (mehr dazu in Kap. 7).
- Es bedarf dazu weiterhin eines Prozesses, der systematisch und transparent gestaltet ist.
- Es stellt weiterhin eine Managementaufgabe dar, diesen Prozess zu gestalten und Entgeltentscheidungen zu treffen.

Vielleicht sind es auch gar nicht so sehr die Instrumente und Grundsätze selbst, die überflüssig werden, sondern mehr die Form der Anwendung derselben und die Einbeziehung der Beteiligten in den entsprechenden Prozessen (dazu mehr in Abschn. 7.2 ff.).

Folgende Veränderungen sind denkbar und einigermaßen wahrscheinlich:

1. Die Feedbackzyklen, die (insbesondere jüngere) Mitarbeiter erwarten und die bei hoher Veränderungsgeschwindigkeit auch notwendig und hilfreich sind, werden kürzer. Das einmal pro Jahr stattfindende Mitarbeitergespräch ist damit nicht obsolet, aber gleichzeitig auch in vielen Fällen nicht mehr ausreichend.
2. Die Kommunikation über Tätigkeitsinhalte, Leistung, Mitarbeiterentwicklung und das Reden über Entgelt werden tendenziell zeitlich eher entkoppelt werden, da Entgeltveränderungen vermutlich in den allermeisten Funktionen auch weiterhin nicht im Wochen- und Monatsrhythmus, sondern eher im Jahresrhythmus und im Rahmen einer längerfristigen Entwicklung diskutiert werden. Hingegen werden die Absprachen über Aufgaben, Inhalte, neue Sonderaufgaben und Projekte, Feedback nach Sprints und Projekten und sich daraus ergebende Ziele im Trend eher häufiger als in der Vergangenheit erfolgen.
3. Weiterhin erfordern die zunehmende Anzahl von Matrixführungssituationen und der Trend zu räumlich verteilten Teams stärkere und vor allem funktionierende Abstimmungsprozesse bezüglich der Leistungsbeurteilung oder Zielerreichung einzelner Mitarbeiter. Der Aufwand hierfür wird tendenziell steigen, auch wenn neue und bisher nicht bekannte Tools zur Verfügung gestellt werden.

Vielleicht werden manche Unternehmen der Versuchung erliegen, für kurzfristige Ergebnisse auch in den nicht-vertriebsnahen Bereichen kurzfristige Entgeltresponse in Form von Boni oder Prämien zur Verfügung zu stellen. Ob damit eine nachhaltige Wirkung erzielt werden kann? Ich bezweifele das, vor allem im Hinblick darauf, dass auch kurzfristige Leistungen in vernetzten Organisationen nur selten auf einen bestimmten Mitarbeiter, sondern meist auf mehrere Beteiligte zurückgehen, deren Unterstützung vielleicht nicht immer so sichtbar, aber trotzdem existent ist.

Außerdem: Das Maß des „Involvements" der Mitarbeiter in den Entgeltfindungsprozessen ist aktuell eher schwach ausgeprägt. Es ist wenig prophetische Begabung notwendig, um zu sehen, dass vermutlich hier die Veränderungen zu erwarten sind und nicht bei der Erfindung noch weiter ausgefeilter Zielvereinbarungs-, Bonus- und Zielerreichungsprämienmodelle. Deren nachhaltige Wirkung bleibt weiterhin eher eingeschränkt, wenn Systematik, Transparenz und angemessenes „Involvement" nicht gegeben sind. Diese Veränderungen haben in manchen Unternehmen schon ganz praktisch ihren Niederschlag in unterschiedlichen Ausprägungen von „Peer Rankings", Kollegialbeurteilungen, Teambeurteilungen sowie Fremd- und Selbsteinschätzungen (s. Abschn. 7.3) gefunden. In den Werkstattberichten (s. Kap. 3) finden Sie auch einen Beitrag von Heiko Fischer (s. Abschn. 3.6) über ein Feedbackinstrument, mit dessen Hilfe sich Mitarbeiter aller Ebenen und Funktionsbereiche jederzeit positives Feedback zu Beiträgen, Arbeitsergebnissen, erfahrener Unterstützung etc. geben können. Die Häufigkeit positiven Feedbacks, dessen Konzentration bei bestimmten Mitarbeitern und dessen Abwesenheit bei anderen Mitarbeitern lässt zum Beispiel nach einem Jahr auch eine Leistungsdifferenzierung erkennen, die mit Entgelt verbunden werden kann. Das ist eine Möglichkeit, Involvement zu stärken. Das kann einerseits eine Reaktion auf veränderte Prozesse und Unternehmenskultur sein und andererseits dieselben auch verändern und weiterentwickeln.

Aber machen wir uns nichts vor: Es bleibt in vielen Fällen und an vielen Stellen weiterhin eine wesentliche Führungsaufgabe, Ziele zu vereinbaren, Feedback zu geben, Ergebnisse und Leistungen einzuschätzen und zu vergleichen und daraus im Rahmen von transparenten Spielregeln Entgeltentscheidungen abzuleiten. Manche Führungskräfte würden es zwar bevorzugen, dafür nur Data-Input zu liefern, und die Entscheidung über Entgelt lieber einem Algorithmus überlassen – aber das wird vermutlich auch in Zukunft nicht so sein.

Involvement muss nicht erst bei der Anwendung von Vergütungsregelungen gelten. Das kann auch sehr pragmatisch bei der Konzeption von neuen Entgeltsystemen (mehr dazu in Abschn. 7.2 ff.) realisiert werden. Führungskräfte und Mitarbeiter können bei der Beschreibung von Arbeitsbereichen beteiligt werden, die dann die Grundlage für die Bewertung von Arbeitsplätzen bildet. Führungskräfte und Mitarbeiter können durch Online-Befragungen einbezogen werden, wenn es um die Frage der Ermittlung von Leistungskriterien geht. „Woran erkennen wir gute Leistung bei uns im Unternehmen?" ist eine Fragestellung, zu der es unterschiedliche Blickwinkel gibt und aus deren Antworten Leistungskriterien „destilliert" werden können. Die Durchführung dieses Ansatzes kann auch über Workshops mit großen Gruppen von Mitarbeitern verwirklicht werden. Weiterhin ist es ohne großen Aufwand praktikabel, Mitarbeiter wiederkehrend (z. B. alle drei Jahre) durch eine kurze Mitarbeiterbefragung bei einer Aktualisierung der Beschreibungen der Leistungsmerkmale einzubeziehen.

Das sind nur einige wenige Beispiele, bei denen klar wird, dass auch die heutigen Verantwortlichen für Vergütungssysteme über eine Schwelle gehen müssen, da andere Arbeitsmethoden gefordert sind, als dies die geschlossenen Benefits-and-Compensation-Expertenzirkel der Vergangenheit und teilweise der Gegenwart leisten können. Nichtsdestotrotz: Innovative Unternehmen praktizieren das heute schon, weil sie von ihren Führungskräften, Mitarbeitern und Mitarbeitervertretungen Innovation und hohes Tempo erwarten. Das darf dann berechtigt auch für die Entwicklung und Konzeption von leistungsvariablen Entgeltsystemen gelten.

Ein Gedanke mag vielleicht für etwas Entspannung sorgen: Die Veränderungen werden nicht überall in allen Unternehmen zur gleichen Zeit passieren. Aber agile Unternehmen, die am Arbeitsmarkt hart am Wind segeln, werden sich darüber wie immer zuerst Gedanken machen (müssen).

Aber lassen Sie uns, bevor wir uns mit zukünftigen Veränderungen beschäftigen, noch einen Blick auf Fakten werfen, die den Status quo beschreiben und die uns für weitere Überlegungen möglicherweise hilfreich sein können. Aktuelle Forschungsergebnisse stellt dazu die Längsschnittstudie „Variable Vergütungssysteme"[16] zur Verfügung, die vom Bundesarbeitsministerium in Auftrag gegeben und von einem Hochschulteam um Dirk Sliwka (Universität Köln) sowie Patrick Kampkötter (Universität Tübingen) durchgeführt wurde. Für die Studie wurden in drei Stufen über die Jahre 2012, 2014 und 2016 hinweg 1219 Betriebe mit mindestens 50 Beschäftigten auf ihre Vergütungsregelungen hin untersucht. Aus diesen Betrieben wurden außerdem ca. 7500 Beschäftigte befragt. Folgende Erkenntnisse können für unsere weiteren Betrachtungen von Interesse sein:

- 60 % aller Betriebe setzen variable Vergütungssysteme ein. Dieser Anteil hat sich über die vergangenen Jahre nicht verändert.
- In diesen Unternehmen betragen die Anteile an der gesamten variablen Vergütung:
  - ca. 30 % Unternehmenserfolg
  - ca. 20 % Erfolg der kleineren organisatorischen Einheit (Abteilung, Team etc.)
  - ca. 50 % persönliche Leistung
  Auch diese Verteilung hat sich über die vergangenen Jahre nicht verändert.
- Der variable Anteil am Grund- bzw. Festgehalt liegt bei durchschnittlicher Leistungserfüllung über die vergangenen Jahre ziemlich unverändert bei etwa 14 %.

---

[16]Forschungsbericht 507, Bericht zum Forschungsmonitor „Variable Vergütungssysteme", Bundesministerium für Arbeit und Soziales, Mai Kampkötter und Sliwka 2018.

In der Befragung der Beschäftigten wurde untersucht, welche Auswirkungen die Veränderung der Anteile der oben genannten Komponenten der variablen Vergütung auf die Faktoren Arbeitszufriedenheit, Commitment, Engagement, Kooperationsbereitschaft und Gesundheit hat:

- Wenn der variable Anteil, der auf individuelle Leistung entfällt, erhöht wird, dann sinken die Arbeitszufriedenheit und die Kooperationsbereitschaft.
- Wenn der variable Anteil, der auf Unternehmenserfolg entfällt, erhöht wird, dann nehmen die Arbeitszufriedenheit und das Commitment zu.
- Veränderungen des Anteils, der auf den Erfolg der kleineren organisatorischen Einheit (Abteilung, Team etc.) entfällt, beeinflussen die untersuchten Faktoren nicht.

Ich betrachte diese Informationen als statistische Orientierungsmarken, die helfen zu verstehen, was die meisten Unternehmen tun. Ob das für den konkreten Fall in Ihrem Unternehmen gültig ist, ist damit noch nicht geklärt. Es stellen sich bei der Gestaltung des konkreten Vergütungskonzepts weiterhin die Fragen, denen wir in den folgenden Kapiteln nachgehen werden:

1. Welche längerfristigen (nachhaltigen) Ziele verfolgen wir mit unserem Vergütungssystem?
2. Was vermissen wir bezüglich der Steuerungswirkung bei unserem heutigen Vergütungssystem?
3. Was schätzen wir in unserem heutigen Vergütungssystem und sollten es bei Veränderungen nicht unüberlegt oder gar zufällig über Bord werfen?
4. Welche Kennzahlen stehen zur Verfügung und könnten eine Entgeltwirkung entfalten?
5. Wer sind die Anwender und welchen Reifegrad haben sie bezogen auf Führung, Feedbackkompetenz, Zielklarheit und Zielvereinbarungskompetenz?
6. Wo wollen wir eine Verbindung zwischen Leistungsmanagement (Feedback, Personalentwicklung, Training etc.) und Vergütungsmanagement (anforderungsbezogene Vergütungselemente, individuelle oder Gruppenleistungsprämien etc.) und wo wollen wir ausdrücklich keine Verbindung?

Literatur

DGFP e. V. (Hrsg.). (2011). *Personalmanagement nachhaltig gestalten. Anforderungen und Handlungshilfen.* Bielefeld: Bertelsmann.
Hay Group. (2012). http://www.4managers.de/uploads/media/20120222_Ergebnisbericht_Umfrage_Arbeitsmotivation.pdf. Zugegriffen: 28. Okt. 2013.
Kampkötter, P. & Sliwka, D. et. al. (2018). Forschungsbericht 507, Bericht zum Forschungsmonitor: „Variable Vergütungssysteme". Längsschnittstudie im Auftrag des Bundesministeriums für Arbeit und Soziales.

Mikfeld, B. (2018). Zur Einführung: Trends, Diskurse, Klärungsbedarfe. Arbeiten 4.0 in der digitalen Transformation. In Bundesministerium für Arbeit und Soziales(Hrsg.), *Werkheft 01: Digitalisierung der Arbeitswelt* (S. 16 f.). Berlin: Bundesministerium für Arbeit und Soziales.

Nowotny, V. (2018). *Agile Unternehmen – Fokussiert, schnell, flexibel: Nur was sich bewegt, kann sich verbessern.* Göttingen: Business Village.

Rössler-Kruszona, J. (2013). Kommentar zu der Diskussion im mw-Blog: Hört auf zu motivieren. http://mwonlineblog.blogspot.de/2013/02/hort-auf-zu-motivieren-2.html. Zugegriffen: 28. Okt. 2013.

Weißenrieder, J., & Kosel, M. (2005). *Nachhaltiges Personalmanagement. Acht Instrumente zur systematischen Umsetzung.* Wiesbaden: Gabler.

Weißenrieder, J., & Kosel, M. (2007). *Projekte sicher managen. Mit sozialer Kompetenz die Ziele erreichen.* Weinheim: Wiley-VCH.

Weißenrieder, J., & Kosel, M. (Hrsg.). (2010). *Nachhaltiges Personalmanagement in der Praxis. Mit Erfolgsbeispielen mittelständischer Unternehmen.* Wiesbaden: Gabler.

Wolf, G. (2018). *Zielvereinbarungen in der Praxis.* Aufwand reduzieren, Nutzen maximieren, Chancen realisieren. Freiburg: Haufe-Lexware.

Die Elemente nachhaltiger Vergütungssysteme

2

Jürgen Weißenrieder

Zusammenfassung

Die drei Grundelemente nachhaltiger Vergütungssysteme sorgen dafür, dass alle wesentlichen Einflussgrößen zum Tragen kommen: Die Anforderungen der Tätigkeit eines Mitarbeiters, die Leistung, die er individuell erbringt oder zu der er in einem Team beiträgt, und das Ergebnis des gemeinsamen Handelns, das Unternehmensergebnis. Wir lernen die Vergütungsmatrix kennen, die die individuelle Vergütung abbilden kann und mit der man die mittel- und langfristige Entwicklung des individuellen Entgelts steuern kann.

Mit einer pfiffigen Methode kann die Arbeitsplatzbewertung abseits der schon ausgetretenen Pfade zügig und nachhaltig erfolgen. Drei Methoden stehen für das Leistungsentgelt zur Verfügung: Kennzahlen, Zielvereinbarung und Leistungsbeurteilung. Jeder Weg bietet an verschiedenen Stellen gute Aussichten und auch gleichzeitig riskante Passagen (manchmal sogar mit Fallen). Die einzelnen Methoden werden detailliert mit ihren Vor- und Nachteilen „durchlebt", gute und weniger hilfreiche Anwendungsfelder werden diskutiert, Hürden und charmante Ergänzungen werden entdeckt. Den Abschluss findet dieser Abschnitt in einem Vergleich der verschiedenen Leistungsentgeltmethoden, sodass Sie sich ein Bild machen können, welche Methode für Ihr Unternehmen am besten passt.

Viele Unternehmer wünschen sich, dass sich das Unternehmensergebnis systematisch im Entgelt niederschlägt und möglichst die Mitarbeiter, die mehr zum Ergebnis beigetragen haben, auch mehr von diesem „Kuchen" bekommen. Das lässt sich realisieren – nicht immer, aber öfter, als man denkt.

J. Weißenrieder (✉)
WEKOS Personalmanagement GmbH, Tettnang, Deutschland
E-Mail: j.weissenrieder@wekos.com

© Springer Fachmedien Wiesbaden GmbH, ein Teil von Springer Nature 2019
J. Weißenrieder (Hrsg.), *Nachhaltiges Leistungs- und Vergütungsmanagement,*
https://doi.org/10.1007/978-3-658-25967-9_2

Auch Unternehmen, die von sich sagen würden, dass sie kein Vergütungssystem haben, orientieren sich – wenn sie es gut machen – bei Entgeltentscheidungen daran, was Mitarbeiter tun und wie (gut) sie es tun. Ich bin in einem Handwerksbetrieb „aufgewachsen" und ab und zu tut es ganz gut, sich an ein paar ganz einfachen strukturellen Überlegungen zu orientieren. In (fast) jedem Handwerksbetrieb werden Meister höher bezahlt als Gesellen und diese wiederum höher als Helfer. Es kann aber auch passieren, dass ein Mitarbeiter zwar einen Meisterbrief hat, aber nicht als Meister eingesetzt wird. Dann wird er in der Regel auch niedriger bezahlt als der Meister, der auf der Baustelle die Verantwortung trägt. Es kommt auch vor, dass ein Tophelfer, der mit offenen Augen durch die Welt geht, flott dazulernt und engagiert arbeitet, in Bezug auf das Entgelt einen Gesellen überholt, der sich eher am unteren Ende des Leistungsspektrums bewegt. Dann erhält der Helfer vielleicht einen niedrigeren Sockellohn oder ein niedrigeres Grundentgelt, aber er erhält eine höhere Leistungszulage auf sein Grundentgelt.

Diese intuitive (und richtige) Vorgehensweise spiegelt die beiden zentralen Elemente von Entgeltsystemen wider. Wenn der Inhaber des Handwerksbetriebs die Bandbreiten für die drei unterschiedlichen Tätigkeiten auf ein Blatt Papier schreiben würde und das Grundentgelt für die Tätigkeit und eine entsprechende Zulage für individuelle Leistung separat darstellen würde, wäre dies schon ein einfaches Vergütungssystem. Der Grundgedanke wäre hier: Es gibt ein tätigkeitsbezogenes Grundentgelt und eine zusätzliche Leistungszulage für individuelle Leistung.

Es ist transparent, die Mitarbeiter können sich daran orientieren und es gibt einen Rahmen für Vergütungsentscheidungen durch den Inhaber oder andere Verantwortliche. Ein nächster wesentlicher Schritt ist es dann zu formulieren, welche Merkmale der Bewertung von Tätigkeiten und individueller Leistung zugrunde liegen.

Ergänzen lassen sich diese beiden Basiselemente durch ein drittes, das die Entwicklung oder die Situation des Unternehmens widerspiegelt (Abb. 2.1).

In einem meiner Seminare lehnte sich einmal ein anspruchsvoller Zuhörer nach ungefähr einer viertel Stunde lässig zurück und sagte etwas herablassend: „Sie, das ist doch ein alter Hut. Haben Sie auch mal was Neues?" In dem Moment ärgerte ich mich, weil ich genau wusste, dass er in seinem Unternehmen noch nicht einmal die „alten Hüte" zum Laufen gebracht hatte. Aber in der Tat ist diese Zusammenstellung verschiedener Vergütungselemente nicht ungewöhnlich, völlig neu oder besonders modern – aber was macht diesen „alten Hut" nachhaltig, wirklich dauerhaft funktionsfähig und wie unterstützt er die Unternehmensziele?

Bevor wir die drei Vergütungselemente einzeln und detailliert betrachten, möchte ich deutlich machen, dass es für die Gestaltung eines nachhaltigen Vergütungssystems nicht so sehr darauf ankommt, völlig neue, bisher nicht bekannte und noch nicht gedachte Vergütungselemente zu schaffen, sondern bei durchaus bewährten (deshalb aber nicht altmodischen) Elementen über die Ausgestaltung und den zugrunde liegenden Stil der Anwendung neu nachzudenken. Das erfordert etwas mehr Mühe, als mit ein paar flotten Pinselstrichen ein paar Bildchen aufs Papier zu zaubern.

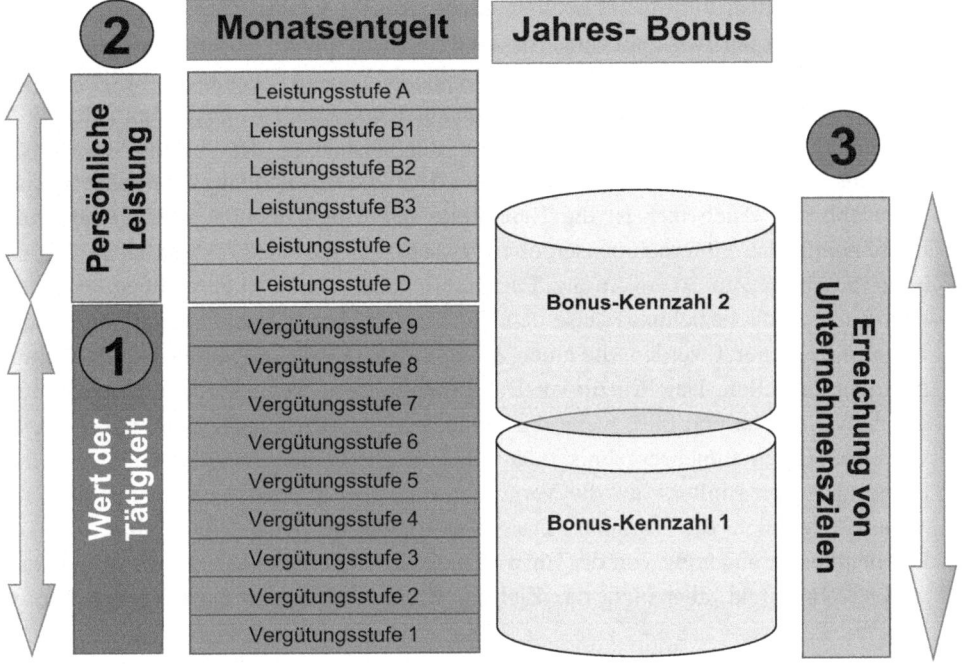

Abb. 2.1 Die drei Grundelemente von Vergütungssystemen

1. Es wird in allen Vergütungssystemen immer ein Vergütungselement notwendig sein, mit dem man die Bedeutung einer Tätigkeit im Unternehmen mit anderen Tätigkeiten vergleichen kann. Mitarbeiter, die einmal in einem professionell geführten Unternehmen gearbeitet haben, erwarten auch, dass ihr Job in irgendeiner Form bewertet wird. Auch sämtliche Tarifsysteme sind so gestaltet, dass Arbeitsplätze bewertet werden.Der spannende Schritt besteht darin, Jobs nicht statisch zu bewerten, sondern zuerst die betrieblichen Prozesselemente oder -schritte unabhängig von der Bewertung sinnvoll so zusammenzufassen, dass sie effiziente Arbeit ermöglichen. Die Bewertung der Tätigkeiten erfolgt damit entlang betrieblicher Prozesse und führt kein Eigenleben nur zum Zwecke des Vergütungssystems. Genaueres dazu erfahren Sie im Abschn. 2.1.

2. Die Definition von Leistung steht in Verbindung mit den Ergebnissen, die sich aus den Notwendigkeiten der betrieblichen Prozesse ergeben. Auch hier gilt: Es erfolgt keine mehr oder weniger abstrakte und statische Definition von Leistung, in dem man vielleicht sogar die Definition anderer Unternehmen übernimmt. Im Gegenteil, man sucht eine unternehmensspezifische Antwort auf die Frage: „Woran erkennt man bei uns im Unternehmen Leistung?" oder „Was müssen Mitarbeiter tun oder lassen, damit man sie als Leistungsträger oder Spitzenleister erkennt?" oder „Woran erkennen wir erfolgreiche Mitarbeiter bei uns im Unternehmen?" Wenn man diese Definition

immer wieder überprüft, bleibt auch sie nicht statisch, sondern verändert sich mit den Anforderungen der betrieblichen Prozesse. An dieser Stelle sei angemerkt, dass bei dieser Vergütungskomponente sowohl individuelle Leistung wie auch die Team- oder Bereichsleistung einfließen kann. Genaueres dazu erfahren Sie im Abschn. 2.2.

3. Mit den gleichen Grundgedanken erfolgt die Gestaltung des dritten Vergütungselements, das das Unternehmensergebnis oder die Erreichung unternehmerischer Ziele abbildet. Auch hier ist die Bandbreite der Möglichkeiten groß: Ohne große Umschweife das Unternehmensergebnis zu nutzen, um es direkt in einen Jahresbonus zu übersetzen, ist ein Ansatz. Für Unternehmen, die nicht gerne über das Unternehmensergebnis beziehungsweise den Gewinn sprechen, können andere betriebliche Kennzahlen genutzt werden, die einen Zusammenhang mit der gemeinsam erbrachten Leistung herstellen. Das Prinzip ist: Das Entgelt steigt, wenn sich das Unternehmen gut entwickelt hat und fällt, wenn das gemeinsam erzielte Ergebnis nicht erfolgreich war. Das Unternehmensergebnis oder die Erreichung unternehmerischer Ziele hat einen spürbaren Einfluss auf die Vergütung und die Erreichung der Unternehmensziele ist wirklich die Variable. Dass dies gleichzeitig eine Flexibilisierung der Personalkosten abhängig von der Entwicklung des Unternehmens ergibt, ist ein sinnvoller Nebeneffekt, aber nicht das Ziel der Übung. Genaueres dazu erfahren Sie im Abschn. 2.3.

▶ Der Grundgedanke ist also immer: Vergütungssysteme sind in erster Linie Führungssysteme für das Leistungsmanagement im Zusammenwirken mit den betrieblichen Prozessen, die sozusagen als Nebenprodukt auch Entgelt „produzieren". Vergütung folgt der Leistung und den Ergebnissen und ist in den betrieblichen Prozessen verankert!

Die Abschn. 2.1 bis 2.4 beschreiben ausführlich die drei Gestaltungselemente und Wirkungsweisen nachhaltiger Vergütungssysteme. Dem Entstehungsprozess im Zuge der Konzeptions-, Einführungs- und Umsetzungsphase ist insbesondere Kap. 4 gewidmet. Allerdings wird auch in den folgenden Kap. 2 und 3 immer wieder auf wichtige Schritte in der Konzeptionsphase verwiesen. Um zwei wichtige Elemente der Konzeptionsphase vorwegzunehmen: Bei allen Überlegungen gehe ich immer davon aus, dass die Eckpfeiler eines Vergütungssystems in einem Projektteam entworfen werden, in dem HR, Führungskräfte, Mitarbeiter und Betriebsräte involviert sind. An manchen Stellen lässt sich sogar die ganze Belegschaft einbeziehen. Diese Arbeitsweise stellt sicher, dass beim Entwicklungsprozess nichts Wichtiges vergessen wird und das Ergebnis bereits während der Entstehung mit der Organisation „verwächst". Dies stellt einen wesentlichen Beitrag zur nachhaltigen Wirkung von Vergütungssystemen dar.

Es gibt somit eine ganze Reihe von „Stellschrauben", um das Leistungs- und Vergütungsmanagement professionell zu gestalten, und weitere, um diese Systeme mit einer nachhaltigen Wirkung und einer Wirkung für Nachhaltigkeit zu versehen.

2.1   Tätigkeitsbezogenes Grundentgelt

Der größte Teil der Literatur im deutschsprachigen Raum zur Gestaltung von Vergütungssystemen widmet sich der leistungsorientierten variablen Vergütung. Dieser Teil des Gesamtthemas scheint zeitgemäßer zu sein und man könnte darauf schließen, dass zur Bewertung von Arbeitsplätzen alles schon gesagt sei oder dieser Teil nicht weiter der Aufmerksamkeit bedarf. In der Tat handelt es sich auch aus meiner Sicht um den weniger schicken Teil des Themas. Allerdings bildet er die Basis der Gestaltung nachhaltiger Vergütungssysteme, die solide gebaut werden muss. Andernfalls purzeln unter Umständen kreativ gestaltete, variable und leistungsorientierte Vergütungselemente vom wackeligen Sockel.

In den Arbeitswissenschaften sind sich die Experten seit vielen Jahren uneinig bezüglich der „richtigen" Vorgehensweise zur Arbeitsplatzbewertung. Sie unterscheiden die analytische und die summarische Arbeitsplatzbewertung. Die Befürworter der analytischen Arbeitsplatzbewertung führen ins Feld, dass diese genauer sei, weil sie die einzelnen Einflussgrößen genauer betrachte.

Wenn die Messung einzelner Parameter bei der Arbeitsplatzbewertung möglich wäre, wäre die analytische Variante der summarischen überlegen. Da es sich aber trotzdem auch bei der analytischen Arbeitsplatzbewertung um Einschätzungen einzelner Parameter handelt, ist sie letztlich der summarischen Arbeitsplatzbewertung nicht überlegen. Diese führt ebenso zu validen wie auch reliablen Ergebnissen. Aufgrund des deutlich geringeren Aufwands bevorzuge ich deshalb die summarische Form der Arbeitsplatzbewertung, die bei richtiger Anwendung zu guten und nachvollziehbaren Ergebnissen führt, wenn man mehrere Bewerter nutzt, die eine vollständigere Betrachtung sicherstellen und deren mögliche Ungenauigkeiten sich gegenseitig ausgleichen können.

Im Folgenden wird deshalb die vergleichende summarische Arbeitsplatzbewertung als Methode bei allen Arbeitsschritten angewendet. Die jeweiligen Beispiele sind der betrieblichen Praxis eines Maschinenbauunternehmens mit circa 1500 Mitarbeitern entnommen. Sie sind in gleicher Weise auch auf andere Branchen und Unternehmensgrößen anwendbar. Die Systematik der Vorgehensweise bleibt unverändert. Es handelt sich nur um andere Dimensionen.

Folgende Arbeitsschritte sind notwendig:

1. Bewertungsmerkmale festlegen,
2. Referenzjobs identifizieren,
3. Referenzjobs beschreiben,
4. Rangreihe der Referenzjobs festlegen,
5. Anzahl der notwendigen Vergütungsstufen festlegen,
6. Alle anderen Jobs beschreiben,
7. Andere Jobs im Unternehmen im Vergleich zu den Referenzjobs den Vergütungsstufen zuordnen,

8. Mitarbeiter entsprechend ihrer Tätigkeiten den Vergütungsstufen zu ordnen,
9. Vergütungsbandbreiten für die einzelnen Vergütungsstufen auf der Basis der IST-Entgelte der zugeordneten Mitarbeiter festlegen.

2.1.1 Bewertungsmerkmale festlegen

Die Bewertungsmerkmale geben eine Antwort auf die Frage: „Woran erkennen wir die Bedeutung beziehungsweise die Wertigkeit einer Tätigkeit im Unternehmen?" Wir suchen noch nicht nach einer Antwort auf die Frage, wie eine Tätigkeit marktgerecht vergütet wird. (Dieser Frage gehen wir im Abschn. 2.3 nach.) Wenn man Menschen im Unternehmen unvorbereitet die Frage nach Bewertungsmerkmalen stellt, vermischen sich häufig die Anforderungen, die die Tätigkeiten an die Menschen stellen, mit der individuellen Leistung, die Menschen an diesen Arbeitsplätzen erbringen. Es ist also wichtig, sauber zwischen Arbeitsplatzbewertungsmerkmalen und Leistungsmerkmalen zu unterscheiden.

Arbeitsplatzbewertungsmerkmale beziehen sich auf die Inhalte von Tätigkeiten, das *was* an einem Arbeitsplatz zu tun ist und welche Anforderungen dort erfüllt werden müssen. Leistungsmerkmale beziehen sich wiederum darauf, *wie* ein konkreter Mitarbeiter mit diesen Anforderungen umgeht beziehungsweise *wie* er die damit verbundenen Erwartungen erfüllt. Mithilfe der Arbeitsplatzbewertungsmerkmale werden folglich nur Anforderungen an Arbeitsplätze geprüft und es wird nicht die Frage beantwortet, ob ein konkreter Mitarbeiter, der aktuell diesen Arbeitsplatz innehat, diese Anforderungen erfüllt. Dies ist ein Aspekt des zweiten Vergütungselements, mit dem wir uns im Abschn. 2.2 beschäftigen werden.

Mögliche Arbeitsplatzbewertungsmerkmale möchte ich gerne an folgendem Beispiel betrachten (Tab. 2.1):

Die Arbeitsplatzbewertung auf der Basis dieses Beispiels würde also der Logik folgen, dass Arbeitsplätze umso höher bewertet werden, je höher die dafür notwendige Ausbildung und möglicherweise notwendige Zusatzqualifikationen sind. Weiterhin wird die Bewertung umso höher ausfallen, je größer der Entscheidungsrahmen und die damit einhergehende Verantwortung und die Komplexität einer Tätigkeit einzuschätzen sind. Gleiches gilt bezüglich der Anforderungen eines Arbeitsplatzes an die soziale Kompetenz – je höher die Anforderungen sind, umso höher ist der Arbeitsplatz zu bewerten.

In diesem Beispiel sind die Merkmale gleich gewichtet. Unterschiedliche Gewichtungen sind aber durchaus möglich.

2.1.2 Referenzjobs identifizieren und beschreiben

Referenzjobs dienen dazu, ein erstes grobes Gefüge der Arbeitsplatzbewertung zu erstellen. Dies soll verhindern, sich gleich zu Beginn in den feinen Verästelungen unterschiedlichster Arbeitsplätze zu verlieren. Wenn nämlich von Anfang an über die

Tab 2.1 Arbeitsplatzbewertungsmerkmale (Beispiel)

Ausbildung	Erfahrungen/Zusatzqualifikation	Entscheidungsrahmen und Verantwortung	Komplexität	Soziale Kompetenz
Notwendige Berufsausbildung (z. B. zwei- bis dreieinhalbjährige fachspezifische Berufsausbildung, Techniker-, Meister-, Fachwirtausbildung, akademisches Studium) oder	Notwendige Anlernzeit	Verantwortung für Menschen, Betriebsmittel, Material und Budget	Komplexität der Aufgabenstellung	Anzahl der Schnittstellen
Vergleichbare Fachkenntnisse, die auf diesen Arbeitsplatz bezogen, denen einer formalen Ausbildung entsprechen	Berufserfahrung im Sinne verwertbarer Kenntnisse und Fertigkeiten	Personalverantwortung	Kenntnisse über Gesamtzusammenhänge	Teamfähigkeit
	Besondere methodische und/oder manuelle Fertigkeiten, die über eine übliche Berufsausbildung hinausgehen	Entscheidungsfreiheit/Kompetenzen/Befugnisse	Grad der Flexibilität	Repräsentation nach außen
	Besondere, für die Tätigkeit notwendige und eine Ausbildung ergänzende Zusatzkenntnisse, z. B. besondere Sprachkenntnisse	Auswirkungen von Fehlern auf das Unternehmens-/Bereichsergebnis	Kreativität	Anforderungen an die Kommunikationsfähigkeit
			Grad der Selbstständigkeit	
			Anforderungen an Selbstorganisation	

Tab. 2.2 Beispiele für Referenzjobs

Abteilungsleiter	Entgraten	Konstrukteur
Produktmanager	Team-/Gruppenleiter	Maschinenbediener II
Technischer Berater ID	Versuchsmitarbeiter	Arbeitsvorbereiter
Entwickler	Kfm. Sachbearbeiter II	Montage
Meister	Maschinenprogrammierer/-bediener	PC-Support
Kfm. Sachbearbeiter I	Lagerist/Fuhrpark/WE	Maschinenbediener I

„exotischen" Arbeitsplätze im Unternehmen diskutiert wird, die möglicherweise noch von etwas kantigen Persönlichkeiten ausgefüllt werden, ist die Wahrscheinlichkeit relativ hoch, dass das Projekt schon nach kurzer Zeit auf der Strecke bleibt.

Einige Beispiele für derartige Stolperfallen sind Arbeitsplätze wie das Sekretariat des Chefs, die Pforte, der Sanitätsdienst, der Patentingenieur, die Fachkraft für Arbeitssicherheit, die Gebäudeinstandhaltung oder Arbeitsplätze, die im Unternehmen nur vereinzelt vorkommen oder mit Mitarbeitern besetzt sind, die als Person eher umstritten sind.

Als Referenzjobs eignen sich Arbeitsplätze, von denen es viele im Unternehmen gibt und deren wesentliche Inhalte im Unternehmen weitgehend bekannt sind (Tab. 2.2).

Dafür reichen 20 Jobs aus, auf denen oft 30 bis 60 % der Mitarbeiter des Unternehmens arbeiten. Oft werden sogar zwei Drittel der Mitarbeiterzahl mit 20 Referenzjobs abgebildet. Am leichtesten lassen sich Referenzjobs identifizieren, indem eine Liste aller Tätigkeiten im Unternehmen nach der Häufigkeit sortiert wird. Die ersten 15 bis 20 können in der Regel als Referenzjobs sinnvoll verwendet werden.

Falls im Unternehmen Stellenbeschreibungen vorhanden sind, die bisher schon zur Arbeitsplatzbewertung oder zu anderen Zwecken verwendet wurden, kann auf diese zurückgegriffen werden. In der Regel ist eine Aktualisierung erforderlich. Mindestens muss aber sichergestellt sein, dass die relevanten Arbeitsplatzbewertungsmerkmale dokumentiert sind.

Meine Empfehlung geht allerdings eher dahin, zum Zwecke der Arbeitsplatzbewertung eher kurze Beschreibungen der Referenzjobs auf der Basis der Arbeitsplatzbewertungsmerkmale zu erstellen, die nur zum Vergleich verschiedener Tätigkeiten untereinander Verwendung finden (Tab. 2.3).

Die verwendeten Beispiele[1] machen deutlich, dass es nicht darauf ankommt, alle Arbeitsschritte und Aufgaben aufzulisten, die eine Tätigkeit beinhaltet. Es handelt sich hier weder um Stellenbeschreibungen noch um Arbeitsanweisungen oder Prozessbeschreibungen, sondern es geht nur darum, die wertigkeitsprägenden Aspekte einer Tätigkeit zu erfassen, sodass sie mit anderen Arbeitsplätzen verglichen werden kann.

---

[1]Die Bezeichnungen Maschinenbediener I, Meister II, Produktmanager I oder Entwickler III deuten darauf hin, dass es verschiedene Ausprägungen einzelner Tätigkeiten gibt. Darauf werden wir in den Abschn. 2.1.5 und A.2 zurückkommen.

Tab. 2.3 Schema für die Beschreibungen der Referenzjobs (ausführlich als Anlage in Abschn. A.1, S. 317 ff.)

Bewertungsmerkmal	Maschinenbediener I	Meister II	Produktmanager I	Entwickler III
Notwendige Ausbildung				
Erfahrung/ Zusatzqualifikation				
Entscheidungsrahmen und Verantwortung				
Komplexität				
Soziale Kompetenz				

2.1.3   Rangreihe der Referenzjobs und Vergütungsstufen festlegen

Für eine erste Näherung zur Bewertung der Referenzjobs ist es vollkommen ausreichend, im Projektteam die Bewertungsmerkmale und die Inhalte der Referenzjobs ausführlich zu besprechen. Gegebenenfalls ist es sinnvoll, gemeinsam vor Ort einzelne Arbeitsplätze zu besichtigen oder auch konkrete Stelleninhaber oder deren Vorgesetzte einzuladen, damit diese über die wesentlichen Aspekte einer Tätigkeit berichten.

Dieser Informationsstand ist in der Regel ausreichend, um dann von jedem Projektteammitglied eine Rangreihe der Referenzjobs wie im folgenden Beispiel erstellen zu lassen (Tab. 2.4).

Dieses Verfahren stellt wohlgemerkt keine Messung dar, sondern es arbeitet mit vergleichenden Einschätzungen verschiedener betrieblicher „Experten", also Menschen, die die notwendige Sachkenntnis haben. Dort, wo große Unterschiede zwischen einzelnen Wertungen deutlich werden, wie zum Beispiel bei den Rangplätzen 6, 7, 9, 11 und 13, ist es ratsam, diese Arbeitsplätze erneut zu betrachten, um besser zu verstehen, was genau zu diesen unterschiedlichen Wertungen führt.

Was die Arbeitsweise betrifft, geht es also nicht darum, wer es falsch oder richtig sieht, sondern es geht darum, Informationen auszutauschen, die die Bewertung beeinflussen. Bleiben die großen Abweichungen auch nach ausführlicher Diskussion bestehen, eignen sich diese Arbeitsplätze zuerst einmal nicht als Referenzjobs. Sie werden später diskutiert und noch einmal im Zusammenhang mit allen anderen Tätigkeiten betrachtet. Referenzjobs sind nur als solche geeignet, wenn ein hohes Maß an Einigkeit bezüglich der Wertigkeit im Vergleich zu anderen Tätigkeiten besteht. Im Zuge der weiteren Diskussion der Rangreihe können einzelne Mitglieder des Projektteams ihre Wertungen immer wieder verändern. Die so überarbeitete Rangreihe der Referenzjobs ist die Grundlage für den nächsten Arbeitsschritt.

Auch für Unternehmen, die der Tarifbindung unterliegen, eignet sich das Ranking von Referenzjobs als Vorstufe zur Zuordnung einzelner Tätigkeiten zu Tarifgruppen. Ich habe immer wieder erlebt, dass sich Bewertungskommissionen heillos im Dickicht von

Tab. 2.4 Rangreihe der Referenzjobs (Beispiel)

Rangplatz	Tätigkeits-bezeichnung	TN 1	…	TN 12[a]	Durchschnitt	Umrechnung[b]	Delta max-min[c]
1	Abteilungsleiter	1	1	1	1,0	20,0	0
2	Produktmanager	2	2	3	2,8	18,2	2
3	Techn. Berater ID	6	5	4	4,2	16,8	4
4	Entwickler	5	3	6	4,3	16,7	3
5	Meister	4	7	2	5,2	15,8	5
6	Team-/Gruppenleiter	3	10	9	6,0	15,0	8
7	Konstrukteur	7	4	5	7,3	13,7	8
8	Arbeitsvorbereiter	8	6	7	8,1	12,9	5
9	Assistenz (Studium)	9	13	10	8,8	12,2	9
10	Maschinenprogr.	10	9	8	9,6	11,4	5
11	Kfm. Sachbearb. II	11	8	15	10,9	10,1	7
12	Maschinenbediener II	14	11	12	12,8	8,2	5
13	Versuchsmitarbeiter	12	14	14	12,8	8,2	8
14	Sondermontage	13	12	11	13,3	7,7	6
15	PC-Springer	15	15	16	14,3	6,7	5
16	Kfm. Sachbearbeiter I	16	17	18	16,1	4,9	5
17	Lagerist/Fuhrpark/WE	18	16	13	17,0	4,0	6
18	Maschinenbediener I	19	19	17	17,6	3,4	3
19	Montage	17	18	19	18,1	2,9	3
20	Entgraten	20	20	20	20,0	1,0	0

[a]In diesem Beispiel handelt es sich um ein Projektteam mit zwölf Mitgliedern
[b]Diese Umrechnung dient nur zur Umkehrung der Tabelle, sodass eine Tätigkeit umso mehr Punkte erhält, je höher sie in der Rangreihe steht. Dies ist für weitere Betrachtungen hilfreich
[c]Dieser Wert gibt die Differenz zwischen der höchsten und der niedrigsten Wertung einzelner Teammitglieder wider

Bewertungsmerkmalen und bereits eingruppierten Tätigkeiten verirren. Einfacher wäre oft die Frage: Mit welcher bereits eingruppierten Tätigkeit ist die aktuell diskutierte Tätigkeit vergleichbar?

In den meisten Unternehmen würde die folgende grobe Struktur von neun Vergütungsstufen und drei Kategorien von Vergütungsstufen ausreichen (Tab. 2.5).

Das Arbeitsplatzbewertungsmerkmal „Notwendige Ausbildung" schafft eine einfache Grundstruktur mit deren Hilfe eine erste und schnelle Zuordnung der Referenzjobs erfolgen kann. In der Kategorie „Anlerntätigkeiten" sind diejenigen Arbeitsplätze zusammengefasst, die ohne fachspezifische Berufsausbildung ausgeübt werden können. Dazu zählen zum Beispiel Reinigungstätigkeiten, Kommissionierungsaufgaben

Tab. 2.5 Kategorien für Vergütungsstufen

Tätigkeitsanforderung „Anlerntätigkeit"			Tätigkeitsanforderung „Fachspezifische Ausbildung"			Tätigkeitsanforderung „Akademisches Studium"		
VS 1	VS 2	VS 3	VS 4	VS 5	VS 6	VS 7	VS 8	VS 9

VS = Vergütungsstufe

in Lagerbereichen, die meisten Montagetätigkeiten oder weitere Helfertätigkeiten in Produktionsbereichen. Auch in kaufmännischen Bereichen kommen Anlerntätigkeiten vor, wie zum Beispiel Dokumentationsassistenz, Katalogversand oder Ähnliches.

Die Kategorie „Fachspezifische Ausbildung" beinhaltet alle Arbeitsplätze, für die klassische drei- bis dreieinhalbjährige Berufsfachausbildungen notwendig sind. Tätigkeiten, für die zweijährige Berufsfachausbildungen notwendig sind, sind in der Regel nicht in dieser Kategorie abgebildet.

Ebenso eindeutig ist die Zuordnung in der Kategorie „Studium". Alle Tätigkeiten, für die üblicherweise ein akademisches Studium notwendig ist, sind dort zusammengefasst.

Bezüglich der Anzahl der Vergütungsstufen gilt die Devise: Weniger Vergütungsstufen unterstützen eine stärkere Leistungsorientierung des Systems. Eine stärkere Leistungsorientierung entsteht bei weniger Vergütungsstufen dadurch, dass die Abstände zwischen den Vergütungsstufen naturgemäß größer sind. Dadurch kann der Anteil des variablen Leistungsentgelts am Gesamtentgelt stärker betont werden. Hohe mögliche Leistungszulagen führen somit dazu, dass es zu starken Überlappungen über mehrere Vergütungsstufen hinweg kommen kann. Dieser Sachverhalt stößt bei Anwendern in der Regel auf wenig Resonanz.

Außerdem erleichtert eine eher geringe Anzahl von Vergütungsstufen die Zuordnung einzelner Tätigkeiten zu Vergütungsstufen. Mit steigender Anzahl von Vergütungsstufen wird die Zuordnung einzelner Tätigkeiten schwieriger, weil dadurch die Trennschärfe zwischen den Vergütungsstufen sinkt – die Übergänge verwischen. Je mehr Vergütungsstufen verwendet werden, umso schwieriger wird es, jede Stufe so genau zu definieren, dass die eindeutige Zuordnung von Arbeitsplätzen noch gut gelingen kann.

Die drei Kategorien „Anlerntätigkeit", „Facharbeiterausbildung" und „Studium und/oder Führung" können auch mit jeweils vier Stufen belegt werden. Genauso kann eine Ergänzung zwischen den beiden oberen Kategorien für typische Techniker-/Fachwirt- oder Meistertätigkeiten hilfreich sein, die eine Qualifizierung über die drei- bis dreieinhalbjährigen Berufsausbildungen hinaus repräsentieren. Um auch Managementfunktionen in das System zu integrieren, ist es ohne Weiteres möglich, am oberen Ende eine vierte Kategorie mit der gleichen Grundidee „anzubauen".

▶ Drei Vergütungskategorien mit jeweils drei bis vier Vergütungsstufen reichen für eine pragmatische Arbeitsplatzbewertung und Grundentgeltgestaltung aus.

Wir werden später noch bei den Leistungsstufen sehen, dass sich das „Drei-Kategorien-Prinzip" und „Drei-Stufen-Prinzip" auch bei den meisten Anwendern gut bewährt. Je mehr Kategorien es gibt, desto schwerer fällt die Zuordnung (Abb. 2.2).

Abb. 2.2 ist ein Beispiel für eine vorläufige Rangreihe der Referenzjobs, die sich aus einer ersten Bewertung ergeben hat. Sie stimmt zwar nicht mit dem abschließenden Ergebnis überein, aber sie war der Ausgangspunkt für Abstimmungen im Projektteam, die letztlich die Zuordnung aller Tätigkeiten im Unternehmen zu Vergütungsstufen möglich machte (siehe Abschn. 2.1.4). Wenn man über diese Rangreihe ein Raster von neun Vergütungsstufen legt, ergibt sich schon fast im ersten Durchgang eine schlüssige Zuordnung der Referenzjobs zu den neun Vergütungsstufen.

Mit diesem eher mechanistisch anmutenden Akt ist die Aufgabe allerdings nicht abgeschlossen. Wichtig: Zu diesem Zeitpunkt sind den Vergütungsstufen noch keine Geldbeträge zugeordnet. Es geht ausschließlich um eine Rangreihe, die verschiedene Tätigkeiten im Unternehmen vergleicht und eine Aussage über die interne Wertigkeit trifft. Dieser Arbeitsschritt verdeutlicht außerdem, dass es für verschiedene Tätigkeiten verschiedene Ausprägungen gibt, die später unterschiedlichen Vergütungsstufen zugeordnet werden müssen, zum Beispiel Maschinenbediener I bis III, Entwickler I bis IV, Teamleiter I bis V oder Meister I bis III.

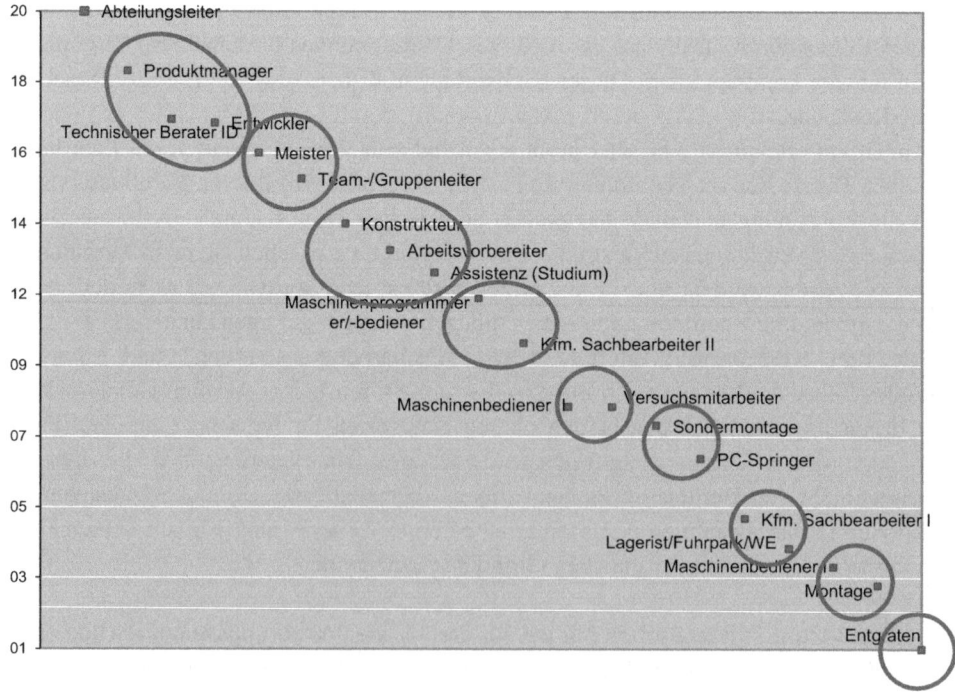

Abb. 2.2 Rangreihen von Referenzjobs in 9 Clustern (Vergütungsstufen)

Damit ist diese vorläufige Rangreihe der Referenzjobs eben, wie der Name schon sagt, nur ein Zwischenprodukt.

2.1.4 Alle anderen Jobs beschreiben und bewerten

Die Beschreibung aller anderen Arbeitsplätze im Unternehmen erfolgt nach demselben Raster wie die Beschreibung der Referenzjobs in Abschn. 2.1.3. Ich empfehle, die Anzahl der verschiedenen Jobs so gering wie möglich zu halten, da eine trennscharfe Beschreibung und Zuordnung mit steigender Anzahl von Beschreibungen umso schwieriger wird, je mehr verschiedene Jobs detailliert beschrieben werden. Im zugrunde liegenden Beispiel wurden im Zuge der Konzeption und Einführung für etwa 1500 Mitarbeiter 95 Arbeitsplatzbeschreibungen erstellt, die auch nach mehreren Jahren Anwendungsdauer immer noch ausreichend sind. Es scheint manchmal nur so, dass eigentlich jeder Mitarbeiter im Unternehmen eine eigene Arbeitsplatzbeschreibung bräuchte. Das ist aber nur ein Zeichen für unklare Arbeitsteilungen, die sich nicht entlang von Prozessen ergeben, sondern sich eher an den Vorlieben und Abneigungen der Mitarbeiter für bestimmte Tätigkeiten ausrichten.

Während dieses Bearbeitungsschrittes ist es wichtig, bei verschiedenen Tätigkeiten unterschiedliche Ausprägungen vorzusehen. Dadurch ist abbildbar, dass es Tätigkeitsfamilien geben kann, die sich in ihren Inhalten sehr ähnlich sind, sich aber trotzdem bezüglich einzelner Bewertungsmerkmale unterscheiden und deshalb auf unterschiedlichen Anforderungsniveaus angesiedelt sind. Im vorliegenden Beispiel wurde dies unter anderem für die Tätigkeitsfamilien Maschinenbediener, Meister, Produktmanager und Entwickler realisiert. Diese verschiedenen Stufen bilden abseits der Vergütungswirkung auch Entwicklungswege ab, auf denen Mitarbeiter innerhalb einer Tätigkeitsfamilie sukzessive mehr Verantwortung übernehmen und sich inhaltlich weiterentwickeln können. Das unterstützt auch eine an Inhalten orientierte Personalentwicklung.

Dieser Aspekt hat mit der Leistungskomponente in der Vergütung nur insofern zu tun, als dass selbstverständlich meist leistungsfähige und leistungsbereite Mitarbeiter diese Entwicklung zu mehr Verantwortung schneller und weiter vollziehen als andere. Trotzdem wird bei diesem Arbeitsschritt nur die Anforderung an die jeweilige Tätigkeit auf dieser Entwicklungsstufe bewertet und nicht die individuelle Leistung.

Am Beispiel der Tätigkeitsfamilie „Entwickler" lässt sich diese Grundidee mit den Stufen „Entwickler I" bis „Entwickler IV" veranschaulichen (Tab. 2.6).

Von Stufe zu Stufe nehmen die Anforderungen bezüglich der Bewertungsmerkmale zu und bilden Entwicklungspfade für Mitarbeiter in dieser Tätigkeitsfamilie ab. Damit werden diese Stufen auch relevant für die Personalentwicklung.

Die notwendige Ausbildung, die jeweils für die einzelnen Stufen bewertungsrelevant ist, gilt im Übrigen nicht als unverzichtbare formale Anforderung für einzelne Mitarbeiter, die diese Tätigkeit auf einer bestimmten Stufe ausüben. Ein Ingenieur, der eine

Tab. 2.6 Schema der Entwicklungspfade in einer Tätigkeitsfamilie (ausführlich in der Anlage in Abschn. A.1, S. 317)

Arbeitsplatzbewertungs-merkmal	Entwickler I	Entwickler II	Entwickler III	Entwickler IV
Notwendige Ausbildung				
Erfahrung/Zusatzqualifikation				
Entscheidungsrahmen und Verantwortung				
Komplexität				
Soziale Kompetenz				

Tätigkeit als Entwickler I ausübt, wird auch als solcher eingestuft. Umgekehrt gilt natürlich auch, dass ein Techniker, der eine Tätigkeit als Entwickler IV ausübt, ebenfalls als solcher eingestuft und vergütet wird.

Im folgenden Arbeitsschritt werden folglich nicht Tätigkeitsfamilien, sondern einzelne Tätigkeiten auf ihrer jeweiligen Stufe den Vergütungsstufen zugeordnet. Die Grundlage für diesen Arbeitsschritt bilden die Arbeitsplatzbewertungsmerkmale aus Tab. 2.1. Es geht wieder ausschließlich um die Bewertung von Anforderungen an Arbeitsplätze. Mitarbeiterindividuelle Leistungsaspekte werden nicht berücksichtigt und wir folgen wieder dem Prinzip der vergleichenden Bewertung.

Im ersten Schritt werden die Jobs einer Kategorie gemäß Tab. 2.5 zugeordnet und dann innerhalb der Kategorie einer Vergütungsstufe. Jobs mit gleichem Anforderungsniveau werden der gleichen Vergütungsstufe zugeordnet. So weit die Theorie! In der Praxis zeigt sich, dass unterschiedliche Bewerter zu sehr unterschiedlichen Ergebnissen kommen können, wie dies in Tab. 2.4 bezüglich der Referenzjobs erkennbar wurde. Auf den ersten Blick mögen diese unterschiedlichen Bewertungen störend wirken. Sie sind letztlich Ergebnis unterschiedlicher Informationsstände und selbstverständlich auch unterschiedlicher persönlicher Werthaltungen wie auch teilweise unterschiedlicher Interessenslagen. Das ist nicht ungewöhnlich bei diesem Thema und darf auch hier wiederum nur als ein Zwischenergebnis betrachtet werden.

Im zugrunde liegenden Beispiel wurden 95 verschiedene Tätigkeiten im Zuge des Bewertungsprozesses den neun Vergütungsstufen zugeordnet. Bei mehr als 80 Tätigkeiten lagen die ersten Bewertungen der verschiedenen Bewerter sehr nahe beieinander. Sie mussten nicht lange diskutiert werden und bildeten sehr schnell ein stabiles Gerüst. Eine wesentliche Rolle bei der Bewertung der Tätigkeiten spielte die Visualisierung des jeweils aktuellen Standes. Auf einer Pinnwand waren die Tätigkeiten in den verschiedenen Bereichen, bei denen Konsens bestand, den jeweiligen Vergütungsstufen zugeordnet. Die noch offenen Bewertungen wurden auf Karten an einer separaten Pinnwand verwahrt. Damit wurde auch sichtbar, dass es viel mehr Gemeinsamkeiten als Unterschiede gab. Die Unterschiede lagen somit bei etwas mehr als 10 % der Gesamtzahl der zu bewertenden Tätigkeiten. Die Form der Visualisierung lässt sich variieren, entscheidend ist aber, dass der Überblick jederzeit möglich ist und das Projektteam nicht in eine kleinteilige Betrachtung „abtaucht". (Ein Beispiel dazu findet sich im Anhang A.3, S. 321 f.)

Die Tätigkeiten, bei denen es sehr unterschiedliche Bewertungen im Projektteam gab, wurden in einem zweiten Durchgang intensiver betrachtet. Die Tätigkeitsbeschreibungen wurden ergänzt, die Arbeitsplätze gemeinsam besucht, die zuständigen Leiter und Mitarbeiter befragt. Es wurden Informationen gesammelt und es erfolgten auf dieser Basis noch einmal Vergleiche zu ähnlichen Tätigkeiten im bereits vorhandenen Gerüst. Dabei ging es noch nicht um eine finale Bewertung, sondern nur um das Vervollständigen der Informationen und das Verstehen aller Blickwinkel. Die einzelnen Projektteammitglieder wurden anschließend noch einmal zu ihrer Bewertung befragt und um Begründungen für ihre Sichtweise gebeten. In diesem zweiten Durchgang konnten bis auf wenige Ausnahmen ($<5\,\%$) alle Tätigkeiten im Konsens den Vergütungsstufen zugeordnet werden. Die verbleibenden Tätigkeiten blieben bis auf Weiteres offen und konnten später in einem intensiveren Diskussionsprozess zwischen Betriebsrat und Personalbereich geklärt werden. Dabei handelte es sich, wie so häufig, um Sonderfunktionen, wie Sekretariat, Haustechnik und Arbeitsschutz, mit einer sehr überschaubaren Zielgruppe.

Ein wesentlicher Erfolgsfaktor zur Bewältigung dieser Aufgabe ist die Methode der vergleichenden Bewertung im Unterschied zur absoluten Bewertung. Es kommt tatsächlich nicht darauf an, jede Tätigkeit für sich allein in diesem Raster von neun Vergütungsstufen bewerten zu können. Bei diesem Arbeitsschritt kommt es nur darauf an, dass die internen Quervergleiche stimmig sind. Der externe Bezug zum Markt erfolgt erst später, wenn die einzelnen Vergütungsstufen mit Geldbeträgen hinterlegt werden. Die Frage ist also nur: Sind zwei Tätigkeiten gleich zu bewerten oder ist eine der beiden Tätigkeiten höher zu bewerten. Auch die Methode des Paarvergleichs hat sich dabei schon bewährt[2]. Diese Methode lässt sich in Teams leicht anwenden und führt sehr zügig zu nachvollziehbaren Ergebnissen.

Auch in Unternehmen, für die ein Tarifvertrag die Bewertung von Arbeitsplätzen regelt, steht ein bestimmtes Spektrum von Tarifgruppen zur Verfügung. Hier kann ebenfalls im ersten Schritt über einen Paarvergleich auf der Basis der tariflichen Bewertungsmerkmale eine interne Rangliste erstellt werden. Diese Rangliste kann anschließend im nächsten Schritt in die tarifliche Struktur „eingehängt" werden.

---

[2]Ein Paarvergleich ist eine Vergleichsmethode, bei der einzelne Objekte paarweise verglichen werden. Im Gegensatz dazu wird bei der Skalierung beziehungsweise beim „Ranking" jedes Objekt einzeln betrachtet und auf eine Skala einsortiert. Der Paarvergleich wird oft verwendet, wenn subjektive Kriterien erfasst werden sollen.

Mitarbeiter entsprechend ihrer Tätigkeiten den Vergütungsstufen vorläufig zuordnen Dieser Arbeitsschritt ist noch keine mitbestimmungspflichtige Eingruppierung im Sinne des Betriebsverfassungsgesetzes. Er dient ausschließlich der Bestimmung der Entgeltbandbreiten, also der Austarierung des Vergütungssystems. Die Mitarbeiter werden entsprechend ihrer konkreten Tätigkeit den Vergütungsstufen vorläufig zugeordnet. Dabei ist es unerheblich, ob sie alle Anforderungen oder Erwartungen erfüllen. Diese Frage stellt sich erst im Zusammenhang mit dem Leistungsentgelt.

Für die Zuordnung eines Mitarbeiters zu einer Vergütungsstufe ist es außerdem nicht relevant, ob er die geforderte Ausbildung beziehungsweise Zusatzqualifikation tatsächlich formal vorweisen kann. Entscheidend ist die Ausübung der Tätigkeit, für die üblicherweise eine bestimmte fachspezifische Berufsausbildung oder Zusatzqualifikation notwendig ist. Umgekehrt führt eine vorhandene fachspezifische Berufsausbildung oder Zusatzqualifikation nicht zwangsläufig zu einer entsprechend höheren Zuordnung zu einer Vergütungsstufe, wenn zum Beispiel nur eine Anlerntätigkeit ausgeübt wird.

▶   Die Zuordnung zu Vergütungsstufen erfolgt stringent entlang den Anforderungen des Arbeitsplatzes und nicht entlang der konkreten Qualifikation des jeweiligen Mitarbeiters. Wer in der Lage ist, auf der Basis seiner Erfahrung oder informell erworbener Qualifikationen eine höherwertige Tätigkeit auszuüben, erwirbt sich dadurch auch den Anspruch auf die entsprechende Vergütungsstufe.

2.1.5 Vergütungsbandbreiten, Eingruppierung und Vergütungsmatrix

Für Unternehmen, deren Vergütungsniveau tariflichen Regelungen unterliegt, ist dieser Arbeitsschritt nicht relevant. Unternehmen ohne tarifliche Regelungen stehen vor der Aufgabe, für ihre Vergütungsstufen (im Beispiel VS 1 bis VS 9) Bandbreiten festzulegen, innerhalb derer sich die individuelle Vergütung der Mitarbeiter bewegt. In diesem Zusammenhang ist durchaus auch die Frage relevant, inwieweit diese Festlegung zu marktgerechten Vergütungsstrukturen führt.

Die Grundidee: Wenn es dem Unternehmen bisher gelungen ist, bei einer angemessenen Fluktuationsrate auch neue Mitarbeiter mit passenden Einstiegsvergütungen zu gewinnen, darf davon ausgegangen werden, dass das Gesamtvergütungsniveau marktgerecht war. Dann können auf der Basis der bisherigen Vergütungen die neuen Vergütungsbandbreiten festgelegt werden. Wenn dies nicht der Fall ist, ist die Einführung eines neuen Vergütungssystems eine gute Gelegenheit, nicht das ganze System, sondern gezielt die Mitarbeiter systematisch anzuheben, die mit Tätigkeit und Leistung im Vergleich zu den Kollegen zu niedrig liegen. Die Überleitung zum neuen System werden wir im Abschn. 4.5 genauer betrachten.

Für die aktuelle Bestimmung der Vergütungsbandbreiten für jede Vergütungsstufe ist es ausreichend, die IST-Entgelte der den Vergütungsstufen zugeordneten Mitarbeiter zu analysieren. Folgende Daten sind dafür zunächst relevant (Tab. 2.7):

Im konkreten Beispiel ergab sich aus dieser Analyse eine Vergütungsmatrix nach dem Prinzip überlappender Entgeltbänder in den verschiedenen Vergütungsstufen (VS) wie sie in Abb. 2.3 schematisch dargestellt ist. In diese Vergütungsmatrix ist eine Leistungskomponente auf der Basis einer Leistungsbeurteilung eingearbeitet, auf die wir noch in Abschn. 2.2.2 zu sprechen kommen werden (Tab. 2.8).

In diesem Beispiel betragen die vertikalen Sprünge von Vergütungsstufe zu Vergütungsstufe jeweils 13 % und die horizontalen Sprünge von der Mitte jeder Leistungs-

Tab. 2.7 Auswertung der Vergütungs-IST-Situation

Vergütungs-stufe	Minimum	Mittelwert der untersten 5 %	Median	Mittelwert	Mittelwert der obersten 5 %	Maximum
9						
8						
7						
6						
5						
4						
3						
2						
1						

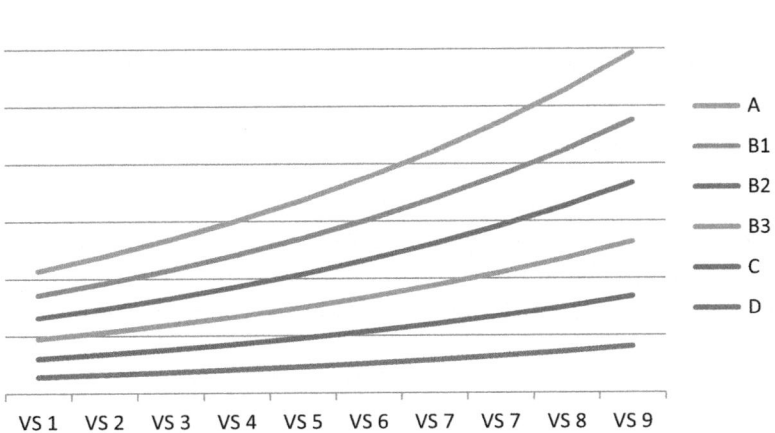

Abb. 2.3 Das Prinzip überlappender Entgeltbänder

Tab. 2.8 Beispiel für eine Vergütungsmatrix

	LS (Leistungsstufen)											
	D		C		B3		B2		B1		A	
	Min	Max	Min	Max	Min	Max	Min	Max	Min	Max	Min	Max
VS 9	3,860	4,210	4,211	4,561	4,562	4,912	4,913	5,263	5,264	5,614	5,615	5,966
VS 8	3,416	3,726	3,727	4,036	4,037	4,347	4,348	4,657	4,658	4,968	4,969	5,279
VS 7	3,023	3,297	3,298	3,572	3,573	3,846	3,847	4,121	4,122	4,396	4,397	4,672
VS 6	2,675	2,917	2,918	3,161	3,162	3,404	3,405	3,647	3,648	3,890	3,891	4,134
VS 5	2,367	2,582	2,583	2,797	2,798	3,012	3,013	3,227	3,228	3,443	3,444	3,659
VS 4	2,095	2,285	2,286	2,475	2,476	2,665	2,666	2,856	2,857	3,046	3,047	3,238
VS 3	1,854	2,022	2,023	2,190	2,191	2,359	2,360	2,527	2,528	2,696	2,697	2,865
VS 2	1,641	1,789	1,790	1,938	1,939	2,087	2,088	2,236	2,237	2,386	2,387	2,536
VS 1	1,452	1,583	1,584	1,715	1,716	1,847	1,848	1,979	1,980	2,111	2,112	2,244

stufe zur Mitte der nächsthöheren Leistungsstufe jeweils 8 %. Dies ergibt eine Bandbreite für Leistung von mehr als 50 % von D_{min} = Index 100 bis A_{max} > Index 150. Diese Justierung muss unternehmensspezifisch auf der Basis der erwünschten Bandbreite für Leistung und auch der in der Vergangenheit realisierten Bandbreite erfolgen. Ob die Bandbreite 50, 40, 30 % oder weniger beträgt, ist in hohem Maße von den Zielsetzungen und der Anwendungskultur in der Vergangenheit abhängig. Eine Vergrößerung der Bandbreite ist im Zuge des Einführungsprozesses in mehreren Schritten möglich.

Diese Vergütungsmatrix findet auch Verwendung bei den Entscheidungen über individuelle Erhöhungen des Entgelts bei einzelnen Mitarbeitern. Mehr dazu in Abschn. 2.4.

Eingruppierung der Mitarbeiter Wenn die Bewertung der Arbeitsplätze abgeschlossen ist und die Vergütungsmatrix mit ihren Zielbereichen erstellt ist, kann die abschließende Eingruppierung der Mitarbeiter erfolgen. Der Begriff „Eingruppierung" ist dem Betriebsverfassungsgesetz entnommen. Damit ist dieser Arbeitsschritt in mitbestimmten Unternehmen auch nur mit Zustimmung des Betriebsrats möglich. Technisch gesprochen ist es nur eine Zuordnung der Tätigkeiten der Mitarbeiter zu den Vergütungsstufen.

▶ Auch hier geht es eigentlich nicht um die Eingruppierung des Mitarbeiters, sondern um die Eingruppierung der Tätigkeit, die der Mitarbeiter ausübt. Die Eingruppierung erfolgt sozusagen unabhängig vom konkreten Mitarbeiter mit seinen Eigenschaften, Qualifikationen und seinem Leistungsverhalten.

Manche Führungskräfte machen sich bei diesem Arbeitsschritt das Leben kurzfristig einfach. Sie nehmen die Zuordnung vor, indem sie Mitarbeiter entsprechend ihres bisherigen Entgelts eingruppieren. Das ist nicht zielführend, weil nicht sicher ist, ob das bisherige Entgelt tatsächlich der Tätigkeit entspricht: Es kann zu hoch oder zu niedrig sein und wenn es so wäre, würde die Fehlstellung der Vergangenheit nicht korrigiert werden, sondern in der Zukunft noch weiter fortgeschrieben werden.

Vergütungsmatrix marktgerecht austarieren Wenn Vergleichsdaten von ähnlichen Unternehmen vorliegen, kann zu diesem Zeitpunkt auch ein Quervergleich zu anderen Unternehmen in der gleichen Region vorgenommen werden, mit denen man im Wettbewerb um die gleichen Mitarbeiter steht. Meist reicht auch ein Vergleich der Referenzjobs aus.

Oft sind diese vertraulichen Daten zwischen den Unternehmen einer Region aber nicht zugänglich. Vergleiche zu Tarifstrukturen sind auch nicht immer hilfreich. Sie bilden auch häufig nicht die wirkliche Entgeltsituation ab, da übertarifliche Entgeltkomponenten und unterschiedliche Arbeitszeiten et cetera das Bild beeinflussen. Auch Entgeltvergleiche, die von Beratungsunternehmen durchgeführt werden und deren Ergebnisse erworben werden können, helfen oft nicht weiter, da die angeführten Bandbreiten so groß sind, dass sie wenig Aussagekraft für die konkrete regionale Wettbewerbssituation haben.

In diesem Fall, der mir häufig bei der Einführung neuer Entgeltstrukturen begegnet, hilft ein Blick auf die Erfahrungen, die in Bewerbungsgesprächen mit externen Kandidaten gesammelt werden und auch die Signale, die man in Austrittsgesprächen von Mitarbeitern erhält, die das Unternehmen verlassen. Damit erhält man in der Regel ausreichende Information darüber, ob die eigenen Vergütungsbandbreiten für einzelne Tätigkeiten im Markt liegen oder gegebenenfalls darunter oder darüber. Entsprechend lässt sich auch die Vergütungsmatrix justieren.

▶ Wichtig ist, dass die Schlüsselfunktionen für Spitzenleister (Leistungsstufe A) im Vergleich zum Markt überdurchschnittlich und für Leistungsträger (B1 und B2) im Marktdurchschnitt positioniert werden. Es gibt im Übrigen auch Unternehmen, die dauerhaft keine kompetitiven Entgelte bereitstellen und trotzdem erfolgreich Mitarbeiter rekrutieren und im Unternehmen halten. Das ist nicht immer eine Frage der Entgelthöhe, sondern vieler verschiedener Faktoren (siehe Abschn. 1.3).

2.1.6 Arbeitsplatzbewertung bzw. Grading in agilen Organisationen

Ein Merkmal agiler Organisationen[3], das für die Bewertung von Funktionen oder Rollen relevant ist, ist die immer wieder neue Zuordnung zu Rollen und Aufgaben. Teams werden für neue Projekte in einer für die Aufgabenstellung passenden Organisationsform

---

[3]Siehe u. a. Valentin Nowotny, Agile Unternehmen – Fokussiert, schnell, flexibel: Nur was sich bewegt, kann sich verbessern, Business Village, Göttingen, 2018.

zusammengestellt – wie das zum Beispiel auch bei der Aufstellung einer Fußballmannschaft geschieht, die die vorhandenen Ressourcen und Fähigkeiten gegen den nächsten Gegner im nächsten Wettbewerb am besten nutzen möchte. Die Aufgaben und Rollen der Teammitglieder können sich von Projekt zu Projekt ändern. So kann die Verantwortung zwischen der Leitung des Projekts mit einem großen Volumen und der Mitarbeit in einem kleineren, aber dafür strategisch wichtigen Projekt variieren. Eher selten wird es vorkommen, dass der erfolgreiche Scrum-Master im Folgeprojekt als „einfacher" Engineer eingesetzt wird. Das ist zwar denkbar, kommt vielleicht auch vor, aber ist nicht die Regel. Aber auch dieser Frage werden wir in diesem Kapitel nachgehen.

Wenn man nach Unterschieden im Prozess der Arbeitsplatzbewertung bzw. des Gradings zwischen traditionellen Organisationen und agilen Organisationen sucht, stellen sich folgende Fragen:

1. Wenn sich dauernd alles ändert, ist es dann noch sinnvoll, Funktionen oder Rollen zu beschreiben und zu bewerten?
2. Ändert sich mit jeder Änderung der Rolle eines Mitarbeiters auch jedes Mal das Gehaltsband, dem der jeweilige Mitarbeiter zugeordnet wird?

Bevor wir uns auf die Suche nach den Antworten auf die beiden Fragen machen, ist es vielleicht hilfreich, die Rahmenbedingungen genauer zu betrachten. Wir dürfen davon ausgehen, dass auch in agilen Organisationen darauf geachtet wird, dass die Mitarbeiter, die bestimmte Rollen ausfüllen sollen, die dafür notwendigen Kompetenzen und Fähigkeiten haben – dass es also einen Match zwischen Rolle und Mitarbeiter gibt. Wir dürfen weiterhin davon ausgehen, dass sich fachliches und organisationsspezifisches Knowhow bei Mitarbeitern im Laufe ihrer Tätigkeit weiterentwickelt – also Mitarbeiter in der Regel (nicht immer) für die Organisation wertvoller werden. Weiterhin dürfen wir davon ausgehen, dass nicht alle im Pool zur Verfügung stehenden Mitarbeiter alle möglichen Rollen ausfüllen wollen (und können).

Basierend auf diesen Rahmenbedingungen sind die Antworten auf die beiden oben genannten Fragen recht naheliegend:

1. Wenn sich dauernd alles ändert, ist es dann noch sinnvoll, Funktionen oder Rollen zu beschreiben und zu bewerten?
   Gerade dann, wenn das Spiel schnell und flexibel sein soll, ist es wichtig zu wissen, was von den Spielern erwartet wird, was der tut, der hinter mir und neben mir spielt. Die taktische Anweisung „Geht's raus und spielt's Fußball!", wie sie Franz Beckenbauer nachgesagt wird, war sicher nicht der einzige Input, den er als Trainer seiner Mannschaft bei der WM 1990 gegeben hat. Rollen werden definiert werden müssen, und mit Sicherheit wird es weiterhin Entwicklungswege geben, die Mitarbeiter gehen müssen, um Erfahrung und Wissen zu sammeln. Der direkte Sprung von der Hochschule zum Scrum-Master oder Product-Owner wird eher selten sein. Es wird aber auch weiterhin Engineers geben, die einige Runden drehen müssen, um dann

(vielleicht) Scrum-Master zu werden. Das Grading eines Scrum-Masters und eines Product-Owners sind ähnlich bzw. liegen nicht weit auseinander. Es ist sehr wahrscheinlich, dass es auch in dieser Jobfamilie auf dem Level der Scrum-Master und Product-Owner noch Differenzierungen bezüglich des Verantwortungsumfangs bei größeren oder kleineren Projekten geben wird. Und auch da werden die Bewertungen der Rollen sich tendenziell nach den Entwicklungswegen richten, die Mitarbeiter in diesem Funktionsbereich üblicherweise gehen. Damit sind auch die Gehaltsbänder, die sich daraus ergeben, eher vertraut. Dieses Beispiel aus dem Engineering-Umfeld lässt sich leicht auf andere Funktionsbereiche übertragen. Um noch ein anderes (altes) Beispiel zu nutzen und auf die agile Welt zu übertragen: In Fertigungsbereichen gab und gibt es Springer. Diese Rolle ist dadurch definiert, dass sie mehrere Rollen beinhaltet, und das macht auch ihren Wert aus. Die Springer-Rolle ist deshalb wertvoller. Trotzdem kann auch diese Rolle beschrieben werden und Gleiches gilt im agilen Umfeld. Verschiedene Rollen können unterschiedlich beschrieben werden und auf der Basis der im Unternehmen definierten Bewertungskriterien (zur Festlegung von Bewertungskriterien siehe Abschn. 2.1.1) der gleichen Vergütungsstufe bzw. dem gleichen Gehaltsband zugeordnet werden. Das verändert sich im agilen Umfeld nicht.

▶   Also: Auch im agilen Umfeld ist das Beschreiben und Bewerten von Rollen sinnvoll und notwendig. Dazu muss in den meisten Fällen nicht einmal das Vergütungssystem in seinen Grundzügen verändert werden[4].

2. Ändert sich mit jeder Änderung der Rolle eines Mitarbeiters auch jedes Mal das Gehaltsband, dem der jeweilige Mitarbeiter zugeordnet wird?
Man kann die Frage auch anders formulieren: Ändert sich durch die häufigeren Wechsel der Rollen die Bedeutung des Mitarbeiters für das Unternehmen oder die Organisation? Stellen Sie sich folgende Situation vor: Im Spiel Bayern München – VfB Stuttgart steht auf Münchner Seite eine Auswechslung an. Der Münchner Trainer (im Moment) Kovac bespricht sich am Spielfeldrand mit dem Spieler, der neu aufs Feld geht. Er gibt ihm taktische Anweisungen, mit denen der Neue aufs Feld geht und die Anweisungen des Trainers natürlich auch an einige andere Spieler weitergibt. Sofort ist zu beobachten, dass sich die Aufstellung und die Spielweise ändern. Sie wird defensiver oder offensiver, schneller oder langsamer. Das hat wiederum zur Folge, dass sich die Aufstellung des VfB Stuttgart dem anpasst – hoffentlich! Die Rollenänderungen auf dem Spielfeld führen aber nicht dazu, dass zuerst über die Neubeschreibung und Neubewertung der Rollen diskutiert wird, sondern die Rollen sind so definiert, dass sie auch die Änderungen beinhalten.

---

[4]Sogar der ERA-Tarifvertrag der M+E-Industrie ist dazu als Plattform geeignet und wird auch schon entsprechend genutzt. http://www.bw.igm.de/news/meldung.html?id=88696; abgefragt am 30.01.2019.

Wenn wir also davon ausgehen, dass der Wert des Mitarbeiters für das Unternehmen gerade darin begründet liegt, dass er in der Lage ist, sich diesen wechselnden Herausforderungen und Anforderungen zu stellen, dann dürfte nicht nur die temporäre Rolle für seinen Wert ausschlaggebend sein. Vermutlich sind es eher die Kompetenzen, Kenntnisse, Erfahrungen und Beiträge, die der Rolleninhaber in verschiedenen Funktionen eingebracht hat und einbringt. Wenn man dieser Anwendungslogik folgt, dann sind nicht permanente Neubewertungen der Rollen und permanente Neueinstufungen der Mitarbeiter notwendig und angemessen, sondern bei aller Flexibilität im Sinne von Agilität eher der Blick für den längerfristigen Wert von Mitarbeitern für die Organisation.

Bei der Einsatzplanung der Mitarbeiter findet auch in agilen Organisationen die Eignung (also die Kombination aus formaler Qualifikation, Erfahrung und persönlichem Format) Berücksichtigung. Es wäre weder wirtschaftlich noch unter Führungsgesichtspunkten sinnvoll, das vorhandene (hoch bezahlte) Potenzial nicht regelmäßig für anspruchsvolle Aufgaben zu nutzen.

Was im Alltag auch passiert: Manchmal enden Entwicklungswege oder sie gehen tendenziell abwärts. Wenn das längerfristig der Fall ist, bedeutet dies, dass der Marktwert des Mitarbeiters im Unternehmen sinkt. Das ist allerdings kein Fall, der für agile Organisation spezifisch ist, sondern er tritt auch in traditionellen Organisationen auf. Die Anpassung des Gehaltsbandes des Mitarbeiters[5] ist dann auch im agilen Umfeld die logische und konsequente Folge.

Wir stellen natürlich auch im agilen Umfeld fest, dass Menschen, die in gleichen Rollen tätig sind, diese Rollen unterschiedlich gut ausfüllen. Dieser Aspekt muss weder in der Beschreibung noch in der Bewertung der Rollen berücksichtigt werden, sondern lässt sich in leistungsvariablen Vergütungselementen abbilden (mehr dazu in den Abschn. 2.2 und Kap. 7).

2.2 Leistungsbezogene Vergütungsanteile

Die Aufgabe leistungsbezogener Vergütungselemente besteht darin, die unterschiedlichen individuellen Leistungen einzelner Mitarbeiter, Teams oder Bereiche systematisch in Entgelt umzusetzen. Eine „echte" Variabilisierung von bisher vielleicht eher fixen Entgeltbestandteilen soll dazu führen, dass Leistungsergebnisunterschiede nachvollziehbar in Schwankungen des monatlichen oder jährlichen Entgelts übersetzt werden.

Wo variable Vergütung auf individueller Ebene eher als individuelles Leistungsfeedback mit teilweise motivatorischem Charakter betrachtet werden kann, sollen variable Vergütungselemente auf Unternehmensebene eher zur Flexibilisierung der Personalkosten in Abhängigkeit vom wirtschaftlichen Erfolg des Unternehmens dienen.

---

[5]Oft unter Wahrung der sonstigen Besitzstände des Mitarbeiters.

Die Zielsetzung von variablen Vergütungselementen auf Bereichs- oder Teamebene dienen wiederum eher der Honorierung von gemeinsam erzielten Ergebnissen und der Stärkung der Zusammenarbeit in gemeinsamen betrieblichen Prozessen.

Für die Umsetzung von leistungsvariablen Vergütungselementen stehen im Kern drei Methoden zur Verfügung, die auch in Kombination miteinander angewendet werden können:

1. Kennzahlen mit Prämien- beziehungsweise Akkordsystemen,
2. Zielvereinbarung als Variante von Kennzahlensystemen,
3. Leistungsbeurteilung mit unterschiedlichen Ausprägungen.

Theoretisch können die drei Methoden für alle Zielgruppen angewendet werden. Wie in den Abschn. 2.2.1 bis 2.2.3 jeweils noch ausgeführt wird, ergeben sich aus praktischen Gründen eine Reihe von Einschränkungen, sodass die drei Leistungsentgeltmethoden für die verschiedenen Zielgruppen sinnvoller Weise wie folgt angewendet werden (Tab. 2.9):

Die Fundstellen für Beispiele der Anwendung der verschiedenen Methoden für die verschiedenen Zielgruppen entnehmen Sie bitte Tab. 2.10.

2.2.1   Kennzahlen

Die klassischen Vertreter der Methode „Kennzahlen" sind Akkord- und Prämiensysteme sowie Provisionsregelungen. In der Entwicklung von Entgeltsystemen waren dies die ersten drei Ausprägungen von leistungsvariabler Vergütung. Die Reinformen von Kennzahlensystemen setzen die Messbarkeit der jeweils zugrunde gelegten Größen voraus. Sie geben aber noch keinen Hinweis darauf, dass die richtigen Größen gemessen werden. Die fundamentale Frage ist deshalb in erster Linie: „Woran erkennen wir gute Leistung

Tab. 2.9 Methoden und Zielgruppen

	Unternehmen	Bereich/Team	Individuum
Kennzahlen	X	X	X
Leistungsbeurteilung		X	X
Zielvereinbarung		X	X

Tab. 2.10 Methoden, Zielgruppen und Fundstellen

	Unternehmen	Bereich/Team	Individuum
Kennzahlen	Abschn. 2.3	Abschn. 2.2.1	Abschn. 2.2.1
Leistungsbeurteilung		Abschn. 2.2.2	Abschn. 2.2.2
Zielvereinbarung		Abschn. 2.2.3	Abschn. 2.2.3

bei *uns* im Unternehmen beziehungsweise in den verschiedenen Bereichen des Unternehmens?" Auf der Suche nach den *richtigen* Kennzahlen kann man sich auch die Frage stellen: „Welche Kennzahlen haben wir denn bisher für die Steuerung der verschiedenen Funktionsbereiche des Unternehmens verwendet?" Manchmal hilft auch die Frage weiter: „Wenn wir über Probleme diskutieren, welche Kennzahlen benutzen wir denn, um die Probleme zu beschreiben?" oder „Welche Themen schlagen immer wieder im Managementteam auf und haben unsere Aufmerksamkeit?"

Im Folgenden werden die drei Ausprägungsformen von Kennzahlensystemen vorgestellt, die Vor- und Nachteile sowie die notwendigen Rahmenbedingungen für deren Einsetzbarkeit diskutiert.

Individuelle Kennzahlen, Gruppenkennzahlen und Unternehmenskennzahlen Vorab möchte ich Ihre Sinne dafür schärfen, für welchen Individualisierungsgrad Kennzahlensysteme erfolgreich anwendbar sind. Meine Thesen dazu sind folgende:

1. Je individueller die Kennzahlen werden, umso schwieriger wird der Zusammenhang mit Entgelt.
2. Je tiefer in der Hierarchie die Kennzahl geht, desto eher geht es um Gruppen- oder Unternehmensziele und weniger um individuelle Ziele mit Entgeltwirkung.

Zu These 1 Wenn individuelles Leistungsentgelt mit Kennzahlen gesteuert wird, haben die betroffenen Mitarbeiter den Anspruch und die Erwartung, dass sie diese Kennzahl auch maßgeblich beeinflussen können und dass sie absolut korrekt ermittelt wird. Der Beeinflussung durch den Mitarbeiter sind umso engere Grenzen gesetzt, je tiefer der Mitarbeiter in der Hierarchie angesiedelt ist. Die Störeinflüsse aus der Umgebung nehmen zu und es wird zunehmend die Leistung mehrerer Mitarbeiter gemessen und nicht mehr die eines einzelnen Mitarbeiters. Die Kennzahl wird „verunreinigt".

Außerdem steigt der Aufwand der Ermittlung trennscharfer und „sauberer" Kennzahlen, die wirklich nur die Leistung eines einzelnen Mitarbeiters abbilden.

Zu These 2 Mitarbeiter bewegen sich gemeinsam in Prozessen. Es gibt nur wenige Mitarbeiter in den unteren hierarchischen Ebenen, die das Ergebnis eines Prozesses allein beeinflussen können. Die Prozessqualität und die Prozessergebnisse hängen also vom erfolgreichen Zusammenwirken mehrerer Beteiligter ab. Somit ist es auch für die Entgeltwirkung sinnvoll, diese verschiedenen Beteiligten zu einer Gruppe mit einer Gruppenprämie zusammenzufassen.

2.2.1.1 Akkord auf der Basis von Kennzahlen

Ein Akkordzuschlag wird in der Regel auf ein anforderungsbezogenes Grundentgelt aufgeschlagen, wenn eine Vorgabezeit unterschritten oder eine Vorgabestückzahl überschritten wird. Zum Grundentgelt wird also ein zeit- oder stückzahlabhängiger Zuschlag in Prozent vergütet, der sich wie folgt berechnet:

Akkordzuschlag in Prozent = Individuelle Leistung : Normalleistung × 100

Die Normalleistung ergibt sich aus detaillierten Vorgabezeiten, die im Vorfeld für einzelne Arbeitsgänge ermittelt werden. Der Charme von Akkord besteht darin, dass er einen einfachen Zusammenhang zwischen individueller Leistung und Entgelt herstellt und zudem noch die Aufmerksamkeit auf eine unternehmerisch wichtige Kennzahl lenkt. Zudem können Vorgabezeiten nicht nur für die Entgeltfindung, sondern auch zur Fertigungsplanung und Kalkulation herangezogen werden. Akkord ist damit sowohl zur Steuerung wie auch zur Ermittlung leistungsvariablen Entgelts tauglich. Und doch steckt die Herausforderung im Detail, um dem Aufwand für die Ermittlung von Vorgabezeiten eine möglichst lange Nutzungsdauer eben dieser Vorgabezeiten gegenüberstellen zu können. Aus diesem Grund sind einige Rahmenbedingungen notwendig, um Akkord effektiv und effizient als Methode für leistungsvariables Entgelt einsetzen und die Vorteile voll ausschöpfen zu können:

- ein starker Seriencharakter mit hohen Stückzahlen in gleicher Form und hohen Auftragslosgrößen,
- stabile, gleichförmige Prozesse beziehungsweise eher gleichförmige Tätigkeiten,
- eine stabile Besetzung der verschiedenen Arbeitsplätze und starke Arbeitsteilung, um „Meisterschaft" in einzelnen Arbeitsschritten zu erreichen,
- wenig Unterbrechungen beziehungsweise Störungen durch Material, Auftragsänderungen und Maschinen,
- wenig technische Veränderungen in Produkten und Prozessen,
- hohe Beeinflussbarkeit des Ergebnisses durch den Mitarbeiter selbst, das heißt wenig Taktung beziehungsweise Geschwindigkeitsvorgabe durch Maschinen.

Demgegenüber stehen Risiken und Trends, die bei der Abwägung von Vor- und Nachteilen berücksichtigt werden müssen:

1. In vielen Unternehmen ist erkennbar, dass die Auftragslosgrößen eher abnehmen. Die Vielzahl von Aufträgen mit kleineren Stückzahlen nimmt zu, die Anzahl der Rüstvorgänge und Rüstzeiten nimmt ebenfalls tendenziell zu.
2. Terminflexibilität wird als Anforderung von Kunden immer stärker. Aufträge können wegen Terminvorgaben immer seltener zu effizienteren Arbeitspaketen zusammengefasst werden.
3. Die Anforderungen an die Mitarbeiter bezüglich zeitlicher und Einsatzflexibilität nehmen immer weiter zu. Es kommt immer mehr darauf an, den Gesamtablauf und nicht nur kleinteilig einzelne Arbeitsschritte optimal zu gestalten.
4. Großserien sind tendenziell „Automatisierungskandidaten" und werden hauptsächlich von Maschinen abgearbeitet, die die Mitarbeiter in der Leistung kaum beeinflussen können.

5. Akkord mit großen Stückzahlen und zeitliche Flexibilität sind Antagonisten und führen zu Akkordprämieneinbußen für die Mitarbeiter.
6. Die Vorarbeiten zur Ermittlung der Vorgabezeiten sind nicht zu unterschätzen. Da diese auch der Mitbestimmung unterliegen, sind sie häufig Anlass für Diskussionen und Rumoren in den Fertigungsbereichen.
7. Vorgabezeiten brauchen ständige Pflege, insbesondere bei technologischen und Produktänderungen, die zu Rationalisierungen führen, die nicht durch höhere Leistung der Mitarbeiter verursacht werden. Unterbleibt dies, so entwickeln sich Akkordzuschläge tendenziell nach oben. Um die Lohnkosten unter Kontrolle zu halten, erfolgen häufig „Deckelungen", die letztlich den Nutzen von Akkord gefährden und eine weitere Leistungsentwicklung behindern. Mitarbeiter bauen „Vorderwasser" auf, indem sie zeitweise Überschreitung der Normalleistung zum Ausgleich für zeitweilige Unterschreitung nutzen.
8. Mitarbeiter erkennen die „Lücken" in Akkordsystemen sehr schnell, sodass das Risiko besteht, dass Verbesserungsmöglichkeiten nicht für den Gesamtprozess, sondern für die Sicherung der eigenen Akkordleistung genutzt werden.

Statt Vorgabezeiten können aber auch andere Kennzahlen verwendet werden, die zwar einfacher zu messen sind, aber in ihrer Einfachheit nur selten Leistung umfassend abbilden, wie zum Beispiel

- das Gewicht der Produkte, die erzeugt wurden;
- das Gewicht, das bewegt wurde:
- die Fläche, die Länge oder das Volumen der Erzeugnisse;
- und so weiter.

Fensterputzer können in Quadratmeter gereinigter Fensterfläche pro Stunde vergütet werden, Fliesenleger in Quadratmeter verlegter Fliesen und Transporteure in bewegten Tonnen pro Stunde. Aber Vorsicht: Es gilt der Grundsatz:

▶   „You get what you pay for!"

Die Verwendung von nur einer Kennzahl fördert meistens eindimensionales Leistungsverhalten. Wenn nur Menge honoriert wird, werden tendenziell andere Aspekte wie Produktqualität oder Prozessqualität oder die Hand-in-Hand-Arbeit mit Kollegen vernachlässigt. Sie werden auch nicht bezahlt. Die aktuelle betriebliche Welt lebt allerdings immer mehr davon, dass Gesamtprozesse durch mitdenkende Mitarbeiter „gut geschmiert" laufen. Jedes Sandkorn im Getriebe stört und wenn Mitarbeiter nur kleinteilig ihre eigenen Arbeitsschritte beschleunigen und optimieren, leidet unter Umständen das Ganze. Wohlgemerkt: Das muss nicht so sein, aber eine genaue Prüfung ist sinnvoll, da die Haltbarkeitsdauer von Vergütungssystemen, wenn sie einmal eingeführt sind, eher lang ist. So leicht ändert man sie nicht.

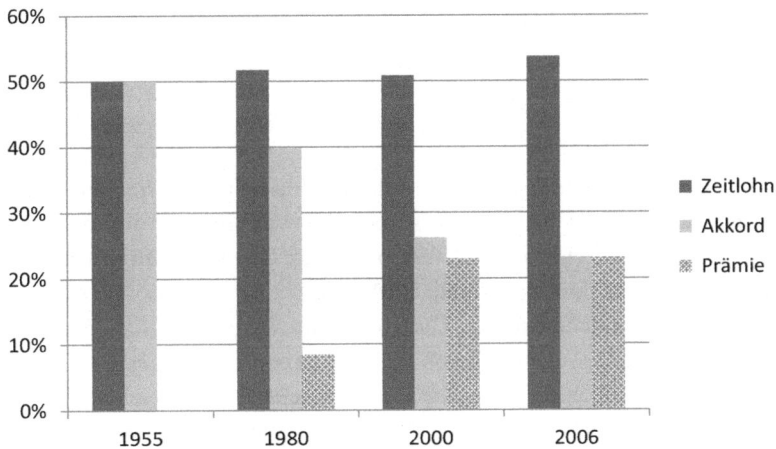

Abb. 2.4 Beschäftigungsstruktur nach Entgeltmethoden. (Quelle: Gesamtmetall 2011)

Weiterhin ist es wichtig zu bemerken, dass die Anwendungshäufigkeit von Akkord-systemen (siehe Abb. 2.4) aufgrund der oben genannten Entwicklungen beständig zurückgeht. Eine Einführung in der jetzigen Entwicklungsphase industrieller Prozesse muss deshalb sehr genau überdacht werden.

2.2.1.2 Prämien auf der Basis von Kennzahlen

Eine Weiterentwicklung der Ausprägung „Akkord" innerhalb der Kennzahlensysteme ist die Prämie. Auch hier besteht das Entgelt aus einem anforderungsbezogenen Grundlohn als Festbetrag, der auf der Arbeitsplatzbewertung beruht und einem variablen Zuschlag, der Leistungsprämie.

Prämienlohn unterscheidet sich vom Akkordlohn durch Bezug auf mehrere und andere Kriterien als das reine Zeit-Mengen-Verhältnis. Wie aus Abb. 2.4 zu entnehmen ist, löst Prämienlohn in vielen Unternehmen Akkordprämien ab. Ein Grund dafür sind nicht nur zusätzliche Kriterien, die verwendet werden können, sondern auch das nicht notwendigerweise linear verlaufende Verhältnis von Leistung (Standardleistung + Mehr-leistung) zu Entlohnung (Grundlohn, Prämienrichtsatz und Prämie).

Die Prämie kann sich nach folgenden Kennzahlen oder einer Kombination bemessen:

- Arbeitsmenge im Verhältnis zu einer Vorgabezeit,
- Qualität, zum Beispiel Anteil fehlerhafter Stücke, Reduzierung der Ausschussquote oder Reklamationen,
- Nutzung von Maschinen als Maschinennutzungszeit beziehungsweise Reduzierung von Stillstandszeiten,
- Materialausbeute, -ersparnis,
- Energieeinsparung,

- Personaleinsatz,
- Termintreue,
- Produktivität,
- Qualifikation.

Dabei wird jeweils ein Normalniveau beziehungsweise eine Normalleistung zugrunde gelegt, deren Unter- oder Überschreitung eine Auswirkung auf die zu zahlende Prämie hat. Ein Beispiel liefert ein metallverarbeitendes Unternehmen mit langer Akkordgeschichte, das eine Produktivitätsprämie einführte:

In den Fertigungsbereichen dieses Unternehmens wurde seit den 1950er Jahren im Akkord gearbeitet. Ganze Generationen von Mitarbeitern und Führungskräften sind quasi in einer Akkordumgebung aufgewachsen. Manche konnten sich nicht einmal mehr vorstellen, dass ein Unternehmen ohne Akkord überhaupt funktionieren kann. Diese Haltung veränderte sich auch kaum, obwohl seit den 1990er Jahren ein ganze Reihe der oben genannten Veränderungen erkennbar waren. Die großen Stückzahlen gingen zurück und Kunden bestellten immer kurzfristiger in immer kleineren Mengen. Gleichzeitig nahm die Produktvielfalt extrem zu, viele Varianten machten es fast unmöglich, mit der Zeitaufnahmen für die Vorgabezeiten Schritt zu halten. Als Folge davon arbeiteten immer mehr Mitarbeiter im „unechten" Akkord, das heißt für Arbeiten, für die keine aktuellen Vorgabezeiten existierten und für die Rüstzeiten wurde „Durchschnitt" bezahlt. Kurz vor Ablösung des Akkords arbeiteten 70 % der Mitarbeiter im „unechten" Akkord, also praktisch mit fixem Entgelt, und trotzdem fehlte vielen das Vorstellungsvermögen, wie die betriebliche Welt ohne Akkord aussehen und funktionieren könnte. Das Motto musste heißen: Etwas Bekanntes mitnehmen und etwas Neues hinzufügen (Abb. 2.5).

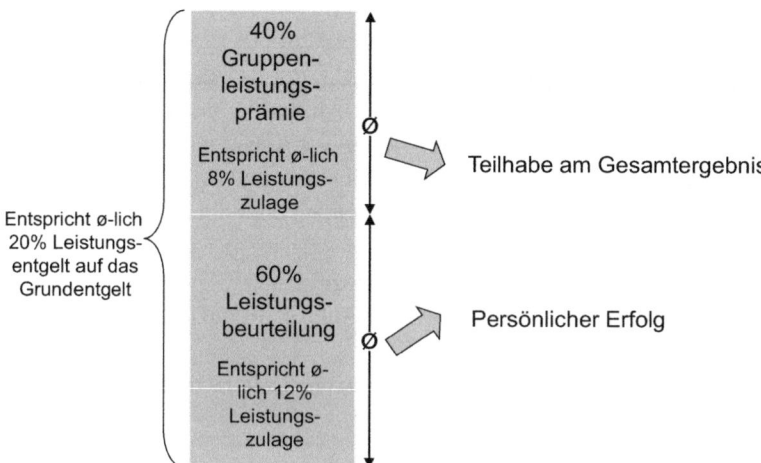

Abb. 2.5 Leistungsentgelt mit Gruppenleistungsprämie und Leistungsbeurteilung

Über die Komponente der Leistungsbeurteilung mit einem Anteil von durchschnittlich 60 % am gesamten Leistungsentgelt wird der persönliche Erfolg im Sinne der individuellen Leistung eines Mitarbeiters honoriert. Auf die Leistungsbeurteilung als Methode werden wir im Abschn. 2.2.2 eingehen.

Im Zusammenhang mit der Methode „Kennzahlen" und der Gestaltung einer Prämie betrachten wir in diesem Kapitel die Gruppenleistungsprämie, die in einem interessanten betrieblichen Beispiel wie folgt berechnet wird:

$$\text{Leistungskennzahl} = \sum (\text{Gutstück} \times \text{Vorgabezeit}) : \sum \text{Anwesenheitszeiten}$$

Diese Leistungskennzahl wurde in diesem Unternehmen bereits seit vielen Jahren schon ermittelt, spielte aber für die Mitarbeiter keine Rolle, sondern wurde nur vom Management beobachtet. Für die Mitarbeiter spielten nur ihre individuellen Vorgabezeiten und Akkordzulagen eine Rolle. Das Ziel der neuen Gruppenleistungsprämie war nun, mit der Verbesserung der Leistungskennzahl eine Verbesserung der Produktivität zu erreichen. Deshalb wurde für die Zukunft die Verbesserung der Leistungskennzahl zur Grundlage für die Gruppenleistungsprämie mit dem Ziel, dass die Mitarbeiter an der Verbesserung der bisherigen Leistungskennzahl mitwirken können. Der Fünfjahresdurchschnitt vor der Einführung der Gruppenleistungsprämie lag bei 67 % (Tab. 2.11).

Bei einer weiterhin durchschnittlichen Leistungskennzahl von 67 % erhalten die Gruppen eine durchschnittliche Gruppenleistungszulage von 8 %. Dies entspricht der tariflichen Vorgabe für mindestens auszuschüttende Leistungszulagen. Bei einer Verbesserung dieser durchschnittlichen Leistung aus dem Bezugszeitraum der vergangenen fünf Jahre steigt die Gruppenleistungsprämie, andernfalls fällt sie.

Die Gruppenleistungsprämie übernimmt aus der Vergangenheit den Kennzahlengedanken mit Stückzahlen und Vorgabezeiten, allerdings mit einigen Variationen.

Tab. 2.11 Leistungskennzahl und Leistungszulage

Leistungskennzahl (%)	Leistungszulage aus der Leistungsprämie (%)
ab 59	2
61	4
64	6
67	8
72	10
77	12
82	14
87	16

1. In der Vergangenheit wurde der Genauigkeit der Vorgabezeiten höchstes Augenmerk gewidmet, da das individuelle Leistungsentgelt davon abhängig war. Es kommt immer noch auf korrekte Vorgabezeiten[6] an, allerdings wirken sich „Unschärfen" nicht mehr in dem hohen Maße aus und werden auch eher zugelassen.

   Eine wesentliche Veränderung stellt die Handhabung der Gemeinkosten- und Nebenzeiten wie sachliche und persönliche Verteilzeiten, Reparaturen, Rüsten, Reinigen, Wartung, Transport, Einarbeitung, Datenerfassung, Nacharbeit, Prüfen, Qualitätskontrolle und so weiter dar. Sie werden zukünftig nicht mehr wie im Akkord aus den Leistungszeiten herausgerechnet, sondern sie sind vollständig in der Summe der Anwesenheitszeiten enthalten. Dies stellt zum einen eine wesentliche administrative Vereinfachung dar, zum anderen stellen diese Gemeinkosten- und Nebenzeiten das Optimierungspotenzial für die Mitarbeiter dar. Je weniger Zeit sie für die Gemeinkosten- und Nebenzeiten brauchen, desto höher wird die Leistungskennzahl liegen. Dies stellt eine Umkehrung der bisherigen Handhabung der Gemeinkosten- und Nebenzeiten dar. Die Logik: Wenn es nicht mehr um die individuelle Vergütung, sondern um eine gemeinsame Vergütung aller Beteiligten geht, dann spielen Gemeinkosten-/Nebenzeiten keine Rolle mehr. Gemeinkosten-/Nebenzeiten wie Umrüsten, Reinigen, Wartung, Nacharbeit, Qualitätskontrolle, Wartezeiten wurden in der Vergangenheit mit dem Akkorddurchschnitt vergütet. Dann kann man diese Zeiten in der Entgeltbetrachtung zukünftig auch weglassen. Damit wird ein Anreiz für alle gemeinsam geschaffen, diese Gemeinkosten- und Nebenzeiten zu reduzieren. Wenn keine Reduzierung erreicht werden kann, dann wäre dies nicht zum Nachteil des Mitarbeiters, sondern würde nur den Status quo fortschreiben.

2. Ein weiteres wichtiges Thema in diesem Zusammenhang ist der Umgang mit Störungen. Störungsquellen sind vielfältig: Maschinenstörungen, -stillstand, Materialfehler, Nachschubstörungen, Fehlzeiten, um nur einige zu nennen. Es ist nachvollziehbar, dass Mitarbeiter, deren individuelle Leistungsprämie von bestimmten Kennzahlen abhängig ist, großen Wert darauf legen, dass nur sie selbst mit ihrer persönlichen Leistung die Entwicklung der Kennzahl und damit ihre Prämie beeinflussen. Jede Störung von außen, die nicht vom Mitarbeiter selbst zu beeinflussen ist, hemmt ihn aus seiner persönlichen Sicht, eine optimale Leistung zu erbringen und seine individuelle Prämie in seinem Interesse zu optimieren. Dies gilt insbesondere dann, wenn die Störung nicht alle Arbeitsplätze in gleicher Weise betrifft, sondern nur wenige Arbeitsplätze oder sogar nur einen Arbeitsplatz, nämlich den des Mitarbeiters. Auch hier gilt die gleiche Logik wie unter 1.: Störungen kamen auch in der Vergangenheit vor und sie werden auch zukünftig nicht zu vermeiden sein. Im Gegenteil: Wie in der Vergangenheit geht es auch in Zukunft darum, als Gruppe intelligent mit Störungen umzugehen. Trotz Störungen lieferfähig zu bleiben oder wenigstens noch das Beste

---

[6]Auch zu Kalkulations- und Planungszwecken.

aus der Situation zu machen, so produktiv wie möglich zu bleiben, das bleibt bei Störungen die Aufgabe – wie in der Vergangenheit auch. Die Botschaft ist also: Je besser ihr mit Störungen umgeht, desto höher ist eure Produktivität und desto höher ist auch eure Prämie.

3. Um diesen Prozessgedanken zu unterstützen, ist es hilfreich, auch vor- und nachgelagerte Bereiche entlang der Prozesskette wie Einkauf, Logistik, Arbeitsvorbereitung und vielleicht sogar Produkt- und Betriebsmittelkonstruktion auf der Basis der gleichen Kennzahlen mit der gleichen Prämie zu vergüten.

Dieses Prinzip kann auch dynamischer gestaltet werden, indem die Verbesserung der Produktivität gegenüber dem Vorjahr prämienrelevant wird. Übertragen auf das vorherige Beispiel in Tab. 2.11 würde die Prämienregelung wie folgt aussehen:

Im Beispiel aus Tab. 2.12 wird also zugrunde gelegt, dass erst eine Produktivitätssteigerung um + 1 % zum Vorjahr zu einer durchschnittlichen Leistungszulage von in diesem Fall 8 % führt. Insbesondere unter dem Aspekt der nachhaltigen Wirkung und der Haltbarkeit des Systems ist diese Variante interessant. Es setzt insofern alle Beteiligten der Erwartung aus, an ständiger Verbesserung zu arbeiten, als Mitarbeiter erfahrungsgemäß auch angrenzende Bereiche zur Prozessverbesserung ermuntern beziehungsweise diese einfordern, um ihre Prämie optimieren zu können.

▶ Ich möchte diese Wirkung als eine Wirkung zweiter Ordnung bezeichnen. Es gibt noch eine Wirkung dritter Ordnung für das gesamte betriebliche System. Im Gegensatz zum Akkord, der eine eher statische Wirkung entfaltet und Strukturen eher „zementiert", entfaltet eine Prämie in dieser Form auch ein betriebliches Ambiente von ständiger Verbesserung. An dieser Stelle sei nur Folgendes angemerkt, ohne dass dieser Gedanke hier detailliert weiter verfolgt werden kann: Ein Vergütungssystem kann diese Wirkung dritter Ordnung nicht allein entfalten, sondern eher unterstützend wirken. Ein ansonsten eher starres und konservatives Klima wirkt hier selbstverständlich begrenzend.[7]

Eine wichtige Rolle bei der nachhaltigen Gestaltung der Prämie spielt die Festlegung der Bezugszeiträume. Diese Form der Prämiengestaltung unterstützt eher Marathonläufer als Sprinter. Individuelle Spitzenleistung für ein paar Wochen wird wenig Effekte für die Prämie haben. Deshalb sind Vergleiche zum Vormonat oder Vorjahresmonat eher wenig hilfreich. Eine beständige Leistungsverbesserung ist einem kurzfristigen Spitzenergebnis vorzuziehen. Aus diesem Grund hat es sich in vielen Fällen bewährt, eher einen rollierenden Dreimonatszeitraum mit dem gleichen Zeitraum im Vorjahr zu vergleichen. Damit wird auch der Einfluss von immer wieder auftretenden kurzfristigen Störungen

---

[7]Mehr dazu bei Weißenrieder und Kosel (2005).

Tab. 2.12 Produktivitätssteigerung und Leistungszulage

Veränderung der Leistungskennzahl zum Vorjahr (%)	Leistungszulage aus der Leistungsprämie (%)
− 4	2
− 2	4
± 0	6
+ 1	8
+ 2	10
+ 3	12
+ 4	14
+ 5	16

wie Material- oder Personalengpässe, Qualitäts- oder Maschinenstörungen geglättet. Außerdem besteht immer der Anreiz für die Mitarbeiter, die Auswirkungen von Störungen so gering wie möglich zu halten und sich selbst dafür einzusetzen.

Im Akkordumfeld ziehen sich Mitarbeiter eher darauf zurück, dass es in der Verantwortung anderer Bereiche (Logistik, Entwicklung, Arbeitsvorbereitung und so weiter) liegt, die Störung zu beseitigen. Weiterhin darf in fast allen Unternehmen unterstellt werden, dass sich in einem rollierenden Dreimonatszeitraum negativ wirkende Störungen und positiv wirkende Einflüsse ausgleichen. Einfachere und schwierigere Produkte, störungsfreie und Störungszeiten et cetera gleichen sich über längere Zeiträume aus.

Wohlgemerkt: Alles in diesem Zusammenhang ist Verhandlungssache. Sowohl die konkrete Leistungs-/Entgeltrelation wie auch die jeweiligen Bezugszeiträume unterliegen selbstverständlich der betrieblichen Mitbestimmung gemäß § 87 Abs. 1, Nummern 10 und 11 Betriebsverfassungsgesetz. Was konkret realisierbar ist, ist abhängig von der jeweiligen betrieblichen Situation. Auf die Einbindung des Betriebsrats und anderer Beteiligter im Zuge der Konzeptionsphase wird im Kap. 4 eingegangen.

An dieser Stelle soll noch auf die Chancen und Risiken insbesondere der Gruppenprämie eingegangen werden. In ähnlicher Weise treffen diese Gedanken auch auf andere Vergütungselemente zu, die nicht individuelle, sondern Gruppenleistung zugrunde legen:

1. Die Auswirkungen einer Gruppenprämie sind unter dem Strich positiv. Mitarbeiter haben einen Anreiz dafür, Hand in Hand zu arbeiten und sich gegenseitig zu unterstützen, damit ihr gemeinsames Ergebnis besser wird. Aber: Fast jedes System hat Lücken und kann nach einer gewissen Lernphase von den beteiligten Mitarbeitern und Führungskräften bedient und teilweise virtuos genutzt werden. Einzelne oder mehrere Mitarbeiter können sich zurücklehnen und ihre Leistung reduzieren in der Annahme, dass andere in der Gruppe dies kompensieren würden. Gute Mitarbeiter reagieren in der Regel allerdings so, dass sie sich nicht dauerhaft von anderen ausnutzen lassen und das Thema zur Sprache bringen. Außerdem bleibt es Aufgabe der

Führungskräfte, genau dann ihrer Aufgabe auch nachzukommen und korrigierend einzugreifen.[8]

2. Flankierend zur Gruppenprämie ist es sinnvoll und hilfreich, andere Leistungsentgeltmethoden wie zum Beispiel die individuelle Leistungsbeurteilung zu nutzen, um weiterhin auf individuelle besondere Leistung positiv, aber auch auf Leistungsmängel mit einem Abschlag reagieren zu können. Individuelle Spitzenleistung und Gruppenleistung sind keine konkurrierenden, sondern sich ergänzende Aspekte. Im betrieblichen Geschehen ist beides notwendig und auch beides im Vergütungssystem abbildbar. Auch dieses Zusammenspiel von Einzel- und Gruppenleistung entfaltet eine nachhaltige Wirkung, indem die positiven Aspekte beider Pole genutzt und Schwächen ausgeglichen werden können.

3. Für manche Mitarbeiter erscheinen die eigenen Einflussmöglichkeiten auf die Gruppenleistungsprämie zu gering und in der Tat beeinflussen Einzelleistungen und Einzelereignisse bei einem rollierenden Dreimonatszeitraum die Leistungsprämie nur geringfügig. Dieser Effekt kann durch ständige Information über den aktuellen Leistungsstand und regelmäßiges, kurzfristiges Leistungsfeedback ausgeglichen werden. Im folgenden Beispiel in Tab. 2.13 gibt es täglich eine Information über das Leistungsergebnis der Gruppe vom Vortag und die hochgerechnete Leistungsprämie für den laufenden Monat.

4. Positiv zu vermerken ist, dass die bereichsübergreifende Zusammenarbeit optimiert werden kann, indem zum Beispiel die an Fertigungsbereiche angrenzenden, zuarbeitenden Bereiche, wie die Logistik oder auch die Arbeitsvorbereitung, mit der gleichen Kennzahl gesteuert werden können. Das Motto ist: Alles dient dazu, die Fertigung optimal am Laufen zu halten.

In den oben genannten Beispielen in den Tab. 2.11 und 2.12 steuert eine Kennzahl die Gruppenleistungsprämie. Wohlgemerkt: Durch „Gutstück" sind Qualitätsaspekte bereits vertreten, optimale Maschinennutzungszeiten fließen indirekt ein und Durchlaufzeiten sind zum Beispiel ebenfalls integriert. Alle diese unterschiedlichen Aspekte sind mit einem gewissen Charme in einer Kennzahl „Produktivität" gebündelt.

Um verschiedene Zielsetzungen parallel zu verfolgen und auch sichtbar machen zu können, können in einer Prämie verschiedene Kennzahlen verbunden werden oder aber verschiedene Prämien zu einem Entgeltsystem kombiniert werden.

In einem Logistikunternehmen, in dem es auf den schnellen, fehlerfreien und pünktlichen Transport von Behältern an bestimmte Fertigungsorte ankommt, wurde ein Prämiensystem realisiert, das die Behälterleistung, die Fehlerquote in ppm (parts per million) und Schäden berücksichtigt. Die Grundidee war auch hier, eine durchschnittliche Leistung in Vorjahren zu verbessern und die Mitarbeiter an dieser Verbesserung

---

[8]Vergleiche Kosel (2012).

Tab. 2.13 Behälterprämie

| Ausgangsbehälterleistung pro Stunde pro Mitarbeiter | Index = 100 | | | | |
Behälterleistung pro Mitarbeiter	Entspricht einer Steigerung zum aktuellen Stand (%)	Einsparung pro Mannstunde	Prämie pro Stunde an Mitarbeiter	Reduzierte Prämie pro Stunde bei Reklamationen von 65 bis 100 ppm	Reduzierte Prämie pro Stunde bei Reklamationen von mehr als 100 ppm
102	2,0				
103	3,0				
104	4,0				
105	5,0				
106	6,0				
107	7,0				
108	8,0				
109	9,0				
110	10,0				

zu beteiligen. Die sogenannte Behälterprämie wird zusätzlich zu einem anforderungsbezogenen Grundentgelt und einer individuellen Leistungszulage[9] bezahlt.

Das monatliche Gesamtentgelt bestand aus drei Komponenten:

- Grundlohn aus der Vergütungsstufe,
- persönliche Leistungszulage aus einer Leistungsbeurteilung,
- Gruppenprämie aus der Behälterleistung (Behälterprämie).

Die Behälterleistungsprämie wurde auf der Basis der Parameter in Tab. 2.13 gestaltet.

Das Prinzip, das auch auf andere Fälle übertragen werden kann, besteht darin, die
Verbesserung eines Zustandes mit einem Bonus zu honorieren und für prozessqualitäts-
entscheidende Störgrößen einen Malus anzusetzen. Schäden reduzieren zum Beispiel die
Behälterprämie: Die Jahresschadenssumme beinhaltet Waren-, Gebäude-, Betriebsmittel-
schäden und so weiter. Wenn sich die Schadenssumme unterjährig negativ entwickelt,
gibt es ein Signal durch intensive Information. Wenn sich die Schadenssumme weiter
erhöht, mindert sie die Behälterprämie.

An diesem Beispiel lässt sich eine weitere Gestaltungsform von variablem Leistungsentgelt darstellen. Die Einsparungen, die durch die Verbesserung der Behälterleistung
erzielt werden, werden zwischen dem Unternehmen und den Mitarbeitern geteilt.

▶ Dieses Prinzip des *Gainsharing* ist eine Form des Prämienlohns, die mitberück-
   sichtigt, dass Verbesserungen nicht immer nur durch Mitarbeiter verursacht
   werden, sondern auch technologisch oder organisatorisch bedingt sein können. Der Nutzen der daraus entsteht, wird geteilt.

Diese Regelung trägt der Tatsache Rechnung, dass nicht jede Produktivitätssteigerung
den Gewinn des Unternehmens steigert, sondern sie in vielen Fällen notwendig ist, um
die Marktposition durch eine entsprechende Preiskalkulation halten zu können. Wie
hoch die Gainsharing-Quote jeweils ist, ist damit abhängig von der konkreten Situation
des Unternehmens. Außerdem ist selbstverständlich auch diese Quote in mitbestimmten
Unternehmen mitbestimmungspflichtig und damit zu Teilen auch wiederum Verhandlungssache.

Das Festlegen einer „pauschalen" Gainsharing-Quote verhindert, dass ständig über
den Anteil der Verbesserungen diskutiert werden muss, die auf das Wirken der Mitarbeiter oder im Gegensatz dazu auf technologische oder organisatorische Prozess- oder
Produktverbesserungen zurückgehen. Die nachhaltige Wirkung an der Stelle besteht
darin, dass mögliche Konfliktfelder, die langfristig „Energie verschwenden", aus der Diskussion genommen werden.

---

[9]Aus Leistungsbeurteilung.

Leistungsabweichung			Ausbeute in % der			Reklamationen pro			Rüstzeit/Rüstvorgang in		
erzieltes Ergebnis	Einsparung pro MA/Monat	Prämie pro MA pro Monat	erzieltes Ergebnis	Einsparung pro MA/Monat	Prämie pro MA pro Monat	erzieltes Ergebnis	Einsparung pro MA/Monat	Prämie pro MA pro Monat	erzieltes Ergebnis	Einsparung pro MA/Monat	Prämie pro MA pro Monat
	- €	- €	90,00	- €	- €	19,00	- €	- €	2,50	- €	- €
-17,0%	- €	- €	90,50	- €	- €	18,00	- €	- €	2,40	- €	- €
-16,5%	32 €	8 €	91,00	- €	- €	17,00	- €	- €	2,30	- €	- €
-16,0%	63 €	16 €	91,50	- €	- €	16,00	- €	- €	2,20	- €	- €
-15,5%	95 €	24 €	92,00	- €	- €	15,00	- €	- €	2,10	- €	- €
-15,0%	127 €	32 €	92,50	93 €	12 €	14,00	- €	- €	2,00	- €	- €
-14,5%	158 €	40 €	93,00	187 €	23 €	13,00	- €	- €	1,90	147 €	37 €
-14,0%	190 €	48 €	93,50	280 €	35 €	12,00	- €	- €	1,80	293 €	73 €
-13,5%	222 €	55 €	94,00	373 €	47 €	11,00	- €	- €	1,70	440 €	110 €
-13,0%	253 €	63 €	94,50	467 €	58 €	10,00	- €	- €	1,60	587 €	147 €
-12,5%	285 €	71 €	95,00	560 €	70 €	9,00	11 €	9 €	1,50	733 €	183 €
-12,0%	317 €	79 €	95,50	653 €	82 €	8,00	23 €	17 €	-	-	-
-11,5%	348 €	87 €	96,00	747 €	93 €	7,00	34 €	26 €	-	Schwellenwert	
-11,0%	380 €	95 €	96,50	840 €	105 €	6,00	45 €	34 €	-	-	-
-10,5%	412 €	103 €	97,00	933 €	117 €	5,00	57 €	43 €	-	-	-
-10,0%	443 €	111 €	97,50	1.027 €	128 €	4,00	68 €	51 €	-	-	-
-			98,00	1.120 €	140 €	3,00	79 €	60 €	-	-	-
-	Obergrenze		98,50	1.213 €	152 €	2,00	91 €	68 €	-	-	-
-	-	-	99,00	1.307 €	163 €	1,00	102 €	77 €	-	-	-

Abb. 2.6 Gruppenleistungsprämie mit vier Kennzahlen

Ein weiteres Beispiel in Abb. 2.6 zeigt auf, wie mehrere unterschiedliche Aspekte zu Kennzahlen für ein Prämiensystem kombiniert werden können. In diesem Fall handelt es sich ebenfalls um eine Gruppenprämie, da es auch hier um das Zusammenwirken mehrerer Beteiligter zu einem Gesamtergebnis geht, das mit Kennzahlen beschrieben werden kann. Individuelle Leistung ist ebenfalls Teil der leistungsvariablen Vergütung, wird aber durch eine Leistungsbeurteilung separat abgebildet, da individuelle Kennzahlen für diesen Funktionsbereich nicht vorliegen.

Diese Gruppenleistungsprämie[10] folgt ebenfalls dem Prinzip des Gainsharing und schüttet jeweils 25 % der monatlichen Einsparungen an die Mitarbeiter aus. Jede der Kennzahlen wurde bereits seit mehreren Jahren vor der Einführung der Gruppenleistungsprämie erhoben. Sie wurden nicht zum Zwecke der Vergütung implementiert, sondern hatten bereits eine lange Geschichte im Unternehmen. Diese lange Historie machte die Kennzahlen vergütungstauglich, da sie sowohl für die Mitarbeiter als auch das Unternehmen vertraut und kalkulierbar waren. Alle Beteiligten wussten, mit welchen Chancen und Risiken sie rechnen konnten. Diese Tatsache hat wesentlich zur unproblematischen Einführung und langfristigen Funktionsfähigkeit beigetragen.

Um eine Verstetigung der Leistung zu erzielen und Spitzen und Störungen etwas auszugleichen, wird die Berechnung der Gruppenprämie jeweils quartalsweise vorgenommen. Die Ergebnisse, die im Quartal erzielt werden, bestimmen die monatlichen

---

[10]Die Leistungsabweichung gibt die tatsächliche Maschinenlaufzeit von der möglichen Maschinenlaufzeit wieder. Die Ausbeute bildet die tatsächlich verarbeitete Menge des Rohmaterials in Prozent der (Material-)Einsatzmenge ab.

Prämienzahlungen pro Mitarbeiter im Folgequartal. Auch hier gilt: Die Prämie ist nicht nur ein Vergütungselement, sondern hat seit vielen Jahren eine wesentliche Steuerungsfunktion, die durch die Zahlung einer Prämie verstärkt wird. Deshalb erhalten die Mitarbeiter täglich Feedback zur Leistung am Vortag und eine Hochrechnung auf die Quartalsergebnisse. Aus dem Ausschüttungsverlauf der Prämie in den ersten eineinhalb Jahren nach der Einführung in Tab. 2.14 ist erkennbar, dass die Prämie für die Mitarbeiter nennenswert ist. Sie bewegt sich in der Größenordnung von etwa 6 % der Gesamtjahresvergütung.

Für das Unternehmen ist diese Form der Gruppenprämie ebenfalls nennenswert. Sie führte in den ersten beiden Jahren nach der Einführung für das Unternehmen zu einer Einsparung gegenüber dem vorherigen Stand von circa 1.300.000 € in einem Funktionsbereich der Produktion mit etwa 60 Mitarbeitern – und dies ohne, dass technische Änderungen vorgenommen wurden, die mit Investitionen verbunden waren.

Prozessoptimierungen wurden von den Mitarbeitern selbst initiiert und mit Störungen wurde intelligenter und lösungsorientierter umgegangen. Eine wesentliche organisatorische Änderung wurde nach einer Übergangs- und Testphase vonseiten des Unternehmens in die Wege geleitet. Die früheren Schichtleiter waren nicht mehr disziplinarische Vorgesetzte, sondern wurden als Coach bezeichnet und außerdem wurde pro Schicht ein Gruppensprecher gewählt. Diese Organisationsform hat sich nicht bewährt und nach weiteren zwei Jahren wurden wieder „richtige" Leitungsfunktionen eingerichtet, auf denen sich allerdings keiner der früheren Schichtleiter wiederfand.

Vier Kennzahlen sind aufwendig. Es sind aber die für diesen Bereich steuerungsrelevanten Größen. Da sie auch in der Vergangenheit ohnehin schon erhoben wurden, entstand kein zusätzlicher Erhebungsaufwand, nur die Aufbereitung und die schnelle Darstellung mussten optimiert werden. Allerdings machten die Controller die Erfahrung, dass die Genauigkeit der Kennzahlen eine größere Bedeutung erhält, wenn die Kennzahlen entgeltrelevant werden. Die Häufigkeit und die Intensität der Nachfragen nahmen sofort zu.

Tab. 2.14 Ausschüttungsverlauf nach Einführung der Prämie

	I. Qu. 20xx (€)	II. Qu. 20xx (€)	III. Qu. 20xx (€)	IV. Qu. 20xx (€)	I. Qu. 20xx + 1 (€)	II. Qu. 20xx + 1 (€)
Leistungs-abweichung	103	127	159	71	127	71
Rüstzeit pro Rüstvorgang	37	37	–	–	37	110
Ausbeute	23	12	–	–	–	–
Reklamationen	51	–	–	9	68	26
Gesamtprämie pro Mitarbeiter pro Monat	214	176	159	80	232	207

Im Interesse der Nachhaltigkeit war das Unternehmen geduldig. Erst nach einer zweijährigen Pilotphase im oben genannten Produktionsbereich, wurde das Prinzip in andere Produktionsbereiche übertragen. Die Produktionssupportbereiche wie Arbeitsvorbereitung, Betriebsmittelkonstruktion, Logistik und Wartung- und Instandhaltung wurden nach einer Übergangzeit an das Prämiensystem der Gruppen angeschlossen. Damit wurde ein „Prämientopf gefüllt", dessen Verteilung auf der Basis einer Leistungsbeurteilung nach individueller Leistung verteilt wurde.

2.2.1.3 Provision auf der Basis von Kennzahlen[11]

Provisionen sind klassische leistungsvariable Entgeltkomponenten für folgende Unternehmensbereiche, die unmittelbar im Kundenkontakt stehen: Verkauf, Kundenberatung, technischer Kundendienst oder technische Beratung. Diese sind wiederum nicht im Fokus dieses Buches. Trotzdem möchte ich gerne einige Provisionsregelungen skizzieren, um deutlich zu machen, dass sie sich eigentlich nicht von den Kennzahlenregelungen für andere Bereiche unterscheiden. Die Grundideen sind die gleichen.

Provisionen gehören auch zu den Urformen leistungsvariabler Vergütung und sowohl die Zielsetzungen wie auch die Ausgestaltung von Provisionen liegen unmittelbar auf der Hand. Mit Provisionen werden in der Regel Ergebnisse, die einzelnen Mitarbeitern oder Mitarbeitergruppen genau zugeordnet werden können, vergütet. Die Fragestellung lautet aber auch hier: „Woran erkennen wir gute Leistung?" Die Kennzahlen, die verwendet werden, dürfen auch an dieser Stelle nicht einfach übernommen werden, sondern müssen eine Antwort auf diese Frage sein. Ansonsten können Sie keine Steuerungswirkung entfalten oder sie bewirken sogar Fehlsteuerungen, denn auch hier gilt das Motto: „You get what you pay for!"

Beispiel

Vor einiger Zeit traf ich einen Kollegen, der in einem großen Einzelhandelhandelsunternehmen der Bekleidungsbranche für Benefits & Compensation zuständig ist. Er beschrieb eine Provisionsregelung, die typisch für diese Branche ist und die in diesem Unternehmen schon weit vor seiner Zeit eingeführt worden ist. Verkäufer erhalten eine Provision für den Umsatz, den sie mit Kunden erzielen, die sie beraten haben. Das ist der Sinn der Sache und hat auch seine Berechtigung. Er berichtete von zwei Fehlsteuerungen, die er gerne abstellen würde:

---

[11]Provisionsregelungen sind eine Form der variablen Vergütung, die in der Regel nur für den Vertriebsaußendienst oder den Verkauf relevant ist. Es handelt sich um ein eigenständiges Thema im weiten Feld der leistungsorientierten Vergütung, das hier nicht umfassend behandelt werden kann. Zur Vertiefung von Provisionsregelungen steht umfangreiche und spezielle Literatur zur Verfügung, zum Bespiel Kieser, Heinz-Peter: Variable Vergütung im Vertrieb: 10 Bausteine für eine motivierende Entlohnung im Außen- und Innendienst. Wiesbaden, Gabler 2012.

1. Mit den verschiedenen Produkten im Sortiment werden sehr unterschiedliche Margen erzielt. Mit besonders teuren Markenprodukten werden wiederum geringere Margen erzielt als mit Eigenmarken, die günstiger sind. Sie sind allerdings für den Verkäufer aufgrund des geringeren Preises nicht so provisionswirksam.

2. Die Kunden wundern sich darüber, dass sie sich in betriebsstarken Zeiten quasi selber bedienen müssen, aber auf dem Weg zur Kasse noch von einem Verkäufer „abgefangen" werden, der die Ware, ohne eine Beratungsleistung erbracht zu haben, nur auf seine Nummer bonieren möchte. Viel Umsatz ohne Beratung, ein guter Tag!?

Folgende Kennzahlen können beispielhaft für die Zahlung einer Provision herangezogen werden:

- der Umsatz in einem bestimmten Zeitraum, die Umsatzsteigerung oder die Erreichung eines Planumsatzes,
- die Gewinnung von neuen Kunden oder von Kunden mit bestimmtem Umsatzvolumen,
- der Umsatz mit neuen Kunden,
- die Gewinnung von neuen Kunden in einer bestimmten Region oder Branche,
- der Umsatz mit bestimmten Produkten (mit hohem Rohertrag),
- der Deckungsbeitrag des erzielten Umsatzes (Tab. 2.15).

Tab. 2.15 Verschiedene Umsetzungsformen von Provisionen

Beispiel	Beschreibung
Neukundenprämie	Sie prämiert die Leistungen hinsichtlich Anzahl, Qualität und Gesamtumsatz gewonnener Neukunden mit einer quantitativen und einer qualitativen Neukundenprämie
Akquisitionsleistung	Maßgebend für die Errechnung der Prämie ist die im Geschäftsjahr akquirierte Leistung eines einzelnen Verkäufers. Die Kriterien, für die Provisionen gewährt werden, lassen sich messen oder zählen. Zusätzlich werden Faktoren wie Stornierungen eingeworbener Aufträge, Zahlungsverzug der Kunden, gewährte Preisnachlässe und so weiter berücksichtigt, die den Erfolg und damit die Prämie möglicherweise schmälern
Gebrauchtwagenprovision	Die Basis für die Berechnung der Gebrauchtwagenprovision ist zum Beispiel der Auszeichnungspreis. Der Auszeichnungspreis wird vom Verkaufsleiter festgelegt. Der Provisionsanspruch des Verkäufers ist abhängig vom Nachlass, den er dem Kunden gewährt
Neukunden-Umsatz-Provision	Der Verkäufer erhält für den getätigten Neukunden-Umsatz x Prozent Provision

Die folgenden Beispiele zeigen, dass nur selten *eine* Kennzahl für Provisionen verwendet wird, sondern immer „begleitende" Kennzahlen sicherstellen, dass verschiedene Teilaspekte einer Tätigkeit gleichzeitig im Auge behalten werden. Auch hier kommt es eben wieder auf die zentrale Frage an: „Woran erkennen wir gute Leistung bei uns im Unternehmen wirklich?"

Folgende Aspekte sollten bei Provisionsregelungen vereinbart werden:

- Kennzahlen und Verfahren zur Ermittlung der Provision,
- Provisionssatz oder -betrag, Provisionskurve oder -tabelle für ein bestimmtes Erfolgskriterium, Schwellenwerte, minimaler und maximaler Wert des Kriteriums, für das Provision gewährt wird,
- Gegebenenfalls eine Höchstprovision („Deckelung"),
- Verfahren für Planwerte und die Veränderung von Planwerten,
- Berechnungszeitraum,
- Auszahlung, Abrechnung und Verwaltung.

Wenn Provisionen dezentral und differenziert beispielsweise für verschiedene Produkte, Kundengruppen oder Regionen ausgestaltet werden, bilden sie ein zielgenaues Steuerungsinstrument in der Hand des Managements.

▶ Wenn nicht nur Umsatz, sondern zum Beispiel Roherträge oder Deckungsbeiträge als Kennzahlen verwendet werden, lassen sich betriebliche Vertriebsziele sehr genau abbilden.

Je differenzierter Provisionen allerdings gezahlt werden, umso mehr verlieren sie an Transparenz. Zentral und einheitlich gestaltete Provisionen schaffen zwar gleiche Voraussetzungen für die zusätzliche Vergütung von Erfolgen, es bleibt aber der Einfluss von nicht durch den Mitarbeiter zu beeinflussenden Faktoren, wie beispielsweise die konjunkturelle Entwicklung, die Kaufkraft, die Stärke der Konkurrenz im regionalen Markt oder im speziellen Produktbereich beziehungsweise Kundensegment. Die Leistungen und der (Verkaufs-)Erfolg von im Außendienst, der Kundenbetreuung oder dem im Verkauf beschäftigten Mitarbeitern sind auch von der Zuarbeit des Betriebs, vom Service und der Unterstützung des Innendienstes abhängig. Einige Unternehmen beteiligen deshalb die kundenferneren Mitarbeiter, zum Beispiel die für die Kundenberatung tätigen internen Servicebereiche, an Provisionen. Dies realisieren sie über einen festgelegten Anteil der Provisionen, der an die Mitarbeiter des Betriebsbereiches ausgezahlt wird. In ähnlicher Weise werden Provisionen für Führungskräfte im Vertrieb festgelegt, die auf der Leistung der ihnen zugeordneten Mitarbeiter basieren.

Fazit

Dies sind die gleichen Aspekte, die auch bei Kennzahlensystemen für andere Funktionsbereiche berücksichtigt werden müssen. Sie folgen den gleichen Gesetzmäßigkeiten und halten die gleichen „Fettnäpfchen" bereit. Trotzdem bieten Provisionsregelungen für Vertriebs- oder vertriebsnahe Organisationseinheiten tendenziell noch die meisten Gestaltungsmöglichkeiten für eine individuelle variable Vergütung auf der Basis von Kennzahlen.

2.2.2   Leistungsbeurteilung: Beobachten – Beurteilen – Mitteilen

Wie die anderen beiden Methoden für leistungsvariables Entgelt hat auch die Leistungsbeurteilung wie ein Medikament ein bestimmtes Wirkungsspektrum, innerhalb dessen sie bei richtiger Anwendung zu guten, nachhaltig wirksamen Ergebnissen führt. Außerhalb dieses Wirkungsspektrums oder bei falscher Anwendung bleibt die erwartete Wirkung aus oder die Folgen sind problematisch. Um im Bild von Medikamenten zu bleiben: Fußpilz liegt eben nicht im Anwendungsspektrum einer Augensalbe, wohingegen Aspirin bei Kopfschmerzen hilft, allerdings auch nur dann, wenn man die richtige Dosis schluckt und nicht versucht, die Tablette einmal pro Woche äußerlich anzuwenden.

Das Anwendungsspektrum: Wann ist Leistungsbeurteilung die richtige Methode? Leistungsbeurteilung ist dann die richtige Methode für Leistungsentgelt, wenn man Leistung nicht *umfassend* mit wenigen Kennzahlen (wie in Abschn. 2.2.1) messen oder beschreiben *kann*. Diesen beiden Aspekten möchte ich mich bei der Beschreibung des Anwendungsspektrums der Leistungsbeurteilung vorab noch besonders widmen.

In Gesprächen mit Führungskräften begegne ich immer wieder folgender Formulierung: „Eigentlich wäre er ja ein toller Mitarbeiter, aber …". „Toll" bezieht sich auf die rein fachliche Leistung in Bezug auf einen hohen Mengenoutput bei möglicherweise auch guter oder sehr guter Arbeitsqualität im engeren Sinne. Das „aber" bezieht sich auf die Art und Weise, wie sich dieser Mitarbeiter in die betrieblichen Prozesse einbringt: wie er Kollegen unterstützt, mit Kollegen, Betriebsmitteln, Konflikten oder Problemen umgeht, wie es um seine zeitliche oder Einsatzflexibilität bestellt ist und so weiter. Es spielen also noch andere Aspekte eine Rolle, die man nicht messen kann und die trotzdem eine wichtige Rolle für das gute Gelingen der betrieblichen Prozesse spielen. Sie sind sozusagen das Öl im Getriebe des betrieblichen Geschehens. Wenn man diese Aspekte messen wollte, würde dies möglicherweise im Einzelfall noch gelingen. Der Aufwand wäre aber beträchtlich, wenn man tatsächlich alle Aspekte ausreichend messen wollte. Die erste Frage, die man sich bei der Gestaltung eines leistungsvariablen Vergütungssystems stellen muss, ist also: Welche Voraussetzungen müssen erfüllt sein, damit Leistungsbeurteilungen hochwertig und nachhaltig wirksam gelingen?

Voraussetzungen für hochwertige und nachhaltige Leistungsbeurteilungen Leistungsbeurteilungen wie auch Zielvereinbarungen und Kennzahlen als Methoden für leistungsvariables Entgelt werden regelmäßig kontrovers und kritisch diskutiert. Oft sind aber eher handwerkliche Mängel und nicht die jeweiligen Methoden an sich Gegenstand der Diskussion. Aus diesem Grund werde ich auf folgende notwendige Rahmenbedingungen für hochwertige Leistungsbeurteilungen eingehen:

- Definierte Leistungsmerkmale: Woran erkennen wir gute Leistung bei uns im Unternehmen?
- Geklärte Zielsetzungen: Was wollen wir mit Leistungsbeurteilung erreichen?
- Saubere Technik: Wie muss die Leistungsbeurteilung als solche gestaltet sein?
- Mehrstufiger Beurteilungsprozess mit klaren Rollen, Spielregeln und Transparenz für alle Beteiligten: Wer muss wann was tun?

2.2.2.1 Am Anfang von allem: Woran erkennen wir bei uns im Unternehmen gute Leistung?

Diese Frage ist so elementar und wird doch oft übergangen, indem man sich mit dem zufrieden gibt, was man bei anderen abschreiben kann. Ich stelle diese Frage immer am Anfang von Vergütungsprojekten und involviere dabei so viele Beteiligte wie möglich (zu den Varianten der Beteiligung der Betroffenen in Abschn. 4.2), denn es geht nicht nur die Sammlung von Merkmalen, sondern auch um einen Bewusstseinsbildungsprozess im Unternehmen zum Thema „Leistung". Wenn die Antworten auf diese Frage so vielschichtig sind wie in folgendem konkreten Beispiel aus einem Unternehmen, dann bietet sich die Leistungsbeurteilung als Methode für leistungsvariables Entgelt an.

Woran erkennen wir bei uns im Unternehmen gute Leistung? (Auszüge[12]) Der Mitarbeiter …

- … handelt zielorientiert.
- … bewältigt ein überdurchschnittliches Arbeitspensum.
- … arbeitet konzentriert und zielstrebig.
- … arbeitet selbstständig.
- … denkt mit und schaut über den Tellerrand hinaus.
- … stimmt Prioritäten ab und handelt danach.
- … arbeitet rationell und geht sorgfältig mit seiner Zeit um.
- … erkennt Probleme und löst sie systematisch.
- … erkennt Zusammenhänge laufender Prozesse und denkt ans Ganze (zum Beispiel an die Arbeitsschritte anderer Beteiligter).
- … hält seinen Arbeitsplatz und seine Arbeitsumgebung sauber und ordentlich.
- … arbeitet sorgfältig und fehlerfrei.

---

[12]Weitere Beispiele finden Sie im Anhang (S. 322 ff.).

- … kontrolliert seine Arbeit selbst.
- … erzielt auch unter Zeitdruck gute Arbeitsergebnisse.
- … behält auch in kritischen Situationen den Überblick.
- … hält vereinbarte Termine ein.
- … kann sich in die Lage des (auch internen) Kunden versetzen.
- … verfügt über umfassende und vielseitige Fachkenntnisse, auch in Randbereichen.
- … denkt und handelt vorausschauend.
- … bringt sich aktiv ein (zum Bespiel bei TPM, in Projekten oder bei Sonderaufgaben).
- … identifiziert sich mit seinen Aufgaben.
- … zeigt eine hohe Eigenmotivation und Eigeninitiative.
- … macht Vorschläge zur Verbesserung der täglichen Arbeit.
- … interessiert sich für Neues und unterstützt notwendige Veränderungen.
- … findet sich bei Veränderungen schnell zurecht.
- … übernimmt Zusatzaufgaben.
- … richtet seine Arbeitszeit nach dem betrieblichen Arbeitsaufkommen.
- … ist an verschiedenen Arbeitsplätzen einsetzbar.
- … engagiert sich – in kritischen Fällen oder bei wichtigen Terminen – auch über das normale Maß hinaus.
- … vermeidet unnötige Kosten.
- … behandelt seine Arbeitsmittel pfleglich.
- … hält seine Fähigkeiten und Fertigkeiten aktiv auf dem Laufenden.
- … verhält sich loyal gegenüber Vorgesetzten und dem Unternehmen.
- … geht offen, ehrlich und respektvoll mit Kollegen und Vorgesetzten um.
- … hat positiven Einfluss auf das Arbeitsklima innerhalb der Abteilung und wirkt motivierend auf die Mitarbeiter.
- … spricht Konflikte offen und konstruktiv an.
- … bietet in Gesprächen aktiv Lösungsvorschläge an.
- … unterstützt andere Kollegen und gibt Informationen weiter.
- … gibt sein Wissen an neue Kollegen weiter.
- … lässt Kritik zu und äußert Kritik angemessen.

Diese und weitere Beschreibungen von Leistung können folgenden Oberbegriffen beziehungsweise Leistungsmerkmalen zugeordnet werden, die in einer systematischen Leistungsbeurteilung Verwendung finden können:

- Arbeitsmenge und Effizienz,
- Arbeitsqualität,
- Einsatzbereitschaft und Flexibilität,
- verantwortungsbewusstes Handeln,
- Zusammenarbeit mit anderen.

Diese Beschreibungen der Leistungsmerkmale (es könnten auch andere sein) dienen der Definition des betriebsspezifischen Leistungsbegriffs. Sie bilden damit die Grundlage für die Beurteilung der Leistung durch die Führungskräfte und machen zugleich für die Mitarbeiter transparent, worauf es ankommt und welche Erwartungen in Bezug auf Arbeitsergebnisse und Arbeitsverhalten an sie gerichtet sind. Diese beiden Aspekte sind von Bedeutung, weil sie über das reine Beurteilen hinaus Orientierung für Mitarbeiter und Führungskräfte geben. Es handelt sich um feedbackfähige Beschreibungen, die das Besprechen des Beurteilungsergebnisses erheblich erleichtern. Sie unterstützen dadurch die langfristige Haltbarkeit und damit die nachhaltige Wirkung des Systems.

▶ Schon an dieser frühen Stelle der Überlegungen besteht die erste Gelegenheit, Nachhaltigkeitsaspekte in Form von Erwartungen an die Mitarbeiter in das Vergütungssystem zu integrieren. Der verantwortungsbewusste Umgang mit Ressourcen, die Einhaltung von Arbeitsschutzvorschriften, das Beisteuern von Verbesserungsvorschlägen, der Blick über den Tellerrand hinaus und die Selbstkontrolle der Arbeitsergebnisse sind Beispiele dafür.

Welche Ziele verfolgen wir mit der Leistungsbeurteilung? Leistungsbeurteilung kann auch in der „vergütungsfreien Zone" angewendet werden. Man kann mit Mitarbeitern auch ohne Entgeltwirkung über Leistung reden und Feedback geben. In diesem Kontext ist die Leistungsbeurteilung eher ein Personalentwicklungsinstrument, weil aus dem Leistungsfeedback letztlich immer auch Schlüsse über Lernfelder und die weitere Entwicklung des Mitarbeiters gezogen werden können. In vielen Fällen verändert sich der Charakter des Feedback- und Entwicklungsgesprächs auf der Basis einer Leistungsbeurteilung, wenn die Leistungsbeurteilung entgeltrelevant wird. Sowohl für Mitarbeiter wie auch für Führungskräfte hat der Entgeltaspekt einen so hohen Aufmerksamkeitswert, dass Feedback- und Entwicklungsaspekte eher in den Hintergrund gedrängt werden.

Es ist somit im Vorfeld wichtig, die Ziele, die mit der Leistungsbeurteilung verfolgt werden, zu klären. Beide möglichen Ziele (Vergütung und Personalentwicklung) gleichzeitig in höchster Ausprägung zu erreichen, wird kaum gelingen. Aus diesem Grund entscheiden sich viele Unternehmen dafür, das entgeltrelevante Beurteilungsgespräch und das entwicklungsorientierte Feedbackgespräch zeitlich zu entkoppeln. Ich sehe das allerdings nicht so eng, weil ich davon überzeugt bin, dass intelligente Menschen immer einen Zusammenhang herstellen zwischen Lernbedarfen in einem Personalentwicklungsgespräch und Leistungsdefiziten in einem entgeltrelevanten Beurteilungsgespräch. Aus meiner Sicht kann man durchaus beide Themenfelder in einem Gespräch klären. Dazu ist es hilfreich, die unterschiedlichen Themenfelder auch als solche zu benennen.

Im Kontext von leistungsvariabler Vergütung werden wir den Schwerpunkt naturgemäß auf die entgeltrelevanten Aspekte der Leistungsbeurteilung legen. Bei kluger Gestaltung lassen sich aber auch gute Personalentwicklungsergebnisse bei einem „Arbeitsgang" erzielen. Im Kern geht es wie schon eben in Abschn. 2.2 beschrieben

darum, Leistungsunterschiede zwischen Mitarbeitern zu entdecken und diese Leistungsunterschiede auf systematische und nachvollziehbare Art und Weise in Entgeltunter-
schiede zu übersetzen – im Falle der Leistungsbeurteilung allerdings nicht durch
Messen, sondern durch Beurteilen.

Die Technik muss stimmen Damit eine Beurteilung systematisch und nachvollziehbar
erfolgen kann, sind folgende „technische" Elemente unverzichtbar:

- definierte Leistungs-(beurteilungs-)merkmale,
- eine aussagefähige Beurteilungsskala beziehungsweise Beurteilungsstufen,
- eine wirkungsvolle Leistungs-/Entgeltrelation, also eine Übersetzung der Ergebnisse
  der Leistungsbeurteilung in Entgelt.

Dabei ist eine Vielzahl unterschiedlicher Ausprägungen möglich. Sie folgen aller-
dings immer dem gleichen Schema: Mehrere Leistungsmerkmale werden auf mehreren
Leistungsstufen beurteilt und es erfolgt eine Umrechnung in eine Leistungszulage in
Prozent (einer Bezugsgröße wie zum Beispiel Grundentgelt) oder Euro (Tab. 2.16).

Im Folgenden werden die einzelnen Elemente ausführlich in verschiedenen Varianten
dargestellt.

Definierte und beschriebene Leistungs-(beurteilungs-)merkmale Klassische
Beurteilungssysteme verwenden oft fünf Leistungsmerkmale, die das Arbeitsergebnis
(Welche Ergebnisse erzielt der Mitarbeiter?) und das Arbeitsverhalten (Wie kommt
der Mitarbeiter zu diesen Ergebnissen?) beschreiben.

Je mehr Leistungsmerkmale verwendet werden, desto mehr Überschneidungen sind
zwangsläufig zwischen den verschiedenen Merkmalen zu verzeichnen. Die Trennschärfe
lässt nach. Es fällt immer schwerer, ein bestimmtes Arbeitsergebnis oder ein bestimmtes
Arbeitsverhalten dem einen oder dem anderen Merkmal eindeutig zuzuordnen. Je weniger Leistungsmerkmale (im Extremfall eines, nämlich Leistung) verwendet werden,
desto undifferenzierter wird die Leistungsbeurteilung und setzt sich stärker dem Risiko
aus, als zu pauschal und subjektiv disqualifiziert zu werden.

Tab. 2.16 Leistungs-
sbeurteilung (Schematische
Darstellung)

	Leistungsskala bzw. Leistungsstufen				
Leistungsmerkmal 1					
Leistungsmerkmal 2					
Leistungsmerkmal 3					
Leistungsmerkmal 4					
Leistungsmerkmal 5					
Leistungszulage (% oder €)					

In der Praxis haben sich in vielen Projekten bei vielen Befragungen von Führungskräften und Mitarbeitern vier bis fünf Merkmale zum Zwecke der Entgeltfindung herauskristallisiert, die noch trennscharf genug und gleichzeitig hinreichend differenziert
sind. Sie liegen fast auf der Hand, wenn man Leistungsdifferenzierung erkennen will
(Tab. 2.17):

Mitarbeiter und Führungskräfte legen gleichermaßen Wert darauf, dass „Arbeitsmenge und Effizienz" und die Qualität der Arbeitsergebnisse ein Unterscheidungs-
merkmal bei Leistungsbeurteilungen darstellen. In gleicher Weise besteht Einigkeit
bei Führungskräften und Mitarbeitern darüber, dass sich Mitarbeiter in ihrem Arbeitsverhalten unterscheiden. Dass dabei der soziale Umgang, aber auch die Eigenmotivation
und die Flexibilität der Mitarbeiter eine wichtige Rolle spielen, unterscheidet sich von
Unternehmen zu Unternehmen, allerdings nur in Nuancen.

Deshalb sind genaue Beschreibungen der einzelnen Merkmale in Form von beobachtbaren Verhaltensweisen unverzichtbar. Sie stellen sicher, dass es ein gemeinsames Verständnis davon gibt, welche Erwartungen an die Mitarbeiter gestellt werden. Es wird
Klarheit darüber geschaffen, worauf es ankommt. In der Konzeptionsphase des Systems
ist dieser Arbeitsschritt insbesondere auch deshalb von elementarer Bedeutung, weil
dabei die Spezifika der Unternehmen in den typischen Formulierungen aufgenommen
werden können, die zum konkreten Sprachgebrauch dieser Unternehmen gehören. Auf
S. 322 f. finden Sie weitere Beispiele für die Beschreibungen von Leistungsmerkmalen.

Was ist mit beobachtbarem Verhalten gemeint? Plakative Begriffe wie „Effizienz"
oder Eigenschaften wie „flexibel" benennen einen Zustand, in dem sich jemand befinden
kann. Sie beschreiben, was oder wie jemand ist. Für die Beurteilung der Leistung und
der Ergebnisse eines Mitarbeiters ist aber nur relevant, was er tut, wie er handelt und zu
welchen Ergebnissen dieses Handeln führt.

> ▶ Wie der Mitarbeiter ist, welche Eigenschaften er hat, ist für eine Leistungsbe-
> urteilung nicht relevant. Sie ist kein Persönlichkeitsgutachten. Es geht nur um
> sein Verhalten und zu welchen Ergebnissen es führt. Darauf kommt es an!

Man kann beobachten, ob die folgende Aussage auf das Verhalten eines Mitarbeiters
zutrifft oder nicht: „Arbeitet rationell und geht sorgfältig mit seiner Zeit um" ist keine
Eigenschaft, die ein Beurteiler in einem Mitarbeiter sozusagen suchen muss, sondern

Tab. 2.17 Leistungs-kategorien	Arbeitsergebnisse	Arbeitsmenge und Effizienz
		Arbeitsqualität
	Arbeitsverhalten	Einsatzbereitschaft und Flexibilität
		Verantwortungsbewusstes Handeln
		Zusammenarbeit mit anderen

er sieht ein gewünschtes Verhalten – oder eben nicht. „Richtet seine Arbeitszeit nach dem betrieblichen Arbeitsaufkommen" ist ebenfalls ein gewünschtes Verhalten, das ein Beurteiler konkret beobachten kann. Im Vergleich dazu ist „flexibel" eine Eigenschaft, die eher im Menschen verborgen ist. Ob aber ein Mitarbeiter im Unterschied zu anderen Mitarbeitern immer wieder bei Bedarf zu (selbstverständlich bezahlten) Sonderschichten am Samstag bereit ist, kann eine Führungskraft konkret erleben und kann damit seine Aufgabe besser bewältigen – oder eben nicht. Ob ein Mitarbeiter in seinem Innersten beziehungsweise in seinen Anlagen flexibel ist oder eher nicht, darf ruhig weiter Gegenstand von Vermutungen bleiben.

Ein schönes Beispiel dafür ist eine unternehmensspezifische Formulierung zum plakativen Begriff „Motivation": „Geht auch mal die Extrameile" ist in unserem Beispielunternehmen ein geflügeltes Wort für eine Erwartung, die an Mitarbeiter gerichtet ist, die als Spitzenleister gelten möchten. Ob ein Mitarbeiter motiviert ist, wissen wir nicht, aber wir können sehen, ob er noch „einen Zahn zulegen kann, wenn es darauf ankommt."

Bisher wurden die Beschreibungen beobachtbaren Verhaltens durch die Brille der Bedürfnisse eines Beurteilers betrachtet. Der Beurteiler kann damit seiner Beurteilungsaufgabe besser nachkommen. Es gibt aber noch einen weiteren Aspekt. Beurteilungen werden sinnvollerweise den beurteilten Mitarbeitern in einem Beurteilungsgespräch erläutert. Im Hinblick darauf ist es bezüglich der Gesetzmäßigkeiten von Feedback hilfreicher, Verhalten zu beschreiben statt Eigenschaften zuzuschreiben. „Für uns ist es wichtig, dass du neuen Kollegen deine Fertigkeiten weitergibst" ist eine nachvollziehbare und berechtigte Erwartung, der man nachkommen kann. Sie ist entwicklungsorientiert formuliert. Im Vergleich dazu ist „Du bist nicht hilfsbereit" die Zuschreibung einer charakterlichen, persönlichen Eigenschaft, die unveränderlich klingt und damit schwerer zu akzeptieren ist. Entscheiden Sie bitte selbst, welche Formulierung für den Gesamtprozess hilfreicher und eher wirksam ist.

▶ Die nachhaltige Wirkung liegt an dieser Stelle darin begründet, dass nicht nur eine Leistungsbeurteilung zum Zwecke der Steuerung leistungsvariablen Entgelts erstellt wird, sondern durch diesen entwicklungsorientierten Ansatz auch Verhaltensänderungen und Lernprozesse ausgelöst werden können.

Rein technisch gesehen ist nun noch zu überlegen, wie die verschiedenen Leistungsmerkmale gewichtet werden sollen. Damit gibt man ihnen Bedeutung oder man nimmt ihnen Bedeutung. Ich möchte meine Überlegungen dazu gerne am Beispiel der oben genutzten Leistungsmerkmale deutlich machen (Tab. 2.18).

Die unterschiedlichen Gewichtungen der Leistungsmerkmale führen zu sehr unterschiedlichen Ergebnissen für die Kategorien Arbeitsergebnis und Arbeitsverhalten. Die Gewichtung 1 legt größeren Wert auf die Art und Weise wie Mitarbeiter zu ihrem Arbeitsergebnis kommen, wogegen die Gewichtung 3 größeren Wert auf das Arbeitsergebnis legt. Gewichtung 3 betont das, was fachlich-technisch herauskommt. Gewichtung 2 wiederum betont nur leicht das Arbeitsergebnis und gewichtet das Arbeitsverhalten fast gleich (Tab. 2.19).

Tab. 2.18 Gewichtung der Leistungsmerkmale/1

		Gewichtung 1	Gewichtung 2	Gewichtung 3
Arbeitsergebnis	Arbeitsmenge und Effizienz	1	2	3
	Arbeitsqualität	1	2	3
Arbeitsverhalten	Einsatzbereitschaft und Flexibilität	1	1	1
	Verantwortungs-bewusstes Handeln	1	1	1
	Zusammenarbeit mit anderen	1	1	1

Tab. 2.19 Gewichtung der Leistungsmerkmale/2

	Gewichtung 1	Gewichtung 2	Gewichtung 3
Arbeitsergebnis	2	4	6
Arbeitsverhalten	3	3	3

Welche Gewichtung für Ihr Unternehmen die richtige ist, mag ich aus der Ferne nicht zu beurteilen. Die Entscheidung hängt wesentlich von der Vorgeschichte und von den Zielsetzungen ab: Worauf kommt es uns besonders an?

Unternehmen mit Akkordvergangenheit, die nicht aus dem Auge verlieren möchten, dass es nach wie vor auf Menge und Qualität ankommt, entscheiden sich eher für Gewichtung 3. Unternehmen, die Menge und Qualität schon lange souverän im Blick haben und den Fokus auf eine stärkere Vernetzung und Prozessorientierung der Mitarbeiter verschieben und Eigenverantwortung stärken möchten, entscheiden sich eher für Gewichtung 1. Schon allein die Diskussion darüber im Projektteam ist oft spannend und die Sichtweisen sind sehr unterschiedlich. Die Entscheidungsprozesse in Projektteams werden wir in Abschn. 4.2 intensiver betrachten.

Fazit

Vier bis fünf Leistungsmerkmale reichen aus und sollten mit unternehmensspezifischen und beobachtbaren Verhaltensbeschreibungen hinterlegt sein!

An dieser Stelle sei noch angemerkt, dass alle Beurteilungsmerkmale und ihre Beschreibungen für alle Mitarbeiter und Funktionen gelten können – theoretisch sogar durchgängig vom einfachen Mitarbeiter in der Fertigung oder der Logistik bis zum Management, wenn man dort nicht andere Vergütungsmechanismen zur Verfügung hat. „Behandelt seine Arbeitsmittel pfleglich" ist auf allen Ebenen und in allen Funktionen wichtig. Die Arbeitsmittel sind zwar unterschiedlich, aber die Erwartung, damit pfleglich umzugehen, ist bei allen Mitarbeitern berechtigt. Die „Extrameilen" sind vielleicht bei einem Projektleiter in der Produktentwicklung etwas länger als bei der Hilfskraft in der Kantine, aber die Erwartung ist an beide berechtigt. Auch hier hat sich in vielen Befragungen von Führungskräften und Mitarbeitern gezeigt, dass die Themen der Erwartungen im Unternehmen universell anwendbar sind, allerdings die „Messlatten" umso höher liegen, je höher die jeweilige Funktion angesiedelt ist.

Noch eine Anmerkung: Wird die Leistungsbeurteilung zur Personalentwicklung und nicht zur Entgeltfindung eingesetzt, spielen die oben genannten Überlegungen hinsichtlich der Anzahl und Gewichtung der Leistungsmerkmale sowie der daraus resultierenden Trennschärfe und Differenzierung keine Rolle. Mit mehr als fünf Merkmalen kann man aus verschiedenen Blickrichtungen mit Mitarbeitern über ähnliche Aspekte sprechen. Für diesen Verwendungszweck würde ich Ihnen eher zu mehr als zu weniger Leistungsmerkmalen raten.

2.2.2.2 Beurteilungsskala

Mithilfe der Beurteilungsskala beziehungsweise der Beurteilungsstufen bringen Beurteiler im Wesentlichen zum Ausdruck, in welchem Maße ein Mitarbeiter Erwartungen erfüllt beziehungsweise ob er im Vergleich zu anderen Mitarbeitern im, über oder unter dem Durchschnitt liegt. Wie die Erwartungen beziehungsweise der Durchschnitt zustande kommen, werden wir später noch klären. Wenn Leistung gemessen wird, ergibt sich ein Kontinuum von Messwerten einzelner Mitarbeiter in einer gewissen Bandbreite, dem Leistungsspektrum. Theoretisch ließe sich dieser Ansatz auch bei einer Leistungsbeurteilung realisieren. Insbesondere in stark technisch orientierten Unternehmen finde ich häufig eine Neigung zu möglichst vielen Beurteilungsstufen – zehn oder noch mehr. Diese Neigung folgt dem Bestreben, Sachverhalte möglichst genau zu beschreiben. Das ist legitim und folgt dem berechtigten Anspruch, auch bei Leistungsbeurteilungen korrekt und genau zu sein.

Praktisch setzt aber die Fähigkeit der Beurteiler zur Differenzierung diesem berechtigten Anspruch recht enge Grenzen. Im konkreten Fall ist es eben nicht so einfach, einem Mitarbeiter bei jedem Leistungsmerkmal auf jeweils elf Beurteilungsstufen zu erläutern, warum die Beurteilung auf Stufe 8 und nicht auf Stufe 9 liegt. Und selbst wenn der Beurteiler noch so differenziert in seiner Wahrnehmung wäre, so scheitern die meisten Beurteiler daran, dass sie es nicht mehr erklären können oder die Mitarbeiter diese Erklärungen nicht mehr nachvollziehen können.

A-, B- und C-Mitarbeiter Deshalb neige ich zu eher weniger Beurteilungsstufen und möchte gerne ein Beispiel von Jack Welch, dem früheren CEO von General Electric, verwenden, das von Knoblauch[13] wie folgt dargestellt wird:

Er spricht aus meiner Sicht etwas despektierlich von A-, B- und C-Mitarbeitern. A-Mitarbeiter sind für ihren jeweiligen Job perfekt geeignet, B-Mitarbeiter sind bedingt

---

[13]Vergleiche Knoblauch (2010), S. 12.

geeignet und C-Mitarbeiter sind für den jeweiligen Job schlecht geeignet. Er verwendet damit sozusagen drei Beurteilungsstufen, die allerdings wiederum aus meiner Sicht sogar ausreichen würden, auch wenn mir die Form des Ausdrucks so nicht gefällt. Deshalb verwende ich vorläufig die drei Stufen von Jack Welch, allerdings mit etwas anderen Beschreibungen.

Es gibt eine Leistungsstufe A mit Mitarbeitern, die in ihrem Job im Vergleich zu anderen Mitarbeitern eine Spitzenleistung zeigen. Sie sind Vorbild für andere in Bezug auf die Leistungsmerkmale, die definiert worden sind. Spitzenleistung heißt aber auch in meinem Weltbild, dass in der Spitze wenig Platz ist. Wie viel Prozent der Mitarbeiter können aus Ihrer Sicht gerade noch in der Spitze sein, damit die Spitze noch spitze ist? Ich gehe von 10 %, allerhöchstens 20 % aus und ziehe gerne einen Vergleich zur Fußballbundesliga. In den anderen Sportarten kenne ich mich nicht so gut aus, aber ich weiß, dass es dort ähnlich ist. In der Spitze bewegen sich drei Mannschaften, die am Ende der Saison sicher zur Champions League dürfen.

Am anderen Ende der Skala findet sich die Leistungsstufe C mit Mitarbeitern, die für ihren Job im Vergleich zu den anderen Mitarbeitern eher schlecht geeignet sind. Wie groß ist in Ihrem Unternehmen der Anteil der Mitarbeiter auf dieser Leistungsstufe? 5 %, 10 % oder wie in der Fußballbundesliga? Zwei müssen sicher absteigen, eine Mannschaft muss in die Relegation. Das sind 17 %. Ich muss und will mich an dieser Stelle nicht festlegen, weil der Anteil der Mitarbeiter, die für ihren Job schlecht geeignet sind, sicher von Unternehmen zu Unternehmen und von Abteilung zu Abteilung stark schwanken kann. Aber ich bin sicher, dass es Mitarbeiter gibt, deren Leistung auf dieser Leistungsstufe angesiedelt ist.

Damit bleibt in der Mitte zwischen A und C die Leistungsstufe B mit Mitarbeitern, deren Leistung im besten Sinne im Mittelfeld liegt. Ich bezeichne sie als Leistungsträger, die einen guten Job machen. Die Leistung liegt in der Mitte des Leistungsspektrums und wir sind froh, dass wir diese Mitarbeiter haben – ohne jede Einschränkung. Mag sein, dass wir nicht von allem, was der Mitarbeiter tut und wie er es tut, begeistert sind. Aber unter dem dicken Bilanzstrich steht: Wir sind froh, dass wir ihn haben.

▶   Diese Bilder basieren auf einem dynamischen Leistungsverständnis. Es kommt also nicht darauf an, einmal und für alle Zeit Erwartungen zu definieren, deren Erfüllung dann beurteilt wird. Es kommt viel mehr darauf an, immer wieder neu diejenigen zu identifizieren und zu belohnen, deren Leistung im Spitzenfeld angesiedelt ist. Das macht auch die nachhaltige Wirksamkeit aus, denn das System muss nicht immer wieder neu justiert werden.

Drei Leistungsstufen reichen aus Diese drei Stufen reichen manchen Unternehmen aus und ich kann deren Argumentation gut verstehen. Sie beurteilen jedes Leistungsmerkmal wie in Beispiel 5 in Tab. A.4 (S. 325 f.) auf drei Beurteilungsstufen und kommen darüber zu einer Gesamteinschätzung. Sie argumentieren: „Für uns gibt es nur diese drei groben Kategorien und wir kommen gut damit zurecht. Wenn wir mehr Zwischenstufen verwenden würden, würden wir uns trotzdem immer wieder fragen, ob die Leistung nicht doch zwischen Stufe 8 und 9 liegt. Jede Zwischenstufe würde eine weitere nach sich ziehen. Grobes Kategorisieren ist für uns griffiger." Wenn das weitgehend Konsens im Unternehmen ist, dann ist diesem Unternehmen geholfen. Es muss passen. Die richtige Lösung für alle gibt es nicht. Es gilt eher das Prinzip „Best Fit" statt „Best Practice".

Im Anhang in Tab. A.4 (S. 325 f.) sind verschiedene Beispiele von Beurteilungsskalen zusammengestellt. Sie reichen mit unterschiedlichen Beschreibungen von drei bis sechs Stufen. Es gibt aber durchaus Unternehmen, die mehr Beurteilungsstufen verwenden – allerdings aus meiner Sicht nicht besonders erfolgreich.

Die Vielfalt der Beschreibungen und der unterschiedlichen Anzahl von Beurteilungsstufen trägt der Tatsache Rechnung, dass jede Unternehmens- und Führungskultur passende Werkzeuge mit passenden Bezeichnungen braucht. Manche Unternehmen haben eher das Bedürfnis nach Klarheit und scheuen sich nicht, um der Klarheit willen auch etwas kantige Formulierungen zu verwenden. Andere wiederum neigen zu eher weichen Formulierungen und versuchen, die Kanten zu glätten.

Bei der Beschreibung der Beurteilungsstufen muss auch berücksichtigt werden, dass sie sich nicht nur für den Arbeitsschritt des reinen Beurteilens durch die Führungskraft eignen müssen. Sie müssen ebenfalls tauglich und aussagefähig für das Besprechen der Beurteilung mit dem Mitarbeiter sein (mehr zum Führen von Beurteilungsgesprächen finden Sie im Abschn. 2.2.2.6).

Mein Favorit? Ich möchte nicht verhehlen, dass es eine Skala gibt, die ich als meinen Favoriten bezeichnen würde. Anhand der Argumentation für diesen „Favoriten" würde ich gerne aufzeigen, welche Abwägungen bei der Entscheidung für die Anzahl und die Beschreibung der Beurteilungsstufen aus meiner Sicht wichtig sind. Ich habe mich aus mehreren Gründen für das Beispiel in Tab. 2.20 als meinen Favoriten entschieden. Diese Gründe muss man nicht in jedem Fall teilen. Man kann beim Abwägen durchaus zu anderen Ergebnissen kommen.

Das Beispiel in Tab. 2.21 nutzt sechs Stufen, aber eigentlich sind es bei genauerem Hinschauen doch nur drei: A, B und C.

Das Beispiel in Tab. 2.20 kombiniert somit die Variante der groben Kategorisierung und deren Vorteile der einfacheren ersten Zuordnung in „Tabellenspitze", „Tabellenende" und „Mittelfeld" mit der Möglichkeit, innerhalb der meist breiteren Mitte noch differenzieren zu können. In Leistungsstufe B werden die Anforderungen in vollem Umfang erfüllt. Jeder Mitarbeiter mit einer Beurteilung in Leistungsstufe B weiß: Ich bin okay! Allerdings gibt es auch in der Mitte Mitarbeiter, deren Leistung eher nach oben in Richtung A tendiert und damit in Leistungsstufe B1 beurteilt wäre oder eher nach unten in Richtung C tendiert und damit in Leistungsstufe B3 angesiedelt wäre. Es gibt eine Leistungsstufe C, die signalisiert: Die Grundanforderungen sind erfüllt. Fußballer würden sagen: „Du bist im Kader, aber nicht bei jedem Spiel auf dem Platz

Tab. 2.20 Meine „Lieblingsbeurteilungsskala"/1

Stufe 6	Stufe 5	Stufe 4	Stufe 3	Stufe 2	Stufe 1
		B 3	B 2	B 1	
Die Grundanforderungen der Arbeitsaufgabe werden nicht erfüllt.	Die Grundanforderungen der Arbeitsaufgabe werden erfüllt: Es sind aber deutliche Verbesserungen notwendig, um zum Leistungsdurchschnitt aufzuschließen	Die Anforderungen der Arbeitsaufgabe werden in vollem Umfang, aber mit unterschiedlichen Leistungsergebnissen erfüllt. Der Leistungsdurchschnitt liegt in B2			Spitzenleistung: Die Leistung liegt deutlich über dem Leistungsdurchschnitt

Tab. 2.21 Meine „Lieblingsbeurteilungsskala"/2

D	C	B			A
		B 3	B 2	B 1	
Die Grundanforderungen der Arbeitsaufgabe werden nicht erfüllt	Die Grundanforderungen der Arbeitsaufgabe werden erfüllt: Es sind aber deutliche Verbesserungen notwendig, um zum Leistungsdurchschnitt aufzuschließen	Die Anforderungen der Arbeitsaufgabe werden in vollem Umfang, aber mit unterschiedlichen Leistungsergebnissen erfüllt. Der Leistungsdurchschnitt liegt in B2			Spitzenleistung: Die Leistung liegt deutlich über dem Leistungsdurchschnitt

dabei." Damit erfüllt der Mitarbeiter die Grundfertigkeiten, die für diesen Job erwartet werden dürfen und mit dem Grundentgelt abgegolten sind. Für Leistungsstufe C gibt es noch keine individuelle Leistungszulage, aber das Signal: „Lieber Mitarbeiter, du bist richtig bei uns. Du gehörst dazu, aber wenn du in vollem Umfang zur Stammmannschaft gehören möchtest, musst du noch an dir arbeiten – und das trauen wir dir zu." Damit ist Leistungsstufe C kein Vorplatz auf dem Weg zur Hölle und darf deshalb auch nicht die unterste Leistungsstufe darstellen, denn …

1. … es gibt Mitarbeiter, die definitiv die Grundanforderungen insgesamt oder bei einzelnen Merkmalen nicht erfüllen. Dafür ist Leistungsstufe D als unterste Leistungsstufe vorgesehen. Sie wird sicher nicht häufig genutzt, aber sie macht deutlich, dass alle anderen die Anforderungen erfüllen – zwar mit unterschiedlichen Ausprägungen, aber insgesamt im grünen Bereich. Diese Leistungsstufe ist zwingend notwendig, weil Beurteilungssysteme dazu tendieren, dass die unterste Leistungsstufe von Beurteilern gar nicht oder nur in wenigen Ausnahmefällen genutzt wird. Deshalb ist es wichtig, sie auch so zu beschreiben, dass deutlich wird: Das ist ein

Zustand, den wir dauerhaft nicht tolerieren werden. Damit wird Beurteilern aber mit den Leistungsstufen A bis C auch ein Spektrum zur Verfügung gestellt, das tatsächlich nutzbar ist und entsprechende Leistungsdifferenzierung zulässt.

2. Die Fundamentalisten unter den Skalenexperten streiten seit Jahrzehnten darüber, ob bei Leistungsbeurteilungen eher eine gerade oder eine ungerade Anzahl von Beurteilungsstufen angemessen ist. Aus meiner Sicht geht es bei Leistungsbeurteilungen nicht darum, eine Entscheidung für JA/NEIN oder OBEN/UNTEN zu erzwingen, sondern es gibt ein Leistungsmittelfeld, das in der Leistungsstufe B abgebildet wird. Die vierte Leistungsstufe D ist nur eine Ergänzung, die den Leistungsstufen A bis C zu ihrer vollen Wirksamkeit verhelfen soll. In einem Unternehmen wurde die Leistungsstufe D im Projektteam „KOCH"-Stufe genannt. Der Abteilungsleiter Koch hatte vehement für eine unterste Stufe geworben, die eigentlich gar nicht benutzt werden soll, aber die Leistungsstufe C überhaupt erst für die Beurteiler nutzbar macht. Er dachte an Beurteiler, die sich sonst nicht trauen würden, ihren Mitarbeitern eine Beurteilung in Leistungsstufe C mitzuteilen – sehr pragmatisch und realitätsnah.

3. Das Beispiel in Tab. 2.21 arbeitet mit dem Begriff „Durchschnitt" im Unterschied zu anderen Skalen, die mit der Erfüllung von Anforderungen beziehungsweise Erwartungen agieren. Beurteilungssysteme tendieren dazu, im Laufe der Jahre nach oben zu driften. Sie laufen weg. Ohne besondere Vorkehrungen wird aus einem anfänglichen Leistungszulagendurchschnitt von 10 % im Laufe der Zeit 13 % oder mehr. Wenn das beabsichtigt sein sollte, dann ist das in Ordnung. Allerdings neigen die meisten Unternehmen dazu, das Budget für Leistungszulagen selbst steuern zu wollen und dafür einen Prozentsatz X von der Summe der Grundentgelte vorzusehen. Wenn man mit den Begriffen „Anforderungen" oder „Erwartungen" arbeitet, ist absehbar, dass Beurteiler und Mitarbeiter mit ständig steigenden Anforderungen und Erwartungen argumentieren – und durch diese Brille betrachtet haben sie sogar recht. Anforderungen und Erwartungen steigen ja tatsächlich. Das findet zwar in kleinen Schritten statt, aber über einen Zeitraum von einigen Jahren ist diese Entwicklung durchaus spürbar. Allerdings wird diese Entwicklung durch regelmäßige Erhöhungen der Grundentgelte (meist im Zuge von Tariferhöhungen) abgebildet. Da Leistungszulagen in prozentualer Abhängigkeit von Grundentgelten bezahlt werden, steigen Leistungszulagen absolut in Euro immer mit. Damit sind auch insgesamt steigende Anforderungen abgegolten. Eine Leistungsbeurteilung hat nur die Aufgabe, individuelle Leistungsunterschiede zu erkennen und in Entgelt umzusetzen: Spitzenleister sollen eine höhere Zulage erhalten als Mitarbeiter, die erst die Grundanforderungen erfüllen. Das ist die Aufgabe, und diese ist leichter zu erfüllen, wenn man sich jedes Jahr erneut fragt: „Wer sind denn meine Spitzenleister und wie ist die Leistung der anderen Mitarbeiter im Vergleich zu ihrer einzuschätzen?"

Beispiel

In der Fußballbundesliga wundert sich niemand darüber, dass jedes Jahr 18 Plätze zu vergeben sind und am oberen Ende nicht jedes Jahr ein neuer Tabellenplatz entsteht. Auch bei der Olympiade stehen bei jeder Disziplin immer drei Sportler auf dem Treppchen, auch wenn bei diesem Wettkampf alle schneller gewesen sein sollten als im Vorjahr. Wenn man sich in diesem Bild der Sportwelt bewegt, wird das Grundprinzip des Beispiels in Tab. 2.21 noch deutlicher. Beurteiler und Mitarbeiter können damit gut arbeiten, auch wenn es im Einzelfall sicher leichter ist, Leistungsstufe A als Leistungsstufe C im Ergebnisgespräch mitzuteilen. Mit den passenden Bildern und Symbolen wird es leichter.

Trotz meines Favoriten kommen Unternehmen in ihren Abwägungsprozessen zu unterschiedlichsten Varianten. Welche Beurteilungsskala letztlich in Ihrem Unternehmen realisiert wird, soll deshalb auch Ergebnis eines internen Diskussionsprozesses sein.

Eine Skala für alle Merkmale Im Bestreben, möglichst genau und differenziert zu arbeiten, wird in manchen Projekten diskutiert, ob es nicht angemessen wäre, jedes Leistungsmerkmal mit einer eigenen Skala und eigenen Stufenbeschreibungen zu versehen. Noch weitergehend ist es auch denkbar, für unterschiedliche Funktionen und Anforderungsniveaus jeweils eigene Skalen zu formulieren.

Um es kurz zu machen: Ich neige aus mehreren Gründen zu einer Skala für alle Merkmale und alle Jobs im Unternehmen.

- Skalen erhalten dadurch einen statischen Charakter. Anforderungen verändern sich und damit müssten sich auch Beurteilungsskalen regelmäßig mit verändern. Wenn sie allgemeiner formuliert sind und sich immer am Durchschnitt als Bezugsgröße orientieren, können sie langfristig verwendet werden.
- Die Anzahl von Skalen für verschiedene Merkmale in unterschiedlichen Funktionsbereichen wäre relativ hoch. Damit würde der Pflegeaufwand noch weiter erhöht.
- Es müssen neue interne Einigungsprozesse für eine neue Skala und die anschließende erneute Information und Neuausrichtung für Beurteiler und Mitarbeiter erfolgen. Das kann durchaus auch zu Irritationen führen.
- Da Veränderungen am Vergütungssystem aus unterschiedlichen Gründen nicht so häufig stattfinden, würde in der Folge ständig mit überholten Skalen gearbeitet werden, was zu erheblichen Störeffekten führen würde.

Fazit

Drei bis sechs Beurteilungsstufen, die verständlich beschrieben sind, reichen aus. Die Orientierung der Skala am Durchschnitt ist sinnvoll. Die einzig richtige Lösung gibt es dafür nicht. Es gilt eher „Best Fit" statt „Best Practice"!

Mit den Leistungsmerkmalen und der Beurteilungsskala, also den Leistungsstufen, ist die Erstellung des Beurteilungsinstruments als solches abgeschlossen. Im Folgenden werden wir auf den Prozess der Erstellung der Leistungsbeurteilung eingehen, ohne bisher über eine Umsetzung der Leistungsbeurteilung in Entgelt nachgedacht zu haben. Dies geschieht im Abschn. 2.2.2.5. Vorher werden wir uns dem Beurteilungsprozess widmen, der unabhängig von der Umrechnung des Ergebnisses in Euro eine eigene Qualität braucht und eine eigenständige Bedeutung hat, um das Ziel hochwertiger Leistungsbeurteilungen zu erreichen.

2.2.2.3 Der Beurteilungsprozess ... ist ein Dreisprung!

Beobachten – Beurteilen – Mitteilen Kennzahlensysteme stellen in der Konzeptionsphase höhere Anforderungen an die Führungskräfte und brauchen stabile Rahmenbedingungen. Im Betrieb sind sie für die Führungskräfte eher einfach zu handhaben. Beurteilungssysteme wiederum sind flexibler, stellen aber im Betrieb höhere Anforderungen an Führungskräfte als Kennzahlensysteme. Leistungsbeurteilung ist kein technischer Akt, sondern geschieht zwischen den beteiligten Menschen und braucht mehr Interaktion zwischen Menschen mit all den Chancen und Risiken, die das mit sich bringt. Manchmal passiert es, dass Führungskräfte diese Anforderungen erkennen und dann sagen: „Uff, das kann ich nicht! Wie soll *das* denn gehen?"

Kennzahlensysteme sind für Führungskräfte einfacher und geben Mitarbeitern automatisch und zeitnah Feedback. Jeder Mitarbeiter weiß sofort, wo er steht, und wenn man damit nicht zufrieden ist, dann ist im Zweifelsfall das System der Verursacher und damit der „Gegner". Unter Umständen sind sich Führungskräfte und Mitarbeiter sogar einig, dass das System ja unzulänglich ist: „Aber gut, man muss eben damit leben!" Auf diese Art und Weise hat manche Führungskraft (unter Umständen jahrzehntelang) „geführt" ohne Mitarbeitern im Einzelnen persönlich Feedback geben zu müssen beziehungsweise Auge in Auge über Leistung und Ergebnisse reden zu müssen. Das hat das System übernommen.

Wenn man Führungskräften, die ihre Rolle auf diese Art und Weise gelebt haben, ihren Akkord- oder Prämienlohn quasi wegnimmt und sie einem Beurteilungssystem aussetzt, ändert sich ihre Rolle erheblich. Sie können ihren Job nur noch gut machen, wenn sie sich dessen bewusst sind, dass ein Beurteilungssystem sie als Führungskraft und damit als Mensch in höherem Maße fordert als ein Kennzahlensystem.

Was sehen Sie in Abb. 2.7?[14] Eine alte Frau oder eine junge Frau? Beurteilern ergeht es oft ähnlich. Vorausgesetzt, dass Sie das Leistungs- und Arbeitsverhalten ihrer Mitarbeiter beobachten, sehen sie etwas und interpretieren oder beurteilen es anders als andere.

---

[14]Urheber unbekannt.

Abb. 2.7 Alte Frau oder
junge Frau?

Deshalb werden wir in Abschn. 4.3 und Kap. 5 bei der Diskussion des Einführungsprozesses die Ausbildung der Führungskräfte besonders betrachten. Die Anforderungen,
die der Beurteilungsprozess an die Führungskräfte stellt, bezeichne ich als Dreisprung.
Dem Dreisprung haften die Eigenschaften an, dass von den Nicht-Eingeweihten niemand
so genau die Regeln kennt und nur wenige den Dreisprung beherrschen. Deshalb muss
man über die Regeln reden und diesen Sport mit Neulingen trainieren. Der Dreisprung
im Beurteilungsprozess lautet: Beobachten – Beurteilen – Mitteilen.

> **Beispiel**
>
> Vor einiger Zeit saß ich mit einem Produktionsleiter, der mit dem angewendeten
> Beurteilungsverfahren nicht glücklich war, nach einer bereits abgeschlossenen
> Beurteilungsrunde zusammen. Die Beurteilungsrunde war aus seiner Sicht nicht
> zufriedenstellend verlaufen. Zuerst schimpfte er über unfähige Produktgruppenleiter
> und Schichtleiter, die keine richtigen Führungskräfte seien, aber dann schwenkte
> er um und drückte sich drastisch aus: „Aber eigentlich sind sie ja arme Schweine.
> Sie rotieren das ganze Jahr über mit teilweise mehr als 40 Mitarbeitern. Dann kom-
> men immer wieder überraschend und unerwartet wie Weihnachten die Beurteilungs-
> zettel aus der Personalabteilung und dann sollen sie sich innerhalb von zwei Wochen
> Beurteilungen aus dem Ärmel schütteln. Was bleibt ihnen unter diesen Umständen
> anderes übrig, als die Beurteilungen vom Vorjahr zu nehmen, ein bisschen zu würfeln

und hier und da ein paar Punkte mehr zu geben? Wenn sie weniger Punkte geben, dann reißen ihnen die Mitarbeiter den Kopf ab und wenn sie zu viele Punkte vergeben, reißen wir ihnen den Kopf ab. So ist es doch ein blödes Spiel, bei dem sie nur verlieren können."

Die Geschichte ist real, aber nicht unabwendbar. Es kommt auf den Dreisprung an. Zum einen, dass er stattfindet und zum anderen, dass er in guter Qualität stattfindet – einfach nur zu springen reicht nicht: Beobachten – Beurteilen – Mitteilen. In den folgenden Abschnitten werde ich detailliert auf die drei Phasen dieses Dreisprungs und seine Erfolgsfaktoren eingehen.

Unterjährige Beobachtungen und Notizen Angenommen, die Leistungsbeurteilung findet einmal jährlich statt. Dann bedeutet dies, dass ein Beurteiler die Eindrücke und Ergebnisse eines ganzen Jahres in die Leistungsbeurteilung einfließen lassen muss. Das wiederum bedeutet, dass er während des Jahres auch genau hinschauen muss, um Eindrücke zu sammeln. Nur wenn der Beurteiler das Jahr über Mosaiksteine sammelt, ist er in der Lage, bei der Leistungsbeurteilung ein schlüssiges und stimmiges Gesamtbild entstehen zu lassen. Viele Führungskräfte neigen dazu, sich ihrer Verantwortung als Beurteiler immer wieder erst kurz vor der Leistungsbeurteilung bewusst zu werden. Dann ist ein großer Teil des Jahres vergangen und wichtige Ereignisse und Leistungsergebnisse sind vergessen oder in der Erinnerung zumindest stark verblasst. Sie stehen für eine hochwertige Leistungsbeurteilung nicht mehr zur Verfügung. Schon einige wenige Notizen helfen, sich diese beurteilungsrelevanten Situationen wieder in Erinnerung zu rufen. Aus den Notizen entsteht für jeden Mitarbeiter bei der Beurteilung wieder ein „Film des vergangenen Jahres". Auch wenn der Film unter Umständen „stark geschnitten ist", ist dies deutlich mehr wert als ein paar bruchstückhafte Erinnerungen aus den letzten wenigen Wochen oder Monaten.

Aus diesem Grund ist es sinnvoll, den Beurteilern ein Hilfsmittel an die Hand zu geben, das ihnen hilft, unterjährige Eindrücke zu sammeln und festzuhalten, sodass diese zum Zeitpunkt der Beurteilung auch zur Verfügung stehen. Eine simple Form dieses Hilfsmittels könnte folgende Struktur haben (Tab. 2.22):

Ob dieses Hilfsmittel in Papierform genutzt wird, eine Datenbank angelegt wird oder es in Excel geführt wird, ist egal. Die Hauptsache ist, dass Führungskräfte angehalten werden, unterjährig auf die Leistungen, die Ergebnisse und das Verhalten ihrer Mitarbeiter zu achten und dies zu dokumentieren, damit sie in der Lage sind, zum Beurteilungszeitpunkt hochwertige Beurteilungen zu erstellen. Der Dokumentation kommt eine entscheidende Bedeutung zu, da bei großen Führungsspannen und vielen Ereignissen nicht sichergestellt ist, dass das Gedächtnis ausreicht, um die Vielzahl der notwendigen Eindrücke bis zu einem Jahr später zuverlässig zur Verfügung zu stellen. Mir ist auch bewusst, dass allein die Existenz dieses Blattes noch nicht zu besseren Leistungsbeurteilungen führt, deshalb ist es bei manchen Führungskräften auch

Tab. 2.22 Unterjährige Beobachtungen/Notizen

Notizen zur Leistungsbeurteilung 201__		
Name, Vorname	Abteilung	
Aktuelle Tätigkeit	Vergütungsstufe	
Weiter so!		Datum/Kz
Aufpassen!		Datum/Kz

notwendig, dass deren Chef unterjährig immer wieder nachhakt und sich gegebenenfalls sogar diese Notizen vorlegen lässt und sie mit dem Beurteiler durchspricht.

Ich plädiere dafür, diese unterjährigen Notizen bewusst noch nicht im Beurteilungsformular einzutragen, sondern aus der Vielzahl der Eindrücke erst später eine Leistungsbeurteilung zu erstellen und auch erst später die Begründungen im Beurteilungsformular zu notieren.

Vorläufige Beurteilungen oder Rohbeurteilungen Die unterjährigen Notizen stehen dem Beurteiler zur Verfügung, um einmal pro Jahr die vorläufigen Leistungsbeurteilungen für seine Mitarbeiter vorzubereiten. Ich spreche aus zwei Gründen bewusst von vorläufigen Beurteilungen. Zum einen brauchen Leistungsbeurteilungen sozusagen mehrere Anstriche bis die Farbe gut deckt. Dazu muss man sie mehrmals in die Hand nehmen. Zum anderen ist ein Beurteiler allein streng genommen nur in der Lage, eine Rangliste seiner Mitarbeiter zu erstellen und diese Rangliste zu begründen. Um eine abschließende Leistungsbeurteilung zu erstellen, braucht er den *Nullpunkt* und/oder die *Mitte*, je nachdem wie man das System betrachtet. Er muss wissen, wo die anderen Beurteiler die Messlatte anlegen. Außerdem gibt es bekanntermaßen eine ganze Reihe von möglichen Beurteilungsfehlern:

- Tendenz zur Mitte: „Alle Mitarbeiter sind doch irgendwie gleich gut. Jeder hat seine Stärken und Schwächen. Die Stars gibt es nicht wirklich und Fehler können jedem einmal passieren. Das macht noch keine insgesamt schlechte Beurteilung."
- Mildeeffekte: „Es haben sich doch alle angestrengt. Jeder hat sich bemüht, das muss man doch auch honorieren. Ich brauche sie alle und wirklich schlechte Mitarbeiter wären doch schon gar nicht mehr da."

- Strengeeffekte: „Ich kann nur Mitarbeiter brauchen, die sich anstrengen und Höchstleistung erbringen. Wer bei anderen gut ist, ist bei mir allenfalls Durchschnitt."
- Unvollständige Wahrnehmungen: „Ihm sind in letzter Zeit zwei, drei Fehler passiert, die haben ihm das ganze Jahr versaut."
- Sympathie- und Antipathie-Effekte: Sympathischen Menschen werden eher positive und unsympathischen Menschen eher negative Merkmale zugeschrieben.
- Attraktivitätseffekt: Attraktive Menschen werden im Allgemeinen besser beurteilt.
- Überstrahlungs- oder Halo-Effekt: Wir lassen uns bei der Beurteilung von einem hervorstechenden Merkmal eines Menschen leiten, das uns selbst möglicherweise sehr wichtig ist oder das wir bei uns vermissen. Das können zum Beispiel seine Ordnungsliebe oder sein höflicher Umgang mit anderen Menschen sein. Daraus schließen wir auf andere Merkmale, die wir nicht mehr tatsächlich beurteilen.
- Die unbewusste Persönlichkeitstheorie: Es wird von einer Verhaltensweise auf die andere geschlossen: „Wer einen aufgeräumten Schreibtisch aufweist, ist ein guter Mitarbeiter" oder „Wer vorwärtskommen will und Ambitionen hat, ist ein Radfahrer und ein Intrigant".
- Kategorisieren, einfrieren und nie wieder überprüfen: Dauerhaftes Einordnen eines Mitarbeiters in eine Schublade. Hierfür genügt oft schon ein einziges Merkmal (zum Beispiel „Krankmacher" oder „Techniker"). Auch positives oder kritisches Leistungsverhalten, das in der Vergangenheit gezeigt wurde, kann für lange Zeit die Leistungsbeurteilung beeinflussen.

Deshalb sollten Leistungsbeurteilungen vorläufig bleiben, so lange, bis sie mit anderen Beurteilungen abgeglichen sind und Beurteilungsfehler eine Chance hatten, ans Licht zu kommen. Dieser Prozess des Abgleichens, Vervollständigens, Kalibrierens oder Eichens geschieht in Beurteilerkonferenzen, die den vorläufigen Beurteilungen den Schliff geben.

Beurteilerkonferenzen Die Aufgabe besteht also darin, die Leistungsbeurteilung so zu gestalten und zu optimieren, dass die Hauptkritikpunkte abgestellt oder mindestens reduziert werden können, um einen hochwertigen Beurteilungsprozess mit folgenden Zielen zu gestalten:

- Unterschiedliche Beurteiler beurteilen auf der Basis möglichst gleicher Maßstäbe.
- Die Beurteilungen sind so objektiv wie möglich.
- Die Beurteilung der Leistung wird nicht „verunreinigt" durch Sympathie oder Antipathie.
- Die Beurteilungen sind vollständig, weil die Beurteiler die Leistung eines Mitarbeiters im gesamten Beurteilungszeitraum umfassend wahrnehmen und auch Inputs anderer Beurteiler zu ihren Mitarbeitern aufnehmen können.
- Die definierten und beschriebenen Beurteilungsmerkmale werden auch tatsächlich verwendet.

Tab. 2.23 Beurteilerkonferenz (Struktur der Darstellung)

	Leistungs-stufe E	Leistungs-stufe D	Leistungs-stufe C	Leistungs-stufe B	Leistungs-stufe A
Vergütungs-stufe 4	Hubert Maier		Margit Mager	Maria Mack	
Vergütungs-stufe 3	Patrick Keller	Konrad König	Walter Mann		Karl Müller
Vergütungs-stufe 2		Peter Huber	Sabine Saar		Karin Kaiser
Vergütungs-stufe 1	Peter Klein-hans		Josef Müller		Petra Perle

Beurteilerkonferenzen gelten als eine valide Methode zur Verbesserung des Beurteilungsprozesses. Sie fördern den Austausch von beurteilungsrelevanten Informationen zwischen den Beurteilern und tragen dazu bei, dass sich gemeinsame Beurteilungsmaßstäbe entwickeln können. Sie können unabhängig vom zugrunde liegenden Beurteilungssystem eingesetzt werden, also unabhängig von den Beurteilungsmerkmalen oder der Beurteilungsskala.

Wie darf man sich den Verlauf einer Beurteilerkonferenz vorstellen?[15] Die vorläufigen Beurteilungen werden zum Bespiel auf Pinnwänden visualisiert und sortiert nach Vergütungs- und Leistungsstufen dargestellt (Tab. 2.23).

Jede Karte kann zum Beispiel folgende Informationen enthalten:

- Name, Vorname,
- Abteilung oder Kostenstelle,
- Beurteiler,
- Entgeltgruppe,
- vorläufiges Beurteilungsergebnis (in Prozent oder in Punkten).

Ein Bild aus einer Live-Beurteilerkonferenz in Abb. 2.8 veranschaulicht diese Form der Visualisierung von vorläufigen Beurteilungen als Grundlage für die Diskussion der Beurteiler.

Für jeden Beurteiler wird eine eigene Farbe verwendet, sodass immer sichtbar ist, auf welchem Beurteilungsniveau und bei welcher Verteilung einzelne Beurteiler liegen. Jeder Beurteiler erläutert seine Einschätzungen und seine Kollegen ergänzen und hinterfragen.

---

[15]Einen Werkstattbericht von Oliver Müller über die praktische Durchführung von und Erfahrungen aus Beurteilerkonferenzen bei der Allgemeine AG finden Sie in Abschn. 3.5.

Abb. 2.8 Beurteilerkonferenz (Live-Ausschnitt)

Der Beurteiler mit den meisten Mitarbeitern beginnt, seine Mitarbeiter Leistungsstufen zuzuordnen. Er beginnt in der Vergütungsstufe (Entgeltgruppe), der die meisten Mitarbeiter zugeordnet sind und in der damit die größte Anzahl von Vergleichsmöglichkeiten besteht. Die wesentlichen Ergebnisse, Stärken und Schwächen einzelner Mitarbeiter werden vorgestellt und besprochen und können gegebenenfalls parallel auf einem Flipchart notiert werden. Anschließend folgt der zweitgrößte Bereich und so weiter. Wenn alle Karten an der Pinnwand oder den Pinnwänden sind, kann nachjustiert werden, Vergleiche werden gezogen, Informationen werden ergänzt, unterschiedliche Einschätzungen können diskutiert werden. Vorläufige Beurteilungen werden verändert oder bestätigt und damit entstehen gemeinsame Beurteilungsmaßstäbe – „live by doing". Wenn notwendig können Beurteilerkonferenzen auch kurz unterbrochen werden, sodass sich einzelne Beurteiler untereinander kurz beraten und austauschen können.

Die schrittweise Vorgehensweise von Vergütungsstufe zu Vergütungsstufe hat sich bewährt, da damit gleiche Anforderungsniveaus miteinander verglichen werden. Jede Vergütungsstufe ist wie eine „Liga" im Sport zu betrachten. Es ist unmittelbar einleuchtend, dass mit jeder „Liga" die Anforderungen steigen und damit höhere Erwartungen an die zu beurteilenden Mitarbeiter gestellt werden dürfen und müssen.

Die Zusammensetzung der Beurteilerkonferenz ist so organisiert, dass sich jeweils der Leiter einer organisatorischen Einheit mit den Führungskräften seiner organisatorischen Einheit zu einer Beurteilerkonferenz trifft, also beispielsweise der Leiter einer Entwicklungsabteilung mit den Teamleitern seiner Entwicklungsabteilung oder der Fertigungsleiter mit den Meistern seines Fertigungsbereiches. Die Rolle des Abteilungsleiters besteht darin, auf die Einhaltung der betrieblichen Regelungen zu achten, den Quervergleich zu anderen Abteilungen einfließen zu lassen. Er trägt die Verantwortung für die Inhalte und das Ergebnis. Sinnvoller Weise wird eine Beurteilerkonferenz vom Personalbereich moderiert, der für den Prozess mitverantwortlich ist und für die vollständige Dokumentation sorgt.

Damit Beurteilerkonferenzen ihre volle Wirkung entfalten können, sollte über mindestens 25 Mitarbeiter gesprochen werden. So wird erreicht, dass genügend Vergleichsmöglichkeiten zur Verfügung stehen. Weiterhin hat sich eine Obergrenze von etwa 100 Mitarbeitern als sinnvoll erwiesen, um genügend Übersichtlichkeit zu gewährleisten und die Konferenz nicht durch die Menge zu überfordern.

Für den erfolgreichen Verlauf einer Beurteilerkonferenz sind Spielregeln sinnvoll, die unternehmensspezifisch definiert werden sollten. Folgende Beispiele haben sich als hilfreich erwiesen:

- Es ist Vertraulichkeit geboten.
- Die Beurteiler bereiten die vorläufigen Beurteilungen intensiv vor.
- Es geht nur um die individuelle Leistung jedes Mitarbeiters, nicht um die Wertigkeit der Tätigkeit (die Eingruppierung).
- Es ist ein offener Austausch über Leistungserwartungen und Leistungsergebnisse.
- Die Verantwortung für die Beurteilung bleibt beim Beurteiler.
- Das Ergebnis der Beurteilerkonferenz ist bindend.
- Der Abteilungsleiter trägt die Verantwortung für den Verlauf und die Einhaltung der Spielregeln.

Im Ergebnis wird damit erreicht, dass das zur umfassenden Beurteilung von Leistung notwendige Gesamtbild vollständiger wird. Es werden „Mosaiksteine gesammelt" und gewichtet, um ein ausgewogenes Gesamtbild der Leistung einzelner Mitarbeiter im Vergleich zu anderen entstehen zu lassen. Außerdem entwickelt sich eine gemeinsame Vorgehensweise bei der Erstellung von Leistungsbeurteilungen. Beurteilungsmaßstäbe werden angeglichen, „geeicht" oder „kalibriert". Damit ist dies ein Prozessschritt, der insbesondere in technisch geprägten Unternehmen auf positive Resonanz stößt – aber nicht immer.

Beispiel

Manchmal gibt es unerwartete Effekte. In einem großen und erfolgreichen Unternehmen der Metallbearbeitungsbranche wurden in weiten Bereichen seit Jahrzehnten Leistungsbeurteilungen durchgeführt. Nach Jahrzehnten unreflektierter Anwendung waren alle zu erwartenden negativen Effekte beispielhaft zu erkennen: In den verschiedenen Bereichen gab es verschiedene Anwendungskulturen. Für manche Führungskräfte war es nur ein lästiges Übel, für andere wiederum ein Führungsinstrumente. Die einen vergaben Beurteilungspunkte sehr großzügig, andere wiederum eher konservativ. Manche Beurteiler reduzierten Leistungsbeurteilungen gegenüber dem Vorjahr, für andere wiederum war das ein Tabu und der Weg ging nur nach oben. Die einen besprachen Leistungsbeurteilungen ausführlich mit allen Mitarbeitern, die anderen nur auf Nachfrage. In einem Bereich ergab die Auswertung der Leistungsbeurteilungen eine sinnvolle Differenzierung, die auch zu Entgeltunterschieden führte, in anderen Bereichen ergab sich fast keine Differenzierung. Man konnte also tatsächlich wie im Labor alle möglichen Effekte beobachten. Im Gesamtergebnis war allerdings klar: Das Unternehmen bezahlte zu viel Geld mit sehr viel Aufwand – und das ohne einen wirklich leistungsvariablen Entgelteffekt.

Im Zuge der Änderung des Tarifvertrags wurde die Leistungsbeurteilung neu gestaltet und neben anderen Änderungen sollten auch Beurteilerkonferenzen eingeführt werden, um die Neuausrichtung des Beurteilungsprozesses zu unterstützen. Wir wurden für das Training der Beurteiler und die Moderation der Beurteilerkonferenzen hinzugezogen. Schon während des Trainings für die Beurteiler wurde deutlich, dass ein Teil der Beurteiler den Beurteilerkonferenzen ablehnend gegenüberstand. In den Diskussionen wurde schnell klar, dass genau die Beurteiler opponierten, die die vielen Gründe für die Einführung der Änderungen geliefert hatten. Für diese Gruppe hätten die geplanten Änderungen die stärksten Auswirkungen gehabt und es wäre für sie richtig schwierig geworden. Als sie sich mehr oder weniger offen an den Betriebsrat wandte und diesen um Schutz vor den zu erwartenden Auswirkungen auf ihre Mitarbeiter ersuchte, waren die Beurteilerkonferenzen noch vor dem ersten Versuch schon Vergangenheit.

Heute, nach etwa vier Jahren seit Gültigkeit der neuen Betriebsvereinbarung, ist in diesem Unternehmen in Bezug auf die Leistungsbeurteilung wieder alles beim Alten. Inzwischen haben massive wirtschaftliche Schwierigkeiten den Standort auf etwa 60 % der ursprünglichen Größe schrumpfen lassen, aber die Leistungsbeurteilung ist immer noch kein Führungsinstrument, das umfassend genutzt wird. Schade!

Beurteiler bewerten allerdings ansonsten die Vorgehensweise mit Beurteilerkonferenzen als ausgesprochen hilfreich für ihren Beurteilungsprozess. Sie investieren zwar einen zusätzlichen Bearbeitungsschritt im Beurteilungsprozess und „offenbaren sich", erlangen aber dadurch mehr Sicherheit, dass ihre Leistungsbeurteilungen im Quervergleich fundierter und objektiver sind. Dies erhöht auch die Qualität der anschließenden Ergebnisgespräche erheblich.

Beurteilerkonferenzen sind auf allen hierarchischen Ebenen möglich, auf denen Leistung beurteilt wird. Sie sind auch auf höheren hierarchischen Ebenen sinnvoll, auf denen die Erreichung unternehmerischer Ziele nicht nur gemessen, sondern auch bezüglich des Beitrags zum Gesamterfolg gewichtet werden muss. Auch hier ist ein Abgleich der Anforderungsniveaus der Ziele und ein „Eichen" der Einschätzungen zur Zielerreichung sinnvoll und richtig.

In manchen Ohren klingt der Begriff „Beurteilerkonferenz" vielleicht zu technokratisch. Es ist erst einmal nur ein Arbeitstitel, um einen Schritt im Beurteilungsprozess zu bezeichnen. In der konkreten Umsetzung in Unternehmen erhält dieser Bearbeitungsschritt im Beurteilungsprozess häufig Bezeichnungen wie Integrationsmeeting, Harmonisierungsrunde, Abstimmungsrunde, Peermeeting, Ranking-Besprechung oder Abgleichmeeting. Im Kern geht es immer um das Gleiche: Beurteiler treffen sich, tauschen sich aus und „eichen" ihre Leistungsbeurteilungen.

Bei allen Nutzenüberlegungen und Vorteilen sind auch kritische Anmerkungen zu Beurteilerkonferenzen bekannt. Obwohl Vertraulichkeit eine wichtige Anforderung darstellt, wird in Einzelfällen kritisiert, dass dies nicht immer verlässlich garantiert werden kann. Allerdings gehören die in Beurteilerkonferenzen ausgetauschten Informationen zu den ohnehin gültigen Verschwiegenheitspflichten von Führungskräften. Weiterhin kommen Führungskräfte, die Beurteilungen eher intuitiv-summarisch erstellen, in die Situation, ihre Ergebnisse erläutern und teilweise auch verteidigen zu müssen. Manche Beurteiler betrachten dies als eine Einschränkung ihrer Autonomie, andere empfinden den gleichen Sachverhalt als wichtige Vorbereitung auf zu erwartende kritische Fragen ihrer Mitarbeiter.

Varianten sind möglich Bezüglich der Intensität sind mehrere Abstufungen möglich. In der einfachsten Version geht es einfach darum, die Beurteilungsmaßstäbe zu justieren, die Beurteilungen unterschiedlicher Beurteiler zu visualisieren und damit den Beurteilern die Möglichkeit zu geben, ihre eigenen Beurteilungsmaßstäbe quer zu vergleichen.

Intensiver werden Beurteilerkonferenzen, wenn über jeden Mitarbeiter auch ein inhaltlicher Austausch stattfindet. Welche Wahrnehmungen und Beobachtungen haben andere Beurteiler zu jedem Mitarbeiter? Welches Gesamtbild ergibt sich daraus für einzelne Mitarbeiter? Welche Stärken und Schwächen einzelner Mitarbeiter sind erkennbar? Welche Argumente nimmt der Beurteiler mit in das Gespräch mit dem Mitarbeiter?

Einen weiteren qualitativen Sprung machen Beurteilerkonferenzen, wenn sie auch als Talentmanagement-Tool genutzt werden. Wer sind unsere Spitzenleister und Leistungsträger? Welche Potenziale stecken in Ihnen? Was tun wir, um sie weiterzuentwickeln beziehungsweise an das Unternehmen zu binden? Wo sind unsere Problemfälle? Was tun wir aktiv und zeitnah? Wer kümmert sich darum? Dabei können Verteilungsvorgaben oder auch Budgetvorgaben einfließen – müssen aber nicht.

▶   Das sind nennenswerte Nutzeneffekte, die ohne großen Zusatzaufwand quasi nebenbei entstehen und die die qualitative Entwicklung des Unternehmens positiv beeinflussen. Sie helfen, die Energie zu fokussieren und sich um die richtigen und wichtigen Dinge zu kümmern. Das ist nachhaltig.

Bei konsequenter Anwendung von Beurteilerkonferenzen lässt sich regelmäßig eine deutliche und nachhaltige Verbesserung des Beurteilungsprozesses bei höherer Akzeptanz bei Führungskräften und Mitarbeitern erzielen. Die Beurteiler erhalten die Sicherheit, dass andere Beurteiler mit den gleichen Maßstäben arbeiten und nicht einzelne Führungskräfte oder Bereiche auf Kosten anderer „Vorteile" genießen. Dies setzt voraus, dass den Beurteilern nach jeder Beurteilungsrunde eine summarische Auswertung der Gesamtergebnisse zur Verfügung gestellt wird.

Der Aspekt der integrierten Führungskräfteentwicklung ist als wichtiger Nebeneffekt nicht zu unterschätzen. Die Führungskräfte sprechen in Beurteilerkonferenzen über Leistungsniveaus und Erwartungen, die sie an ihre Mitarbeiter stellen. Sie sprechen auch darüber, wie diese Erwartungen formuliert werden. Dabei klären sich automatisch auch innere Bilder und Glaubenssätze, die die Beurteiler mit Leistung verbinden. Milde Beurteiler werden anspruchsvoller und strenge Beurteiler hinterfragen ihre Anforderungen und Einschätzungen und können sie im Ergebnis besser erläutern. Gleichzeitig verbessern Beurteiler unmerklich, aber spürbar ihre Argumentation in Beurteilungsgesprächen. Außerdem stellen wir fest, dass sich die Beurteiler bei der Vorbereitung von Leistungsbeurteilungen mehr Mühe geben, weil sie wissen, dass sie sie vor ihren Kollegen vertreten können müssen. Das ist ein Ansporn, der nicht zu vernachlässigen ist.

2.2.2.4 Ein Bekenntnis zur Subjektivität und zur Notwendigkeit von Entscheidungen

Alle bisher getroffenen Vorkehrungen dienen dazu, den Prozess der Leistungsbeurteilung zu optimieren. Allerdings möchte ich daran erinnern, dass es trotzdem eine Beurteilung bleibt und keine Messung- Beurteilungen enthalten trotz aller Bemühungen weiterhin subjektive Elemente. Das ist unvermeidbar und in Ordnung. Es ist sogar mehr als das: Die Lage zu beurteilen, ist elementare Führungsaufgabe[16]. Wenn man alles messen könnte, bräuchte man keine Entscheider mehr. Dann müsste man nur ein System mit Daten füttern und das System würde die Entscheidung ausspucken. Beurteilungen sind und bleiben Entscheidungen, die man zwar erklären, aber nicht beweisen können muss. Wer als Führungskraft diesen Anspruch der Notwendigkeit von Beweisen hat, geht fehl, und wer als Mitarbeiter diese Erwartung hat, geht ebenfalls fehl.

Es geht aber natürlich darum, nicht willkürlich und zufällig, sondern auf der Basis von Zahlen, Daten und Fakten (ZDF) und in Abwägungsprozessen eine Entscheidung zu treffen, in diesem Fall eine Entscheidung über die Leistungsbeurteilungen der Mitarbeiter. Das ist nicht einfach, aber es bleibt eine elementare Führungsaufgabe, der man sich nicht entziehen kann – auch dann nicht, wenn diese Entscheidung Auswirkungen auf das Entgelt der Mitarbeiter hat. Es bleibt aber die Aufgabe der Führungskraft, diese Entscheidung mit hoher Aufmerksamkeit auf der Basis von Ereignissen und Ergebnissen nachvollziehbar zu treffen und sauber zu kommunizieren, eben im Sinne von Beobachten – Beurteilen – Mitteilen.

Wir bemühen uns somit schon bei der Konzeption des Beurteilungssystems in einem professionellen Verständnis um einen möglichst objektivitätsförderlichen Beurteilungsprozess und bekennen uns gleichzeitig dazu, dass er selbstverständlich subjektive Elemente enthält und das auch vollkommen normal ist. Ich wollte dies noch einmal ins Blickfeld rücken, bevor wir zu rechnen beginnen und aus Leistungsbeurteilungen Euros werden.

2.2.2.5 Die Leistungs-/Entgeltrelation: Jetzt geht's ums Geld

Ausgangspunkt der Überlegungen bleibt Abb. 2.1. Das Leistungsentgelt ist eine Entgeltkomponente, die auf einem anforderungsbezogenen Grundentgelt aufsetzt, das aus der

---

[16]Ich bin zwar aus eigener Erfahrung kein Fan militärischer Entscheidungsprozesse, aber auch dort gehört die Beurteilung der Lage elementar zur Aufgabe der Führung auf allen hierarchischen Ebenen.

Arbeitsplatzbewertung resultiert. Im ersten Schritt werde ich eine Variante vorstellen, in der auf der Basis der Leistungsbeurteilung ein Punktwert entsteht, der in eine Leistungszulage umgerechnet wird, die in Prozent vom Grundentgelt ausgedrückt wird. Das Motto ist also: „Lieber Mitarbeiter, wenn du eine bestimmte Leistung erbringst, erhältst du eine Leistungszulage von x Prozent."

Ich verwende hierzu konkrete Beispiele aus der Praxis, um verschiedene Formen von Leistungs-/Entgeltrelationen aufzuzeigen.

Variante 1: Punkte → Prozent → Euro Das Grundmuster einer Leistungsbeurteilung, das den folgenden Beispielen zugrunde liegt, ist folgendes:

Die Beurteilung im Beispiel von Tab. 2.24 arbeitet mit der Gewichtung 2, also Arbeitsergebnis: Arbeitsverhalten = 4:3. Wenn ein Mitarbeiter in allen Merkmalen eine mittlere Beurteilung in Leistungsstufe B2 erzielen würde, würden sich daraus 14 Beurteilungspunkte ergeben. Die mittlere Leistungszulage, die in diesem Beispiel zugrunde gelegt ist (mehr zur Bandbreite von Leistungszulagen später in Abschn. 2.2.2.7), liegt bei 10 %. Die obige Beurteilung ergibt 12 Punkte: $14 \times 10 = 8,57\%$ Leistungszulage auf das Grundentgelt der Entgeltgruppe des Mitarbeiters. Bei einem Grundentgelt von beispielsweise 2500 € ergibt sich eine Leistungszulage von 214,25 € und ein Gesamtentgelt von 2.714,25 € (Tab. 2.25).

Wenn sich das Grundentgelt zum Beispiel durch eine Tariferhöhung verändert, wächst die Leistungszulage in gleicher Weise prozentual und es ergibt sich ein höheres Gesamtentgelt.

Der Vorteil: Es wird durchgängig nachvollziehbar und exakt gerechnet.

Tab. 2.24 Leistungs-/Entgeltrelation 1 mit Umrechnung

Leistungsstufe	C	B3	B2	B1	A
Arbeitsmenge und Effizienz	0	2	4	6	8
Qualität	0	2	4	6	8
Einsatzbereitschaft und Flexibilität	0	1	2	3	4
Verantwortungs-bewusstes Handeln	0	1	2	3	4
Zusammenarbeit	0	1	2	3	4
	___ Beurteilungspunkte: $14 \times 10 =$ ___% Leistungszulage				

Tab. 2.25 Beispielberechnung Leistungsentgelt

Grundentgelt in Entgeltgruppe X	€ 2.500,00
Leistungszulage 8,57 %	€ 214,25
Gesamtentgelt	€ 2.714,25

Der Nachteil: Man rechnet auf der Basis einer Leistungsbeurteilung mit ihren Unschärfen mit „pseudomathematischer" Genauigkeit bis auf zwei Stellen hinter dem Komma und auf den Cent genau. Damit wird durch die exakte Berechnung des Ergebnisses in Euro suggeriert, dass die zugrunde liegende Leistungsbeurteilung auch so exakt sei. Diesem hohen Anspruch hält diese allerdings nicht stand und deshalb provoziert diese exakte Berechnung tendenziell eher Akzeptanzprobleme und Reklamationen (dazu mehr in Abschn. 2.2.2.7).

Diesen Nachteil kann man mit Variante 2 ausgleichen und verliert dabei allerdings mit Absicht die exakte Berechnung.

Variante 2: Punktespannen → Prozent → Euro Diese Variante arbeitet mit Punktespannen und glättet somit die Unschärfen einer Leistungsbeurteilung. Umgesetzt auf das Beispiel aus Variante 1 mit einer Punktebandbreite von 0 bis 28 Beurteilungspunkten und einer Leistungsentgeltbandbreite von 0 bis 20 % würde sich folgendes Bild ergeben (Tab. 2.26):

Der Vorteil: Die Berechnung des Leistungsentgelts ist immer noch transparent. Beurteilungsunschärfen werden durch Punktespannen geglättet.

Der Nachteil: Es ergeben sich relativ große Sprünge im Leistungsentgelt von Kategorie zu Kategorie, die schon durch die Veränderung um einen halben Beurteilungspunkt entstehen können.

Ich neige bei Abwägung der Vor- und Nachteile eher zu dieser Variante 2, weil sie den Unschärfen einer Leistungsbeurteilung eher Rechnung trägt und sie in das System integriert. Aber auch hier gilt, dass es zur Anwendungskultur im Unternehmen passen muss. Beide Varianten und mögliche Variationen sind sachlich in Ordnung und können angewendet werden.

Beide Varianten führen jedenfalls zu einer Leistungszulage in Prozent, die in Euro umgerechnet wird und bei einer Erhöhung des Grundentgelts auch zu einer Erhöhung der Leistungszulage führt. Im Folgejahr würde eine niedrigere Leistungsbeurteilung auch

Tab. 2.26 Leistungs-/Entgeltrelation 2 mit Punktespannen

Punktespanne von	… bis	Leistungsentgelt in %	Leistungskategorie
0	2	0,0	1
3	5	2,5	2
6	8	5,0	3
9	11	7,5	4
12	15	10,0	5
16	18	12,5	6
19	22	15,0	7
23	25	17,5	8
26	28	20,0	9

folgerichtig dazu führen, dass die Leistungszulage in Euro ebenfalls sinkt. Das entspricht zwar der Grundidee variabler, leistungsorientierter Vergütung, trotzdem betrachten manche Mitarbeiter eine einmal erreichte Leistungszulage als Besitzstand. Ich würde mich dieser Einschätzung nicht anschließen, sondern intensiv mit den Mitarbeitern über Sinn und Zweck variabler, leistungsorientierter Vergütung diskutieren. Trotzdem möchte ich Ihnen die Variante 3 nicht vorenthalten.

Variante 3: Stabiler Punktwert in Euro In dieser Variante entsteht aus der Leistungsbeurteilung eine Summe von Beurteilungspunkten und jeder Beurteilungspunkt hat einen bestimmten Wert in Euro. Sie hilft, wenn man das Budget für Leistungszulagen kontrollieren möchte beziehungsweise bei einem bestimmten Mittelwert halten möchte. Dazu wird der Wert eines Beurteilungspunktes im Jahr 1 der Anwendung im folgenden Beispiel so festgelegt, dass bei einer durchschnittlichen Leistungsbeurteilung 12 % Leistungszulage erzielt werden können (Tab. 2.27).

Der Wert eines Beurteilungspunkts ergibt sich aus Tab. 2.28.

Damit ist das System im Jahr der Einführung auf ein Budget von 12 % Leistungszulagen in Bezug auf die Summe aller Grundentgelte justiert. Durch eine Tariferhöhung im Jahr 2 der Anwendung erhöht sich die Summe aller Grundentgelte. 12 % Leistungszulagen ergeben damit auch ein höheres Budget für Leistungszulagen in Euro. Wenn der Wert eines Beurteilungspunktes konstant bleibt, erhöht sich die Anzahl von Beurteilungspunkten, die vergeben werden können. In der Folge stehen mehr Beurteilungspunkte zur Verfügung. Die Beurteiler können somit mit höheren Beurteilungen bei einzelnen Mitarbeitern mehr Punkte vergeben, ohne das Budget zu überschreiten oder anderen Mitarbeiter zum Zwecke der Budgeteinhaltung „Punkte wegnehmen" zu müssen. Ein Beurteiler mit 20 Mitarbeitern vergibt im Durchschnitt im obigen Beispiel 21 Punkte, in der Summe in seiner Abteilung 420 Beurteilungspunkte. Bei einer Tariferhöhung von 3 % stehen ihm im Folgejahr somit 13 Beurteilungspunkte mehr zur Verfügung, die er gezielt vergeben kann. Das soll ihn wiederum nicht daran hindern, bei Leistungsabfall einzelner Mitarbeiter deren Leistungsbeurteilung zu reduzieren und die freiwerdenden Punkte bei den Mitarbeitern zu platzieren, deren Leistung sich verbessert hat. Wie schon in Variante 2 beschrieben, ist die Reduzierung von

Tab. 2.27 Beurteilungsformular (Schema) mit Punktwert = €

Merkmale	Punkteskala						
Effizienz	0	2	4	6	8	10	12
Qualität	0	2	4	6	8	10	12
Flexibilität	0	1	2	3	4	5	6
Verantwortliches Handeln	0	1	2	3	4	5	6
Kooperation	0	1	2	3	4	5	6

Leistungsentgelt =
Gesamtpunktzahl × Punktwert in € der individuellen
Entgeltgruppe = €

Tab. 2.28 Punktwert

Entgeltgruppe (EG)	€ je Punkt
1	8,88
2	9,36
3	9,60
4	10,08
5	10,68
6	11,28
7	12,00
8	12,84
9	13,68
10	14,58
11	15,54
12	16,62

Sodass in diesem Beispiel die Summe aller Leistungszulagen bei 12 % der Summe aller Grundentgelte liegt. Dies gilt unter der Voraussetzung, dass im Durchschnitt 21 Beurteilungspunkte vergeben werden

Leistungsbeurteilungen für manche Beurteiler und Mitarbeiter ein schwieriges Unterfangen, dem Variante 3 entgegenkommt.

Eine weitere Besonderheit: In diesem Beispiel wird ein Beurteilungsformular verwendet, das die Besonderheit hat, dass die Beurteilungsstufen nicht beschrieben sind. Eine Zuordnung zu einer Gesamtleistungsstufe ergibt sich erst aus der Gesamtpunktzahl (siehe Tab. 2.29).

Damit wird die Beurteilung einzelner Merkmale flexibler für die Beurteiler. Die Skala ist nicht starr. Diesem Vorteil steht der Nachteil gegenüber, dass es sowohl Beurteilern wie auch Mitarbeitern manchmal nicht leicht fällt, sich auf dieser nicht beschriebenen Skala zu orientieren. Für die Beurteiler setzt diese Skala zur Unterstützung Beurteilerkonferenzen (Abschn. 2.2.2.3) voraus. Ein weiterer Vorteil besteht darin, dass nach mehreren Jahren der Anwendung im Zuge einer Neubestimmung des Punktwerts auch die Punkte der Skala verändert werden können. Die unterste Stufe könnte zum Beispiel wegfallen und am oberen Ende der Skala könnte eine neue Stufe entstehen oder umgekehrt. Diese mögliche Neujustierung könnte durchgeführt werden, ohne das gesamte Beurteilungssystem mit Berechnungsmodus und Leistungsmerkmalen verändern zu müssen.

Variante 4: Punktwert in Euro wird angepasst In dieser Variante liegt der Schwerpunkt auf einer Budgetkontrolle durch einen Rechenprozess. Der Wert eines Beurteilungspunkts wird jedes Jahr neu festgelegt. Übertragen auf das Beispiel von Variante 3 würde dies bedeuten, dass im Jahr 1 der Anwendung die Leistungsbeurteilungen erstellt werden. Nach der Erstellung der Beurteilungen wird die Summe

Tab. 2.29 Beurteilungspunkte und Leistungsstufe

Punktespanne	Leistungsstufe
Bis 4	Das Leistungsergebnis entspricht dem Ausgangsniveau der Arbeitsaufgabe.
Über 4 bis 16	Das Leistungsergebnis entspricht im Allgemeinen den Erwartungen.
Über 16 bis 28	Das Leistungsergebnis entspricht in vollem Umfang den Erwartungen und liegt im Leistungsdurchschnitt.
Über 28 bis 36	Das Leistungsergebnis liegt über den Erwartungen und dem Leistungsdurchschnitt.
Über 36	Das Leistungsergebnis liegt weit über den Erwartungen und dem Leistungsdurchschnitt.

aller Beurteilungspunkte errechnet und der Wert eines Beurteilungspunkts so festgelegt, dass die Summe aller Leistungszulagen 12 % der Summe aller Grundentgelte ergibt. Auch im Jahr 2 der Anwendung wird der Wert des Beurteilungspunkts so festgelegt, dass insgesamt im Unternehmen in der Summe 12 % der Summe aller Grundentgelte als Leistungsentgelt ausgeschüttet werden. Tendenziell steigt die Summe der vergebenen Beurteilungspunkte und damit fällt in der Regel der Wert eines Beurteilungspunkts in Euro von Jahr zu Jahr. Dadurch, dass der Wert des Beurteilungspunktes erst nach der Erstellung aller Beurteilungen errechnet werden kann, ist es für einen Beurteiler kaum vorhersehbar, zu welchen finanziellen Effekten seine Beurteilungen für seine Mitarbeiter führen werden. Die Reaktion von Beurteilern ist häufig folgende: „Ich weiß zwar nicht, wie viel der Punkt wert sein wird, aber ich weiß sicher, dass mehr Punkte mehr Geld ergeben. Also vergebe ich für meine Mitarbeiter viele Punkte, wenn ich möchte, dass sie eine höhere Leistungszulage bekommen."

Dies unterstützt eher eine inflationäre Vergabe von Beurteilungspunkten bei gleichzeitig fallenden Punktwerten. Das Beurteilen von Leistung mit transparenten Folgen für das variable Entgelt tritt eher in den Hintergrund. Die Kontrolle des Budgets bestimmt das Handeln und führt tendenziell dazu, dass die Haltbarkeit des Beurteilungssystems als Führungsinstrument eher begrenzt ist. Sie entnehmen schon meiner Argumentation, dass ich diese Variante nicht empfehlen würde, wenn es auf eine langfristige und nachhaltige Anwendung ankommt.

Variante 5: Summarische Beurteilung Die bisher vorgestellten Varianten sind Beispiele für analytische Beurteilungen. Es gibt gewichtete Merkmale, die auf einer Skala beurteilt werden. Daraus entstehen Beurteilungspunkte, die in eine Leistungszulage umgerechnet werden. Der Vorteil besteht darin, dass gerechnet werden kann. Das gibt Beurteilern und Mitarbeitern Sicherheit. Die Annahme: Wenn richtig gerechnet wurde, dann wird ja wohl auch die Beurteilung richtig sein. Oder doch nicht? Das kann im Zweifel ja auch Excel machen. Dafür braucht man eigentlich keinen Beurteiler. Die Beurteilung ist dann richtig, wenn die „Kreuze an der richtigen Stelle sitzen".

Beispiel

Es gibt Unternehmen, die argumentieren wie folgt: „Nicht alle Beurteilungs-merkmale sind in allen Funktionen im Unternehmen in gleicher Weise relevant. Man-che Beurteilungsmerkmale spielen teilweise sogar gar keine Rolle. Manchmal ist es vielleicht auch wichtig, bei einem Mitarbeiter speziell bestimmte Themen besonders betonen zu können. Eigentlich müssten wir die Gewichtung bei verschiedenen Jobs unterschiedlich einstellen. Manchmal verändert sich die Bedeutung bestimmter Beurteilungsmerkmale sogar von Jahr zu Jahr, weil sich Themenschwerpunkte ver-ändern. Dazu ist ein System mit festen Gewichtungen eigentlich zu starr. Wir möchten unseren Beurteilern die Möglichkeit geben, diesen Veränderungen der Gewichtungen Rechnung tragen zu können, ohne dass man das System ändern muss.“

Um dies umsetzen zu können, muss man nur auf Beurteilungspunkte und das Rechnen verzichten. Es gibt weiterhin Beurteilungsmerkmale, die aber nicht einzeln beurteilt wer-den und es gibt eine Beurteilungsskala, auf der der Beurteiler eine Gesamtbeurteilung vornimmt (Tab. 2.30).

Die Beschreibung der Beurteilungsstufen könnte sich an eines der obigen Beispiele anlehnen (Tab. 2.31).

Auch ein vollständiges Weglassen von Beurteilungsstufen bei den einzelnen Beurteilungsmerkmalen ist möglich, um den Charakter der summarischen Beurteilung noch stärker zu betonen (Tab. 2.32).

Der Vorteil der summarischen Leistungsbeurteilung besteht darin, dass individuelle inhaltliche Schwerpunkte unabhängig von festgelegten Rechenformeln betont werden können. Sie bietet damit eine höhere Flexibilität, aber gleichzeitig setzt sie sich auch stärker der Kritik aus. Beurteiler, die inhaltlich nicht ganz sattelfest sind, können oft nicht richtig erklären, wie sie im Einzelnen zu ihrem Gesamtergebnis gekommen sind. Auch das Betonen einzelner Erwartungen an Mitarbeiter, die wiederum an andere Mit-arbeiter nicht gestellt werden, lässt den Vorwurf des „Nasenfaktors" hier schneller und leichter treffen – wenn auch nicht immer berechtigt. Die summarische Beurteilung stellt an die Beurteiler hohe Anforderungen, die nur mit intensiver Kenntnis der Arbeitsinhalte

Tab. 2.30 Summarische Leistungsbeurteilung/1

Leistungsstufe	D	C	B 3	B 2	B 1	A
Arbeitsmenge und Effizienz				X		
Qualität			X			
Einsatzbereitschaft und Flexibilität					X	
Verantwortungs-bewusstes Handeln			X			
Zusammenarbeit					X	
Gesamtbeurteilung				X		
Leistungszulage (%)	0	5	10	15	20	25

Tab. 2.31 Beschreibung der Beurteilungsstufen zu Tab. 2.30

D	C	B			A
Die Grund-anforderungen der Arbeitsaufgabe werden nicht erfüllt	Die Grundanforderungen der Arbeitsaufgabe werden erfüllt: Es sind aber deutliche Ver-besserungen notwendig, um zum Leistungsdurch-schnitt aufzuschließen.	B 3	B 2	B 1	Spitzenleistung: Die Leistung liegt deut-lich über dem Leistungsdurch-schnitt
		Die Anforderungen der Arbeitsaufgabe werden in vollem Umfang, aber mit unterschiedlichen Leistungs-ergebnissen erfüllt. Der Leistungsdurchschnitt liegt in B2.			

Tab. 2.32 Summarische Leistungsbeurteilung/2

Arbeitsmenge und Effizienz						
Qualität						
Einsatzbereitschaft und Flexibilität						
Verantwortungsbewusstes Handeln						
Zusammenarbeit						
Leistungsstufe	D	C	B 3	B 2	B 1	A
Gesamtbeurteilung				X		
Leistungszulage (%)	0	5	10	15	20	25

und -ergebnisse erfüllt werden kann. Ohne Beurteilerkonferenzen, die einen intensiven Quervergleich ermöglichen, sind summarische Leistungsbeurteilungen in dieser Form nur schwer vorstellbar.

Fazit und Vergleich der Varianten 1 bis 5 Die Varianten unterscheiden sich bezüg-lich der Möglichkeiten der rechnerischen Budgetkontrolle, bezüglich des Anteils von Rechenoperationen, bezüglich der Glättung von Beurteilungsfehlern und bezüglich der Flexibilität in der Gewichtung der Merkmale.

Die Bewertung der Varianten zur Leistungs-/Entgeltrelation in Tab. 2.33 ermöglicht Ihnen eine systematische Entscheidung, welche Leistungs-/Entgeltrelation in Ihrem Beurteilungssystem die für Sie beste Wirkung zeigt.

Meine persönliche Wertung sowohl durch die Brille des Vergütungssystems als auch aus der Perspektive der Führungstechnik möchte ich gerne wie folgt beschreiben: Für mich ist unbestritten, dass die Kosten, die durch Leistungsentgelt entstehen, wie alle anderen Kosten auch, unter Kontrolle bleiben müssen. Einfach ohne Spielregeln Beurteilungen mit finanziellen Auswirkungen machen zu lassen, ist nicht klug, da die Auswirkungen für das Unternehmen nicht kalkulierbar sind. Sie sind auch für die

Tab. 2.33 Bewertung der Varianten zur Leistungs-/Entgeltrelation

	Möglichkeiten zur rechnerischen Budgetkontrolle	Anteil von Rechenoperationen	Glättung von Beurteilungsfehlern	Flexibilität
Variante 1: Punkte % €	Gering	Hoch	Gering	Gering
Variante 2: Punktespannen % €	Gering	Hoch	Hoch	Gering
Variante 3: Stabiler Punktwert in €	Mittel	Hoch	Gering	Gering
Variante 4: Punktwert in € wird angepasst	Hoch	Hoch	Gering	Gering
Variante 5: Summarische Leistungsbeurteilung	Gering	Gering	Hoch	Hoch

Mitarbeiter nicht kalkulierbar, weil das Unternehmen in schlechten Zeiten hier sparen könnte oder auch einfach zufällig ein Ergebnis herauskommen könnte, das für die Belegschaft insgesamt von Nachteil ist. Deshalb ist eine klare Zielgröße sinnvoll, an der sich das Leistungsentgeltsystem orientiert. Auch wichtige Tarifverträge orientieren sich an Budgets: zum Beispiel 10 % der Summe aller Grundentgelte im Tarifgebiet Mitte in der Metall- und Elektroindustrie, 14 % in Bayern, 15 % in Baden-Württemberg oder 12,5 % in der Schmuck- und Uhrenindustrie in Baden-Württemberg. Das ergibt Berechenbarkeit und Verlässlichkeit für Unternehmen und Mitarbeiter.

Allerdings würde ich die Budgeteinhaltung nicht rechnerisch sichern, weil das die Führungskräfte aller Ebenen aus dem System und damit aus der Verantwortung nimmt. Das Beurteilungsergebnis entsteht dann durch einen Rechenprozess, zu dem die Beurteiler nur einen Input geben, aber für das Ergebnis nicht mehr die Verantwortung haben. Sie können sich mit einer gewissen Berechtigung aus der Verantwortung nehmen und tun dies auch häufig. Aus meiner Sicht ist es wichtig, dass der Sinn und Zweck der Budgetierung erläutert wird und dass man auch konsequent dazu steht. Das ist eine Führungsaufgabe und für beide Seiten verlässlich. Außerdem liefert die Budgetierung eine wichtige Marke für den Beurteilungsprozess: die Mitte, den Durchschnitt. Damit weiß auch jeder Mitarbeiter, wo er steht, wenn seine Leistung im Durchschnitt oder darüber beziehungsweise darunter beurteilt wird.

Die Erfahrung zeigt, dass diese Arbeitsweise für manche Führungskräfte unbequem ist. Sie würden ihre Beurteilungsverantwortung vielleicht lieber an einen Rechenprozess abgeben. Das verschafft ihnen vielleicht kurzfristig in einer Beurteilungsrunde Ruhe. Damit geben sie aber einen elementaren Teil ihrer Führungsaufgabe ab und schwächen

mittel- und längerfristig ihre Rolle. Die nachhaltige Wirkung ist damit erheblich eingeschränkt.

Systeme ohne Budgetierung neigen auch dazu, nach oben abzudriften. Früher oder
später werden sie aus Kostengründen wieder „eingefangen". Das beschädigt in der Regel
das Beurteilungssystem und schränkt damit die nachhaltige Steuerungswirkung ein.

▶ **Also 1.:** Ich plädiere für Budgetierung und für klare Kommunikation um der
   nachhaltigen Wirkung willen.

Weiterhin argumentiere ich für Systeme, die keine pseudomathematische Genauigkeit
suggerieren. Die Varianten 2 und 5 erlauben eine „Glättung" der Beurteilungsergebnisse und signalisieren: Hallo, es geht hier um Beurteilung und nicht um Messung! Das
verändert in kurzer Zeit auch das Anwendungsklima. Man verhandelt nicht mehr über
einen Beurteilungspunkt mehr oder weniger, sondern man redet über Trends und Entwicklungsrichtungen und deren Auswirkungen auf das Leistungsentgelt.

▶ **Also 2.:** Ich möchte mich für weniger exakte und etwas „grobere" Verfahren
   stark machen.

Aus jedem Beurteilungsverfahren, egal ob eher exakt oder eher „grob" lassen sich als
Gesamtergebnis Leistungsstufen ableiten und diese Leistungsstufen lassen sich für
Variante 6 verwenden, um die Leistungs-/Entgeltrelation zu regeln.

Variante 6: Entgeltentwicklung Leistungsstufen und Matrix Diese Variante der Leis-
tungs-/Entgeltrelation ergibt sich aus einer interessanten Kombination der Leistungsbeurteilung mit einer längerfristigen leistungsorientierten Entgeltentwicklung der
Mitarbeiter. Auch die jährlichen Erhöhungen werden über die Leistungsbeurteilung
gesteuert. Die Vergütungsmatrix und ihre Funktionsweise wird in Abschn. 2.4 veranschaulicht und stellt eine mittel- und längerfristige Entgeltentwicklung mit einer nachhaltigen Wirkung zur Verfügung. Mir sind allerdings keine Tarifverträge bekannt, die
diese Lösung zulassen würden. Sie lässt sich aber im Rahmen des BetrVG mit Betriebsräten in nicht-tarifgebundenen Unternehmen realisieren.

2.2.2.6 Mitteilen: Das Ergebnisgespräch

Der Dreisprung war: Beobachten – Beurteilen – Mitteilen. Das Ergebnisgespräch ist elementarer Bestandteil des Beurteilungsprozesses. Es ist gleichzeitig als Feedbackgespräch
selbstverständlicher Bestandteil eines vollständigen und nachhaltigen Führungsprozesses. Beurteilungsprozesse sind für mich ohne Ergebnisgespräche nicht vorstellbar.

Dieses Buch widmet sich im Schwerpunkt der nachhaltigen Gestaltung leistungsvariabler Vergütungssysteme. Deshalb möchte ich nicht auf die vielen Aspekte guter Gesprächsführung eingehen. Über das Führen von Beurteilungs- und Mitarbeitergesprächen gibt

es umfangreiche Literatur, auf die ich gerne verweisen möchte.[17] Aber: Beurteilungs-gespräche, die entgeltrelevant sind, haben auch einige Besonderheiten, die besondere Beachtung verdienen.

Ein entgeltrelevantes (Beurteilungs-)Ergebnisgespräch ist wahrscheinlich das „mäch-tigste" Führungsinstrument, das Führungskräfte haben. Es stellt die Verbindung her zwischen Erwartungen an den Mitarbeiter, dem Grad der Erfüllung dieser Erwartungen und bringt dies in einem Maß auf den Punkt, der keine Missverständnisse oder Beschönigungen mehr zulässt. Man kann sich nicht mehr herausreden und ist zur Klar-heit gezwungen. Das ist gut und gleichzeitig schwierig.

Wenn über Geld geredet wird, leiden viele Führungskräfte und Mitarbeiter am sogenannten „Unten-rechts-Syndrom". Es interessiert nur, wie viele Punkte, Prozente oder Euro unten rechts stehen. Die Inhalte, bei denen es um Licht und Schatten, also um die Begründungen geht, treten oft in den Hintergrund. Es ist deshalb aus meiner Sicht von besonderer Bedeutung, dabei zu bleiben, dass zuvorderst über Leistung und Leistungsergebnisse geredet wird und nicht vorschnell über Punkte, Prozente oder Euro. Diese Vorgehensweise ist wieder ein Beitrag zur Veränderung hin zu einer nachhaltigen Anwendungskultur im Unternehmen. Das Signal muss sein: „Abseits der Entgelt-wirkung ist es uns wichtig, mit Ihnen über die Arbeit des vergangenen Jahres zu reden. Was lief gut? Welche Erfolgserlebnisse gab es? Wo gibt es noch etwas zu lernen? Was kommt im nächsten Jahr auf uns/Sie zu?" Diese Themen sollen den Mitarbeiter nicht „einlullen", sondern betonen, dass es in erster Linie um Inhalte und in zweiter Linie um „unten rechts" geht. Führungskräfte, die dieser Devise folgen, erzeugen in ihrem Verantwortungsbereich nach kurzer Zeit ein besseres Anwendungsklima und damit auch eine nachhaltige Wirkung in der Form, dass Mitarbeiter ihren Erwartungen nach-kommen. Damit helfen quasi die Führungskräfte ihren Mitarbeitern, ihren Job besser zu erledigen. Das ist dann der nachhaltige Nutzen für die Führungskräfte, der in der Regel mit einer Steigerung der Effizienz einhergeht.

„Mitteilen" geht nur dann gut, wenn man unterjährig gute Beispiele gesammelt hat. Ich nenne diese Beispiele ZDF – Zahlen, Daten, Fakten. Sie versetzen den Beurteiler in die Lage zu erklären, wie er zu seiner Beurteilung kommt. Außerdem geben sie den Mitarbeitern die faire Chance zu verstehen, was der Chef meint. Ohne ZDF hat der Mit-arbeiter diese Chance nicht und der Chef vergibt sich die Möglichkeit, auf zukünftiges Verhalten zielorientiert Einfluss zu nehmen.

Jetzt kommt es noch darauf an, die Zahlen-Daten-Fakten auf kluge Art und Weise in das Gespräch einzubringen. Eine ausgesprochen eingängige Methode, um über positive und kritische Ergebnisse zu reden, ist das WWW-Prinzip[18]. Wohlgemerkt, auch Lob für positive Ergebnisse muss beschrieben werden können. Begründetes Lob hat eine viel größere Bedeutung als ein schnell dahin gesagtes „Du bist halt ein toller Hecht!"

---

[17]Vergleiche dazu Mentzel (2010) sowie Hossiep et al. (2008).

[18]Vergleiche Gührs und Nowak (2006).

WWW = Wahrnehmung, Wirkung und Wunsch Erster Schritt: Benennen Sie das positive oder kritische Verhalten, indem Sie Ihre Wahrnehmungen mitteilen. Beschreiben Sie das beobachtete Verhalten Ihres Gegenübers mit Daten, Fakten und Informationen so konkret wie möglich: „Mir ist aufgefallen,…", „Mein Eindruck ist …", „Ich habe festgestellt,…" oder „Im Vergleich zu dem, was wir vereinbart haben…".

Zweiter Schritt: Machen Sie deutlich, welche Wirkung dieses Verhalten im Blick auf menschliche, fachliche und organisatorische Aspekte erzeugt: „Für das Team bedeutet das …", „Die Wirkungen auf das Projekt sind …", „Die Motivation der Kolleginnen wird dadurch…" oder „Ich befürchte, das wird…". Machen Sie außerdem deutlich, welche Wirkung dieses Verhalten für Sie persönlich hat: „Das bedeutet für mich als Leiter der Abteilung …", „Für mich persönlich bedeutet das …", „Ich fühle mich dabei…" oder „Das löst bei mir aus…".

Dritter Schritt: Benennen Sie Ihren eigenen Wunsch beziehungsweise Ihre Erwartung oder Ihre Forderung: „Ich wünsche mir von Ihnen…", „Ich erwarte, dass Sie…" oder „Meine Forderung an Sie ist…"

Es gibt kein positives oder kritisches Verhalten, das sich nicht auf der Basis dieser drei Schritte gezielt ansprechen ließe.

Reden Sie insgesamt mehr über die Zukunft als über die Vergangenheit. Der Rückblick ist wichtig, aber das „Suhlen" in der Vergangenheit bringt Sie nicht vorwärts. Die Ergebnisse der Vergangenheit helfen Ihnen als Führungskraft nicht mehr, die Anforderungen der Zukunft zu bewältigen. Bei aller Wertschätzung oder Kritik der Vergangenheit, das ist vorbei. Auch hier geht es nicht darum, den Mitarbeiter von „unten rechts" abzulenken, sondern es geht darum, selbst den Fokus des Gesprächs zu bestimmen. Also: „Wo wollen wir hin? Was kommt auf uns zu? Welche Erwartungen habe ich speziell an Sie?" Das sind die Themen, um die sich das Gespräch in der zweiten Hälfte drehen sollte – das ist nachhaltig.

▶   Wenn der Chef nur über Geld redet, ist er selber schuld!

In manchen Unternehmen sind die Führungskräfte schon bereits fit gemacht worden zur Führung guter Mitarbeiter- und Feedbackgespräche. Dann ist es aber trotzdem wichtig, sie bezüglich der Besonderheiten von entgeltrelevanten Beurteilungsergebnisgesprächen zu trainieren – mehr dazu im Kap. 5. Sollte das allerdings nicht der Fall sein, ist es von besonderer Bedeutung, die Führungskräfte im Zuge der Einführung des Vergütungssystems intensiv in der Gesprächsführung zu trainieren. Dabei geht es nicht um das Trainieren von Gesprächsführung zum Selbstzweck, sondern es geht um die Schaffung einer nachhaltigen Anwendungskultur. Diese stützt sich auf die inhaltliche und zukunftsgerichtete Argumentation und tut alles, um zu verhindern, dass das Beurteilungsgespräch auf das Niveau eines „Punktegeschachers" absinkt. Damit kann sichergestellt werden, dass in Beurteilungsgesprächen über viele Jahre hinweg über Leistung und deren konsequente Verbesserung gesprochen werden kann, eben ganz im Sinne von

„Beobachten – Beurteilen – Mitteilen" als Teil eines ganzheitlichen und nachhaltigen Führungsprozesses.

2.2.2.7 … und sonst noch? – Weitere Gedanken zur Verbesserung der Nachhaltigkeit von Leistungsbeurteilungssystemen

In den vorangegangenen Kapiteln wurden die zentralen Elemente nachhaltig wirksamer Leistungsbeurteilungen wie Beurteilungsmerkmale und -skalen, Gewichtungen und die Varianten zur Umrechnung eines Beurteilungsergebnisses in Euro vorgestellt. Damit sind verschiedene „Stellschrauben" im Spiel, die zu sehr unterschiedlichen Ergebnissen in der Anwendung führen können. Im Folgenden möchte ich gerne noch eine Reihe weiterer Elemente aufzeigen, die zu sehr unterschiedlichen Anwendungskulturen und -ergebnissen führen.

Die Anzahl der jährlichen Beurteilungen Es gibt Unternehmen, die möglichst häufig pro Jahr entgeltrelevantes Feedback in Form von Leistungsbeurteilungen geben möchten – teilweise bis zu vier Mal pro Jahr. Das ist möglich und hat durchaus seinen Charme. Das Geben und Nehmen von Feedback wird zur Normalität und bekommt eine gewisse Routine. Es hat sich allerdings gezeigt, dass der Aufwand zur Erstellung einer hochwertigen Leistungsbeurteilung nicht zu unterschätzen ist. Deshalb ging die Entwicklung in diesen Unternehmen eher dahin, dass die Beurteilungen an Qualität verloren haben und die Akzeptanz deshalb zurückgegangen ist. Nach dem Spiel war sofort wieder vor dem Spiel und alle Beteiligten waren relativ schnell überfordert. Das System wurde nur noch ohne großen Anspruch bedient. Allerdings geht die Akzeptanz auch dann zurück, wenn qualitativ schlechte Beurteilungen nur einmal pro Jahr durchgeführt werden. Wenn man einmal pro Jahr einen anspruchsvollen Beurteilungsprozess mit guter Vorbereitung, mit intensiven Beurteilerkonferenzen und hochwertigen Gesprächen realisiert, dann ist das bezüglich des Arbeitsaufwands gut zu leisten und reicht aus.

▶   Eine Leistungsbeurteilung pro Jahr reicht aus!

Absolute und vergleichende Beurteilungen Viele der Beurteilungsskalen in den Beispielen in Tab. 9.4 beinhalten Begriffe wie Grundanforderungen, Ausgangsniveau oder Normalleistung. Dies suggeriert, dass es eine Art absoluter Messlatte gäbe. Wenn man diese Messlatte in einem bestimmten Maße überspringen würde, erhielte man eine Beurteilung, die der Distanz zur Messlatte entspräche. Das wäre eine absolute Beurteilung, wie wenn man bei einem Weitspringer die Weite seines Sprungs in Metern messen würde. Übertragen auf das Beispiel des Deutschen Sportabzeichens für Männer zwischen 50 und 54 Jahren liegt die Messlatte für Bronze bei 3,60 m, für Silber bei 4,00 m und für Gold bei 4,40. Um dieses Beispiel weiterzuführen: Die verschiedenen Funktionen im Unternehmen (meist mehr als 100 in größeren Unternehmen) wären verschiedene Sportarten und die verschiedenen Altersgruppen wären vergleichbar mit unterschiedlichen Vergütungsstufen.

Man sieht, der Anspruch wäre schon recht hoch, wenn es um Messungen ginge. Bei Beurteilungen müsste man diese unterschiedlichen Stufen beschreiben. Das wurde schon vielfach versucht und ab und zu ist es auch trotz hoher Komplexität für bestimmte Momentaufnahmen gelungen. Aber: Die Welt dreht sich sofort nach der Beschreibung dieser „Messlatten" oder besser „Beurteilungslattenbereiche" weiter und sie behalten damit ihre Gültigkeit und Wirksamkeit nur für einen recht kurzen Zeitraum.

Aus diesem Grund neige ich eher zu vergleichenden Beurteilungen. Um im Bild aus dem Sport zu bleiben: Wir gehen davon aus, dass alle Mitarbeiter, die auf dem Platz sind, die Sportart beherrschen, in der sie spielen. Sie sind im Kader. Bei der vergleichenden Beurteilung kommt es nur darauf an, zu sehen, wer höher springt oder schneller läuft. Das Tempo selbst ist deshalb nicht unwichtig. Es kommt immer noch darauf an, dass der Schnellste gewinnt. Es kommt aber nicht auf die Messung der Zeit an. Das kann Beurteilung nicht leisten. Das Bild ist also so wie bei der Olympiade: Die Spitzenleister sind immer die drei auf dem Treppchen und die, die als Letzte durchs Ziel gegangen sind, sind immer am Ende des Leistungsspektrums.

Diese Sichtweise macht es möglich, dass sich die gedachte „Messlatte" bewegen darf und macht das System länger haltbar. Erwartungen steigen ja tatsächlich mit der Zeit, zwar von Jahr zu Jahr unmerklich, aber schon über fünf Jahre hinweg ist eine Veränderung der durchschnittlichen Anforderungen erkennbar. Deshalb bevorzuge ich unter diesem Aspekt die Varianten 2, 4 und 6 in Tab. 2.33, die sich am Leistungsdurchschnitt orientieren. Und wichtig: Der Durchschnitt bewegt sich zwangsläufig und er wächst mit.

Auch für die Beurteiler wird die ohnehin schwierige Aufgabe realistischer, wenn sie vergleichen dürfen. Mit den Bildern aus dem Sport wird dies auch für Mitarbeiter leichter verständlich. Damit wird auch nachvollziehbar, dass eine Leistungsverbesserung im Vergleich zum Vorjahr nicht unbedingt zu einer besseren Leistungsbeurteilung führen muss. Wenn sich die anderen im Team auch verbessert haben, dann gehen womöglich im kommenden Jahr alle mit der gleichen Platzierung durchs Ziel. Wenn ich nicht trainiert und mich nicht verbessert habe, sondern mit gleicher Zeit durchs Ziel gehe, kann es durchaus sein, dass ich meine Platzierung nicht halten kann. Wer sich in der Welt des Sports bewegt (wenn auch vielleicht nur vom Sofa aus), kennt dies aus eigener Anschauung.

Auch dort wird letztlich nur verglichen! Die Mannschaft mit den meisten Punkten in der Gruppe qualifiziert sich für die Fußballweltmeisterschaft. Es kann durchaus sein, dass eine Mannschaft in einer anderen Gruppe mehr Punkte geholt hat und mehr Tore geschossen hat.

▶   Vergleichende Leistungsbeurteilungssysteme halten länger als absolute
        Beurteilungssysteme!

Minuspunkte in der Beurteilung Es gibt Mitarbeiter, die die Grundanforderungen einer Tätigkeit insgesamt oder bei einzelnen Merkmalen nicht oder noch nicht erfüllen.

Es kommt auch vor, dass bestimmte Leistungsmerkmale zulasten anderer Merkmale besonders überbetont werden. Zum Beispiel

- hohe Quantität zulasten der Qualität,
- hohe Qualität zulasten der Flexibilität oder der Einhaltung von Zeitvorgaben,
- hohe Quantität zulasten der Zusammenarbeit (Tab. 2.34).

Um diese Situation abbilden zu können, bietet es sich an, dafür eine Beurteilungsstufe vorzusehen, für die bei der Bepunktung Minuspunkte vergeben werden können. Das ist zwar für den betreffenden Mitarbeiter nicht positiv, aber die Situation tritt in normalen Unternehmen auf. Es ist nicht erfreulich, aber ganz normal und braucht auch im Beurteilungssystem seinen Platz.

In meinem Weltbild werden allerdings allenfalls Minuspunkte mit Pluspunkten verrechnet. Weniger als 0 Punkte geht nicht, eine insgesamt negative Punktesumme kommt damit nicht vor und ist auch auf der Basis der meisten Tarifverträge und Arbeitsverträge nicht umsetzbar. Das Unterschreiten eines tarif- oder arbeitsvertraglich garantierten Grundentgelts ist nicht möglich. Wenn ein Mitarbeiter dauerhaft eine negative Punktesumme verzeichnen würde, ist es ohnehin nicht mehr ein Thema des Leistungs- und Entgeltmanagements, sondern eher eine Frage des Verbleibens in seiner Funktion (oder im Unternehmen).

▶   Minuspunkte dürfen in Leistungsbeurteilungen vorkommen!

Verteilungsvorgaben Verteilungsvorgaben sind eine Stellschraube von Vergütungssystemen, die die Haltbarkeit wesentlich beeinflussen und die gleichzeitig für viele Beteiligte in hohem Maße erklärungsbedürftig sind. Ich bin immer wieder überrascht, dass ein Sachverhalt, der in der Sportwelt nicht mehr hinterfragt wird, bei der Übertragung auf die betriebliche Welt in hohem Maße kontrovers diskutiert wird. Im Prinzip geht es auch im Zusammenhang mit der Beurteilung von Leistung darum, jedes Jahr neu die Spitzenleister im Unternehmen zu identifizieren, gleichzeitig sicherzustellen, dass über Problemfälle gesprochen wird, und dies in Bezug auf Entgelt auch angemessen abzubilden. Übertragen auf den Sport heißt dies: Jedes Jahr starten in verschiedenen Sportarten Mannschaften in einer Liga einen neuen Wettbewerb. Sie wollen wissen, welche Mannschaften am Ende der Saison auf- und absteigen. Dass in der Fußballbundesliga die Mannschaften in der Spitze automatisch an der Champions League teilnehmen dürfen und die Mannschaften am unteren Ende absteigen, ist eine reine Selbstverständlichkeit, wenn im sportlichen Wettstreit Punkte und Tore zählen. Wenn aber Leistung beurteilt wird, treten diese Selbstverständlichkeiten, die auch Grundlage der betrieblichen Entgeltfindung sind, in den Hintergrund und andere Effekte zutage. Beurteiler sind unterschiedlich geprägt. Manche Beurteiler sind eher streng und stellen hohe Anforderungen. Ihre Verteilung der Beurteilungen auf die Leistungsstufen sieht eher aus wie Abb. 2.9.

Tab. 2.34 Leistungsbeurteilung mit Minuspunkten in Stufe D (Ausschnitt)

Leistungsstufe	D	C	B			A
			B 3	B 2	B 1	
Leistungsmerkmale	Die Grundanforderungen der Arbeitsaufgabe werden (noch) nicht erfüllt.	Das Leistungsergebnis entspricht den Grundanforderungen der Arbeitsaufgabe. Es sind aber Verbesserungen notwendig, um zum Leistungsdurchschnitt aufzuschließen.	Die Anforderungen der Arbeitsaufgabe werden in vollem Umfang, aber mit unterschiedlichen Leistungsergebnissen erfüllt. Der Leistungsdurchschnitt liegt in B2.			Spitzenleistung: Das Leistungsergebnis liegt deutlich über dem Leistungsdurchschnitt.
Arbeitsmenge und Effizienz	– 2	0	2	4	6	8

Abb. 2.9 Strenger Beurteiler   Negative Skalenpunkte werden bevorzugt

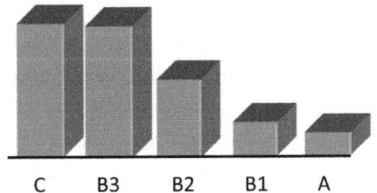

Sie sind eher kritisch und stellen eher höhere Anforderungen im Vergleich zu anderen Beurteilern. Sie bevorzugen die negativen Skalenpunkte und es ist für Mitarbeiter sehr schwierig, in den Augen ihres Beurteilers eine Spitzenleistung zu erbringen. Eigentlich ist es fast unmöglich. Im Gegensatz dazu gibt es aber auch eher milde Beurteiler. Sie sehen die Welt mit anderen Augen und pochen darauf, dass sie ausschließlich gute bis sehr gute Mitarbeiter haben und definitiv alle die Anforderungen erfüllen. Schlechte Leistung kommt in ihrem Weltbild nicht vor. Sie bevorzugen die positiven Skalenpunkte und ihre Verteilung der Beurteilungen auf die Leistungsstufen sieht eher aus wie Abb. 2.10.

Es gibt noch einen dritten Beurteilertyp. In seiner Wahrnehmung gibt es weder Spitzenleister noch Problemfälle. Aus seiner Sicht sind irgendwie alle Mitarbeiter gut, der eine etwas mehr, der andere etwas weniger. Er bevorzugt die mittleren Skalenpunkte und seine Verteilung der Beurteilungen auf die Leistungsstufen sieht eher aus wie Abb. 2.11.

Abb. 2.10 Milder Beurteiler   Positive Skalenpunkte werden bevorzugt

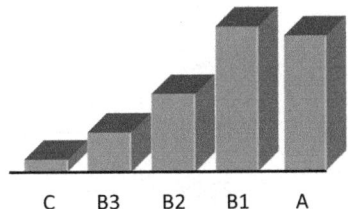

Abb. 2.11 Beurteiler mit   Mittlere Skalenpunkte werden bevorzugt
Tendenz zur Mitte

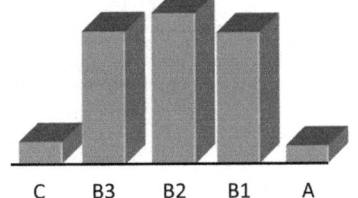

Wohlgemerkt: Natürlich gibt es Abteilungen, in denen die Leistung der Mitarbeiter tatsächlich so verteilt ist. Kein Zweifel! Wenn allerdings die Leistungsbeurteilungen ganzer Unternehmen über die Zeit eine solche Verteilung annehmen, lohnt es sich doch darüber nachzudenken. Wenn man genügend große Gruppen betrachtet, dann ergeben sich bei sportlicher Leistung, sonstigen körperlichen oder geistigen Leistungen, wie zum Beispiel Erinnerungsvermögen, eher Gauß'sche Normalverteilungen, die bei fünf Kategorien oder Leistungsstufen ein Bild wie Abb. 2.12 zeigen.

Die Abweichungen der beobachtbaren Werte vieler natur-, wirtschafts- und ingenieurswissenschaftlicher Vorgänge vom Mittelwert lassen sich durch die Normalverteilung fast exakt oder mindestens in einer sehr guten Näherung beschreiben. Zum Beispiel gilt dies für die Körpergröße in Zentimetern bei erwachsenen Männern in Deutschland, deren Durchschnitt bei 179 Zentimetern liegt (Abb. 2.13).

Es ist also naheliegend, dass sich auch Arbeitsleistung in der Gauß'schen Verteilung um einen Mittelwert bewegt. Interessant ist allerdings, dass das in vielen Unternehmen für die Beurteilung von Leistung nicht zu gelten scheint. Die Gründe dafür können in den oben genannten unterschiedlichen Beurteilertypen liegen. Sie können aber auch

Abb. 2.12 Gauß'sche
Normalverteilung

Normalverteilung

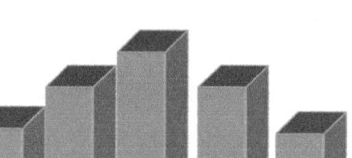

Abb. 2.13 Körpergröße und Normalverteilung

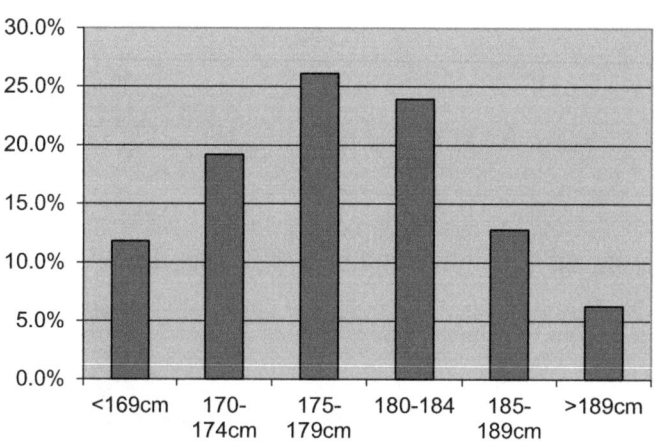

darin liegen, dass Beurteiler tatsächlich zu undifferenziert wahrnehmen oder dass sie eher davor zurückschrecken, kritische Beurteilungen zu kommunizieren (Abb. 2.14).

Wir haben Verteilungen von Leistungsbeurteilungen in verschiedenen Industrieunternehmen untersucht. Daraus hat sich folgendes Bild mit sehr unterschiedlichen Verteilungen ergeben. Falls Sie in Ihrem Unternehmen Leistungsbeurteilungen verwenden, empfiehlt es sich, diese Auswertung ebenfalls zu erstellen: Wie viel Prozent der Mitarbeiter werden in welcher Leistungsstufe beurteilt?

Die Kurven mit mehr als 70 % der Beurteilungen stammen aus Unternehmen ohne Verteilungsvorgaben (Gruppe 1). Alle anderen Kurven stammen aus Unternehmen mit Verteilungsvorgaben (Gruppe 2). Die Tendenz zur Mitte ist in Gruppe 1 unverkennbar und es stellt sich die Frage, ob ein Beurteilungsinstrument seine Aufgabe der Entgeltdifferenzierung erfüllt, wenn bis zu 90 % der Mitarbeiter bei gleicher Beurteilung das gleiche Leistungsentgelt erhalten.

Das Ziel von Verteilungsvorgaben ist es, nachhaltig zu verhindern, dass sich Beurteilungsfehler auf die Haltbarkeit des Systems auswirken, indem sich die Tendenz zur Mitte durchsetzt beziehungsweise sich der Durchschnitt nach oben bewegt.

Dazu ist es nicht zwingend notwendig, sich einem statistischen Phänomen wie der Gauß'schen Verteilung zu „unterwerfen". Es ist aber sinnvoll, bei der Gestaltung des Beurteilungssystems zu entscheiden, ob und wenn ja, welche Verteilung im Unternehmen angestrebt wird. Ob diese Verteilungsvorgabe wirklich eine Vorgabe ist oder lediglich zur Orientierung und Qualitätssicherung verwendet wird, ist eine Spielart und ebenfalls zu entscheiden.

In einem Unternehmen ist zum Beispiel folgende Verteilungsvorgabe entstanden, die mir deshalb gut gefällt, weil sie anerkennt, dass in diesem Unternehmen eine Überverteilung der Spitzenleister in Leistungsstufe A zulässig ist. Im Gegenzug bekennt sich das Unternehmen auch dazu, dass es einige Mitarbeiter in den unteren Leistungsstufen C und

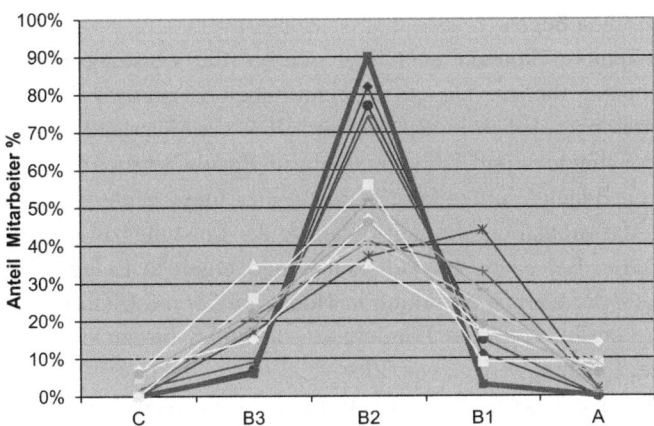

Abb. 2.14 Verteilungen in verschiedenen Unternehmen

D gibt. Dieser „sanfte Nachdruck" der Verteilungsvorgabe sorgt dafür, dass Themen, bei denen Handlungsbedarf besteht, im Beurteilungsprozess auf den Tisch kommen.

Wichtig: Verteilungsvorgaben bedeuten nicht, dass jeder Beurteiler, der zum Beispiel nur fünf Mitarbeiter beurteilt, diese einhalten muss. Das ist rein rechnerisch nicht möglich. Für kleine Teams gelten diese Verteilungsvorgaben nicht, denn es ist durchaus möglich, dass in einem bestimmten kleinen Team mit zum Beispiel drei Mitarbeitern zufällig alle Mitarbeiter in der gleichen Leistungsstufe sind und gleichzeitig alle über- oder unterdurchschnittliche Leistung zeigen. In größeren organisatorischen Einheiten ist dies mit zunehmender Anzahl der Mitarbeiter zunehmend unwahrscheinlich. Deshalb gelten Verteilungsvorgaben ausschließlich für größere organisatorische Einheiten mit mehr als 25 Mitarbeitern. Sie helfen dort, eine Entgeltdifferenzierung über differenzierte Leistungsbeurteilungen zu erreichen.

Insbesondere im Zusammenwirken mit Beurteilerkonferenzen schaffen Verteilungsvorgaben einen Mehrwert, der die Langlebigkeit von Beurteilungssystemen unterstützt und unterschiedliche Beurteiler dahin entwickelt, dass sie ähnliche Beurteilungsmaßstäbe verwenden und ihre Aufmerksamkeit auch unterjährig wach halten, um vorhandene Leistungsunterschiede differenziert wahrzunehmen.

▶ Verteilungsvorgaben sind erklärungsbedürftig, aber sie reduzieren Beurteilungsfehler, schaffen Klarheit und verbessern die Haltbarkeit von Beurteilungssystemen!

Die Bandbreite des Leistungsentgelts: Was lohnt sich? Was ist langweilig? Angenommen, die Leistungsstufen A und D aus Tab. 2.35 würden nur zu einem Entgeltunterschied von 5 % führen. Würde das aus Ihrer Sicht ausreichen, um eine Spitzenleistung angemessen zu würdigen? Im Gegenzug: Wäre es akzeptabel, wenn die Leistungszulage eine Schwankungsbandbreite von 50 % hätte? Wahrscheinlich stimmen Sie mir zu, dass beide Beispiele wenig hilfreich sind. Also wird die gute Lösung irgendwo dazwischen liegen.

Als Referenzpunkte können auch hier wieder die Leistungszulagen der Metall- und Elektroindustrie dienen. Die durchschnittlichen Leistungszulagen betragen 15 % in Baden-Württemberg, 14 % in Bayern und 10 % im Saarland, Hessen und Rheinland-Pfalz. Die Schmuck- und Uhrenindustrie in Baden-Württemberg liegt bei 12,5 %. Am Beispiel von Baden-Württemberg bedeutet dies unter Einbeziehung des Grundentgelts, dass sich das monatliche Entgelt inklusive der Leistungszulage zwischen 100 und 130 bewegen kann. Bei einem monatlichen Grundentgelt in Entgeltgruppe 7 für einen Facharbeiter nach der Berufsausbildung in Höhe von 2866 € (Stand: Mai 2104) bei 0 % Leistungszulage ergibt sich eine Bandbreite von 860 € bis zu einem Höchstsatz von 3.726 € bei einer Leistungszulage von 30 %.

Für diese Beispiele aus der Tarifwelt lassen sich auch Parallelen in nicht-tarifgebundenen Unternehmen finden. Durchschnittliche Leistungszulagen von 10 bis 15 %

Tab. 2.35 Verteilungsvorgaben (Beispiel)

Leistungsstufe	Beschreibung	Anteil der Beschäftigten
A	Spitzenleistung	≤15 %
B1	Die Anforderungen der Arbeitsaufgabe werden in vollem Umfang, aber mit unterschiedlichen Leistungsergebnissen erfüllt. Mitarbeiter mit dieser Beurteilung sind die Leistungsträger des Unternehmens.	B1 ungefähr = B3, ggf. Überhang aus A
B2		
B3		B1 ungefähr = B3
C	Die Grundanforderungen der Arbeitsaufgabe werden erfüllt.	≥5 %
D	Die Grundanforderungen der Arbeitsaufgabe werden (noch) nicht erfüllt.	

auf das Grundentgelt mit einer damit verbundenen Schwankungsbreite von 20 bis 30 Prozentpunkten führen zu Entgeltdifferenzierungen, die von den Mitarbeitern als Anreiz, aber noch nicht als überspannte leistungsvariable Vergütung wahrgenommen und akzeptiert werden.

Anmerkung: Da es unwahrscheinlich ist, dass sich einzelne Mitarbeiter tatsächlich in einem Jahr vom unteren Ende des Leistungsspektrums zum Spitzenleister im Folgejahr entwickeln und im Jahr danach wieder „abstürzen", sind extreme Schwankungen eher ausgeschlossen. Langsame Entwicklungen nach oben oder unten sind jedoch realistisch und finden bei Anwendung von Durchschnitts- und Verteilungsvorgaben auch statt.

▶ Durchschnittliche Leistungszulagen von 10 bis 15 % auf das Grundentgelt führen zu sinnvollen Entgeltdifferenzierungen zwischen 0 und 20 beziehungsweise 30 % Leistungszulage auf das Grundentgelt!

Jede Vergütungsstufe ist wie eine Liga Wenn Leistungsbeurteilungen erstellt werden, ist es wichtig, dass nicht Äpfel mit Birnen verglichen werden, sondern Tätigkeiten, die sich auf dem gleichen Anforderungsniveau, also in gleichen Entgeltgruppen oder Vergütungsstufen befinden. Jede Vergütungsstufe entspricht sozusagen einer Liga aus der Sportwelt innerhalb derer die Spitzenleister gesucht werden (Abb. 2.15).

Von Liga zu Liga steigen die Anforderungen. Um eine Leistungsstufe B2 in E9 zu erreichen, ist eine höhere Leistung erforderlich als für die gleiche Leistungsstufe B2 in E5. Dieser Zusammenhang ist wichtig und liegt nicht für alle Beurteiler auf der Hand. Bei Auswertungen nach Beurteilungsrunden, bei denen dies nicht berücksichtigt wurde, ist oft erkennbar, dass der Durchschnitt der Leistungszulagen von Entgeltstufe zu Entgeltstufe steigt. Betriebsräte monieren dies zu Recht, denn dies stellt eine Bevorzugung

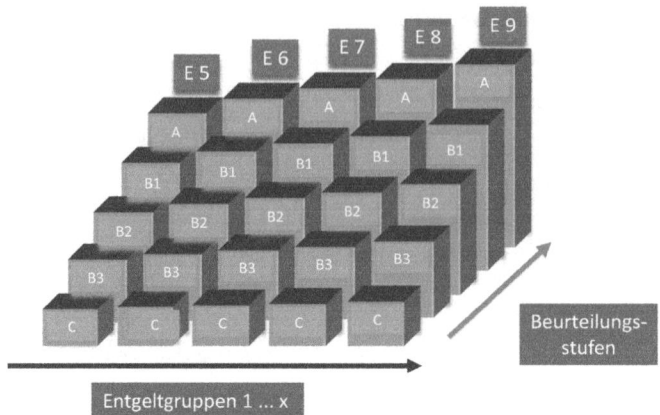

Abb. 2.15 Verschiedene Entgeltgruppen und Anforderungsniveaus

der höheren Entgeltgruppen zulasten der unteren Entgeltgruppen dar. In jeder Liga gibt es Erste und Letzte. Das zeigt sich nicht nur in der Sportwelt, sondern es ist auch im betrieblichen Umfeld erkennbar, dass Minder- und Spitzenleistung auf jeder Ebene im Unternehmen und damit auf jedem Anforderungsniveau vorkommen können.

Es stellt somit ein Qualitätsmerkmal für den Beurteilungsprozess eines Unternehmens dar, dass die durchschnittlichen Leistungsbeurteilungen auf den verschiedenen Anforderungsniveaus ungefähr gleich sind. Dies lässt sich in Beurteilerkonferenzen leicht prüfen und gegebenenfalls auch schnell korrigieren.

▶   Die Anforderungen steigen von Liga zu Liga und in jeder Liga gibt es Erste und Letzte!

Umgang mit langjährigen Mitarbeitern, Erfahrung und Seniorität In der Langzeitanwendung zeigen Vergütungssysteme oft den Effekt, dass ältere Mitarbeiter mit einem gewissen Automatismus höhere Leistungsbeurteilungen erhalten. Die Annahme ist: Wie ein guter Wein wird die Leistung mit den Jahren doch automatisch besser. Die Annahme trifft auf einen *guten* Wein zu, aber eben nicht auf alle Weine.

Was bedeutet das für den betrieblichen Kontext? Menschen entwickeln sich sehr unterschiedlich. Manche Mitarbeiter sind im letzten Drittel ihres Arbeitslebens auf der Höhe ihrer Schaffenskraft. Manche Mitarbeiter kennen mit zunehmender Erfahrung die vielen Abkürzungen, während junge Mitarbeiter mit Ausdauer auch die langen Wege schnell zurücklegen. Andere bereiten sich gedanklich schon ab ihrem 40. Geburtstag auf die Rente vor und wieder andere verschieben den Höhepunkt ihrer Schaffenskraft in die passive Phase ihrer Altersteilzeit, lehnen sich zurück und sagen: „Jetzt sollen doch mal die Jungen ran.“

Was hier mit leichter Ironie daherkommt, soll dazu animieren, auch hier zu differenzieren. Wohlgemerkt: Alle Haltungen kommen vor und können für die individuelle Lebensplanung in Ordnung sein. Das will ich nicht werten. Entscheidend ist aber die Frage der Relevanz für ein leistungsvariables Vergütungssystem und hier gilt: Nur dann, wenn sich Lebensalter und eine lange Betriebszugehörigkeit in Leistung entlang der definierten Leistungsmerkmale und in Ergebnissen niederschlagen, sind sie für ein leistungsvariables Vergütungssystem relevant.

Leistung ist also nicht in Lebensalter oder Betriebszugehörigkeit zu bemessen und entwickelt sich individuell sehr unterschiedlich. Manche Beurteiler würden sich so einen messbaren Anhaltspunkt zwar wünschen, aber sie würden es sich zu einfach machen und würden dem Senioritätsprinzip folgen. Das kann man tun, aber es hat nichts mit Leistung zu tun und wie immer hat auch das seine Folgen. Wenn Budgets für Leistungszulagen (wie fast immer) begrenzt sind, steht jeder Euro nur einmal zur Verfügung. Die Verfolgung des Senioritätsprinzips führt zwangsläufig zu dem Ergebnis, dass junge Spitzenleister enttäuscht werden müssen, weil das Budget schon für andere verwendet wurde. Das Signal in die Organisation ist: Man muss nur lange dabei sein. Junge Spitzenleister warten in der Regel nicht so lange und für ältere Mitarbeiter ergeben sich gefühlte Besitzstände, die leistungsunabhängig sind und den Anreiz vermissen lassen, alle Talente bis zum Schluss des Berufslebens aktiv einzubringen. Das führt zu nachhaltiger Wirksamkeit.

Deshalb ist es notwendig, Alter und Arbeitsleistung gedanklich und praktisch zu trennen – sie hängen statistisch über alle Mitarbeiter gesehen nicht zusammen und können somit keine Regel für den Einzelfall darstellen. Es gibt übrigens auch Befürworter für die Idee, im Alter automatisch einen Abschlag bei Leistungszulagen anzuwenden. Aber Alter ist kein Leistungsmerkmal, weder im positiven noch im negativen Sinn. Auch hier möchte ich wieder anmerken, dass Beurteilerkonferenzen ein gutes Forum sind, sich im Kreis der Beurteiler über solche Sichtweisen zu verständigen.

> ▶ Lebensalter und Betriebszugehörigkeit sind keine Leistungsmerkmale. Nur wenn Erfahrung zu Ergebnissen führt, ist sie für die Leistungsbeurteilung relevant!

Manche Mitarbeiter sind nicht einverstanden: Einwendungen können passieren Die Selbsteinschätzungen von Mitarbeitern und die Beurteilung der Leistung durch den Chef passen nicht immer zueinander. Das ist nicht ungewöhnlich, denn auf beiden Seiten sind subjektive Einschätzungen im Spiel, die nicht zwangsläufig übereinstimmen müssen. Deshalb muss es auch vorausschauend einen Prozess geben, in dem solche unterschiedlichen Sichtweisen professionell gehandhabt werden. Dies stellt sicher, dass Einzelfälle, in denen es unterschiedliche Sichtweisen gibt, nicht dazu führen, dass die Qualität des gesamten Beurteilungssystems leidet oder in Zweifel gezogen wird.

Nennen wir diese Situationen doch Einwendungen oder Reklamationen oder Einsprüche. Im Handel gibt es in guten Geschäften ein professionelles Reklamationsmanagement. Zur guten Ausbildung für Mitarbeiter im Umgang mit Reklamationen gehört heute selbstverständlich, dass Reklamationen nicht als lästige Störung, sondern als Chance zur Verbesserung wahrgenommen werden und als Gelegenheit, einen momentan unzufriedenen Kunden zu einem zufriedenen Kunden zu machen.

Im Zusammenhang mit Leistungsbeurteilungen ist es vollkommen normal, dass in jeder Beurteilungsrunde einige Mitarbeiter zu anderen Selbsteinschätzungen kommen und deshalb ihre Beurteilung reklamieren. Im Prinzip sagen sie:

- „Das glaube ich nicht."
- „Das sehe ich anders."
- „Der weiß doch gar nicht genau, was ich alles mache."
- „Die Anforderungen sind zu hoch."
- …

Bei der letzten Evaluation von Beurteilungssystemen in verschiedenen Unternehmen gab es in der Langzeitanwendung im Durchschnitt pro Beurteilungsrunde 1,4 % Einwendungen in einer Bandbreite zwischen 0 und 5 %.

Die Grundhaltung der Beurteiler könnte sein: „Bisher ist es mir noch nicht gelungen, meine Einschätzung zu vermitteln. Ich erkläre sie gerne noch einmal, auch mit anderen Worten und anderen Beispielen."

Ab und zu stellt man in solchen Gesprächen fest, dass man tatsächlich wichtige Aspekte bei der Beurteilung nicht berücksichtigt hat. Das ändert nichts daran, dass eine Leistungsbeurteilung einseitig ist und nicht ausgehandelt wird. Aber wenn man sich wirklich geirrt haben sollte, ist es gut, wenn es eine Möglichkeit im Prozess gibt, den Irrtum zu korrigieren.

Meist reicht der zweite Anlauf des Erklärens aus. Wenn die Uneinigkeit bleibt, empfehle ich, dass der Mitarbeiter seine Sicht der Dinge ebenfalls schriftlich darlegen und begründen muss. Dann kann der nächsthöhere Vorgesetzte hinzugezogen werden, um zu einer Lösung zu kommen. Die dritte Eskalationsstufe könnte sein, dass der Betriebsrat und die Personalabteilung hinzugezogen werden, um eine abschließende Entscheidung zu treffen.

Um der nachhaltigen Wirkung willen ist es aus meiner Sicht weniger wichtig, dass eine Entscheidung getroffen wird, sondern, dass genau herausgearbeitet wird, wo die Übereinstimmungen und die unterschiedlichen Sichtweisen sind. Dabei hat der Mitarbeiter die Chance, die Erwartungen, die an ihn gerichtet sind, noch einmal auf den Punkt gebracht zu hören. Der Beurteiler hat die Gelegenheit, seine Wahrnehmung zu schärfen und zukünftig ganzheitlicher auf das Leistungsverhalten und die Leistungsergebnisse des Mitarbeiters zu achten.

Mit dieser Grundhaltung lassen sich auch Situationen mit bekannt schwierigen Mitarbeitern handhaben. Was bleibt, ist dann vielleicht noch ein sehr kleiner Rest von weiterhin unterschiedlichen Einschätzungen, die dann gegebenenfalls noch den Rechtsweg nehmen. Insgesamt nimmt die Anzahl von Reklamationen von Jahr zu Jahr ab, weil alle Beteiligten erleben, dass es auch dafür einen professionellen Prozess gibt, der dazugehört und das Qualitätsniveau des gesamten Beurteilungssystems verbessert.

Im Vordergrund steht also die inhaltliche und nicht die arbeitsrechtliche Bearbeitung. Somit ist auch der Reklamationsprozess von Bedeutung für die nachhaltige Funktionsfähigkeit des Beurteilungssystems.

Fazit

Leistungsbeurteilungen bieten sich als Methode für leistungsvariables Entgelt dann an, wenn nicht gemessen werden kann. Sie erfordern die Formulierung klarer Erwartungen und die intensive unterjährige Wahrnehmung der individuellen Leistungen durch den Beurteiler. Beobachten – Beurteilen – Mitteilen ist der Dreisprung.

Für gute Beurteilungssysteme gibt es verschiedene Stellschrauben: Die Beurteilungsmerkmale und deren genaue Beschreibung mit beobachtbaren Verhaltensmerkmalen, die Beurteilungsskala, die Gewichtungen der Merkmale und die kluge Definition der Leistungs-/Entgeltrelation.

Die nachhaltige Wirksamkeit kann man mit summarischer Beurteilung, Beurteilerkonferenzen, Durchschnitts- und Verteilungsvorgaben zur Orientierung, der Abkehr vom Senioritätsprinzip und einem professionellen Prozess bei Einwendungen deutlich verbessern.

Nachhaltigkeit in Beurteilungssystemen entsteht weniger durch das System und seine Technik, sondern insbesondere durch die Qualität des Beurteilungsprozesses.

2.2.3   Zielvereinbarung mit Entgeltwirkung

Die dritte Methode für leistungsvariables Entgelt ist die Zielvereinbarung. Aus meiner Sicht ist es die anspruchsvollste Methode für Führungskräfte und Mitarbeiter. Manche Unternehmer hören davon und nehmen Zielvereinbarung mit Entgeltwirkung aus unterschiedlichen Gründen als „Wunderwaffe" wahr: „Ich vereinbare nur noch Ziele und dann läuft der Laden von allein!" Weit gefehlt, denn um Ziele muss man sich kümmern, auch unterjährig! Der Dreisprung „Beobachten – Beurteilen – Mitteilen" trifft im übertragenen Sinne auch hier zu. Er lautet hier: „Vereinbaren – Messen (Beurteilen) – Besprechen"

Im folgenden Kapitel möchte ich gerne die Erfolgsvoraussetzungen dieser Methode beschreiben und eine Reihe von Beispielen vorstellen. Vorerst möchte ich allerdings noch eine Geschichte aus einem Unternehmen beisteuern, die alles andere als eine Erfolgsgeschichte ist.

Beispiel

In aller Eile wurde im Zuge einer tariflichen Umstellung eine Leistungsbeurteilung eingeführt. Der Wert eines Beurteilungspunkts wurde im Sinne einer Budgetkontrolle nach der Beurteilung der Leistung aller Mitarbeiter errechnet, nachdem die Summe aller Beurteilungspunkte feststand. Bei der Erstellung der Leistungsbeurteilung war dem Beurteiler somit nicht bekannt, welche Entgeltwirkung die Leistungsbeurteilung hat. Aus diesem Grund haben sich viele Beurteiler aus der Verantwortung gezogen und bei „Gegenwind" auf das bestehende System verwiesen. Die Akzeptanz der Ergebnisse und des Systems bei den Führungskräften und Mitarbeitern war deutlich schlecht. Das Beurteilungsverfahren wurde schon nach einer Runde ausgesetzt und die Leistungszulagen „auf Eis gelegt". Die Hoffnung war, Zielvereinbarung als Leistungsentgeltmethode einzuführen und sich damit aller Probleme entledigen zu können.

Bei der Prüfung der Rahmenbedingungen stellte sich heraus, dass die organisatorischen Voraussetzungen für Zielvereinbarung auf individueller Ebene insofern nicht gegeben waren, als dass die Führungsspannen mit bis zu 70 Mitarbeitern zu hoch waren. Außerdem musste sichergestellt werden, dass die Anspruchsniveaus der individuellen Ziele vergleichbar sind, weil es sich um ein tarifliches Leistungsentgelt handelte. Der interne Aufwand für die notwendigen Querabstimmungen wurde als recht hoch eingeschätzt und angesichts der großen Führungsspannen als unrealistisch beurteilt. Weiterhin wurde während der Vorbereitungen deutlich, dass die Führungskräfte bisher nur wenig Erfahrung mit Zielvereinbarungen hatten. Bis dato wurden in Zielvereinbarungen nur individuelle Entwicklungsziele besprochen. Inhaltliche Ziele wurden bis zu diesem Zeitpunkt nicht vereinbart. Außerdem hatten die Ziele bis zu diesem Zeitpunkt keine Entgeltwirkung. Als Fazit rutschte mir im Zuge der Projektbesprechung der Satz heraus: „Wer Leistungsbeurteilung nicht kann, dem gelingt Zielvereinbarung nicht besser."

In der Tat braucht die Zielvereinbarung mit Entgeltwirkung wie die anderen Methoden auch bestimmte Rahmenbedingungen, auf die ich nun eingehen möchte.

Wohlgemerkt: „Führen mit Zielen" oder „Management by Objectives" ist als Managementmodell in hohem Maße tauglich. Ich habe selbst während meiner beruflichen Entwicklung in hohem Maße davon profitiert. Ende der 1980er Jahre war ich als Personalreferent bei Hewlett Packard tätig. In den Jahren davor schwappte die Führungsmethode „Management by Objectives" über den großen Teich und ich war fasziniert von den Möglichkeiten, die sich dadurch ergaben. Man kann auf der Basis des individuellen Reifegrads jedes Mitarbeiters über angemessene Ziele sprechen, sie vereinbaren und als Mitarbeiter übernimmt man die Verantwortung, mit entsprechenden Maßnahmen die vereinbarten Ziele zu erreichen. Das schafft Gestaltungsspielraum, nimmt Mitarbeiter in die Verantwortung, setzt individuelle Ziele in Beziehung zu Unternehmenszielen und ist damit ein Eldorado für ambitionierte Mitarbeiter. Gleichzeitig greift es individuelle Schwächen auf, macht sie zum Thema und gibt Orientierung, in welche Richtung die Entwicklung gehen muss. Somit ist es auch eine wirksame Methode, um sich bei Leistungsschwächen oder fehlenden Kompetenzen zielgerichtet in die richtige Richtung zu bewegen. So wird „Führen mit Zielen" auch zu einem Motor für individuelle und organisationale Veränderung. So weit so gut, wenn es um Zielvereinbarungen als Führungsinstrument geht.

Wenn Zielvereinbarung für leistungsvariable Vergütung verwendet wird, sind einige Rahmenbedingungen notwendig. Für diesen Verwendungszweck möchte ich gerne eine These an den Anfang stellen, die das Leitmotiv für die nachhaltige und langfristige Wirksamkeit von Zielvereinbarung mit Entgeltwirkung bilden sollte:

▶ Eine Zulage oder Prämie für die Erreichung von Zielen ist dann sinnvoll, wenn dadurch für das Unternehmen ein zusätzlicher wirtschaftlicher Nutzen entsteht, von dem der Mitarbeiter wiederum einen Anteil erhält.

Es geht also um Leistungsziele mit operativer Wirksamkeit und nicht um Personalentwicklungsziele wie zum Beispiel Qualifizierung. Im Umkehrschluss und Klartext vorweg: Ich gebe der Zielvereinbarung als Instrument zur leistungsvariablen Vergütung keine langfristige Überlebenschance im Unternehmen, wenn die Umsetzung diesem Leitmotiv nicht folgt. Bitte prüfen Sie selbst anhand der folgenden Überlegungen, ob dies tatsächlich in Ihrem Unternehmen in dieser Klarheit so zutrifft.

Eine wesentliche Voraussetzung für den Einsatz von Zielvereinbarung für leistungsvariable Vergütung ist ein funktionierender unternehmerischer Zielprozess.

2.2.3.1 Der unternehmerische Zielprozess und die klassische Zielvereinbarung[19]

In einem regelmäßigen und definierten Prozess werden jährlich die Unternehmensziele durch die Leitungsebene in einem kooperativen und ergebnisorientierten Prozess vorbereitet, diskutiert, bereichsübergreifend abgestimmt, gemeinsam entschieden und dokumentiert. Aus den Unternehmenszielen werden anschließend kaskadenförmig über die weiteren hierarchischen Ebenen des Unternehmens die Ziele der nachgeordneten Ebenen (Bereiche, Abteilungen, Gruppen) abgeleitet. Auch dies geschieht wieder jeweils in einem kooperativen und ergebnisorientierten Prozessklima. Auf der untersten hierarchischen Ebene werden jeweils individuelle oder Gruppenziele abgeleitet, die die „Leitplanken" für die Aktivitäten des folgenden Jahres darstellen (siehe Abb. 2.16). Im gesamten Prozess werden die vereinbarten Ziele in einem abgestimmten Format dokumentiert und sind

---

[19]Die Zielvereinbarung als Führungsprinzip ist in der Fachliteratur bereits umfangreich beschrieben wie zum Beispiel in Weißenrieder und Kosel (2005), S. 50 ff. Deshalb erfolgt hier nur eine kurze Beschreibung zur Begriffsklärung. Auf eine ausführliche Beschreibung aller vielfältigen Details wird verzichtet und in den weiteren Abschnitten auf die speziellen Prozesselemente und -charakteristika fokussiert, die die Nachhaltigkeit entscheidend beeinflussen.

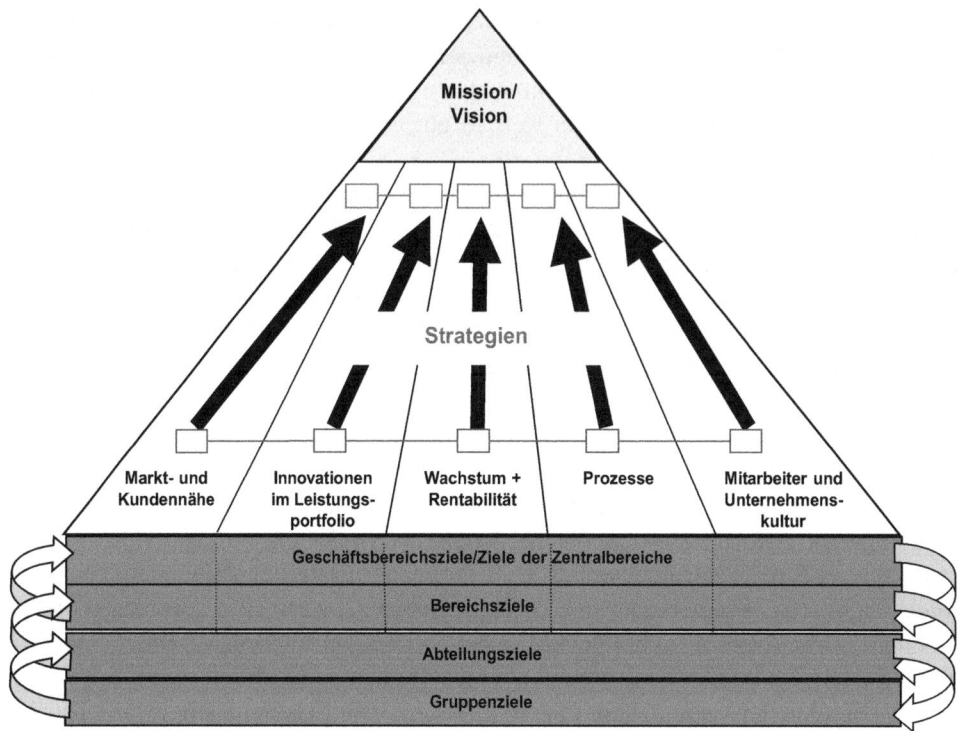

Abb. 2.16 Unternehmensziel-„Kaskade"

im Folgejahr Gegenstand regelmäßiger Statusgespräche, in denen der Arbeitsfortschritt, gegebenenfalls Zielabweichungen, Korrekturmaßnahmen oder mögliche Zieländerungen besprochen werden. Am Ende des „Zieljahres" werden die Ergebnisse betrachtet und bewertet und fließen gegebenenfalls, aber nicht zwingend in eine Vergütungsentscheidung ein.

Unter dem Gesichtspunkt der Nachhaltigkeit spielt der Prozess der Zielbildung und -verfolgung eine wesentliche Rolle. Insbesondere der Zielprozess ist geeignet, nicht nur im Anwendungsstil, sondern vor allem bei der Erreichung unternehmerischer Ziele eine nachhaltige Wirkung für den Unternehmenserfolg zu erzielen. Das Setzen und Erreichen neuer Ziele entwickelt das Unternehmen weiter. Wenn dann der Stil der Anwendung entlang der Prinzipien der Nachhaltigkeit erfolgt, treten Anwendungsstil und Sachebene in eine dauerhaft positive und damit nachhaltige Wechselwirkung.

Ohne einen Unternehmenszielprozess ist es trotzdem möglich, auf individueller Ebene Ziele zu formulieren. Das ist nicht ausgeschlossen und gibt trotzdem Orientierung. Führungskräfte können sich selbstverständlich auch ohne einen ausgeklügelten Zielprozess mit ihren Mitarbeitern über Arbeitsschwerpunkte und individuelle Entwicklungsbedarfe austauschen und entsprechende Ziele vereinbaren. Ob diese dann entgelttauglich sind? Lassen wir die Antwort auf diese Frage vorläufig noch offen und stellen ein paar weitere Überlegungen an.

Zielvereinbarung: Worum geht es im Kern? Zielsysteme in Unternehmen sind manchmal so komplex, dass für viele Beteiligte die zugrunde liegenden einfachen Zusammenhänge nicht mehr transparent sind. Doch im Kern geht es immer um folgende einfache Frage- beziehungsweise Aufgabenstellungen:

- Was kommt in den nächsten zwei bis drei Jahren von außen auf uns zu, auch wenn wir uns keine eigenen Ziele setzen?
- Was wollen wir von uns aus erreichen? Welche eigenen Gestaltungsvorstellungen haben wir?

Und daraus abgeleitet:

- Was müssen wir im nächsten Jahr konkret tun und in die Wege leiten, um den Erfolg zu sichern beziehungsweise unsere Ziele zu erreichen?

Manchmal kommt der Prozess der Findung der Unternehmensziele etwas stockend in Gang. Eine erste Reaktion auf die Frage: „Welche Unternehmensziele haben Sie denn?" ist die Antwort: „Das ist doch klar: Gewinn, eine ordentliche Rendite und …?" Das ist eine oberflächliche erste Antwort. Hier ist die Leitfrage: „Woran erkennen wir denn, dass sich unser Unternehmen nachhaltig gut entwickelt?" Auf die Antworten stößt man oft leicht, indem man betrachtete, über welche Hindernisse zum Erfolg das Managementteam immer wieder diskutiert. „Was sind die drei bis fünf Themen, über die das Managementteam immer wieder diskutiert, sich ärgert oder streitet?" Im Feld dieser drei bis fünf Themen finden wir in der Regel die relevanten Ziele des Unternehmens oder Bereiche des Unternehmens.

Es gibt eine ganze Reihe von Maßnahmen, die gewährleisten, dass der Prozess der unternehmerischen Zielformulierung eine nachhaltige Wirkung im Sinne der Förderung des Engagements der Mitarbeiter entfalten kann. Wichtig hierbei sind:

- ein ausformulierter Zielprozess mit definiertem Terminplan und festen Beteiligten,
- die Einbeziehung aller Führungskräfte auf den unterschiedlichen Ebenen, zum Beispiel im Rahmen von Workshops, in denen an den oben genannten Fragestellungen gearbeitet wird,
- ein offenes Klima, Transparenz der Abläufe und Entscheidungen sowie eine offene Diskussion und Kooperation in den Workshops,
- eine bereichsübergreifende Abstimmung der Ziele (Kollidierende und konkurrierende Ziele werden identifiziert und im Managementteam geklärt, um Effizienzverluste auf den nachgeordneten Ebenen zu vermeiden.),

- die Veröffentlichung und Erläuterung der beschlossenen Ziele,
- die regelmäßige Besprechung der Zwischenergebnisse in Form einer konstruktiven Ziel- und Ergebniskontrolle.

Erwartete Wirkungen für das Unternehmen Nachhaltigkeit bei der Formulierung unternehmerischer und individueller Ziele wirkt sich durch die Mobilisierung des Engagements von Mitarbeitern und Führungskräften insgesamt positiv auf die Unternehmensentwicklung aus. Die Umsetzung eines nachhaltigen Personalmanagements in diesem Prozess zielt auf folgende Wirkungen:

- Alle oder zumindest viele Potenziale im Unternehmen werden genutzt.
- Der Anspannungsgrad und damit die Leistungsbereitschaft und die Leistungsfähigkeit werden angemessen hochgehalten.
- Zielprozesse lenken den Blick weg von einer Tätigkeitsorientierung hin zu einer Ergebnisorientierung mit der Folge einer Leistungssteigerung, erhöhter Produktivität und reduzierter Reibungsverluste. Diese Steigerung der Effizienz entwickelt eine nachhaltige Wirkung durch die bessere Nutzung der zur Verfügung stehenden Ressourcen.
- Alle Mitarbeiter denken mit und die Ressourcen werden auf die Themen fokussiert, die auf der Agenda stehen. Damit können Prioritäten gesetzt und auch durchgesetzt werden.

Wenn die oben genannten Prozesse der Zielbildung auf Unternehmens-, Bereichs- und Abteilungsebene in hoher Qualität stattgefunden haben, können individuelle Zielvereinbarungen abgeleitet werden und mit der Messung oder Einschätzung von Zielerreichungsgraden für die Entgeltfindung herangezogen werden.

Wie sieht der Prozess für den einzelnen Mitarbeiter aus? Sobald Unternehmensziele, Bereichsziele und Abteilungsziele formuliert sind, beginnen Team- oder Einzelgespräche mit den Mitarbeitern, die bei der Erreichung der Ziele eine besondere Rolle spielen. Das ist der erste Schritt. In den Folgejahren können sukzessive alle Mitarbeiter in diesen Prozess der Zielvereinbarung einbezogen werden. Auch hier ist wieder entscheidend, das Kind nicht mit dem Bade auszuschütten und sofort das ganze Unternehmen mit Zielvereinbarungen zu überziehen. Das Motto muss eher sein: Langsam, aber sicher ans Ziel! Auch die Führungskräfte müssen sich erst an diesen Prozess gewöhnen, und deshalb fängt man am besten auch von oben nach unten damit an.

Diese Zielvereinbarungsgespräche finden zum Ende des Jahres für das Folgejahr statt und können gleichzeitig als Zielerreichungsgespräch für das laufende beziehungsweise

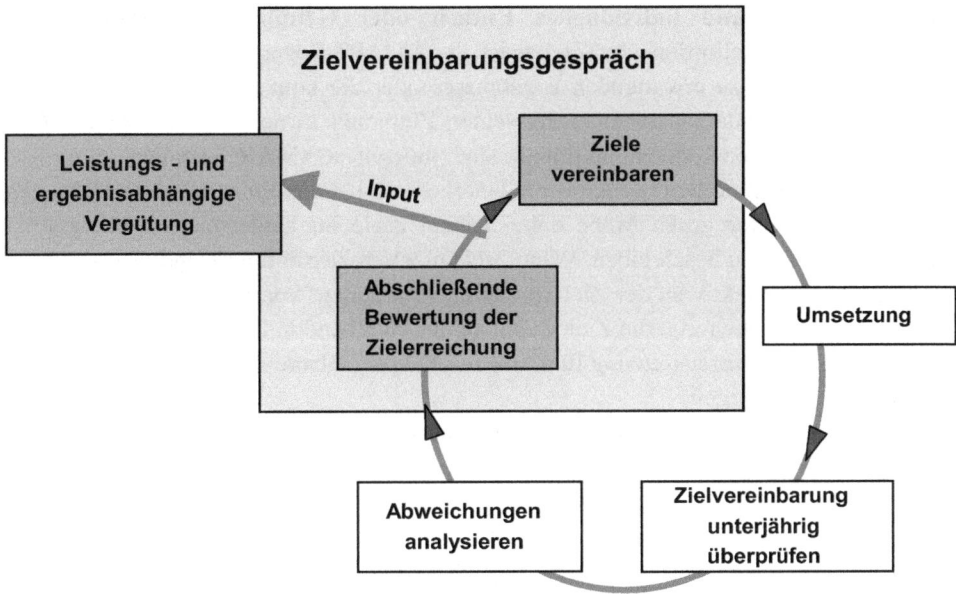

Abb. 2.17 Der Prozess der individuellen Zielvereinbarung

für das vergangene Jahr genutzt werden. Sie fügen sich damit nahtlos ein in einen Prozess leistungsvariabler Vergütung (Abb. 2.17).[20]

Zielvereinbarung und Leistungsfeedback Leistungsmanagement basiert auf der Annahme, dass sich die Leistung von Mitarbeitern beeinflussen und steuern lässt. Im technischen Kontext bedarf jede Steuerung in irgendeiner Form eines Regelkreises, der einem aktiven Element im Prozess einen Impuls gibt. Übersetzt in die Sprache der Mitarbeiterführung ist das Leistungsfeedback somit eines der wichtigsten Elemente des Leistungsmanagements. Auch ohne Bezug zu Vergütungselementen entfaltet es seine steuernde Wirkung in mehrfacher Hinsicht: Es gibt Orientierung für die Mitarbeiter und es ist „Energiezufuhr" im Sinne von Motivation zu weiteren Verbesserungen. Regelmäßige Mitarbeitergespräche, Leistungsbeurteilungsgespräche, Personalentwicklungsgespräche, Zielvereinbarungsgespräche oder spontane Feedbackgespräche bei konkreten Anlässen sind die praktischen Hilfsmittel zur Umsetzung. Zur Unterstützung der nachhaltigen Entwicklung des Unternehmens können Leistungsmerkmale wie nachhaltiges Handeln im Sinne von Steigerung der persönlichen Effizienz und Umgang mit Ressourcen thematisiert werden.

---

[20]Siehe Weißenrieder und Kosel (2005), S. 165 ff.

Zielvereinbarung und individuelles Entgelt oder Gruppenleistungsentgelt Der Klassiker bei der Definition von Zielen ist die SMART-Regel. Ziele sind die genaue Beschreibung eines zu erwartenden Ergebnisses oder die konkrete Beschreibung eines gewünschten Zustandes zu einem festgelegten Zeitpunkt in der Zukunft. Damit Ziele ihre Wirkung entfalten können und präzise sind, müssen sie SMART definiert sein:

Was hier vielleicht etwas bürokratisch daherkommt, hat den Sinn, dass sich Führungskraft und Mitarbeiter große Mühe dabei geben, Ziele im beiderseitigen Interesse so genau wie möglich zu beschreiben. Wenn Ziele nicht präzise definiert sind, ist es schwierig, effizient und effektiv an der Zielerreichung zu arbeiten. Vor allem ist es bei entgeltrelevanten Zielen schwierig, die Zielerreichung anschließend in Entgelt umzusetzen. Das ist eine wesentliche Voraussetzung für den Einsatz von Zielvereinbarung als Methode für leistungsvariables Entgelt.

In Abb. 2.18 finden Sie ein Beispiel für eine klassische Zielvereinbarung für einen Mitarbeiter im Personalbereich. Ich habe mit Absicht ein Beispiel ausgewählt, das nicht nur messbare Ziele enthält, sondern auch ein Ziel (laufende Nr. 4), dessen Zielerreichungsgrad beurteilt werden muss. Außerdem sind die Ziele 1 bis 3 Gruppenziele und die Ziele 4 bis 5 fließen als Einzel- beziehungsweise Individualziele in das Leistungsentgelt ein. Das zeigt die Möglichkeit der Kombination von Gruppen- und Individualzielen auf. Immer dann, wenn mehrere Mitarbeiter zur Erreichung eines Ziels beitragen können, ist die Verwendung von Gruppenzielen sinnvoll. Auf die Frage der Chancen und Risiken von Gruppenzielen werde ich weiter unten noch eingehen.

Im klassischen Zielvereinbarungsprozess mit Entgeltwirkung erfolgt nach der vereinbarten Zielperiode die Festlegung des Zielerreichungsgrades entweder durch Messung oder gegebenenfalls auch durch Beurteilung, wenn das Ziel eher qualitativen Charakter hat. Auf der Basis der vereinbarten Ziele aus Abb. 2.18 erfolgt in einem weiteren Beispiel die Festlegung des Zielerreichungsgrades in Abb. 2.19.

Ziele 201x									
Bereich:		PM	Abteilung/Gruppe/Mitarbeiter:	Alle Mitarbeiter von PM / Herr Muster				Kostenstelle:	1000
Ziel	Gewichtung			Skala für Zielerreichungsgrad in %					
	in %			(im Durchschnitt soll 100 % erreicht werden)					
				0%	50%	100%	150%	200%	
Gruppenziele für Abteilung xx									
1	5%	Eingang Verbesserungsvorschläge		200	1000	1500	1750	2000	
2	15%	Abschluss Verbesserungsvorschläge		200	1000	1400	1600	1800	
3	30%	ERA-Arbeitsbewertungen in der Kommission abgeschlossen		50	200	300	400	500	
Einzelziele für Herrn Muster									
4	30%	Neue Leistungsentgeltregelungen eingeführt für BM 11		Zielerreichung wird beurteilt					
5	20%	Lärmmessungen Bereich Z Durchschnittsalter		9	7	6	5	4	
	100%								
Zwischenwerte zur Skala für Zielerreichungsgrad ergeben sich durch Interpolation									
Unterschriften:									
		Datum, Vorgesetzter			Datum, Mitarbeiter / Gruppensprecher					

Abb. 2.18 Zielvereinbarung mit Gruppen- und Individualzielen

Zielerreichung 201x für Leistungsentgelt

Bereich:	PM	Abteilung/Gruppe/Mitarbeiter:	Alle Mitarbeiter von PM / Herr Muster	Kostenstelle:	1000

Ziel	Gewichtung in %	erreichter Ist - Wert	Zielerreichung in %	gewichtete Zielerreichung in %	Kommentar zur Zielerreichung
Einzelziele für Abteilung PM					
1	5%	1400	94,00	4,70	Trotz Sonderaktion unter den Erwartungen
2	15%	1450	112,25	16,84	
3	30%	275	92,50	27,75	Wechsel der Kommissionsmitglieder des BR
Gruppenziele für Herrn Muster					
4	30%	September	110,00	33,00	Häufig wechselnde betriebliche Priorität und Sonderauswertungen
5	20%	5	150,00	30,00	
	100%			112,29	

Skala für Leistungsentgelt

Gewichtete Zielerreichung in %	0	50	100	150	200
Leistungsentgelt in %	0	4	8	12	16

Zwischenwerte werden durch Interpolation ermittelt

Leistungsentgelt aus Zielvereinbarung zur Auszahlung **8,90%** bei ganzjähriger Beschäftigung

Unterschriften:

Datum, Vorgesetzter   Datum, Mitarbeiter / Gruppensprecher

Abb. 2.19 Festlegung des Zielerreichungsgrades

In diesen Beispielen wird deutlich, dass die Ziele unterschiedliche Gewichtungen haben können, die sich insgesamt zu 100 % summieren. Damit kann die unterschiedliche Bedeutung von Zielen zum Ausdruck gebracht werden.

Wie bei den anderen beiden Methoden für leistungsvariables Entgelt ist die Leistungs-/Entgeltrelation von Bedeutung. Auch in diesem Beispiel gilt als 100-Prozent-Basis ein Grundentgelt einer bestimmten Vergütungsstufe. Zusätzlich zu den Anforderungen der Vergütungsstufe werden die Ziele vereinbart. Im Beispiel in Abb. 2.19 liegt der Zielerreichungsgrad bei 110,59 %. Bei einem Zielerreichungsgrad von 100 % wird in diesem Beispiel auf das Grundentgelt per Definition eine Leistungszulage von 8 % bezahlt. 8 % multipliziert mit der Zielerreichung mit dem Faktor 1,106 ergibt dann eine Leistungszulage von 8,9 %.

Das sind die Basisprozesse im Zusammenhang mit Zielvereinbarungen. Jetzt müssen wir noch auf einige Feinheiten achten, die für die Zielvereinbarung als Methode für leistungsvariables Entgelt mit einer langfristigen Funktionsfähigkeit und nachhaltigen Wirkung wichtig sind.

2.2.3.2 Fettnäpfchen und Erfolgsfaktoren für nachhaltige Wirksamkeit

Wie im vorherigen Abschn. 2.2.3.1 bereits aufgezeigt, leisten leistungsvariable Entgeltsysteme mit Zielvereinbarung dann einen nachhaltigen Beitrag zur Unternehmensentwicklung, wenn individuelle oder Gruppenziele in einen Unternehmenszielprozess eingebunden sind und möglichst präzise nach der SMART-Regel definiert sind. Der Nutzen besteht darin, dass individuelle Arbeitsschwerpunkte sichtbar mit den

Unternehmenszielen in Zusammenhang stehen. Aber auch in dieser einfachen Logik gibt es eine Reihe von Stellschrauben, die unternehmensspezifisch richtig justiert sein müssen, damit das System langfristig haltbar und wirksam ist.

Wie gut wird das Basis- oder Routinegeschäft abgewickelt? – Bedingungsziele und die Kombination mit der Leistungsbeurteilung als sinnvolle Lösung Wenn wir über Leistungsentgelt reden, gehen wir in der Regel davon aus, dass sich die Gesamtleistung eines Mitarbeiters im Leistungsentgelt abbilden soll. Es gibt allerdings nicht viele Funktionen in Unternehmen, die sich eindimensional mit einer Kennzahl und mit einem Ziel fassen lassen. Selbst in klassischen kennzahlen-„getrimmten" Bereichen wie Vertrieb und Produktion geht es nicht nur um Umsatz und Deckungsbeitrag oder Stückzahlen und Qualität. Im Vertrieb spielt die Abstimmung mit internen Prozessen eine Rolle oder das Gewinnen von Neukunden, auch wenn es nicht kurzfristig im nächsten Quartal zu neuem Umsatz oder zusätzlichem Deckungsbeitrag führt. In der Produktion spielt flexibler Einsatz oder das Einhalten von Lieferterminen eine Rolle und schnell wird klar, dass dies nicht immer nur von der Leistung eines einzelnen Mitarbeiters, sondern oft auch von der Leistung anderer Mitarbeiter abhängig ist oder einfach zum Basisgeschäft oder zur Routine eines Mitarbeiters gehört.

Für diese Basis- oder Routineanforderungen, die längerfristig und nachhaltig für die Funktion und das Unternehmen wichtig sind, bietet es sich an, Bedingungsziele zu formulieren, wie sie in dem Beitrag im Abschn. 3.3.2 beispielhaft dargestellt sind. Im Klartext bedeutet dies, dass es eine Zulage für die Erreichung von Zielen nur dann gibt, wenn Bedingungsziele, die Grundanforderungen abbilden, erreicht werden.

Denn: Für Zielsysteme mit Entgeltwirkung gilt wie bei Kennzahlensystemen immer der Grundsatz „You get what you pay for!". Aspekte, die nicht formuliert und entgeltwirksam vereinbart werden, finden eher wenig Beachtung. Das ist nachvollziehbar, denn gerade dieser Sachverhalt ist bei der Zielvereinbarung als Entgeltsystem systemprägend und systemimmanent. Die Mitarbeiter fokussieren auf die vereinbarten Ziele. Das System will das so (Tab. 2.36).

In Produktionsbereichen sind oft folgende Bedingungsziele sinnvoll:

- Anzahl von Arbeitsplätzen, an denen der Mitarbeiter eingesetzt werden kann,
- Ordnung und Sauberkeit am Arbeitsplatz,
- Wartungsarbeiten an Maschinen,

Tab. 2.36 SMART-Regel

S	Schriftlich und spezifisch
M	Messbar
A	Attraktiv, anspruchsvoll und akzeptabel
R	Realistisch bzw. resultatorientiert
T	Terminlich fixiert

- Maschinenlaufzeit beziehungsweise Rüstzeiten,
- Produktqualität,
- Anzahl von Verbesserungsvorschlägen,
- …

Erst die Erreichung einer Mindestpunktzahl bei den Bedingungszielen macht es möglich, dass die weiteren Ziele gewertet werden können. Welche Bedingungsziele genau am jeweiligen Arbeitsplatz sinnvoll sind, ist immer eine Antwort auf die Frage: Woran erkennen wir gute Leistung an diesem Arbeitsplatz? Bedingungsziele bieten sich dann an, wenn es darum geht, das Routinegeschäft eines Arbeitsplatzes zu erfassen und sicherzustellen, dass diese Aspekte unabhängig von Innovations- oder Veränderungszielen im Fokus der Aufmerksamkeit bleiben. Ein gutes Bespiel für die Einbindung von Bedingungszielen in die Leistungs-/Entgeltrelation findet sich in Abschn. 3.3.2.

Bedingungsziele sind übrigens insbesondere in administrativen Bereichen hilfreich, wo man die Zielerreichung in der Regel eher beurteilen als messen kann.

Wie viele Ziele sind sinnvoll? Lassen Sie uns hier einen Versuch mit einer gedanklichen Näherungslösung machen. Wir haben bereits festgestellt, dass es kaum Arbeitsplätze gibt, an denen Leistung eindimensional erfasst werden kann. Solche Arbeitsplätze wären perfekt für Kennzahlensysteme geeignet.

Angenommen, wir würden für einen Arbeitsplatz zehn Ziele vereinbaren? Ich gehe ab und zu zum Bogenschießen. Ich bin nicht besonders gut in dieser Sportart, aber ich habe gelernt, dass Bogenschießen auf eine Zielscheibe viel mit Konzentration zu tun hat. Es ist geradezu das Schicksal einer Zielscheibe, dass sich der Schütze in einem hohen Maße auf sie konzentriert. Wenn ich mir vorstelle, zehn Zielscheiben im Auge zu behalten, die sich möglicherweise auch noch bewegen oder von anderen bewegt werden, dann erschwert es den Prozess des Treffens erheblich.

Selbstverständlich wünsche ich mir als Führungskraft die Möglichkeit, mit meinen Mitarbeitern eine Vielzahl von Zielen zu vereinbaren. Es ist allerdings wenig realistisch. Mitarbeiter sind sicher unterschiedlich, aber 5 +/- 2 Ziele haben sich als realistisch erwiesen. Damit lassen sich in der Regel die wesentlichen Prozesse an einem Arbeitsplatz abbilden. Sollte das nicht der Fall sein, ist es mit hoher Wahrscheinlichkeit ein Signal dafür, die Inhalte des Arbeitsplatzes und die entsprechenden Prozesse auf ihre Effektivität und Effizienz hin zu überprüfen. Unter dem Aspekt der Nachhaltigkeit ist es jedenfalls sinnvoller, die Ressourcen auf das Wesentliche zu konzentrieren und damit auch dem Charakter von Zielsystemen Rechnung zu tragen.

Wie häufig werden Ziele vereinbart und was passiert, wenn Ziele sich unterjährig ändern? Der Klassiker der Zielvereinbarung ging von einer Zielvereinbarungsperiode von einem Jahr aus[21]. Das hat auch damit zu tun, dass der kaskadierende Zielvereinbarungsprozess, der Individualziele von den Unternehmenszielen ableitet, recht aufwendig ist. Ich kenne aber auch Unternehmen mit kürzeren Zielperioden bis hin zu Quartalszielen, die tatsächlich auch jeweils in einer kompakten Form alle drei Monate eine Zielerreichungsabrechnung und eine neue Zielvereinbarung durchlaufen. Damit ändern sich nicht die Unternehmensziele im Quartalsrhythmus, aber es ergibt sich die Möglichkeit des unterjährigen Abrechnens und Justierens. In diesem Unternehmen ist der Quartalsrhythmus zur Normalität geworden und die Abrechnung der Zielerreichung sowie die Festlegung der neuen Ziele verlaufen unspektakulär. Allerdings hat dieses Unternehmen bis zu diesem Entwicklungsstand einen langen Entwicklungsweg von fast zehn Jahren hinter sich. Die Zielvereinbarungen betreffen in diesem Unternehmen auch nur die Mitarbeiter, die sich im außertariflichen Bereich bewegen.

Mit diesem Beispiel möchte ich nicht die „moving targets" zum Standard machen, aber es wäre unrealistisch anzunehmen, dass die Welt nach der Zielvereinbarung für ein Jahr stillsteht. Im Gegenteil: Unternehmen machen die Erfahrung, dass das Umfeld immer dynamischer wird und wir müssen im Zielvereinbarungsprozess vorsehen, dass Ziele nachjustiert werden können. Entscheidend ist, dass das gemeinsam geschieht und nicht jeder unabhängig an seinen Schräubchen dreht.

Wenn sich Ziele verändern, kann das nur durch eine neue Zielvereinbarung aufgefangen werden. Ob sich nur die Kennzahl ändert oder ein Ziel vollständig durch ein neues Ziel ersetzt wird, alles muss möglich sein. Klar ist allerdings auch, dass Mitarbeiter dann, wenn ihr Leistungsentgelt davon abhängig ist, nicht alle Veränderungen widerspruchslos erdulden. Es ist eine neue Zielvereinbarung, die selbstverständlich allen Unwägbarkeiten des Aushandelns ausgesetzt ist.

Oft werden Ziele aber auch vorschnell geändert, weil die Zielerreichung schwierig ist und die Führungskräfte ihren Mitarbeitern entgegenkommen wollen. Damit werden vereinbarte Ziele beliebig, weil man ja jederzeit nachverhandeln kann. Dieser Effekt tritt realistischer Weise auf, damit müssen wir rechnen. Aus diesem Grund ist es sinnvoll, auch dafür klare Spielregeln vorzusehen. Ich plädiere für: Ziele werden vereinbart und sind für eine Zielperiode gültig. Sie werden grundsätzlich nicht im Laufe der Zielperiode geändert. Im Ausnahmefall ist die Zustimmung der Geschäftsführung beziehungsweise des nächsthöheren Vorgesetzten einzuholen.

Verschiedene Anforderungsniveaus beachten Der Charme von Zielvereinbarungen ohne Entgeltwirkung ist unter anderem deshalb so groß, weil mit jedem Mitarbeiter individuelle Ziele abhängig von seinem persönlichen Reifegrad getroffen werden können. Mit einem erfahrenen Mitarbeiter auf hohem Leistungsniveau werden selbstverständlich

---

[21]Selbstverständlich können immer Ziele mit Perioden, die davon abweichen, vereinbart werden.

anspruchsvollere Ziele vereinbart als mit einer Nachwuchskraft, die zwar im selben Tätigkeitsfeld unterwegs ist, aber in keiner Weise mit dem „alten Hasen" mithalten kann. Es wäre auch nicht realistisch und würde nicht der SMART-Regel entsprechen.

Trotzdem: Wenn für beide Mitarbeiter der Zielerreichungsgrad das Leistungsentgelt steuert und beide im gleichen Tätigkeitsfeld sind, was dann? Müssen wir dann die Ziele der Nachwuchskraft unrealistisch hoch setzen? Dann ist er mit hoher Wahrscheinlichkeit überfordert und möglicherweise frustriert. Oder müssen wir die Ziele des erfahrenen Mitarbeiters tiefer ansetzen, damit es wieder gerecht ist? Dann schießt er wahrscheinlich meilenweit über die Ziellatte hinaus und fühlt sich eher unterfordert mit einem Ziel, das so leicht zu erreichen ist. Oder wir formulieren für Spitzenmitarbeiter anspruchsvolle Ziele. Aber auch gute Mitarbeiter können anspruchsvolle Ziele verfehlen. Was dann?

Darüber hinaus müssen wir noch bedenken, dass unterschiedliche Führungskräfte auch unterschiedlich mit dem Anspruchsniveau von Zielen umgehen. Wie bei der Leistungsbeurteilung haben wir auch hier sehr anspruchsvolle Führungskräfte, die die Latte sehr hoch hängen, und andere, die mit weniger zufrieden sind. Wenn dann nur der Zielerreichungsgrad ohne ein weiteres Regulativ das Leistungsentgelt steuern würde, würde das System vermutlich nicht lange halten. Es wäre nicht nachhaltig.

Wie kann man gegensteuern? Zum einen ist auch hier wieder das System mit Zieloptimierung aus Abschn. 3.3.2 sehr leistungsfähig. Es funktioniert nach dem Prinzip, dass die Zielprämie umso höher ist, je anspruchsvoller das Ziel ist und je treffsicherer der Mitarbeiter es auch erreicht. Der erfahrene Mitarbeiter kann also ein höheres Ziel anpeilen und erhält dann auch eine höhere Zielerreichungsprämie, als er erhalten hätte, wenn er ein viel niedrigeres Ziel deutlich übertroffen hätte. Umgekehrt erhält die Nachwuchskraft bei einem niedrigeren Ziel auf jeden Fall eine niedrigere Zielerreichungsprämie, wird aber auch dabei für Treffer stärker belohnt als für deutliches Über- oder Unterschreiten.

Zum anderen ist es aber auch notwendig, innerhalb der Bereiche beziehungsweise Abteilungen eines Unternehmens die Ziele transparent zu halten. Wenigstens einmal jährlich sollten sich die Leiter gleicher oder ähnlicher Tätigkeitsgebiete bezüglich ihrer Zielanforderungsniveaus abstimmen. Ähnlich wie in Beurteilerkonferenzen (siehe Abschn. 2.2.2.3) tauschen sich die Leiter in einer Konferenz über die Ziele aus, die sie vereinbart haben. Damit haben die Führungskräfte die Möglichkeit, ein Gefühl für die Anforderungen zu entwickeln, die andere Führungskräfte an ihre Mitarbeiter stellen. Solche Zielkonferenzen sind recht anspruchsvoll, aber auch sehr wirkungsvoll, weil sie gleichzeitig einen Beitrag zur Führungskräfteentwicklung leisten.

▶ Zielkonferenzen helfen Führungskräften dabei, eine Antwort auf die Frage zu finden, was sie realistischer Weise von ihren Mitarbeitern erwarten dürfen. Diese Frage ist elementar und geht in ihrer Wirkung weit über den Aspekt der Entgeltfindung hinaus. Sie berührt wiederum insofern Aspekte der Nachhaltigkeit, als dass die Haltbarkeit von Systemen begrenzt ist, wenn die

Tab. 2.37 Bedingungsziele in der Produktion

Individuelle Bedingungsziele		Erzielbare Punkte
Anzahl von Arbeitsplätzen, an denen der Mitarbeiter eingesetzt werden kann	1	5
	2	10
	3	20
	>3	30
Ordnung und Sauberkeit am Arbeitsplatz (Beurteilung durch den Vorgesetzten)		20
Verbesserungsvorschläge (pro Vorschlag 5 Punkte)		10
Rüstzeiten <10 h pro Monat		10
Wartungsplan: Keine Termine, die seit mehr als 2 Tagen fällig sind		10

Anforderungsniveaus als ungerecht empfunden werden, unabhängig davon, ob sie zu hoch oder zu niedrig sind. Außerdem ist die Effizienz des Mitarbeitereinsatzes umso höher, je treffsicherer die Messlatten seine Möglichkeiten abbilden.

Messbarkeit „auf Teufel komm' raus"? Im Zusammenhang mit Zielvereinbarung werden immer wieder unterschiedliche Versionen der SMART-Regel (siehe Tab. 2.37) angeführt, um die Anforderungen deutlich zu machen, die an eine Zieldefinition gestellt werden müssen. Die Messbarkeit spielt dabei eine wichtige Rolle und die „Fundis" der Zielvereinbarung und der Balanced Scorecard gehen noch weiter und sagen: „If you can't measure it, you can't manage it." (Was du nicht messen kannst, kannst du nicht lenken.)[22] Ich schließe mich diesem Gedanken in dem Sinne an, dass es wichtig ist, Ziele so klar wie möglich zu formulieren. Dies fällt am leichtesten, wenn sie messbar formuliert sind und manchmal braucht es dafür auch mehr als einen Versuch. Man darf es sich nicht zu leicht machen. Dort, wo viele schon abwinken und sagen, dass ein Zielzustand nicht messbar sei, geht es bei genauerem Hinschauen doch (Tab. 2.38).

Auf der anderen Seite habe ich schon weiter oben aufgeführt, dass sich die individuelle Leistung eines Mitarbeiters nur in seltenen Fällen auf wenige Kennzahlen reduzieren lässt. Leistung ist mehrdimensional und gleichzeitig sollen aber auch nicht zu viele Ziele formuliert werden, weil viele Ziele wiederum die Klarheit reduzieren. Bei den meisten Funktionen müssen aber sehr viele verschiedene Aspekte einfließen, um die Leistung eines Mitarbeiters vollständig zu erfassen. Wie kann man diesen Widerspruch auflösen?

---

[22]Dieses Zitat wird Kaplan und Norton zugeschrieben. Ob sie tatsächlich die Ersten waren, die diesen Gedanken so formuliert haben, ist nicht sichergestellt. Siehe Kaplan und Norton (1996), S. 21.

Tab. 2.38 Standard- und Sonderaufgaben

	Inhalte	Zeithorizont	Entgeltinstrument
Standardaufgaben	Routineaufgaben (effizient, pünktlich und in guter Qualität)	Eher dauerhaft	Eher durch Leistungsbeurteilung entgeltwirksam machen
Sonderaufgaben	Projekte oder Prozessverbesserungen	Eher kurzfristig innerhalb eines Jahresplanungszeitraums	Eher tauglich für Zielvereinbarung mit Entgeltwirkung

Ich unterscheide zwischen Standard- und Sonderaufgaben. Standardaufgaben beinhalten alle Routineaufgaben, die dauerhaft pünktlich, in guter Qualität und effizient erledigt werden müssen. Sonderaufgaben sind eher kurzfristiger Natur, wie zum Beispiel Projekte oder Prozessverbesserungen. Tendenziell ist eine begrenzte Anzahl von Sonderaufgaben besser für die Formulierung von Zielen geeignet, wogegen es bei den Standardaufgaben eher darauf ankommt, eine größere Zahl von Aufgaben über einen längeren Zeitraum auf gutem Niveau routiniert abzuwickeln.

Beispiel

Ein kaufmännischer Sachbearbeiter im Einkauf wickelt Bestellungen ab, nimmt interne Bedarfe für bestimmte Materialkategorien auf, stimmt Anforderungen ab, hat Kontakte zu Lieferanten, hat Bestandsmengen im Auge und stellt die Versorgung auf der Basis von definierten Reichweiten für bestimmte Teile sicher. Das sind Standardaufgaben, bei denen es auf Prozesssicherheit ankommt: Die Zusammenarbeit mit verschiedenen Ansprechpartnern muss reibungslos funktionieren, betriebliche Regelungen und Materialspezifikationen müssen eingehalten werden, Liefertermine müssen sichergestellt werden und die Preise müssen stimmen. Dies alles mit Kennzahlen zu erfassen ist möglich, aber recht aufwendig. Mit Sonderaufgaben ist der Einkaufssachbearbeiter dann befasst, wenn zum Beispiel eine neue Bestellabwicklungs- oder Materialwirtschaftssoftware eingeführt wird, neue Lieferanten für neue Produkte gefunden werden müssen oder zum Beispiel die interne Steuerung auf Kanban umgestellt wird. In der Phase, in der diese Umstellungen erfolgen, handelt es sich um Sonderaufgaben, die in den Bereich der Standardaufgaben übergehen, sobald die Umstellung abgeschlossen ist.

Die Erfahrung in der Anwendung zeigt, dass sich Ziele bei Standardaufgaben auf dem Niveau von gewerblichen Mitarbeitern oder Sachbearbeitern innerhalb von zwei bis drei Jahren recht bald wiederholen und zur Routine werden. Der Grenznutzen wird immer geringer. Das ist nicht unbedingt im Sinne von Zielvereinbarung mit Entgeltwirkung, wo es eher um einen zusätzlichen wirtschaftlichen Nutzen für das Unternehmen geht[23]. Deshalb empfehle ich, die vielen unterschiedlichen Aspekte, auf die es bei der Erledigung von Standardaufgaben ankommt, mit einer Leistungsbeurteilung für das Leistungsentgelt zugänglich zu machen und nur für die Sonderaufgaben Ziele zu formulieren, durch deren Erreichung ein zusätzlicher wirtschaftlicher Nutzen entsteht und für deren Erreichung eine Prämie bezahlt wird. Weiter unten in Abschn. 2.2.3.3 werde ich deshalb ein System vorstellen, das die klassische Zielvereinbarung (für Sonderaufgaben) durch eine Leistungsbeurteilung (für Routineaufgaben) ergänzt.

Zwischenfazit: Messbarkeit ist wichtig und sorgt für Klarheit, gilt aber im Zusammenhang mit Leistungsentgelt nicht „auf Teufel komm raus".

Anforderungen an Führungskräfte Zielvereinbarung mit Entgeltwirkung wird von vielen Führungskräften bezüglich der Anforderungen, die in diesem Prozess an Führungskräfte gestellt werden, unterschätzt und von anderen bezüglich des Konfliktpotenzials vollkommen überbewertet.

In Unternehmen, die in Prozessen und Zielen denken, leben und handeln, gelten andere (aus meiner Sicht zusätzliche) Anforderungen an Führungskräfte. Wenn die Erreichung von Zielen mit einer Entgeltwirkung verbunden ist, ist dies leichter für Führungskräfte, die selbst eher in Zielen als in Tätigkeiten denken und „ticken". Es erfordert einige Übung, sich bei einer Aufgabenstellung zuerst zu fragen: „Was wollen wir erreichen?" und „Wie kann ich den Zustand beschreiben, den ich erreichen möchte?" und erst dann: „Was müssen wir dafür tun?" statt: „Was mache ich jetzt?".

Diese Übung ist machbar, aber sie erfordert einige Zeit zum Umdenken. Außerdem noch ein Gefühl dafür zu entwickeln, mit wem über welche Ziele wie gesprochen werden muss, ist schon höhere Kunst, für die Führungskräfte ebenfalls Zeit brauchen. Aus meiner Sicht ist es deshalb empfehlenswert, eine Entgeltwirkung mit einer größeren Schwankungsbandbreite erst dann mit Zielvereinbarungen zu verbinden, wenn Zielvereinbarungen als Führungsmethode bereits im „Trockenlauf" geübt werden konnten. Das trifft übrigens nicht nur auf die Führungskräfte der unteren Ebenen zu. Das gilt für alle Führungsebenen. Führen mit Zielen ist ein anspruchsvoller Lernprozess für Individuen und für die Organisation, der allerdings dann, wenn er gelingt, zu sehr guten Ergebnissen führt.

In der folgenden Tabelle sind Verhaltensweisen aufgezeigt, die von Führungskräften beim Führen mit Zielen zusätzlich gefordert sind (Tab. 2.39).

---

[23]Wohlgemerkt: Ziele unabhängig vom Entgelt zu formulieren, ist trotzdem möglich und kann durchaus sinnvoll sein, um Schwerpunkte für die individuelle Entwicklung zu setzen. Es ist wichtig, Qualifizierung anzustreben und/oder Kompetenzen zu erweitern. Aber das sind keine Leistungsziele, sondern eher Personalentwicklungsziele, die nicht in den Kontext von Entgeltsystemen gehören.

Tab. 2.39 Tätigkeits- und zielorientierte Führung

Tätigkeitsorientierter Vorgesetzter	Zielorientierter Manager
Gibt Lösungen vor.	Gibt Ziele vor.
Tut die Dinge richtig.	Tut zusätzlich auch noch die richtigen Dinge.
Beschreibt eher Probleme.	Erzielt zusätzlich Ergebnisse.
Redet über Problemlösungen.	Nutzt die Kreativität der Mitarbeiter.
Löst eher Probleme im Hier und Jetzt.	Denkt zusätzlich daran, Probleme dauerhaft abzustellen.
Befolgt eher Pflichten und Regeln.	Denkt zusätzlich über die Notwendigkeit und die ständige Aktualisierung von Regeln nach.
Denkt eher an Kostenreduzierungen.	Denkt zusätzlich an die Erhöhung der Gewinne.

Weiterhin ist es unumgänglich: Führungskräfte müssen sich auskennen. Sie müssen wissen, was möglich und realistisch ist, da sie sonst nicht in der Lage sind, mit ihren Mitarbeitern sinnvolle, anspruchsvolle und realistische Ziele zu vereinbaren. Diese Sichtweise widerspricht manchem Managementstil, der davon ausgeht, dass Ziele aus der Helikopterperspektive vereinbart werden können. Das mag durchaus realistisch sein für Ziele auf Managementniveau. Wenn Ziele auf Sachbearbeiter- oder auch Expertenniveau vereinbart werden und diese Ziele Entgeltwirkung haben, legen Mitarbeiter großen Wert auf einen Gesprächspartner bei der Zielvereinbarung, der eine solide Einschätzung der Möglichkeiten beisteuern kann.

Die Dokumentation der Zielvereinbarung Es ist eine Selbstverständlichkeit, dass vereinbarte Ziele dokumentiert werden. Mir kommt es aber besonders darauf an, in welcher Form das geschieht. Es schafft nicht nur Verbindlichkeit und die Möglichkeit, sich auf die Vereinbarung zu berufen. Sie zwingt die Beteiligten dazu, die Vereinbarungen treffen, den Vereinbarungsinhalt präzise zu erfassen (Tab. 2.40).

Von besonderer Bedeutung im Sinne von Nachhaltigkeit ist aus meiner Sicht die letzte Spalte mit der Frage, welchem Unternehmens- oder Bereichsziel das individuelle Ziel zugeordnet ist. Wenn einem individuellen Ziel kein Unternehmens- oder Bereichsziel

Tab. 2.40 Dokumentation von Zielen (Die Messgröße gibt wieder, was gemessen wird (zum Beispiel Fehlerquote) und die Kennzahl gibt wieder, wie viel davon erreicht werden soll (zum Beispiel 250 ppm))

Thema	Messgröße	Kennzahl	Termin	Verantwortlich (ggf. mit wem?)	Zugeordnetes Unternehmens- oder Bereichsziel
1					
2					

zugeordnet werden kann, dann sollten die Beteiligten zumindest noch einmal prüfen, ob dieses Ziel überhaupt relevant oder unter Umständen verzichtbar ist und die Ressourcen anderweitig besser genutzt werden können.

Bandbreiten, Justierung und Budgetkontrolle von Zielprämien Zielvereinbarung lebt davon, dass realistische Ziele vereinbart werden. Theoretisch dürfte es nicht vorkommen, dass zum Beispiel Zielerreichungsgrade von 200 % mit entsprechend hohen Zielprämien auftreten, weil das definierte Ziel dann wahrscheinlich entweder nicht realistisch war oder möglicherweise Einflüsse, die nicht in der Verantwortung des Mitarbeiters lagen, zu diesem Ergebnis geführt haben. Es ist nicht die Absicht von Zielsystemen, „windfall profits" zu vergüten, die dem Mitarbeiter aufgrund von technischen, organisatorischen, rechtlichen, politischen oder Marktveränderungen im wahrsten Sinne des Wortes zufällig zufallen. Umgekehrt erwarten Mitarbeiter auch, dass über die Höhe oder Sinnhaftigkeit eines Zieles neu diskutiert wird, wenn sich die oben genannten Rahmenbedingungen zu ihren Ungunsten verändern.

Trotzdem passiert es, dass extrem hohe Zielerreichungsgrade auftreten, die die beabsichtigten, aber formal nicht benannten Schwankungsbandbreiten sprengen können. Deshalb bietet es sich an, wie bei der Leistungs-/Entgeltrelation bei der Anwendung der Methode „Leistungsbeurteilung" ebenfalls Schwankungsbandbreiten festzulegen. Auch hier ist eine Bandbreite von 20 bis 30 % auf ein anforderungsbezogenes Grundentgelt sinnvoll, das die 100-Prozent-Marke legt. Ziele, die nicht spreizen, sind nicht sinnvoll. Wenn alle Mitarbeiter am Ende der Zielperiode zwischen 95 und 105 % Zielerreichung landen, gelingt keine leistungsorientierte Entgeltdifferenzierung (siehe auch Abschn. 2.2.2.5). Wenn das Leistungsentgelt außerdem nur einen geringen Teil der Gesamtvergütung steuert, steht Aufwand und Nutzen wahrscheinlich in einem eher schlechten Verhältnis.

Auch bei der Anwendung der Methode „Zielvereinbarung" sind Budgets, die für daraus resultierende Zielprämien bezahlt werden, in der Regel „unter Beobachtung". Dies ist schon deshalb sinnvoll, um den Führungskräften, die Ziele vereinbaren, Feedback zu den durchschnittlichen Zielerreichungsgraden in ihrem Verantwortungsbereich zu geben. Um Ungerechtigkeiten in der Anwendung zu vermeiden, ist es sinnvoll, in verschiedenen Verantwortungsbereichen ähnlich hohe durchschnittliche Zielerreichungsgrade anzupeilen. Dies stellt die einzige Möglichkeit für Führungskräfte dar, ihr Erwartungsniveau zu justieren. Wie bei der Methode „Leistungsbeurteilung" darf nicht vorausgesetzt werden, dass die Erwartungsniveaus verschiedener Führungskräfte naturgegeben einheitlich sind. Auch bei der Methode „Zielvereinbarung" legen unterschiedliche Führungskräfte die „Messlatten" unterschiedlich hoch. Manche Unternehmen verwenden deshalb auch hier einen Orientierungsrahmen und peilen Durchschnittswerte von x Prozent an, um eine gewisse Normierung zu erreichen.

Dieser Orientierungsrahmen ist einerseits hilfreich, um eine Normierung zu erreichen und andererseits ist er hilfreich, um die Ausgaben für Zielerreichungsprämien im Blick und unter Kontrolle zu behalten.

Achtung Widerspruch!? Die Fundamentalisten und Anwender der Zielvereinbarung in Reinkultur wenden hier ein, dass solche Bandbreiten oder Orientierungsrahmen und Normierungsversuche den Grundgedanken von Zielvereinbarungen korrumpieren würden. Zielvereinbarungen müssten frei sein von solchen Beschränkungen und sollten sich nur auf die inhaltliche Ebene des Vereinbarens realistischer Ziele konzentrieren. Dem würde ich auch folgen, wenn die Zielvereinbarung keine oder allenfalls eine geringe Entgeltwirkung hätte. Sobald aber nennenswerte Entgeltanteile im Spiel sind, darf man annehmen, dass die beteiligten Parteien Ziele verfolgen, die ihnen Vorteile verschaffen. Um die langfristige Haltbarkeit nachhaltig zu sichern, sind deshalb Regelungsrahmen notwendig und nicht verzichtbar. Richtig ist aber auch, dass dadurch die Wirkung der Zielvereinbarung in Reinkultur im Sinne von „Management by Objectives" als Führungsinstrument verändert wird. Sie muss reglementiert sein, um sie auch in der Breite der Belegschaft entgelttauglich zu machen.

Ist sie dann noch als Führungsinstrument tauglich, das zusätzlichen wirtschaftlichen Nutzen für das Unternehmen stiftet? Zumindest muss diese Frage ständig im Auge behalten werden, um zu verhindern, dass Zielvereinbarung mit Entgeltwirkung nur noch ein System ist, das seine Steuerungswirkung verliert und zur reinen Entgeltverteilungsmechanik degeneriert.

Bonus und Malus – Chance und Risiko Theoretisch hört sich der Plan gut an: Man nimmt einen bestimmten Anteil von bisher fixen Entgeltbestandteilen, variabilisiert ihn und gibt den Mitarbeitern die Möglichkeit, durch die Erreichung von Zielen das bisherige Fixum zu übertreffen. Man geht davon aus, dass ein Teil der Mitarbeiter die Ziele nicht erreicht und unter dem bisherigen Fixum landet. Damit wäre die Einführung eines neuen Vergütungssystems wenigstens tendenziell ergebnisneutral. Aus Unternehmersicht mag diese kollektive Betrachtung spannend sein. Die meisten Unternehmer würden sogar in Kauf nehmen, dass die gesamte Entgeltsumme am Ende höher liegt als vorher, wenn dafür auch höhere Ziele mit besseren Ergebnissen erreicht werden würden. Also eine tolle Perspektive mit viel Charme.

In der Regel sind dazu einzel- oder kollektivvertragliche Regelungen notwendig, mit denen die Arbeitnehmer um der Chance willen, ein höheres Einkommen zu erzielen, das Risiko eingehen, dass das neue Einkommen auch niedriger sein könnte. Für wie wahrscheinlich halten Sie es, dass ein großer Anteil von Mitarbeitern dieses Angebot annehmen würde? Und noch eine zweite Frage: Für wie wahrscheinlich halten Sie es, dass ein großer Anteil Ihrer Führungskräfte dieses Angebot annehmen würde? Sind Sie realistisch? Auch Führungskräfte sind hier nicht viel risikoaffiner als „normale" Mitarbeiter. Allerhöchstens ein Drittel, eher nur 10 bis 15 % Ihrer Mitarbeiter würden auf dieses Angebot eingehen. Tendenziell werden das die Mitarbeiter sein, die sich ihrer Spitzenleistung auch heute schon bewusst sind und davon ausgehen, dass sie profitieren werden. Aber alle anderen werden überwiegend das Risiko sehen – je tiefer in der Hierarchie, umso größer wird der Anteil derer sein.

Sobald mit der Chance eines Bonus auch das Risiko des Malus verbunden ist, bleiben Mitarbeiter in der Mehrheit lieber bei ihrem Fixum – auch wenn man es ihnen gut zu verkaufen versucht. Wären Ihre Mitarbeiter so risikobereit wie Sie es selbst sind, wäre ein großer Teil Ihrer Mitarbeiter selbst Unternehmer. Sie sind es aber nicht geworden, weil sie dieses Merkmal der Risikobereitschaft nicht in dieser Ausprägung haben.

Realistisch ist also eher, dass ein Malussystem nicht zustande kommt. Also gelingt der Einstieg in ein entgeltrelevantes Zielsystem eher über ein Bonussystem mit allenfalls geringen Risiken für die Mitarbeiter. Es ist wichtig, an dieser Stelle realistisch zu sein.

▶   Gefühlte oder tatsächliche Besitzstände werden nicht ohne Not aufgegeben. Deshalb ist bei Zielsystemen und auch bei der Einführung anderer variabler Entgeltkomponenten eher mit zusätzlichen Kosten zu rechnen und die Aufgabe besteht darin, diesen zusätzlichen Kosten einen zusätzlichen Nutzen gegenüberzustellen. Das Eingehen des Risikos ist also bei der Einführung von entgeltrelevanten Zielsystemen eher auf Unternehmerseite.

Damit ist die Nutzungsmöglichkeit von Zielvereinbarung mit Entgeltwirkung für tarifliche oder individualvertragliche Besitzstände sehr eingeschränkt. Eine Bonusregelung im Sinne der Beteiligung des Mitarbeiters an einem zusätzlichen wirtschaftlichen Nutzen, wenn er die vereinbarten Ziele erreicht, erscheint realistischer.

Nur zur Sicherheit: Zielvereinbarung oder Zielvorgabe Bisher wurde immer von Zielvereinbarung als Methode für leistungsvariables Entgelt gesprochen. Vereinbarung unterstellt, dass zwei Verhandlungspartner auf Augenhöhe etwas miteinander vereinbaren, das anschließend für beide Gültigkeit hat. Davon unterscheidet sich die Zielvorgabe und es ist wenig wahrscheinlich, dass Mitarbeiter oder Betriebsräte sich im Zusammenhang mit Entgelt auf Zielvorgaben einlassen.

Ich spreche das Thema deshalb an, weil ich die Erfahrung gemacht habe, dass es Führungskräfte gibt, die Zielvereinbarung sagen und Zielvorgabe meinen und praktizieren. Das geht nicht lange gut und kann deshalb auch keine nachhaltige Wirkung entfalten. Zielvorgabe hat durchaus ihre Berechtigung, denn Ziele zu identifizieren und für deren Erreichung zu sorgen, ist eine Führungsaufgabe. Das kann durchaus auch manchmal den Charakter von Vorgaben annehmen. Als dauerhafte Methode für leistungsvariable Vergütung ist die Zielvorgabe allerdings nur in wenigen Umgebungen denkbar, wo es gelingt, die Zielvorgabe einzel- oder kollektivvertraglich zu vereinbaren. Damit ist allerdings nur die Entgeltwirkung abgesichert. Ob damit eine nachhaltige Steuerungswirkung erzielt werden kann, bleibt für mich zumindest umstritten.

Wenn Unternehmen sich auf Zielvereinbarung als Methode leistungsvariabler Vergütung festlegen, heißt das konsequenterweise auch, sich auf einen Aushandlungs- und Vereinbarungsprozess auf Augenhöhe einzulassen. Das kann durchaus aufwendig sein, gehört dann aber zum Spiel. Unter Führungs- und Steuerungsaspekten ist die Zusammenarbeit mit qualifizierten und eigenverantwortlichen Mitarbeitern auf der Basis von Zielvorgaben ohnehin mittel- und längerfristig nicht mehr darstellbar. Die gesellschaftlichen Entwicklungstrends gehen in eine andere Richtung.

Die Theorie: Zielvereinbarung geht für alle! Kurz und bündig! Ja, aber nicht mit Entgeltwirkung. Es wäre natürlich schön, wenn man bezüglich der Entgeltgestaltung die gleiche Idee über alle Hierarchiestufen hinweg anwenden könnte. Viele Unternehmen sind auch bestrebt, Zielvereinbarungssysteme mit Entgeltwirkung über alle Unternehmensebenen hinweg anzuwenden. Allerdings: Zielvereinbarungssysteme sind Kennzahlensysteme. Wie bei Kennzahlensystemen gilt deshalb auch hier folgender Zusammenhang:

▶   Je individueller die Ziele werden, umso schwieriger wird der Zusammenhang mit Leistungsentgelt. Je tiefer Ziele in der Hierarchie gehen, desto eher geht es um Gruppen- oder Unternehmensziele und weniger um individuelle Ziele mit Entgeltwirkung.

Außerdem entfaltet eine Zielvereinbarung ihre Wirkung nur dann dauerhaft und gut, wenn der Mitarbeiter, mit dem Ziele vereinbart werden, die Erreichung dieser Ziele durch seinen persönlichen Einsatz auch maßgeblich selbst beeinflussen kann. Dazu ist eine Dispositionsfreiheit notwendig, die man tendenziell eher bei Führungskräften oder Spezialisten[24] findet und weniger bei Mitarbeitern auf der Sachbearbeiterebene oder in gewerblichen Bereichen (Tab. 2.41).

Eine Zielvereinbarung mit Kollektiven wie ganzen Gruppen, Bereichen oder Unternehmen ist ebenfalls nur schwer vorstellbar. In diesem Zusammenhang kann fast nur von Zielinformation oder -vorgabe ausgegangen werden. Kollektive Zielvereinbarungen müssten in mitbestimmten Unternehmen konsequenterweise dann mit dem Betriebsrat erfolgen. Für tariflich geregeltes Entgelt für die Zielgruppe der gewerblichen Mitarbeiter und

---

[24]Spezialisten haben keine disziplinarische Führungsaufgabe. Sie sind zum Beispiel Experten für bestimmte Technologien oder Prozesse oder sie leiten strategische Projekte, die für das Unternehmen von besonderer Bedeutung sind. Allein die Tatsache, dass es nur wenige Mitarbeiter mit dieser Funktion im Unternehmen gibt, ist noch kein Hinweis für eine Spezialistenfunktion. Die besondere Bedeutung für das Unternehmen ist ausschlaggebend.

Tab. 2.41 Unterschiedliche Zielgruppen für die Zielvereinbarung

Gewerbliche Mitarbeiter und Sachbearbeiter	Information über und Erläuterung von Unternehmens-, Bereichs- und Abteilungszielen Entgeltwirkung über die Partizipation an der Erreichung von Unternehmens-, Bereichs- und Abteilungszielen
Führungskräfte und Spezialisten	Anspruchsvolle Zielvereinbarungen mit Entgeltwirkung abhängig von der individuellen Zielerreichung

Sachbearbeiter erscheint dieser Ansatz wenig realistisch. Wenn damit unternehmerisches Risiko auf tarifliches Entgelt von Mitarbeitern[25] verlagert würde, würden Betriebsräte tendenziell zurückhaltend reagieren.

Haltung der Vertreter der Arbeitnehmerseite In meinen bisherigen Projekten, in denen Zielvereinbarung in einer breiten Anwendung für die gesamte Belegschaft diskutiert wurde und somit der Mitbestimmung unterlag, habe ich die Arbeitnehmerseite eher reserviert erlebt. Verständlicherweise, denn wenn Ziele nur noch zwischen Führungskräften und Mitarbeitern auf allen Ebenen vereinbart werden würden, dann gingen damit die Einflussmöglichkeiten der Betriebsräte zurück. Außerdem ist es in der Tat nicht einfach, bei der Vereinbarung von Zielen einigermaßen gleiche Verhandlungspositionen zwischen Mitarbeitern und Führungskräften zu schaffen. An der Stelle befürchten Mitarbeitervertreter nicht ganz unberechtigt, dass durch das Verhandeln an vielen Stellen die konzentrierte Verhandlungspotenz der Gremien „ausgehebelt" wird.

Die eben diskutierten Aspekte von Chancen und Risiken spielen auch für die Arbeitnehmervertretungen eine wesentliche Rolle. Ihre Aufgabe besteht ja geradezu darin, die Risiken für ihre Klientel so gering wie möglich zu halten.

Gleichzeitig birgt Zielvereinbarung aus der Sicht der Mitarbeiter tendenziell gute Einkommenschancen und hat deshalb für die Mitarbeitervertreter auch eine gewisse Attraktivität, da eher zu niedrige als zu hohe Ziele vereinbart werden. Zumindest kann man darauf spekulieren. Unternehmer sehen dieses Risiko durchaus auch und deshalb werden auch Methoden der Budgetkontrolle oder Deckelung diskutiert, die wiederum von der Arbeitnehmerseite als Einschränkung der Attraktivität wahrgenommen und im Zuge von Einführungsprozessen kontrovers diskutiert werden. Manchmal scheitern Betriebsvereinbarungen zur „Zielvereinbarung" auch an diesen Aspekten.

---

[25]In den ERA-Tarifverträgen der Metall- und Elektroindustrie ist dies für das tarifliche Leistungsentgelt explizit ausgeschlossen.

2.2.3.3 Wie könnte eine funktionierende Zielvereinbarung mit Entgeltwirkung aussehen?

Dem Unterton meiner bisherigen Ausführungen zur Zielvereinbarung mit Entgeltwirkung ist leicht zu entnehmen, dass ich die Hürden relativ hoch einschätze, Zielvereinbarung mit Entgeltwirkung für alle Mitarbeiter einigermaßen kostenneutral einzuführen. Ich hoffe, dass ich damit Ihre Sinne geschärft habe. Wie die anderen Methoden für leistungsvariables Entgelt braucht auch die Zielvereinbarung volle Aufmerksamkeit.

Wenn man die bisherigen Überlegungen zur Zielvereinbarung mit Entgeltwirkung zusammenfassend betrachtet und versucht, dies in eine handhabbare Form zu bringen, dann kommt dafür die Zieloptimierung infrage, wie sie von Jens Tigges und Gunther Wolf in Abschn. 3.3 beschrieben wird oder auch folgendes Beispiel. Es stellt sicher, dass Individual- und Team- beziehungsweise Unternehmensziele bei Sonderaufgaben und die Leistung bei den Standardaufgaben in das Leistungsentgelt einfließen können (Tabs. 2.42 und 2.43).

Eine ausgefüllte Zielkarte mit Ergebnissen könnte wie Tab. 2.44 aussehen.

Auch in diesem Beispiel wird ein wesentlicher Teil des Leistungsentgelts durch die Leistungsbeurteilung gesteuert, mit der die Standardaufgaben bewertet werden. Unternehmens- und Individualziele haben jeweils ein Gewicht von 20 %. Aus diesem Grund

Tab. 2.42 Zielkarte mit Zielen und Leistungsbeurteilung

Mitarbeiter			Vorgesetzter		freigegeben von		Ziele 201x			
Abteilung			vereinbart am		freigegeben am					
Nr.	Unternehmens-ziele	Basis	Einheit	0 %	25 %	50 %	75 %	100 %	IST	Richt-punkte	Punkte
Nr.	Team-/Individualziele	Basis	Einheit	0 %	25 %	50 %	75 %	100 %	IST	Richt-punkte	Punkte
Nr.	Leistungs-beurteilung	Basis	Einheit	0 %	25 %	50 %	75 %	100 %	IST	Richt-punkte	Punkte
									100	Sumem
Unterschrift Mitarbeiter				Unterschrift Führungskraft							

Tab. 2.43 Erläuterungen zur Zielkarte

Basis	Aktueller Wert der Kennzahl für das jeweilige Ziel, den angestrebten Zustand, z. B. Durchlaufzeit für einen Auftrag: 3,7 h
Einheit	Einheit der Kennzahl, die gemessen wird: z. B. Stunden
100 %	Gibt den anvisierten Zielzustand wieder. Die Stufen davor (0 bis 75 %) beschreiben, welcher Zustand noch akzeptabel ist, wenn 100 % nicht erreicht werden.
IST	Der tatsächlich erreichte Wert nach der Zielperiode. Wo es sinnvoll ist, können erreichte Zwischenstufen durch Interpolation den IST-Wert ergeben.
Richtpunkte	Sie spiegeln die Gewichtung des jeweiligen Ziels wider und summieren sich zu 100.
Punkte	Gewichtetes Ergebnis aus IST x Richtpunkte
Summe	Summe aller gewichteten Punkte
Leistungsbeurteilung	Aus der Leistungsbeurteilung in Tab. 2.24 können die Beurteilungspunkte übernommen werden. Bei der Durchführung der Leistungsbeurteilung im Rahmen der Zielvereinbarung bleiben alle Qualitätsanforderungen an Leistungsbeurteilungen aus Abschn. 2.2.2.3 gültig. 0 Punkte = 0 %, 7 Punkte = 25 %, 14 Punkte = 50 %, 21 Punkte = 75 %, 28 Punkte = 100 %

ist dieses Beispiel auch bei Funktionen anwendbar, die relativ stark durch Kennzahlen beschrieben werden können. In kaufmännischen Sachbearbeiterfunktionen, in denen eher weniger Ziele gemessen werden können, kann die Gewichtung der Leistungsbeurteilung erhöht werden, ohne dass ein Systemwechsel erfolgen muss.

Das ist der Charme dieser Variante!

Der Wermutstropfen: Sie ist relativ aufwendig und ich kenne nur wenige Unternehmen, die bereit sind, diesen Aufwand zu betreiben. Das lohnt sich dann, wenn der Aufwand auch tatsächlich zu einer nennenswerten Entgeltdifferenzierung führt. Die Erfahrung lehrt mich eher das Gegenteil, sodass ich diese Zielkarte zwar charmant finde, aber für die dauerhafte Anwendung nur dann als tauglich bewerte, wenn sichergestellt ist, dass der Ziel- und Beurteilungsprozess tatsächlich mit hohem Anspruch gelebt wird und eine hohe unternehmerische Steuerungswirkung entfaltet. Dann sind der Nutzen und die nachhaltige Wirksamkeit hoch. Das ist ein organisationaler Lernprozess, der bewusst gestaltet werden muss. Ansonsten rate ich eher zur einfachen Leistungsbeurteilung, dafür aber richtig durchgeführt.

2.2.3.4 Einführungsprozess

In Kap. 4 wird der Einführungsprozess für leistungsvariable Entgeltsysteme insgesamt dargestellt. Hier betrachten wir die speziellen Anforderungen für die Einführung von Zielvereinbarungssystemen.

Tab. 2.44 Ausgefüllte Zielkarte mit Ergebnissen und Gesamtbewertung

Mitarbeiter				Vorgesetzter		Freigegeben von			Ziele 2013		
Abteilung				Vereinbart am		Freigegeben am					
Nr.	Unternehmens- ziele	Basis	Ein- heit	0%	25%	50%	75%	100%	IST	Richt- punkte	Punkte
1	Umsatzrendite	4	%	4	4,4	4,8	5,2	6	5,2	10	7,5
2	Marktanteil Produkt A	32	%	36	38	40	44	48	38	5	1,25
3	Maschinen- nutzungszeit	85	%	86	87	88	89	90	89	5	3,75
Nr.	Team-/ Individualziele	Basis	Ein- heit	0%	25%	50%	75%	100%	IST	Richt- punkte	Punkte
4	Bearbeitungs- zeit pro Auftrag	27	Min	25	24	23	21	19	23	10	5
5	Anzahl der Reklamationen pro Monat	4	Stk.	4	4	3	3	2	2	10	10
Nr.	Leistungsbe- urteilung	Basis	Ein- heit	0%	25%	50%	75%	100%	IST	Richt- punkte	Punkte
6			Pkte.	0	7	14	21	28	14	60	30
										100	57,5
Unterschrift Mitarbeiter						Unterschrift Führungskraft					

57,5 Punkte ergeben 57,5 % der maximalen Leistungszulage, die in einer unternehmensspezifischen Leistungs-/Entgeltrelation wie bei der Leistungsbeurteilung festzulegen ist (siehe
Abschn. 2.2.2.5)

Für die erfolgreiche Einführung von Zielvereinbarungssystemen mit Entgeltwirkung
sind folgende Aspekte von Bedeutung:

- Zielvereinbarung als Methode variablen Leistungsentgelts hat nur dann eine gute
  Chance, wenn Ziele nicht nur „als Geldverteilungsinstrument", sondern in erster Linie
  als unternehmerisches Steuerungsinstrument verwendet werden. Das Nebenprodukt
  ist die Entgeltwirkung.
- Es ist notwendig, ein unternehmensspezifisches Zielsystem mit den entsprechenden
  Unterlagen und Abläufen zu schaffen. Das ist eine Aufgabe, der sich der
  Controlling-Bereich annehmen kann.
- Designen Sie Ihr Zielsystem nicht nebenbei. Erarbeiten Sie „Ihr Zielsystem" im Rah-
  men eines Projekts mit einem professionellen Projektmanagement (Projektgruppe,
  Projektleiter, …).
- Des Weiteren ist es notwendig, Kennzahlen für das Unternehmen zu erarbeiten, die eine
  Antwort auf die Frage geben: Woran erkennen wir, ob wir gut sind beziehungsweise ob
  es dem Unternehmen gut geht? Auch das ist eine Aufgabe für den Controlling-Bereich.

- Es empfiehlt sich, das Arbeiten und Denken in Zielen zwei bis drei Zielperioden lang im Trockenlauf ohne Entgeltwirkung auszuprobieren. Erst wenn die Organisation das Denken und Arbeiten in Zielen verinnerlicht hat, ist eine Verbindung zu Entgelt sinnvoll.
- Schulen Sie Ihre Führungskräfte im Umgang mit Zielvereinbarungen und lassen Sie Ihnen Zeit zum Üben.
- Beginnen Sie am besten mit Zielvereinbarungen für die Führungskräfte und gehen Sie dann in der Organisation sukzessive tiefer.
- Und noch einmal: Ziele sind in erster Linie Steuerungsinstrument und erst in zweiter Linie zur Entgeltfindung wichtig.

2.2.3.5 Qualitätssicherung: Vorbeugende Wartung ist Trumpf

Wenn die Feststellung des Zielerreichungsgrades abgeschlossen ist, sind die Möglichkeiten zur Einflussnahme auf die Qualität des Prozesses sehr eingeschränkt. Wenn dann Zielerreichungsgrade aus dem erwarteten Rahmen fallen und HR-Bereiche durch nachträgliches Korrigieren von Gewichtungen und Punktwerten die finanziellen Fehlentwicklungen „einfangen" müssen, ist qualitativ nicht mehr viel zu retten. Deshalb sind aus meiner Sicht zwei unterstützende Maßnahmen notwendig, um die nachhaltige Wirkung von Zielvereinbarungssystemen auch dauerhaft zu sichern.

- Lassen Sie sich von den Führungskräften drei Monate vor dem Ablauf der Zielperiode ein vorläufiges Feedback geben, sodass Sie diesen Stand auswerten und zusammenfassen können. Diese Auswertung der Zielerreichungsverteilung der verschiedenen Bereiche und die resultierende Entgeltspreizung stellen Sie den Führungskräften in einer Zielkonferenz (Methode „Beurteilerkonferenz" (siehe Abschn. 2.2.2.3) zur Verfügung, sodass sie sehen können, wo sie ungefähr „landen" werden. Sichten Sie dabei gemeinsam Korrekturbedarfe und geben Sie diese den Führungskräften für die abschließende Beurteilung der Zielerreichungsgrade mit auf den Weg.
- Achten Sie in diesen Besprechungen auch gemeinsam auf die unterschiedlichen Anforderungsniveaus auf verschiedenen Job-Levels.
- Nach Abschluss der Zielperiode erhalten die Führungskräfte wieder Feedback bezüglich der Zielerreichungsgrade in ihrem Bereich im Vergleich zu anderen Bereichen.
- Um eine finanzielle Kontrolle zu behalten, können wie bei der Leistungsbeurteilung auch hier Vorgaben notwendig sein, wie hoch die Zulagen oder Prämien aus der Zielerreichung insgesamt sein dürfen.

Fazit

Zielvereinbarung mit Entgeltwirkung funktioniert dann nachhaltig, wenn die Entgeltwirkung ein Ergebnis eines durchgängigen Unternehmenszielprozesses ist. Dann entfaltet Zielvereinbarung auch eine Steuerungswirkung, die für das Unternehmen einen zusätzlichen wirtschaftlichen Nutzen stiftet. Wenn diese Voraussetzung nicht gegeben ist, ist es klüger eine andere Leistungsentgeltmethode zu wählen.

Ziele müssen genau definiert sein. Die SMART-Regel ist wichtig, aber die Erfüllung von Standarderwartungen kann auch beurteilt werden. Ziele sind eher für die Extrameile und müssen deshalb auch einem Quervergleich auf dem gleichen Anforderungsniveau standhalten. Mitarbeiter auf der gleichen Ebene müssen gleich anspruchsvolle Ziele haben. Sonst werden „Schräglagen" entstehen, die als ungerecht empfunden werden und die die dauerhafte Wirkung als Entgeltsystem beeinträchtigen.

Zielvereinbarung ist eher für die Ebenen im Unternehmen geeignet, die auch nennenswerte Einflussmöglichkeiten haben. Dazu zählen eher Führungskräfte und Spezialisten und weniger Sachbearbeiter und gewerbliche Mitarbeiter. Bei Störungen werden Ziele nicht gleich angepasst, sondern der Charme von Zielvereinbarung besteht unter anderem darin, mit den Störungen klug umzugehen.

2.2.4 Kennzahlen – Zielvereinbarung – Leistungsbeurteilung: Die drei Methoden im direkten Vergleich

Jede der drei vorgestellten Methoden für variables Leistungsentgelt hat ihre Berechtigung und ihre Vor- und Nachteile. Es geht nun darum, die für die jeweilige Methode geeigneten Anwendungsfelder und Anwendungsbedingungen zu identifizieren, um eine Antwort auf die Frage zu finden: „Wann ist welche Methode richtig?" Die Frage ist ausdrücklich nicht: „Was ist denn gerade Mode?" oder „Was hat man denn gerade so?", sondern „Was passt zu unserer Organisation?" Selbstverständlich sind auch Kombinationen möglich, wie sie auch in den verschiedenen Beispielen vorgestellt wurden und werden. Trotzdem möchte ich gerne die „Reinformen" miteinander vergleichen, um die unterschiedlichen Anwendungsbereiche und Anwendungsbedingungen klarer herausarbeiten zu können.

Das Prinzip der folgenden Tabelle ist also: Je mehr Merkmale in einer Spalte für Ihre Organisation oder einzelne Bereiche Ihres Unternehmens zutreffen, desto höher ist die Wahrscheinlichkeit, dass diese Methode für Ihre Organisation oder einzelne Bereiche die richtige ist (Tab. 2.45).

2.3 Ergebnisabhängiges Erfolgsentgelt

Diese Komponente für leistungsvariables Entgelt hebt darauf ab, dass das Ergebnis des Unternehmens einen Einfluss auf das Entgelt der Mitarbeiter hat. Damit werden zwei Hauptziele verfolgt.

- Zum einen interessieren sich die Mitarbeiter sofort intensiver für das Unternehmen und seine Entwicklung, wenn ihr Entgelt damit zusammenhängt. Peter Bender hat dies in seinem Beitrag in Abschn. 3.4.4 an einem einfach zu realisierenden Beispiel aufgezeigt. Erfolg und Misserfolg des Unternehmens werden damit sichtbar und spürbar, und sie beeinflussen und steuern auch das Verhalten der Mitarbeiter.

Tab. 2.45 Vergleich der drei Methoden für leistungsvariables Entgelt

	Leistungsbeurteilung	Kennzahlen (Akkord und Prämie)	Zielvereinbarung
Organisatorische Rahmenbedingungen	Viele unterschiedliche Arbeitsplätze, die kaum vergleichbar sind.	Viele gleiche oder vergleichbare Arbeitsplätze. Weitgehend eingeschwungene und stabile Prozesse. Varianten-arme Serien. Hohe Auftragslosgrößen. Langzeitstabiles Kundenverhalten.	Zielprozess ist im Unternehmen verankert. Unternehmens- und Bereichsziele sind existent. Stabile Ziele, die sich nicht mehrmals im Jahr ändern. Hoher Anteil an homogenen Tätigkeiten, die die Ermittlung von Kennzahlen wirtschaftlich sinnvoll und Ergebnisse vergleichbar machen.
Wirtschaftliche Rahmenbedingungen	Wenn Kennzahlenermittlung wirtschaftlich nicht sinnvoll ist.	Kennzahlen stehen bereits zur Verfügung oder sind wirtschaftlich sinnvoll zu ermitteln.	Kennzahlen stehen auf allen Ebenen des Unternehmens bereits zur Verfügung oder sind wirtschaftlich sinnvoll zu ermitteln.
Methodische Aspekte	Wenn Leistung mehrdimensional ist, also verschiedene Verhaltens- und Leistungsmerkmale gültig sind, überwiegend qualitative Merkmale, die nur schwer messbar sind.	Wenn Leistung sich auf wenige (aus meiner Sicht höchstens drei) Kennzahlen reduzieren lässt, die langzeitstabil sind.	Wenn Leistung sich mit wenigen (aus meiner Sicht höchstens fünf) Zielen erfassen lässt.
Aufwand für Administration	Eher gering	Eher hoch, da Kennzahlen laufend zuverlässig und genau erfasst und vorgehalten werden müssen. Gegebenenfalls müssen Vorgabezeiten ermittelt werden.	Die Anforderungen an den Unternehmenszielprozess sind eher hoch. Kennzahlen müssen laufend erfasst werden.

(Fortsetzung)

Tab. 2.45 (Fortsetzung)

	Leistungsbeurteilung	Kennzahlen (Akkord und Prämie)	Zielvereinbarung
Anforderungen an die Führungskräfte	Eher hoch: Bereitschaft, Fähigkeit und Möglichkeit, das Leistungsverhalten der Mitarbeiter unterjährig zu beobachten und Fähigkeit zum differenzierten Wahrnehmen von Leistung.	Eher niedrig: Steuerung findet über die Kennzahlen statt. Kennzahlen geben Feedback.	Eher hoch: Führungskräfte, die kooperativ führen und in der Lage sind, Leistungsmöglichkeiten der Mitarbeiter realistisch einzuschätzen und Ziele auszuhandeln.
Organisationseinheiten	Individuen	Individuen, Gruppen, Bereiche und Unternehmen	Individuen
Zielgruppen für die Anwendung	Möglich für alle Mitarbeiter auf allen Ebenen: administrative und technische Bereiche	Eher fertigungsnahe gewerbliche Bereiche und Vertrieb	Eher AT-Mitarbeiter und Spezialisten

- Zum anderen passen sich Ausgaben für Prämien den Ergebnissen und der Leistungsfähigkeit des Unternehmens an. Ein Teil der Personalkosten wird flexibilisiert und
  fällt nur dann an, wenn bestimmte wirtschaftliche Rahmenbedingungen erfüllt sind.

Damit zählt diese Entgeltkomponente aus meiner Sicht zu einem hochwirksamen Kernelement nachhaltigen Vergütungsmanagements. Allerdings gilt dies auch hier wiederum nur unter der Voraussetzung, dass es nicht nur als Entgeltelement, sondern als
Steuerungselement im Unternehmen gehandhabt wird. Folgendes Beispiel kann dies verdeutlichen:

Beispiel

In einem Unternehmen der Elektroindustrie mit circa 2000 Mitarbeitern wurde vor
etwa zehn Jahren zusätzlich zu den tariflichen Leistungen eine Jahresprämie eingeführt. Das Unternehmen war seit vielen Jahren tarifgebunden. Die tariflichen
Leistungszulagen waren bei fast allen Mitarbeitern auf einem weit übertariflichen
Niveau. Im gewerblichen Bereich lagen die Akkordsätze weit über dem tariflichen Soll und die Leistungszulagen bei Angestellten waren quasi-fix. Es war keine
Bewegung mehr im System.

Die Idee war damals nun, durch diese Jahresprämie wieder mehr Dynamik zu
erzeugen und die Mitarbeiter wieder mehr mit dem betrieblichen Geschehen zu kon-
frontieren und sie auch zu motivieren, auf das betriebliche Geschehen Einfluss zu
nehmen, um gemeinsam für eine gute Jahresprämie zu sorgen. Dummerweise war die
wirtschaftliche Entwicklung im Jahr der Einführung so schlecht, dass es keine Jahresprämie gegeben hätte. Um die Attraktivität dieser Prämie nicht schon im ersten Jahr
zu beschädigen, wurde der Erwartungswert trotzdem an die Mitarbeiter ausgezahlt.
Im zweiten Jahr wurde der Erwartungswert auch nicht erreicht und die Prämie trotzdem in voller Höhe ausbezahlt. Man wollte sich bei anziehender Konjunktur die Mitarbeiter gewogen halten.

Sie können sich sicher vorstellen, wie sich die Geschichte weiterentwickelt hat.
Heute ist diese ursprünglich variabel gedachte Prämie ein weiterer Teil der fixen
Personalkosten, allerdings auf einem noch höheren Niveau. Die Gründe waren zum
jeweiligen Zeitpunkt nachvollziehbar und trotzdem wurde die nachhaltige Wirkung
durch eigenes Handeln beschädigt.

Voraussetzung für die nachhaltige Wirkung einer variablen ergebnisabhängigen Vergütungskomponente ist, dass sie konsequent entlang der definierten Kennzahlen ausbezahlt wird: in guten Jahren reichlich und in schlechten Jahren eben entsprechend
niedriger oder gar nicht. Mitarbeiter freuen sich darüber nicht und es kann auch sein,
dass es Diskussionen gibt. Aber das Gros der Mitarbeiter versteht und akzeptiert das sehr
wohl – wenigstens auf den zweiten Blick und bei einem zweiten Erklären und Nachdenken.

Im Folgenden möchte ich gerne drei Fragen nachgehen, die in diesem Zusammenhang interessant sind:

1. Wie kommt der „Kuchen"[26] (das Budget) für eine Erfolgsbeteiligung zustande?
2. Wie kann der „Kuchen" verteilt werden?
3. Welche Formen der Auszahlung sind denkbar?

Aus meiner Sicht ist es sinnvoll, die Überlegungen bezüglich der Entstehung und der Verteilung des „Kuchens" getrennt anzustellen.

2.3.1 Wie kommt der „Kuchen" zustande?

Beispiel

Vor einigen Jahren habe ich einen Unternehmer kennengelernt, der mir von seinen Erfahrungen mit erfolgsabhängigen Vergütungskomponenten erzählte. Er war ursprünglich fest davon überzeugt, dass er mit einer erfolgsabhängigen Vergütungskomponente einen guten Beitrag zur Steuerung und Weiterentwicklung seines Unternehmens leisten könne. Seine Idee war, einen festen Betrag des Gewinns seines Unternehmens dazu zu verwenden, Teams, die besondere Ergebnisse erzielten, besonders zu belohnen. Sein Problem war: Er wollte den Gewinn des Unternehmens nicht nennen und er wollte sich die Verteilung der Prämien auf die Teams selbst vorbehalten. Es sollte ja einfach sein. Inzwischen ist er eher frustriert, weil es ihn immer noch Geld kostet, aber nicht mehr die gewünschte Wirkung erzielt. Am Anfang seien die Mitarbeiter erfreut gewesen – es gab mehr Geld. Aber dann habe es immer mehr unerfreuliche Diskussionen um die Verteilung und Zweifel am Gesamtbudget gegeben. Es wurde kritisiert, dass unternehmerische Entscheidungen, die die Mitarbeiter nicht zu verantworten hatten, die Größe des „Kuchens" schmälerten. Insgesamt erlebte der Unternehmer dies als sehr frustrierend.

Fazit: Es war gut gemeint, aber nicht gut gemacht. Da sich die Entstehung des „Kuchens" wie auch dessen Verteilung in einer Blackbox für die Mitarbeiter nicht nachvollziehbar abspielte, fehlte die für gefühlte Gerechtigkeit notwendige Transparenz. Außerdem konnte in der Black Box keine Steuerungswirkung entstehen.

Eine wichtige Voraussetzung für die nachhaltige Wirksamkeit von erfolgsabhängigen Vergütungskomponenten ist die Transparenz und Nachvollziehbarkeit sowohl bei

---

[26]Der Begriff „Kuchen" mag an der Stelle manchem als zu salopp erscheinen. Ich habe allerdings die Erfahrung gemacht, dass dieses Bild deutlich macht, dass es immer um die Verteilung einer begrenzten Ressource geht, die vorher erwirtschaftet (gebacken) wurde.

der Entstehung wie auch bei der Verteilung des „Kuchens". Wenn diese Vergütungskomponente ihre volle Wirkung entfalten soll, muss sie folglich nachvollziehbar an eine
nicht manipulierbare Kennzahl[27] gebunden sein. Dabei sind der Kreativität wiederum
keine Grenzen gesetzt. Dafür kommen infrage:

- x Prozent vom Gewinn,
- x Prozent vom EBIT,
- Umsatzwachstum,
- Umsatzrentabilität,
- Entwicklung des Cashflow,
- Produktivität (für Fertigungsbetriebe).

Ein schönes Beispiel wurde in einem IT-Unternehmen realisiert, das in dieser Form
aber auch auf andere Unternehmen übertragbar ist. Das Unternehmen ist eine Aktien-
gesellschaft und damit ohnehin zur Publizität verpflichtet. Deshalb wurde die Umsatzrentabilität als Kennzahl verwendet. Für diese Kennzahl lag auch eine sinnvolle Historie
über mehrere Jahre vor, sodass die Inhaber und auch die Mitarbeiter leicht über mehrere
Jahre rückwärts rechnen konnten, welche Prämie es gegeben hätte, wenn diese Kennzahl
immer schon verwendet worden wäre. Folgendes einfache Schema in Tab. 2.46 wurde
angewendet.

Die durchschnittliche Umsatzrendite der Vorjahre lag bei 5 %. Ein konstant bezahltes
Urlaubsgeld in den Vorjahren lag bei 0,5 Monatsgehältern für alle Mitarbeiter und wurde
überführt in diese Bonusregelung. Damit war die Einführung der Bonusregelung ergebnisneutral finanziert.

Wenn mehrere Dimensionen beziehungsweise Kennzahlen in den Erfolgsbonus
einfließen sollen, so lässt sich dies mit sogenannten „Hebesätzen" einfach realisieren. Ausgangspunkt für das Bonusvolumen bleibt zum Beispiel die Umsatzrendite.
Aber auch andere Kennzahlen wie EBIT oder Cashflow sind für die Bestimmung des
Ausgangsbonusvolumens denkbar. Andere Kennzahlen, die für eine positive Unternehmensentwicklung kennzeichnend sind wie zum Beispiel Lieferfähigkeit, Abfall-
kosten, Werkzeugkosten, Auftragsdurchlaufzeit, Produktivität, Kundenzufriedenheit,
Reklamationsquote oder CO_2-Ausstoß steigern oder mindern das Ausgangsbonus-
volumen. Diese zusätzlichen Kennzahlen können sich durchaus von Jahr zu Jahr ändern,
je nachdem, welche Themen oder Probleme im Unternehmen aktuell eine besondere
Rolle spielen und in den Fokus gerückt werden sollen (Tab. 2.47).

---

[27]Wir wissen natürlich, dass fast alle Kennzahlen manipuliert werden können. Aber schon der
Gedanke daran widerspricht den Grundsätzen nachhaltigen Personalmanagements. Es gibt allerdings auch immer eine Gruppe von Mitarbeitern, die reflexartig Manipulation befürchtet oder
unterstellt. Nehmen Sie diese Gruppe wahr, aber richten Sie nicht Ihr Handeln an ihr aus.

Tab. 2.46 Bonus abhängig von der Umsatzrendite

Umsatzrendite (%)	Bonus in durchschnittlichen Monatsgehältern	Bonusvolumen bei z. B. 30 Mio. € Umsatz (€)
0	0,0	79.104
1	0,1	158.209
2	0,2	237.313
3	0,3	316.417
4	0,4	395.522
5	0,5	474.626
…	…	…
17	1,7	1.344.773
18	1,8	1.423.877
19	1,9	1.502.982
20	2,0	1.582.086

Tab. 2.47 Bestimmung des Bonusvolumens mit Hebesätzen

Ausgangsbonus-volumen aus z. B.	Zusatzkennzahl 1 (z. B. Kunden-zufriedenheit)	Zusatzkennzahl 2 (z. B. Produktivität)	Zusatzkennzahl 3 (z. B. CO_2-Ausstoß)
× Prozent vom Gewinn	× 1,2	× 1,2	× 1,2
× Prozent von EBIT Umsatzwachstum Umsatzrentabilität	× 1,1	× 1,1	× 1,1
	× 1,0	× 1,0	× 1,0
	× 0,9	× 0,9	× 0,9
	× 0,8	× 0,8	× 0,8

Je mehr Kennzahlen einfließen, umso höher ist selbstverständlich die Steuerungs-wirkung. Gleichzeitig nimmt aber auch die Komplexität zu. Dies ist nicht zu unter-schätzen, denn die Anforderungen sind hoch: Jede dieser Kennzahlen muss verlässlich erfasst und nachvollzogen werden können. Sobald die Richtigkeit von entgeltrelevanten Kennzahlen bezweifelt wird, fällt die Wirksamkeit und Haltbarkeit deutlich ab – und eines ist sicher: Kennzahlen, die entgeltrelevant sind, stehen immer unter besonderer Beobachtung.

Unternehmen, die Finanzkennzahlen nicht verwenden möchten, weil sie Transparenz an dieser Stelle noch scheuen, können andere Kennzahlen verwenden, die indirekt eine positive Entwicklung darstellen können.

Gute Erfolge konnten auch schon damit erzielt werden, den finanziellen Nutzen einer angepeilten Produktivitätssteigerung zu errechnen und das Bonusvolumen daran festzumachen. Ein Teil der Einsparungen, die durch Produktivitätssteigerungen erzielt werden, wird im Sinne des „Gainsharing-Prinzips" an die Mitarbeiter weitergegeben, ein Teil verbleibt im Unternehmen. Ob 50/50 oder 25/75 – die richtige Aufteilungsquote in Ihrem Unternehmen hängt von den Umständen ab. Jede Produktivitätssteigerung erhöht jedenfalls das Bonusvolumen, jede Reduzierung der Produktivität mindert das Bonusvolumen.

▶ Wie auch immer das Bonusvolumen im Unternehmen entsteht, ich empfehle, die absolute Höhe des Bonusvolumens in Euro auch zu veröffentlichen. Die Wirkung ist deutlich stärker im Vergleich zu der üblichen Vorgehensweise, bei der nur kommuniziert wird, dass jeder Mitarbeiter x, y Monatsgehälter als Jahresprämie oder -bonus bekommt.

2.3.2   Wie kann der „Kuchen" verteilt werden?

Es ist spannend wie unterschiedlich die Ansätze und Grundhaltungen zur Verteilung des Bonusvolumens sein können. Auch hier gibt es aus meiner Sicht kein „richtig" oder „falsch", sondern nur die Orientierung daran, was man erreichen möchte und was im jeweiligen Unternehmen auf der Basis der aktuellen Kultur und der gesamten Rahmenbedingungen auch realisierbar ist.

Beispiel

Vor einigen Jahren hat mich der Eigentümer eines bekannten Unternehmens zur Verteilung eines Bonus um Rat gefragt. Das Unternehmen hatte ein ausgesprochen erfolgreiches Jahr hinter sich, das allerdings wohl auch ausgesprochen anstrengend gewesen war. Er hatte ein sehr attraktives Bonusvolumen im Kopf und hatte mit seinen Führungskräften schon über die Verteilung dieses Bonusvolumens diskutiert. Er war irritiert, dass diese an sich schöne Aufgabe des Verteilens von viel Geld, unerwartet schwierig war und war nahe daran, es doch lieber zu lassen, bevor er damit das Gegenteil dessen erreichte, was er eigentlich wollte: Seine Mitarbeiter am Ergebnis ihres Schaffens zu beteiligen!

Drei Grundformen stehen für das Verteilen des „Kuchens" zur Verfügung[28] (Tab. 2.48).
Unter dem Aspekt einer leistungsvariablen Vergütung ist Variante 1 nicht wirksam. Sie berücksichtigt nicht, in welchem Umfang ein Mitarbeiter zum Ergebnis beigetragen hat. Es kann andere Gründe geben, trotzdem Variante 1 zu wählen. Dies kann der Fall

---

[28]Eine Mischform aus anforderungs- und leistungsorientiert stellt die Verteilung nach der Höhe des Monatsgehalts dar. Das Monatsgehalt beinhaltet in der Regel bereits beide Aspekte.

Tab. 2.48 Grundformen zur Verteilung des Bonusvolumens

Variante 1: Gleichmäßige Verteilung	Das Bonusvolumen wird durch die Anzahl der Mitarbeiter geteilt. Alle Mitarbeiter erhalten einen in Euro gleichen Betrag.
Variante 2: Anforderungs-orientierte Verteilung	Die Anforderungsniveaus der unterschiedlichen Tätigkeiten sind in Entgeltgruppen oder Vergütungsstufen abgebildet und je nach Entgeltgruppe ist der Anteil am Bonusvolumen unterschiedlich hoch.
Variante 3: Leistungs-orientierte Verteilung	Leistungsstufen resultieren aus einer Leistungsbeurteilung oder Zielerreichung und der Anteil am Bonusvolumen fällt abhängig von der Leistungsstufe unterschiedlich hoch aus.

sein, wenn es darum geht, einfach die Mitwirkung an einem gemeinsamen Ergebnis oder Zugehörigkeit zum Unternehmen zu honorieren.

Wenn man Variante 2 wählt, ist sichergestellt, dass die unterschiedlichen Beiträge, die in unterschiedlich wichtigen Funktionen geleistet werden, honoriert werden. Leistung spielt aber auch dabei keine Rolle und deshalb ist auch Variante 2 bei leistungsvariabler Vergütung nicht wirksam.

Die Verwendung von Variante 3 stellt Leistungsorientierung in hohem Maße sicher, hat aber den Nachteil, dass Spitzenleister im Lager und Spitzenleister in der Forschung & Entwicklung mit gleichen Bonusanteilen bedient werden. Auch dies wird in manchen Umgebungen als ungerecht empfunden.

Eine optimale Wirkung erzielt man mit einer Mischform aus den Varianten 2 und 3. Deshalb ist die Bezugsgröße des Monatsgehalts dann hilfreich, wenn darin tatsächlich das Anforderungsniveau einer Tätigkeit in Form von Entgeltgruppen und Leistungselemente (aus Kennzahlen, Leistungsbeurteilung oder Zielerreichung) einfließen. Dann ist es sinnvoll, zum Beispiel eine Verteilung nach dem Muster in Tab. 2.49 zu verwenden.

Allerdings kommt es vor, dass in den Monatsgehältern noch „alte" Einflüsse abgebildet sind, die systematisch nichts mit dem Anforderungsniveau und/oder individueller Leistung zu tun haben. Dann ist eine Punktematrix hilfreich, die so aufgebaut ist, dass ein Mitarbeiter umso mehr Bonuspunkte erhält, je höher seine Aufgabe bewertet ist[29] und je höher seine persönliche Leistung[30] beurteilt wird (Tab. 2.50).

Jeder Mitarbeiter erhält mit seinen persönlichen Bonuspunkten einen prozentualen Anteil an der Summe aller Bonuspunkte. Den gleichen prozentualen Anteil erhält er vom Gesamtbonusvolumen.

Auch diese Form der Bonusverteilung kann wiederum von den Anhängern von Variante 1 als ungerecht empfunden werden. Es stoßen letztlich sehr unterschiedliche „Weltbilder" aufeinander, die wir in Unternehmen finden. Auch hier werden wir mit leistungsvariabler Vergütung nicht alle unterschiedlichen Ansprüche erfüllen können.

---

[29]Vertikal über die Vergütungsstufe (VS) oder Entgeltgruppe.
[30]Horizontal über die Leistungsstufe (hier A, B1, B2, B3 und C).

Tab. 2.49 Individueller
Bonus abhängig von der
Umsatzrentabilität

Umsatzrendite (%)	Bonus in Monatsgehältern
0	0,0
1	0,1
2	0,2
3	0,3
4	0,4
5	0,5
…	…
17	1,7
18	1,8
19	1,9
20	2,0

Tab. 2.50 Bonuspunktematrix:
Persönliche Bonuspunkte

Leistungsstufe	C	B3	B2	B1	A
VS 7	5,53	7,36	11,07	14,78	18,43
VS 6	4,16	5,53	8,32	11,11	13,86
VS 5	3,13	4,16	6,26	8,35	10,42
VS 4	2,35	3,13	4,71	6,28	7,83
VS 3	1,77	2,35	3,54	4,72	5,89
VS 2	1,33	1,77	2,66	3,55	4,43
VS 1	1	1,33	2,00	2,67	3,33

Fazit

Allerdings möchte ich noch einmal in Erinnerung rufen, dass es darum geht, Menschen dauerhaft (nachhaltig) das Gefühl zu geben, dass ihr persönlicher Input für sie zu einem angemessenen persönlichen Output führt. Dabei scheint es aus meiner Sicht wichtiger, die Spitzenleister und Leistungsträger des Unternehmens zu „bedienen". Dann ist die nachhaltige Wirksamkeit eines leistungsvariablen Vergütungssystems sichergestellt.

2.3.3 Welche Formen der Auszahlung sind denkbar?

Die klassische Ausschüttung von ergebnisabhängigen Boni erfolgt auf Jahresbasis, da dieses Vergütungselement tendenziell auch auf der längerfristigen Entwicklung des Unternehmens basiert. Wenn man nachhaltige Entwicklung in den Fokus rücken möchte, ist dies auf der Basis kurzfristiger Entwicklungen eher weniger wahrscheinlich. Der Jahreshorizont ist hierfür besser geeignet. Längerfristige Zyklen sind wiederum eher weniger hilfreich[31], da die Zahlungen nicht mehr mit konkreten, erinnerbaren Ereignissen in Zusammenhang stehen.

Die Auszahlung kann als Sonderzahlung erfolgen, die nach entsprechenden Abzügen als Einmalbeträge an die Mitarbeiter ausgezahlt werden. Ohne es an dieser Stelle weiter vertiefen zu können, sind aber auch andere Transfers an den Mitarbeiter denkbar, die aus einer Bonuszahlung gespeist werden können. Dies ist allerdings abhängig von den jeweiligen steuerlichen und sozialversicherungsrechtlichen Gegebenheiten, die immer wieder Änderungen unterworfen sind. Direktversicherungen zur Altersversorgung, Firmen-Pkw, steuerfreie Benzingutscheine, der kostenlose Besuch eines Fitnessstudios oder sonstige Einkaufsregelungen sind denkbar, um die Attraktivität für die Mitarbeiter zu steigern. Findige Steuerberater sind an dieser Stelle die besseren Ratgeber, um nach dem Motto: „Mehr Netto vom Brutto!" für Ihre Mitarbeiter noch bessere Ergebnisse zu erzielen, die als besonders attraktiv wahrgenommen werden. Da die Bedürfnisse der Mitarbeiter wiederum sehr unterschiedlich sind, ist die Handhabung dieser unterschiedlichen Formen der Bonusauszahlung unter Umständen recht aufwendig.

2.4   Leistungsorientierte Entwicklung des Entgelts

Beispiel

Solange ich selbst in Unternehmen angestellt war, hatte ich immer das Glück, dass in diesen Unternehmen jedes Jahr die Vergütung überprüft und mit mir darüber gesprochen wurde. Ich habe aber auch gelernt, dass das nicht selbstverständlich ist. Freunde und Bekannte arbeiten teilweise in Unternehmen, in denen man immer selbst die Initiative ergreifen muss, wenn man Bewegung beim eigenen Entgelt auslösen möchte. Wer etwas sagt, löst vielleicht etwas aus, wer nichts sagt: Auch gut! Im Ergebnis erhalten die lauteren und mutigeren Mitarbeiter Erhöhungen und die ruhigen „Schaffer" gehen tendenziell leer aus.

Es ist nur schwer vorstellbar, dass diese Vorgehensweise zu leistungsvariablem Entgelt führt und eine nachhaltige Wirksamkeit entfaltet.

Unter nachhaltigem Vergütungsmanagement verstehe ich deshalb unter anderem, dass es einen definierten Prozess für die regelmäßige jährliche Überprüfung der individuellen Entgelte der Mitarbeiter gibt. Dazu gehört die Überprüfung, ob die Bewertung des Arbeitsplatzes noch aktuell ist und ob die individuelle Positionierung im Leistungsentgeltspektrum dem aktuellen Stand entspricht.

Klassisch erfolgen jährliche Erhöhungen für alle Mitarbeiter mit einer prozentualen Erhöhung. Auch nicht-tarifgebundene Unternehmen orientieren sich hierbei häufig am

---

[31]Eine Ausnahme von diesem Grundsatz stellt aus meiner Sicht die nachhaltige Vergütung des Managements dar (siehe Kap. 6).

Markt, das heißt an den Tariferhöhungen der Tarifbereiche, die für sie den Markt maßgeblich beeinflussen. Das sind die Chemieindustrie, die Metall- und Elektroindustrie (meist am medienwirksamsten) und der öffentliche Bereich, der von Ver.di und den öffentlichen Arbeitgebern verhandelt wird.

Diese Tariferhöhungen oder generellen Erhöhungen bewirken prozentuale Erhöhungen, die die relative Lage der Mitarbeiter zueinander meist nicht verändern.[32] Erhöhungen, die die relative Lage der Mitarbeiter zueinander verändern, kommen in der Regel nur durch individuelle Erhöhungen zustande, die durch eine Änderung der Anforderung der Tätigkeit (Umgruppierung) oder durch eine Änderung der Leistungszulage ausgelöst werden.

Unternehmen, die die Verteilung von Erhöhungsbeträgen betrieblich regeln können, haben eine weitere Option. Sie können das Leistungsprinzip auch bei Erhöhungen anwenden. Dazu ist die Vergütungsmatrix mit dem Prinzip überlappender Entgeltbänder in den verschiedenen Vergütungsstufen (VS) hilfreich, über die wir schon weiter oben in Abschn. 2.1.5 gesprochen haben (Tab. 2.51):

Aus dem Arbeitsschritt der Eingruppierung seiner Tätigkeit hat jeder Mitarbeiter eine Vergütungsstufe (VS) und aus dem Prozess der Leistungsbeurteilung bringt jeder Mitarbeiter eine Leistungsstufe (LS)[33] mit. Daraus ergibt sich für jeden Mitarbeiter eine Zielvergütung, die in einer Bandbreite zwischen dem jeweiligen Minimal- und dem Maximal-Wert liegt. Seine aktuelle IST-Vergütung liegt in dieser Bandbreite oder höher oder tiefer. Abhängig von der Lage des IST-Entgelts zur Zielvergütung erfolgt die Erhöhung (siehe Tab. 2.52).

Das heißt, eine allgemeine Erhöhung[34] wird nicht an alle Mitarbeiter in gleicher prozentualer Höhe weitergegeben, sondern die Bemessung der Erhöhung ist abhängig von der Lage der IST-Vergütung zur Zielvergütung. Wer mit seiner IST-Vergütung über dem Ziel liegt, wächst nur noch langsam oder gar nicht, wer im Ziel liegt, wächst durchschnittlich oder langsamer und wer unter dem Ziel liegt, wächst dynamisch und überdurchschnittlich.

Wenn also die durchschnittliche Erhöhung bei 3,0 % liegt, kann die unterdurchschnittliche Erhöhung bei 0 bis 1 % liegen und im Gegenzug liegt die überdurchschnittliche Erhöhung bei 5 %+. Man kann die Erhöhungsbeträge mit bestimmten Bedingungen errechnen lassen oder die Führungskräfte entscheiden auf der Basis von Tab. 2.52.

Der Werkstattbericht der ifm electronic in Abschn. 3.2.3 zeigt noch eine interessante Variante dieser Vorgehensweise auf, in dem der Leistungsbezug der Entgelterhöhung noch deutlicher zum Tragen kommt.

---

[32]Ausnahme: Manchmal werden für bestimmte Entgeltgruppen Erhöhungen in Form von Festbeträgen vereinbart.

[33]Auch bei Verwendung der Leistungsentgeltmethoden „Kennzahlen" und „Zielvereinbarung" lassen sich analog Leistungsstufen bilden, die für die Entgeltentwicklung mit der Zielvergütungsmatrix verwendet werden können.

[34]Analog einer Tariferhöhung in tarifgebundenen Unternehmen.

Tab. 2.51 Beispiel für eine Zielvergütungsmatrix (in €)

	Leistungsstufen (LS)										
	D		C		B3		B2		B1		A
	Min	Max	Min	Max	Min	Max	Min	Max	Min	Max	Min	Max
VS 9	3860	4210	4211	4561	4562	4912	4913	5263	5264	5614	5615	5966
VS 8	3416	3726	3727	4036	4037	4347	4348	4657	4658	4968	4969	5279
VS 7	3023	3297	3298	3572	3573	3846	3847	4121	4122	4396	4397	4672
VS 6	2675	2917	2918	3161	3162	3404	3405	3647	3648	3890	3891	4134
VS 5	2367	2582	2583	2797	2798	3012	3013	3227	3228	3443	3444	3659
VS 4	2095	2285	2286	2475	2476	2665	2666	2856	2857	3046	3047	3238
VS 3	1854	2022	2023	2190	2191	2359	2360	2527	2528	2696	2697	2865
VS 2	1641	1789	1790	1938	1939	2087	2088	2236	2237	2386	2387	2536
VS 1	1452	1583	1584	1715	1716	1847	1848	1979	1980	2111	2112	2244

Tab. 2.52 Das Prinzip für die Entgelterhöhungen

IST-Entgelt < Zielvergütung	Überdurchschnittliche Erhöhung
IST-Entgelt = Zielvergütung	Durchschnittliche oder unterdurchschnittliche Erhöhung
IST-Entgelt > Zielvergütung	Keine oder unterdurchschnittliche Erhöhung

Worin liegt nun die nachhaltige Wirkung dieser Vorgehensweise bei Entgelterhöhungen? Ein wesentliches Merkmal nachhaltig wirksamer Vergütungssysteme ist die volle Transparenz. Diese Vorgehensweise stellt Transparenz auch bei Erhöhungsentscheidungen sicher. Diese Transparenz ist allerdings für manche Führungskraft unangenehm, wie folgendes Beispiel zeigt:

Beispiel

Vor einiger Zeit hat mich der Leiter einer Abteilung in einem Unternehmen angesprochen, das seit Jahren mit einer Vergütungsmatrix arbeitet. Er beklagte sich, im Gegensatz zu früher habe er nun viel mehr Diskussionen mit Mitarbeitern, die seine Entscheidungen hinterfragen und nicht immer akzeptieren würden. Er führte dies darauf zurück, dass jetzt alle wüssten, was man verdienen könne. Wenn alle wüssten, wo das Maximum liege, dann würden doch selbstverständlich auch alle das Maximum verdienen wollen. Er müsse ständig rechtfertigen, warum nicht jeder Mitarbeiter die höchstmögliche Vergütung hätte und er habe doch nur sehr gute Mitarbeiter.

Der Vorteil besteht darin, dass gleichzeitig alle Vergütungen einmal pro Jahr auf den Prüfstand kommen und im Vergleich zueinander betrachtet werden können. Diese systematische Vorgehensweise verhindert, dass in unregelmäßigen Abständen einzelne Mitarbeiter über das Jahr hinweg nach Vergütungserhöhungen fragen. In diesem Fall werden ständig Vergütungsentscheidungen getroffen, die eher aus dem Zusammenhang gerissen sind und keine Vergleichbarkeit sicherstellen. Schon bei an sich überschaubaren Unternehmensgrößen ist ein sinnvoller Quervergleich unterjährig nicht mehr möglich beziehungsweise sehr aufwendig. Wenn alle Beteiligten wissen, dass Erhöhungen zu einem bestimmten Zeitpunkt im Jahr diskutiert und entschieden werden, bedeutet das für den Rest des Jahres eher Ruhe zu diesem Thema.

Damit ist auch geregelt, dass zum Beispiel Mitarbeiter, deren Leistung zurückgeht, nicht sofort weniger Geld bekommen. Sie bleiben „liegen". Ihr gefühlter Besitzstand bleibt erhalten, aber sie erhalten nicht mehr oder langfristig geringere Erhöhungen (also weniger mehr) als die anderen Mitarbeiter. Dies ist insofern von Bedeutung, als es Führungskräften oft schwerfällt, eine Beurteilung gegenüber dem Vorjahr zurückzunehmen, weil sie die finanziellen Auswirkungen für den Mitarbeiter nicht verantworten möchten. Diesem Effekt kann man mit der Zielvergütungsmatrix begegnen, wenn Entgeltreduzierungen ausgeschlossen sind. Ich kenne zwar wiederum auch Führungskräfte, die diese Vorgehensweise als zu lasch kritisieren. Das kann ich nachvollziehen und trotzdem arbeite ich lieber realistisch mit einer Vorgehensweise, mit der auch schwächere Führungskräfte leben können und „abgeholt werden".

▶ Klare Spielregeln stellen sicher, dass man das „Spiel" auch lange gemeinsam spielen kann. Das stellt Nachhaltigkeit sicher. Mitarbeiter und Führungskräfte können sich darauf verlassen, dass sich das Entgelt jedes Mitarbeiters schon kurz- und mittelfristig auf ein Niveau entwickelt, das der Tätigkeit und der Leistung entspricht. Mitarbeiter, die sich inhaltlich dynamischer zum Nutzen des Unternehmens entwickeln, lösen damit automatisch und nachvollziehbar auch eine dynamische Entgeltentwicklung aus.

Literatur

Gesamtmetall (2011). Effektivstatistik. Gesamtmetall, Berlin.

Gührs, M., & Nowak, C. (2006). Das konstruktive Gespräch: Ein Leitfaden für Beratung, Unterricht und Mitarbeiterführung mit Konzepten der Transaktionsanalyse. Meezen: Limmer.

Hossiep, R., Bittner, J. E., & Berndt, W. (2008). Mitarbeitergespräche. Motivierend, wirksam, nachhaltig. Göttingen: Hogrefe.

Kaplan, R. S., & Norton, D. P. (1996). The balanced scorecard: Translating strategy into action. Harvard: Harvard Business School Press.

Kosel, M. (2012). Aktiv und konsequent führen. Gute Mitarbeiter sind kein Zufall. Wiesbaden: Springer Gabler.

Knoblauch, J. (2010). Die Personalfalle. Frankfurt: Campus.

Mentzel, W. (2010). *Mitarbeitergespräche*. München: Haufe Lexware.

Nowotny, V. (2018). *Agile Unternehmen – Fokussiert, schnell, flexibel: Nur was sich bewegt, kann sich verbessern*. Göttingen: Business Village.

Weißenrieder, J. & Kosel M. (2005). *Nachhaltiges Personalmanagement. Acht Instrumente zur systematischen Umsetzung*. Wiesbaden: Gabler.

Werkstattberichte aus der Praxis

3

Jürgen Weißenrieder, Klaus Weiss, Steffen Fischer, Jens Tigges,
Gunther Wolf, Peter Bender, Oliver Müller und Heiko Fischer

Zusammenfassung

Die folgenden vier Werkstattberichte repräsentieren vier Unternehmen mit vielen Unterschieden, aber auch einer Reihe von Gemeinsamkeiten. Bei allen vier Unternehmen handelt es sich um produzierende oder produktionsnahe Unternehmen, die in Familienbesitz sind, teilweise schon seit mehreren Generationen. Sie wären nicht erfolgreich am Markt, wenn sie nicht in der Lage wären, schnell und flexibel auf Veränderungen zu reagieren. Gleichzeitig verfolgen die Inhaber ein langfristiges Interesse, das sich auch im Vergütungssystem abbildet. Eine weitere Gemeinsamkeit: Keines der vier Unternehmen ist mehr tarifgebunden. Mir ist bewusst, dass tarifgebundene Unternehmen engeren Restriktionen unterliegen. Trotzdem sind die Beispiele und deren Grundideen auch auf tarifgebundene Unternehmen übertragbar.

Jeder der Werkstattberichte spiegelt einen besonderen Aspekt nachhaltigen Vergütungsmanagements wider. Das System EULE in der Fritz-Gruppe hat eine summarische Arbeitsplatzbewertung durchgeführt, nutzt Beurteilerkonferenzen und

J. Weißenrieder (✉)
WEKOS Personalmanagement GmbH, Tettnang, Deutschland
E-Mail: j.weissenrieder@wekos.com

K. Weiss
Fritz GmbH & Co. KG, Schwaigern, Deutschland
E-Mail: Klaus.weiss@fritz-gruppe.de

S. Fischer
ifm electronic GmbH, Tettnang, Deutschland
E-Mail: steffen.fischer@ifm.com

J. Tigges
Tigges GmbH & Co. KG, Wuppertal, Deutschland
E-Mail: gw@wolfgunther.de

© Springer Fachmedien Wiesbaden GmbH, ein Teil von Springer Nature 2019
J. Weißenrieder (Hrsg.), *Nachhaltiges Leistungs- und Vergütungsmanagement*,
https://doi.org/10.1007/978-3-658-25967-9_3

Verteilungsvorgaben für die individuelle Leistungsbeurteilung. Das sind Basics. Pfiffig und nachhaltig wird EULE dadurch, dass zentrale Kennzahlen des Unternehmens in Gruppenprämien umgesetzt werden und dadurch nennenswerte Prozessverbesserungen erzielt wurden (siehe Abschn. 3.1).

NExx bei ifm electronic setzt auf eine gründliche Arbeitsplatzbewertung mit einer soliden Leistungsbeurteilung. Das Besondere besteht darin, dass generelle Erhöhungen (in tarifgebundenen Unternehmen wären dies Tariferhöhungen) nicht an alle Mitarbeiter in gleicher Weise weitergegeben werden, sondern leistungsabhängig erfolgen. Ein spannender Ansatz, der die nachhaltige Wirksamkeit positiv beeinflusst. Außerdem wurde die Kompensation einer Arbeitszeitverlängerung von 35 auf 40 S pro Woche in eine variable Entgeltkomponente überführt, die den Erfolg des Unternehmens abbildet (siehe Abschn. 3.2).

Bei TIGGES wiederum werden optimierte Zielvereinbarungen auf eine kluge Art und Weise eingesetzt, um das Augenmerk der Mitarbeiter auf jeweils relevante Aspekte zu lenken und sie am Erfolg partizipieren zu lassen (siehe Abschn. 3.3).

Bei SCHWÄBISCH MEDIA liegt die Besonderheit in der Kombination von individuellen, Bereichs- und Unternehmensergebnissen und der Tatsache, dass über alle hierarchischen Ebenen hinweg die gleichen Regelungen gelten. Das ist ungewöhnlich, unterstützt aber das Agieren aller Beteiligten in die gleiche Richtung – eben nachhaltig (siehe Abschn. 3.4).

Die Unterschiedlichkeit der vier Beispiele zeigt auf, dass es verschiedene Wege zum Ziel eines nachhaltigen Vergütungsmanagements gibt, die zum Unternehmen und seinem Reifegrad sowie seiner wirtschaftlichen Situation passen müssen. Das richtige herauszufinden ist ein Entwicklungsprozess, dessen professionelle Gestaltung und beharrliche Verfolgung letztlich erfolgsentscheidend sind.

Alle Werkstattberichte sind so aufgebaut, dass sie die Ausgangssituation und die Zielsetzungen sowie den Konzeptions- und Einführungsprozess beschreiben. Außerdem wird die Funktionsweise der einzelnen Entgeltelemente detailliert dargestellt.

G. Wolf
Wolf I.O. Group GmbH, Wuppertal, Deutschland
E-Mail: gw@wolfgunther.de

P. Bender
SV Kaufmännischer Service GmbH & Co. KG, Ravensburg, Deutschland
E-Mail: p.bender@schwabisch-media.de

O. Müller
Allgemeine Gold- und Silberscheideanstalt AG, Pforzheim, Deutschland
E-Mail: o.mueller@allgemeine-gold.de

H. Fischer
Resourceful Humans GmbH, Berlin, Deutschland
E-Mail: heiko@resourceful-humans.de

3.1 EULE – Ergebnis- und leistungsorientiertes Entgelt in der Fritz-Gruppe

3.1.1 Die Fritz-Gruppe

Die Fritz-Gruppe ist eine Unternehmensgruppe mit juristischem Sitz in Schwaigern bei Heilbronn und wurde 1938 gegründet. Sie besteht heute im Wesentlichen aus zwei Firmen, der Firma Fritz Spedition GmbH & Co KG und der Firma Fritz Logistik GmbH. Die Fritz-Gruppe ist umfangreich zertifiziert, um den Kundenanforderungen gerecht zu werden. Ausdrücklich erwähnt sei die Zertifizierung nach DIN ISO EN 9001 und VDA 6.2. Die Fritz-Gruppe ist ein Vollsortimenter in der Speditions- und Logistikbranche und beschäftigt heute über 600 Mitarbeiter, hauptsächlich im Großraum Heilbronn. Folgende Produktfelder (Auszug) bietet die Fritz Spedition heute an:

- Teil- und Komplettladungsverkehre,
- Sammelgutverkehre,
- europa- und weltweite Ex- und Importtransporte,
- Sonderfahrten,
- Tank- und Silotransporte sowohl für die Lebensmittel- als auch für die Chemiebranche,
- Spezialverkehre, wie beispielsweise den Transport von Flüssigaluminium.

Fritz Logistik (gegründet 1992) beschäftigt sich mit folgenden Aufgaben (Auszug):

- Lagerung von Rohstoffen und Vormaterialien, Komponenten und Fertigwaren,
- Lagerung von Gefahrgütern, wie wassergefährdende Stoffe, brennbare Flüssigkeiten und Stoffe, die der Störfallverordnung unterliegen,
- Kommissionierung und Repacking-Prozesse,
- Consulting für logistische Prozesse.

Die Fritz-Gruppe hat sich folgende Vision gegeben: „Wir sind ein attraktiver, innovativer Komplettanbieter für den Mittelstand und ausgewählte Großkunden. Wir streben die Qualitätsführerschaft in unseren Dienstleistungen an."

Das nachfolgend dargestellte nachhaltige Leistungs- und Vergütungsmanagement ist widerspruchsfrei in die Vision der Gruppe eingebettet und unterstützt die tägliche Umsetzung der Vision.

3.1.2 Konzeptionsphase

3.1.2.1 Ausgangslage

Das Pilotprojekt wurde in der Fritz Logistik GmbH gestartet. Neben den Angestellten und Fahrern, die bei der Fritz-Gruppe etwa jeweils 25 % der Mitarbeiter darstellen, stellen die gewerblichen Mitarbeiter mit fast 50% den größten Anteil der Belegschaft. Zu Beginn der Einführung des neuen Entgeltsystems EULE[1] waren diese Mitarbeiter in die Gruppen Staplerfahrer, Kommissionierer und Verbucher unterteilt. Zehn bis fünfzehn Mitarbeiter sind jeweils einem Schichtleiter unterstellt, der wiederum einem Bereichsleiter untergeordnet ist. In fast allen Bereichen der Fritz Logistik GmbH arbeiten die Mitarbeiter in einem Zwei- oder Drei-Schichtsystem. Die gewerblichen Mitarbeiter der Fritz Logistik GmbH hatten im Jahre 2007 alle denselben Grundlohn und eine individuelle Leistungszulage, die jedoch nicht einer stringenten Systematik gefolgt ist.

In unregelmäßigen Abständen wurden die Vergütung und die Eingruppierung im Quervergleich zum Gesamtgefüge von den Bereichsleitern überprüft und angepasst. Die Gründe für eine Änderung der Höhe der Leistungszulage wurden dem Mitarbeiter nur vereinzelt in unstrukturierten Einzelgesprächen mitgeteilt. Diese Gespräche wurden nicht dokumentiert. Es gab auch keine validierbare Verbindung zwischen individueller Leistung, Gruppenleistung und Entlohnung.

Die fehlende Transparenz, der fehlende direkte Leistungsbezug und die personenbezogenen subjektiven Beurteilungen waren die Gründe für die fehlende Akzeptanz bei den Mitarbeitern.

Diese unbefriedigende Situation und der Impuls durch Einführung des Entgelt-Rahmenabkommens (ERA TV) in der Metall- und Elektroindustrie waren der Anstoß für eine umfassende Restrukturierung des Leistungs- und Entgeltmanagements im Jahr 2007.

Folgende Kriterien musste das neue System erfüllen:

- Transparenz und Gerechtigkeit in der Bewertung der Arbeitsplätze,
- sachgerechte Eingruppierung in ausformulierten Arbeitsplatzbeschreibungen mit einer inhaltlichen Verknüpfung zu Maßnahmen aus der Qualifizierungsmatrix,
- einen direkten Bezug zwischen individueller Leistung und Leistungsvergütung (individuelles Anreizsystem),
- einen direkten Bezug zwischen Gruppenleistung und einer Gruppenvergütungskomponente (Gruppenanreizsystem),
- Periodizität der Bewertung,
- standardisierte und dokumentierte Kommunikation zwischen Vorgesetzten und Mitarbeitern über die Bewertung,
- Kostenneutralität und Besitzstandswahrung.

Um die Komplexität der Aufgabe zu reduzieren, wurde der Bereich Behälterhandling als Pilotbereich ausgewählt. Es handelte sich hier um eine Gruppe von 42 gewerblichen Mitarbeitern bestehend aus 10 Verbuchern, 32 Staplerfahrern und 4 Schichtleitern.

---

[1]EULE = Ergebnis- und leistungsorientiertes Entgelt.

3.1.2.2 Beteiligte

Um eine hohe Akzeptanz für das neu zu konzipierende Leistungs- und Vergütungssystem zu erreichen, wurden neben dem Personalleiter, dem operativen Prokuristen, dem Logistikleiter, dem Bereichsleiter und einem Schichtleiter bereits in der zweiten Projektsitzung zwei gewerbliche Mitarbeiter in das EULE-Projektteam aufgenommen. Auf Geschäftsleitungsebene wurde beschlossen, dass ein externer Berater dieses Projekt als Co-Projektleiter mit der Personalleitung gemeinsam begleiten sollte, damit man so Expertise und Erfahrung nutzen kann, um Reibungsverluste und Fehlversuche bei einem derart sensiblen Thema, soweit es ging, zu vermeiden.

Voraussetzung für die Beauftragung eines externen Beraters war, neben der Erfahrung in der Konzeption und der Implementierung eines nachhaltigen Leistungs- und Vergütungsmanagements, eine Referenzierung durch ein befreundetes Unternehmen aus unserem Kunden- oder Lieferantenkreis. Herr Weißenrieder von der Firma WEKOS hat diese Voraussetzungen erfüllt und die Beauftragung als Co-Projektleiter übernommen.

3.1.2.3 Arbeitsweise

Im Oktober 2007 traf sich das EULE-Projektteam zu seiner konstituierenden Sitzung, zunächst noch ohne die gewerblichen Mitarbeiter. Inhaltlich ist dem Projektteam lediglich das Ziel und das gewünschte Projektende, nicht aber die konkrete inhaltliche Ausgestaltung vorgegeben worden, um ein realitätsnahes und akzeptiertes System zu erarbeiten, das den Praxistest besteht und nachhaltig gelebt werden kann.

Beide Projektleiter haben sich eher in einer moderierenden als in einer gestaltenden Funktion verstanden, damit das Projektteam voll eingebunden werden konnte und hinter dem neuen System stand. Es wurden daher, neben einer selbstverständlichen Protokollierung, stets auch alle betroffenen Mitarbeiter über den aktuellen Projektstand und die weiteren Termine durch einen Aushang am schwarzen Brett informiert. Ausdrücklich erwünscht war, dass die betroffenen Mitarbeiter nicht nur informiert wurden, sondern auch die Möglichkeit hatten, eigene Fragen an das Projektteam zu stellen.

Es wurde vereinbart, dass die jeweils offenen Themen durch Zwischenentscheidungen abgeschlossen werden, jedoch eine spätere Revision der Entscheidung bei neuen Erkenntnissen möglich war. In der konstituierenden Sitzung wurden neben dem Auftrag, die Arbeitsweise und der Einbindung aller betroffenen Mitarbeiter bereits die nachfolgenden sechs möglichen Leistungsentgeltvarianten diskutiert und ein Meinungsbild des Projektteams eingeholt (Abb. 3.1).

Modell 1 stellt ein rein individuelles System dar, es gibt hier keine stringente Verbindung zwischen individueller Leistung beziehungsweise Gruppenleistung und messbaren Kennzahlen. Modell 2 enthält keine Gruppenkomponente, was die Konkurrenz unter den Mitarbeitern ungewollt verstärkt hätte. Modell 3 steht diametral zu Modell 2. Modell 3 fördert ausschließlich die Gruppenleistung und lässt keinen Raum für die Berücksichtigung von individueller Leistung. Modell 4 ist zweigeteilt und berücksichtigt sowohl den Gruppenleistungsgedanken, als auch die Förderung von Individualleistung. Modell 5 ist eine Variante zu Modell 4 und hat die Besonderheit, dass nicht die Vorgesetzten, sondern die

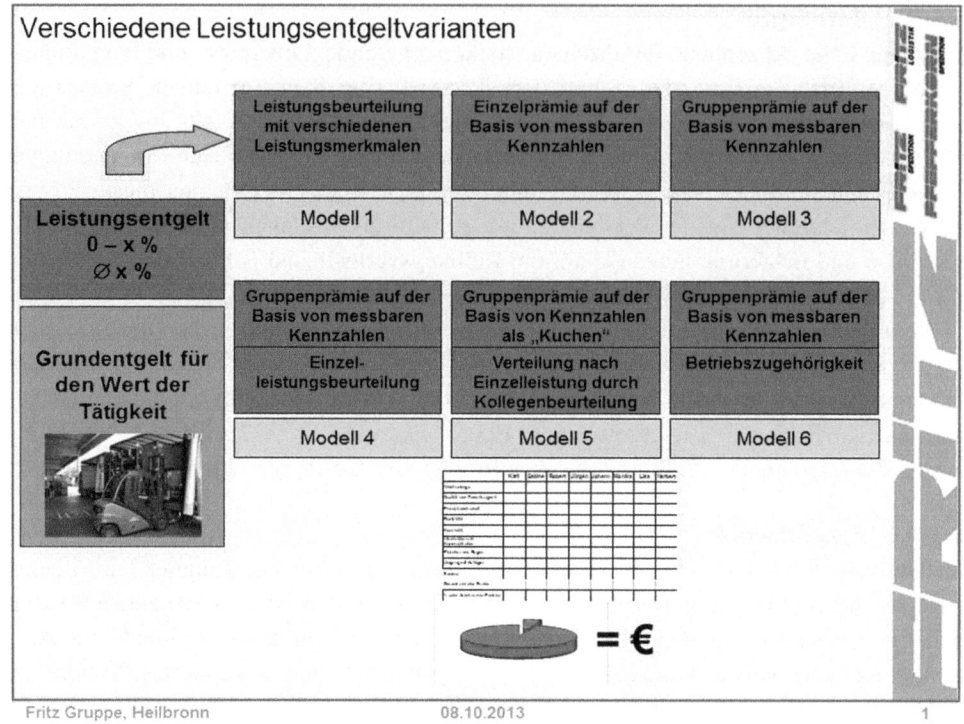

Abb. 3.1 Verschiedene Leistungsentgeltvarianten

Mitarbeiter die Individualleistung der Kollegen bewerten. Modell 6 entspricht den Modellen 4 und 5, was die Gruppenleistung anbelangt und berücksichtigt die Individualleistung indirekt, hier geht man von der Fiktion aus, dass eine längere Betriebszugehörigkeit zu mehr Erfahrung führt, was wiederum automatisch zu einer höheren individuellen Leistung führt.

In der Diskussion innerhalb der Gruppe wurden die Modelle 1 und 2 verworfen, weil ein gutes Gesamtarbeitsergebnis nur dann erreicht werden kann, wenn die Gruppe dies miteinander anstrebt. Die Arbeitsabläufe bauen aufeinander auf und bedingen einander. Modell 3, als reine Gruppenprämie, wurde verworfen, weil es bei der Bewertung keine Möglichkeit gibt, individuelle Spitzenleistung zu honorieren. Wir waren uns der Tatsache bewusst, dass unsere Spitzenkräfte die Gruppen anspornen und überproportional zum Gruppenergebnis beitragen. Die Ablehnung von Modell 6 ist darin begründet, dass Betriebszugehörigkeit und Seniorität nicht zwangsläufig zu höherer individueller Leistung (siehe auch Abschn. 2.2.2.7) führen.

Die Meinungsbildung im Projektteam ergab, dass aus den vorgenannten Gründen nur die Modelle 4 und 5 weiterverfolgt werden sollten. Das heißt eine reine Einzelprämie, eine reine Gruppenprämie und das Senioritätsprinzip wurden bereits in dieser frühen Phase des Projekts verworfen. Letztlich ergab sich die Aufgabenstellung, ein Vergütungssystem mit den Komponenten Grundlohn, persönliche Leistungszulage und Gruppenprämie zu erarbeiten.

Tab. 3.1 Übersicht der Arbeitsplatzbewertungen

Vergütungsstufe	Tätigkeit	Definition
VS 4	WEB II	Stv. Schichtleiter oder WEB I + 3 Zusatzaufgaben
VS 3	Staplerfahrer III	Staplerfahrer I + mind. 6 Zusatzaufgaben, die regelmäßig ausgeübt werden
VS 3	WEB I	Verbuchen oder Leitstandsteuerung
VS 2	Staplerfahrer II	Fährt Hofstapler oder Staplerfahrer I + mind. 4 Zusatzaufgaben, die regelmäßig ausgeübt werden, wenn sie gebraucht werden
VS 1	Staplerfahrer I	Fährt Hallenstapler
VS 1	Kleben	

3.1.3 Regelungen zum aufgabenbezogenen Grundentgelt

Wie eingangs erwähnt, wurde in der Vergangenheit nur zwischen zwei verschiedenen Arbeitsplätzen differenziert, obwohl dies eine starke Simplifizierung der Realität darstellte. Das Projektteam erhielt die Aufgabe alle Aufgaben der gewerblichen Mitarbeiter zu identifizieren und den jeweiligen Arbeitsplätzen zuzuordnen. Die Zusatzaufgaben sollten den Arbeitsplätzen unabhängig von der persönlichen Leistung des Einzelnen zugeordnet werden, um gegebenenfalls eine sinnvolle Differenzierung der Arbeitsplätze zu ermöglichen.

Eine wichtige weitere Frage war, nach welchen Kriterien eine Einordnung der einzelnen Mitarbeiter geschehen sollte. Die Diskussion im Projektteam ergab eine Ausdifferenzierung nach fünf Arbeitsplatzgruppen. Neben den Grundtätigkeiten wurde nach der Fähigkeit zu und der Ausübung von Zusatzaufgaben differenziert.

Es wurden insgesamt 23 Zusatztätigkeiten identifiziert. In der Vergütungsstufe 1 wird der Arbeitsplatz dadurch gekennzeichnet, dass der Mitarbeiter nur die Grundtätigkeit des Hallenstaplerfahrens beziehungsweise des Vorgangs der Etikettierung und der Kontrolle des Wareneingangs verrichtet. In der Vergütungsstufe 2 ist die Aufgabe des Mitarbeiters, den (größeren) Hofstapler zu fahren oder neben der Grundtätigkeit aus Vergütungsstufe 1 mindestens vier sogenannte Zusatzaufgaben zu beherrschen und regelmäßig auszuüben. Die Vergütungsstufe 3 (Staplerfahrer III) erreicht ein Staplerfahrer der Vergütungsstufe 2, indem er mindestens zwei weitere Zusatzaufgaben regelmäßig ausübt. In der Vergütungsstufe 3 für Verbucher qualifiziert sich der Mitarbeiter durch die Grundtätigkeiten des Verbuchens beziehungsweise der Leitungsstandsteuerung. Die Vergütungsstufe 4 erreicht ein Verbucher durch die Übernahme der Aufgaben eines stellvertretenden Schichtleiters oder durch drei Zusatzaufgaben. Die detaillierte Übersicht zu unterschiedlichen Tätigkeiten mit unterschiedlichen Bewertungen stellt sich in der Übersicht wie folgt in Tab. 3.1 dar:

Exemplarisch seien auch die Zusatzaufgaben für Staplerfahrer zur Tätigkeitsbewertung dargestellt (siehe Tab. 3.2):

Tab. 3.2 Zusatzaufgaben für Staplerfahrer

Hofstapler fahren	regelmäßig bei Bedarf, >6 Wochen pro Halbjahr
ADR-Schein	Vorhanden und genutzt
Kranschein	Vorhanden und genutzt
Sonderfahrten mit 7.5 Tonner	Vorhanden und genutzt
Hofkapo	regelmäßig bei Bedarf, >6 Wochen pro Halbjahr
Ersthelfer	Ganzjährig
Externer Einsatz, z. B. KS	regelmäßig bei Bedarf, >4 Wochen pro Halbjahr
Kommissionieren	regelmäßig bei Bedarf, >3 Wochen pro Halbjahr
Benutzung und Instandhaltung der Nassreinigungsmaschine	regelmäßig bei Bedarf, >3 Monate pro Halbjahr
Verantwortlicher für Staplerbatterien	regelmäßig bei Bedarf, >3 Monate pro Halbjahr
Sicherheitsbeauftragter	Ganzjährig
Kleben/Kontrolle	regelmäßig bei Bedarf, >4 Wochen pro Halbjahr
KVP-Beauftragte/r	Ganzjährig
Umpacken	regelmäßig bei Bedarf, >4 Wochen pro Halbjahr

Um unnötige Diskussionen zu vermeiden, wird die fakultative Übernahme von Zusatztätigkeiten in einer Datenbank dokumentiert. Die Validierung der Eingruppierung erfolgt jährlich. Die Einführung der fünf Vergütungsstufen und die Verknüpfung mit Zusatzaufgaben hatte und hat – neben der Bewertungsdifferenzierung – einen überraschend hohen, dauerhaften Motivationseffekt, da sich nun die Übernahme von zum Teil unbeliebten Zusatztätigkeiten in der Vergütung abbildet.

3.1.4 Regelungen zum variablen Leistungsentgelt

Ziel einer variablen Entgeltkomponente ist ein Bezug zwischen Produktivität und Entgelt. Es muss sich für den einzelnen Mitarbeiter beziehungsweise für eine Mitarbeitergruppe auszahlen, wenn sich die Produktivität erhöht. Der Produktivitätsgewinn wird zwischen den Mitarbeitern und dem Unternehmen über eine festgelegte Quote aufgeteilt. In der Projektgruppe wurde diskutiert und entschieden, dass dies zum einen über eine individuelle Komponente und zum anderen über eine gruppenbezogene Komponente zu erreichen ist.

3.1.4.1 Individuelles Leistungsentgelt

Wie erkennen wir gute individuelle Leistung bei Fritz Logistik und wie bewerten wir diese Leistung unter Vermeidung von Beurteilungsfehlern und mit hoher Akzeptanz bei den Mitarbeitern, die zu beurteilen sind?

Tab. 3.3 Beschreibung der Leistungsmerkmale

„Gute Leistung bei Fritz Logistik erkennen wir an…"	
Einsatzbereitschaft und Flexibilität	Qualität der Arbeitsergebnisse
Ist da, wenn man ihm braucht	Keine Schäden an der Ware und an den Betriebsmitteln
Arbeitet dort, wo man ihn braucht	0 ppm von AUDI
Ist auch bei Sonderaktionen dabei	Arbeitet nicht nur schnell, sondern achtet auch auf Qualität
Übernimmt Verantwortung	Leistet seinen Beitrag zur Kundenzufriedenheit
Macht seine Arbeit gerne und mit Herz	Keine Fehler produzieren
Hat eine hohe Dienstleistungsbereitschaft	Trägt zu guten Audit-Ergebnissen bei
Findet nicht nur Probleme, sondern auch Lösungen	Man kann sich auf ihn verlassen
Nimmt keine Rücksicht darauf, ob man sich „schmutzig" macht	Kommt pünktlich zur Arbeit
Denkt mit bei der Arbeit	Weist auf Fehler und Probleme hin
Arbeitet aktiv am KVP mit	Sorgt bei Störungen für Abhilfe
	Achtet auf Ordnung und Sauberkeit am Arbeitsplatz und im Umfeld
	Geht pfleglich mit Betriebsmitteln um
	Identifiziert sich mit Fritz Logistik
Zusammenarbeit mit anderen	**Arbeitsmenge und Effizienz**
Vereinbarungen werden eingehalten	Bewältigt ein hohes Arbeitspensum
Beeinflusst die Stimmung im Team positiv	Arbeitet zügig
Hilft anderen und unterstützt sie in ihrer Arbeit	Ziele werden erreicht
Sieht sich als Teil eines Teams	Hat Aufwand und Nutzen im Blick
Stellt eigene Interessen auch einmal zurück	
Denkt auch für Kollegen mit	
Gibt wichtige Informationen weiter	

Zur Beantwortung dieser Frage wurden die Beurteilungsmerkmale Arbeitsmenge und Effizienz, Qualität der Arbeitsergebnisse, Einsatzbereitschaft und Flexibilität sowie Zusammenarbeit mit anderen definiert. Um ein gemeinsames Verständnis über diese vier Bewertungsmerkmale zu sichern, sind diese Bewertungsmerkmale durch beobachtbare Verhaltensbeschreibungen (siehe Tab. 3.3) präzisiert worden:

Um systematische Beurteilungsfehler wie den Strengefehler, den Mildefehler und die Mitteltendenz (siehe Abschn. 2.2.2.3) zu vermeiden, wird den Beurteilern die statistische Beurteilungsverteilung vorgegeben (Abb. 3.2).

Wir „messen" für das individuelle Leistungsentgelt keine objektive Leistung, sondern führen einen Leistungsvergleich durch. Dies führt dazu, dass bei einer kontinuierlichen

Abb. 3.2 Vorgabe der Verteilung

Leistungs-stufen	Verteilungsvorgaben für Leistungsstufen		Vergütungs-ziel
A	≤ 15 % der Mitarbeiter		Spitzen-vergütung
B1 B2 B3	< 80 %	Gleichgewicht in B1 und B3	Durch-schnitts-vergütung
C	≥ 10 % der Mitarbeiter		Sockel-vergütung

Leistungsverbesserung die Definition des fünfstufigen Beurteilungsschemas nicht verändert werden muss. Die Rohbeurteilung durch den einzelnen Schichtleiter wird unter Anleitung eines Bereichsleiters mit den anderen Schichtleitern diskutiert, damit der sogenannte „Nasenfaktor" eliminiert wird und die oben genannten Verteilungsvorgaben über alle Schichten hinweg sichergestellt sind.

Die „Leistungsmessung" erfolgt über einen standardisierten Leistungsbeurteilungsbogen[2], der nach Abschluss der Beurteilung die Grundlage für das Mitarbeitergespräch darstellt und vom Mitarbeiter und vom Vorgesetzten unterschrieben und in der Personalakte archiviert wird. Bedingt durch die Tatsache, dass wir bei der Einführung von EULE auf die bestehende Lohnverteilung Rücksicht nehmen mussten, brauchten wir eine Lösung für die Mitarbeiter, deren aktuelle Vergütung höher war, als die Summe aus der Eingruppierung in die Vergütungsstufen und dem individuellen variablen Leistungsentgelt.

Da eine Schlechterstellung der Mitarbeiter gegen die eigenen Projektrichtlinien verstoßen hätte und nur über eine Vertragsänderung oder eine Änderungskündigung möglich gewesen wäre, wurde zwar die aktuelle Eingruppierung des Mitarbeiters auf der jeweiligen Lohnabrechnung ausgewiesen, jedoch die Differenz zwischen aktuellem und historischem Entgelt mittels einer Ausgleichszahlung ausgeglichen, die gegebenenfalls mit der Gruppenprämie verrechnet wurde.

Die Bewertung des Arbeitsplatzes, also auch die Wahrnehmung der Zusatzaufgaben sowie die Leistungsbeurteilung werden alle sechs Monate wiederholt, das heißt der Mitarbeiter wird regelmäßig neu eingruppiert und beurteilt, damit er dadurch die Möglichkeit hat, den Erfolg (und Misserfolg) des eigenen Bemühens und Engagements zeitnah in seiner Vergütung wiederzufinden.

3.1.4.2 Gruppenbezogenes Leistungsentgelt

Einem gruppenbezogenen Leistungsentgelt liegt ein KPI (Key Performance Indicator) beziehungsweise eine Leistungskennzahl zugrunde, der verlässlich die Leistung der

---

[2]Siehe Anhang in Tab. A.5 (S. 329).

Gruppe misst. Qualitätskennziffern müssen den KPI flankieren, da sonst die Qualität gewissermaßen als Kollateralschaden leidet.

Im Pilotprojekt „Behälterhandling" wurde als KPI die Anzahl der ein- beziehungsweise ausgelagerten Behälter im Verhältnis zu den dafür aufgewendeten Stunden gewählt.

Während die Ermittlung der ein- beziehungsweise ausgelagerten Behälter problemlos aus dem Lagerverwaltungsprogramm ermittelt werden kann, ergibt die Anzahl der dafür benötigen Arbeitsstunden naturgemäß Schwierigkeiten, da die Mitarbeiter nicht nur am Leistungserstellungsprozess beteiligt sind, sondern auch Nebentätigkeiten verrichten. Als Lösungsansatz hat sich nach Diskussion die Unterteilung in echte und unechte Verrechnungszeiten herauskristallisiert. Unter echten Verrechnungszeiten versteht man bei Fritz Logistik Zeiten, in denen die Mitarbeiter Tätigkeiten verrichten, die direkt vom Kunden vergütet werden. Unechte Verrechnungszeiten entstehen, wenn Nebentätigkeiten erbracht werden, die zum eigentlichen Leistungsentstehungsprozess gehören, nicht aber direkt mit dem Behälterhandling in Verbindung stehen. Beispielhaft seien hier die Stapler- und Batteriepflege, exemplarisch für Wartungs- und Reparaturarbeiten, erwähnt. Sie binden zwar die Mitarbeiter zeitlich, führen jedoch nicht zu einer separaten Vergütung. Sie sind jedoch für den Leistungserbringungsprozess unverzichtbar.

Um den angestrebten Motivationseffekt beziehungsweise die nötige Transparenz und Akzeptanz bei den Mitarbeitern zu erreichen, wird der KPI täglich für den Vortag ermittelt und mit einer Hochrechnung der zu erwartenden Prämie für den kompletten Monat veröffentlicht.

Als Qualitätskennziffer wird die Summe der entstandenen Waren-, Betriebsmittel- und Gebäudeschäden zuzüglich der entstandenen Kosten durch verspätete beziehungsweise falsche Lieferungen an unsere Kunden verwendet. Die erste Kennziffer ist naturgemäß ein Euro-Betrag, während die reklamierten Lieferungen in ppm (part per million) gemessen werden. Zugrunde liegen hier vertragliche Mess- und Qualitätsstandards mit unseren Kunden.

Prinzipiell bekommt der Mitarbeiter die Gruppenprämie als Zuschlag auf seinen Grundlohn vergütet, wobei die Vergütung jeweils einen Monat versetzt ausgezahlt wird. Es wurde eine monatliche Auszahlung im Gegensatz zu einer quartalsweisen oder jährlichen Auszahlung gewählt, um den zeitlichen Bezug zwischen Leistung und Prämie sicherzustellen.

Grundsätzlich erhalten nur die Mitarbeiter die Gruppenprämie, die während der Betrachtungsperiode am Leistungserstellungsprozess beteiligt waren. Die Gruppenprämie wird auch für Zeiten wie Urlaub, Abbau von Überstunden und Fehlzeiten, die aus Arbeitsunfällen resultieren, gewährt. Die Reduktion der Gruppenprämie für krankheitsbedingte Fehlzeiten erfolgt im Einklang mit arbeitsrechtlichen Vorschriften, die die Kürzung von Sonderzahlungen bei krankheitsbedingten Fehlzeiten auf 25 % des Entgelts begrenzt, das der Mitarbeiter erhalten hätte, wenn er nicht erkrankt wäre.

Die quotale Verteilung des Produktivitätsgewinns zwischen Mitarbeiter und Unternehmen wird zu Ungunsten der Mitarbeiter reduziert, wenn die vereinbarten Qualitätskennziffern unterschritten werden. Die Partizipation der Mitarbeiter entfällt, wenn nicht nur die Qualitätskennziffern, sondern darüber hinaus vereinbarte Schwellenwerte unterschritten werden. Damit wird verhindert, dass der KPI ohne Berücksichtigung der Kunden- und Unternehmensbedürfnisse verfolgt wird. Um die Gruppenprämie zu verstetigen und nicht

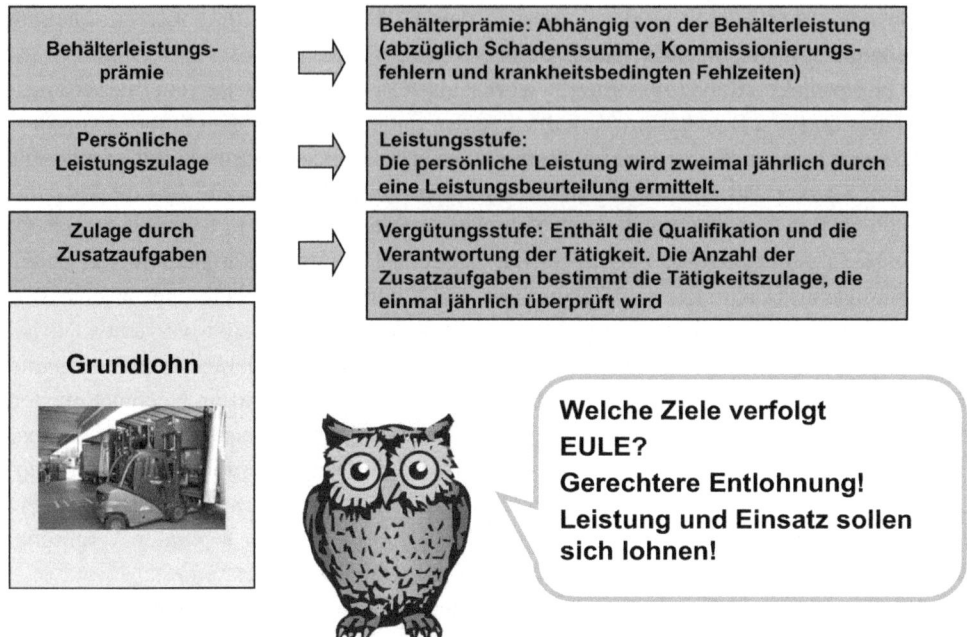

Abb. 3.3 EULE-Gesamtvergütung

von (zufälligen) Häufungen von Arbeitsfehlern abhängig zu machen, werden die vergütungsrelevanten Qualitätskennziffern als gleitender Dreimonatsdurchschnitt verwendet.

Bei Neueinstellungen partizipiert der Mitarbeiter in der Regel nach zwei Monaten an der Gruppenprämie. In Ausnahmefällen kann diese Frist verkürzt werden. Damit die erwähnte Ausgleichszahlung nur eine Altfallregelung ist, wurden die EULE-Vergütungsregeln für neue Mitarbeiter in die Arbeitsverträge aufgenommen.

Zusammenfassend lässt sich feststellen, dass die Vergütung nach EULE die Vergütungsfindung formalisiert hat, eine Mehrfachbeurteilung gewährleistet und durch ihre Transparenz zu hoher Akzeptanz bei Mitarbeitern und Führungskräften führt. Die vorgebende Periodizität stellt die Nachhaltigkeit sicher.

3.1.4.3 Gesamtvergütung
Die Gesamtvergütung setzt sich zusammenfassend aus den beschriebenen vier Komponenten Grundlohn, Zulage durch Zusatzaufgaben, persönlicher Leistungsvergütung und der Behälterprämie zusammen (Abb. 3.3).

3.1.5   Einführungs- und Umsetzungsprozess

Wie in den vorherigen Ausführungen beschrieben, ist das Ergebnis der aufgabenbezogenen Vergütung mit dem individuellen Leistungsentgelt für die gewerblichen Mitarbeiter eine Matrix mit vier Vergütungsstufen und fünf Leistungsstufen.

Tätigkeiten			Leistungsstufe (persönliche Leistung)				
			C	B3	B2	B1	A
	WEB II	VS 4	116	125	134	144	153
Staplerfahrer III	WEB I	VS 3	110	119	128	137	146
Staplerfahrer II		VS 2	105	113	122	130	139
Staplerfahrer I	Kleben	VS 1	100	108	116	124	132
			+ Gruppenprämie (Gruppenleistung) Behälterprämie				

Abb. 3.4 Die Lohnmatrix (Die Tabelle gibt nur die Verhältnisse der verschiedenen Stufen wieder: VS 1/C = Index 100)

Vorgegeben war die Kostenneutralität der neuen Vergütungssystematik und eine möglichst hohe Übereinstimmung der neuen Vergütung mit der aktuellen Vergütung. Es sollten nur wenige Mitarbeiter mit der beschriebenen Ausgleichszahlung demotiviert werden, weil zukünftige Höhergruppierungen keinen unmittelbaren Einfluss auf die Vergütung haben. Mittels eines Simulationsprozesses wurden der Startwert und der Faktor der Leistungsstufe beziehungsweise der Vergütungsstufe ermittelt. Ausgangspunkte waren hier die aktuellen Vergütungen der Mitarbeiter und eine erste Rohbeurteilung durch die Bereichsleitung.

Das Ergebnis (S. Abb. 3.4) wurde nach einem iterativen Simulationsprozess ermittelt und vorgestellt.

Im Projektteam wurde ein EULE-Einführungsplan verabschiedet, der folgende aufeinander abgestimmte Punkte enthielt:

1. Automatisierung der taggenauen Ermittlung des KPI und der Behälterprämie
2. Information der Schichtleiter als Vorgesetzte über EULE
3. Rohbeurteilungen durch die Schichtleiter
4. Integrations- und Abstimmungsrunde der Beurteilungen zwischen den Schichtleitern und der Bereichsleitung
5. Gesprächstraining der Schichtleiter für das Beurteilungsgespräch mit den Mitarbeitern
6. Information der Mitarbeiter über EULE durch die Personalleitung
7. Beurteilungsgespräche durchführen
8. Start der Gruppenprämie
9. Erste Abrechnung der Behälterprämie
10. Erläuterung der neuen Lohnabrechnung für die Mitarbeiter
11. Erste Rückkopplung für eventuelle Anpassungsmaßnahmen
12. Erste Überprüfung der Leistungsbeurteilung und Eingruppierung nach 3 Monaten
13. Zweite Rückkopplung für eventuelle Anpassungsmaßnahmen
14. Regelmäßige Überprüfung der Eingruppierung halbjährlich, jeweils mit Mitarbeitergesprächen und individuellen Entwicklungsmaßnahmen

Der Einführungsprozess von EULE wurde begünstigt durch die Tatsache, dass sich bereits nach kurzer Zeit Produktivitätsgewinne eingestellt haben und frühzeitig eine Gruppenprämie an die Mitarbeiter ausgezahlt werden konnte. Der Schwellenwert, ab der die Gruppenprämie gezahlt wurde, wurde an den Wert angelehnt, den die Gruppe zu Beginn des Einführungsprozesses erreicht hatte.

Sowohl bei der Vorstellung als auch bei der Erläuterung der geänderten Lohnabrechnung ergaben sich dezidierte Nachfragen, die aber fast ausschließlich Verständnisfragen waren und selten das ganze System in Frage gestellt haben. Sowohl die erste als auch die zweite Überprüfung ergab keine Änderung der Vergütungssystematik. Die frühzeitige Einbindung der Belegschaft und ein transparentes Projektverfahren mit intensiver begleitender Information waren verantwortlich für die hohe Akzeptanz.

Nach Abschluss der Projektphase haben wir das Vergütungssystem EULE auf andere Abteilungen der Fritz-Gruppe adaptiert. Die schwierigste Aufgabe bei der Adaption ist hierbei die Ermittlung des KPI und der Qualitätskennziffern.

3.1.6   Feedback der Anwender

3.1.6.1 Mitarbeiter

Generell lässt sich sagen, dass die komplette Projektphase von Skepsis oder Indifferenz begleitet wurde. Vereinzelt kam es auch zu Ängsten, da der Gedanke der Besitzstandswahrung nicht von allen Mitarbeitern verstanden wurde. Diese Ängste waren nach der ersten Lohnabrechnung aus der Welt, da sich für keinen Mitarbeiter die finanzielle Situation verschlechtert hat.

Naturgemäß haben wir nach den jeweiligen periodischen Neueinstufungen mit den Mitarbeitern, die herabgestuft werden, vermehrten Diskussionsbedarf. Es gelingt nicht immer, durch das Aufzeigen der Gründe für die Herabstufung und das Vereinbaren von Entwicklungsmaßnahmen die Situation zu befrieden. In Einzelfällen haben sich Mitarbeiter juristischen Rat eingeholt. Die Gespräche mit den Anwälten konnten glücklicherweise alle in bestem Einvernehmen geführt werden, da wir durch die Maßnahmen zur Besitzstandswahrung keine arbeitsvertragliche Verschlechterung vorgenommen haben. Letztlich waren es lediglich Verständnisfragen, die trotz aller geschilderter Maßnahmen offen geblieben sind.

Nicht verschweigen wollen wir, dass uns einige wenige Mitarbeiter verlassen haben, weil sie mit der transparenten Vergütungsfindung nicht einverstanden waren und mutmaßlich nicht halbjährlich beurteilt werden wollten. Von der überwiegenden Mehrheit der Mitarbeiter wird EULE jedoch positiv bewertet, was durch eine Mitarbeiterbefragung evaluiert und verifiziert werden konnte.

3.1.6.2 Vorgesetzte

Die Einführung von EULE mit seinen periodischen Beurteilungen und den anschließenden Mitarbeitergesprächen hat dazu geführt, dass sich unsere Vorgesetzten weiterentwickeln und emanzipieren mussten. Diesen Prozess haben wir durch Hilfestellungen wie Schulungen und Gesprächsbegleitung unterstützt. Generell beurteilen unsere Führungskräfte EULE positiv, da sie damit ein wirksames Führungsinstrument in Händen haben, wodurch sie direkten Einfluss auf die Vergütung ihrer Mitarbeiter haben.

Es muss aber erwähnt werden, dass es für einzelne Vorgesetzte ein schmerzlicher Prozess war und ist, ihren Mitarbeitern die Eingruppierung in die einzelnen Leistungsstufen zu erläutern, insbesondere dann, wenn es sich um Herabstufungen handelt.

3.1.6.3 Reaktion auf dauerhaft sinkende KPI

In Phasen, in denen der KPI dauerhaft sinkt beziehungsweise die vereinbarten Schwellenwerte für die Gruppenprämie nicht erreicht werden können, erkennen wir zwei gegensätzliche Reaktionsmuster. Zum einen entsteht seitens der Mitarbeiter Druck auf die Vorgesetzten und Bereichsleiter, die Umstände zu ändern, die das Steigen des KPI verhindern. Dies spiegelt sich auch im kreativen Kontinuierlichen Verbesserungsprozess (KVP) der Gruppen wider. Zum anderen erleben wir aber immer wieder, dass bei sinkendem KPI die Ermittlung des KPI und die Ermittlung der erarbeiteten Zeiten infrage gestellt werden. Regelmäßig nehmen wir diese Kritik sehr ernst und legen der jeweiligen Mitarbeitergruppe beziehungsweise dem jeweiligen Vorgesetzten die Ermittlungsgrundlagen und die aktuelle Ermittlung offen, um diesen Vorwurf zu entkräften. Der Vorwurf, dass der KPI oder die Zeitermittlung fehlerhaft wären, würde der Akzeptanz der Vergütungssystematik sehr kurzfristig den Boden entziehen.

3.1.7 Ausblick und Weiterentwicklung

In den Jahren 2009 und 2010 wurde EULE für alle gewerblichen Mitarbeiter in fünf verschiedenen Bereichen und für eine Angestelltengruppe eingeführt. Bereits in den Jahren zuvor haben wir uns Leitlinien zur Unternehmenskultur gegeben und führen die Fritz-Gruppe mit Zielen. Es war daher fast schon zwingend, dass wir 2011 nach einer Möglichkeit gesucht haben, die einzelnen Bausteine unter einer umfassenden Systematik zusammenzufassen.

Das Modell der Balanced Scorecard (BSC) ist ein Steuerungselement, in dem die Unternehmensvision, die Strategien und konkrete Maßnahmen für alle Geschäftseinheiten festgeschrieben werden. Sie verknüpft die wichtigsten unternehmerischen Handlungsfelder in einheitlicher Form und bildet somit die Grundlage für eine ganzheitliche Ausrichtung und nachhaltige Steuerung der geschäftlichen Aktivitäten mit messbaren Kennzahlen in allen Bereichen.

Die ermittelten KPIs und die flankierenden Qualitätskennzahlen in den Bereichen, in denen wir EULE eingeführt haben, haben eine hervorragende Grundlage für den Aufbau der BSC in unserer Unternehmensgruppe gelegt. EULE berührt durch die flankierenden Qualitätskennzahlen unmittelbar die Kundendimension. Die Teilhabe der Mitarbeiter am Produktivitätsfortschritt, der Leistungsbezug der Vergütung, die Mitarbeiterdimension durch EULE und nicht zuletzt auch die finanzielle Dimension der BSC haben die Mitarbeitermotivation, die Produktivität und die Rentabilität gesteigert. Die Implementierung der BSC wurde in den „EULE-erprobten" Bereichen erheblich erleichtert, da die Führungskräfte bereits mit Zielorientierungen gearbeitet hatten.

Unser Vergütungssystem EULE ist kein statisches System und bedarf durch ständig wandelnde Aufgaben und Aufträge einer permanenten Überprüfung und Anpassung. Insbesondere die der gruppenbezogenen Vergütung zugrunde liegenden KPIs bedürfen einer ständigen Überprüfung, damit der direkte Bezug zwischen Vergütung und Leistung nicht verloren geht.

Das permanente Einfordern der periodischen Bewertung und die Einhaltung der vorgegebenen Regeln sind unerlässlich für die Akzeptanz und den nachhaltigen Erfolg.

Aus der Retroperspektive und nach fünf Jahren Erfahrung kann man sagen, dass EULE neben der Vergütung auch die einzelnen Kernprozesse transparent gemacht hat und heute als Managementinstrument unerlässlich ist, da tägliche Kennzahlen zur Verfügung stehen und kurzfristiges Handeln ermöglichen. Die tägliche Transparenz erlaubt eine passgenaue Bewertung der jeweiligen Führungskräfte, was insbesondere bei sinkendem KPI zu schmerzhaften Maßnahmen führt, da auch die Mitarbeiter der Arbeitsgruppe finanziell „mitleiden" und Korrekturmaßnahmen einfordern und beschleunigen.

3.2   Leistungsbezogene Vergütung durch Verknüpfung von Leistungsbewertung und Entgelterhöhung bei der ifm electronic gmbh

3.2.1   Einleitung

3.2.1.1 Die ifm electronic gmbh – Ein Unternehmensportrait

Die „ifm electronic gmbh" (Ingenieurgemeinschaft für Messtechnik) mit ihren Tochtergesellschaften ist ein führender Anbieter im Bereich Automatisierungstechnik. Die circa 7500 verschiedenen Produkte rund um das Thema „Sensorik" finden sich vorwiegend in der Automobil-, Chemie- und Prozesstechnik wie auch in der Umwelt- und Gebäudetechnik wieder. Die sechs Produktions- und Entwicklungsstandorte mit über 3000 Beschäftigten befinden sich in der oberschwäbischen Bodenseeregion sowie in den USA, Indien, Singapur und Polen. Weltweit ist die ifm-Gruppe mit Vertriebsorganisationen in mehr als 70 Ländern bei über 100.000 Kunden vertreten. Das inhabergeführte Familienunternehmen wurde 1969 gegründet. ifm erzielte im Jahr 2012 insgesamt einen Umsatz von mehr als 600 Mio. € und beschäftigt weltweit mehr als 5000 Mitarbeiter (Abb. 3.5).

3.2.1.2 Zielrichtung des Beitrags

Im Folgenden wird ein Entgeltsystem vorgestellt, das – neben anderen – eine wesentliche Besonderheit im Vergleich zu eher traditionellen Entgeltsystemen hat:

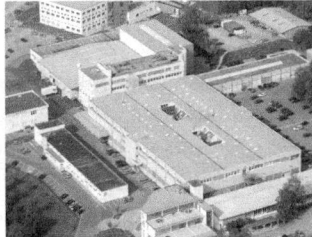

ifm electronic gmbh, Hauptsitz Essen   ifm electronic gmbh,   ifm Produkte
                                            Hauptproduktionsstandort Tettnang

Abb. 3.5 ifm-Portrait

▶ Die Leistungsbeurteilung wirkt sich nicht nur in einer variablen Leistungszulage auf das Grundentgelt aus, sondern ist auch mit ein ausschlaggebender
Faktor für die Entgeltsteigerung des Folgejahres.

Dieser Ansatz ist durchaus im außertariflichen, also „AT- und Führungskräftebereich"[3] bekannt und wird auch oft bei kleineren Unternehmen angewandt, in denen die Entgelterhöhung eher handverlesen und mehr oder weniger individuell ohne einen systematischen Vergütungsansatz vollzogen wird. In der sehr dezentral ausgerichteten ifm-Gruppe ist demgegenüber ein unternehmensspezifisches Entgeltmodell entstanden, das diese Verknüpfungslogik für alle Mitarbeitergruppen (vom „gewerblichen" Mitarbeiter in der Produktion bis zum „angestellten" Hard- und Softwareentwickler) vorsieht. Zudem gibt es anstatt fixer Entgeltstufen variable Entgeltbänder in der Weise, dass man sagen kann: „Jeder Mitarbeiter hat sein eigenes individuelles Entgelt".

Der folgende Praxisbericht erläutert die Details, Hintergründe und Herausforderungen bei einem solchen System und beschreibt zudem die Art und Weise der Implementierung.

3.2.2 Ausgangssituation

3.2.2.1 Ausstieg aus dem Arbeitgeberverband
Die ifm electronic gmbh war bis 2005 ein tarifgebundenes Mitgliedsunternehmen im Südwestmetall – Verband der Metall- und Elektroindustrie Baden-Württemberg e. V. Damit befand sich das Unternehmen zunächst auf dem Weg der Einführung des ERA-Tarifvertrags[4]. Mit dem ERA-Tarifvertrag wollten die Tarifvertragsparteien ein modernes

---

[3]Der Freiraum für die Entgeltgestaltung dieser Mitarbeitergruppen ergibt sich oftmals deshalb, weil die betreffenden Unternehmen entweder nicht tariflich gebunden und damit frei in der Gestaltung sind oder aufgrund der außer- beziehungsweise übertariflichen Einordnung von Führungskräften.

[4]ERA ist die gängige Abkürzung für „Entgeltrahmenabkommen". Hinter der Begrifflichkeit steckt im Kern die Ablösung der bis dahin geltenden Tarifverträge über Entgelte und Ausbildungsvergütungen der Metall- und Elektroindustrie, die unter anderen auch noch die Unterscheidung von Arbeitern und Angestellten vorsah.

und gerechtes Vergütungssystem schaffen, das die teilweise überholten Regelungen der bisherigen Lohn- und Gehaltstarifverträge vereinheitlicht.[5] Noch rechtzeitig vor der Tarifbindung des ERA ist die ifm electronic gmbh aus dem Arbeitgeberverband ausgetreten und befand sich damit zunächst in der sogenannten Fort- und Nachwirkung des bis dahin geltenden alten Tarifvertrags „Entgelte" der Metall- und Elektroindustrie Baden-Württembergs. Die Gründe für eine Nichtteilnahme am ERA-Vertragswerk kann man am besten nachvollziehen, wenn man die Ergebnisse überfliegt, die man bei einer Internetrecherche nach „Kritik am Tarifvertrag Entgeltrahmentarifvertrag ERA" erhält.[6]

Naturgemäß fällt die ERA-Bilanz der beteiligten Tarifvertragsparteien GESAMT-METALL und IG METALL einschließlich der arbeitgeber- und gewerkschaftsnahen Stiftungen eher positiv aus, die das Tarifwerk als insgesamt gelungen beschreiben. Kritischere Äußerungen findet man eher von den betroffenen Mitarbeitern oder Betriebsräten. Als wesentliche Kritikpunkte werden neben der grundsätzlichen Ernüchterung genannt, dass sich die Mitarbeiter gerade in größeren und mittleren Betrieben aufgrund engagierter Betriebsratstätigkeit in den Entgeltkommissionen der Jahre zuvor bereits eher in den höheren Lohn- und Entgeltgruppen befanden. Somit war eine erhoffte flächendeckende Entgelterhöhung für alle Mitarbeiter schon deshalb nicht möglich. Außerdem wird immer wieder die Handhabung bei den sogenannten Überschreitern[7] genannt. Die ERA-Bewertung teilte den betroffenen Überschreitern im Einführungsprozess schlichtweg mit, dass sie seit Jahren zu hoch bezahlt würden. Wer hört das schon gern?

Letztlich muss man sich aber klar machen, dass eine so gewichtige Änderung wie die bei Entgeltsystemen oftmals zu überzogen parteilichen Stellungnahmen führt – sei es, weil die Betroffenen die Auswirkungen nicht überschauen und besorgt Negativbeispiele benennen oder sei es, weil die verantwortlichen Arbeitgeber- oder Arbeitnehmerinteressenvertreter im Einigungsprozess Extrempositionen vertreten, um letztlich ihre Maximalforderungen durchzusetzen und ihre Interessenswahrnehmung zu legitimieren. Unser Fazit von ERA bleibt, dass es die Tariflandschaft durchaus modernisiert und vorangebracht hat, aber auch, dass die Hoffnung vieler IGMler und Mitarbeiter auf eine

---

[5]Vergleiche dazu auch die Homepage des Arbeitgeberverbandes Südwestmetall, auf der die Zielsetzungen prägnant zusammengefasst werden; o. V. http://www.suedwestmetall.de/swm/web.nsf/id/pa_de_era.html.

[6]Suchergebnisse unter www.google.de „Kritik am Tarifvertrag Entgeltrahmentarifvertrag ERA" vom 12.08.2013, stellvertretend für alle: die Untersuchung der Ruhr-Universität-Bochum vom März 2008: „Konfliktfelder bei der betrieblichen Umsetzung des ERA http://www.ruhr-uni-bochum.de/rub-igm/Veroeffentlichungen/dialogERA.pdf."

[7]Für die Beschäftigen wurde zum Einführungsstichtag von ERA die Differenz der Entgeltbestandteile auf Basis des ERA-TV und der Entgeltbestandteile auf Basis der bisherigen Tarifverträge gebildet. Diese Differenz wird wie folgt berechnet: bisheriges Grundentgelt+bisheriger Leistungslohn beziehungsweise bisherige Leistungszulage abzüglich neues Grundentgelt+neues Leistungsentgelt+Belastungszulage+Sockelbetrag+betrieblich ermöglichter Mehrverdienst. Beschäftigte, bei denen die Differenz negativ ist, sind Unterschreiter im Sinne der nachfolgenden Bestimmungen. Beschäftigte, bei denen die Differenz positiv ist, sind Überschreiter.

breite Entgelterhöhung aller Tarifbeschäftigten nicht wahr wurde, weil die vereinbarte Entgeltneutralität im Umsetzungsprozess dies verhinderte.

Die ifm als ein Unternehmen mit hoher Wertschöpfungstiefe und einem Fertigungsanteil in Deutschland von über 90 % war wegen der vielen Produktionsmitarbeiterinnen im Anlernbereich, insbesondere bei den unteren Einkommensgruppen, stark vertreten und befürchtete eine überproportionale Entgeltbelastung durch die Umstellung auf ERA. Gerade in diesem eher niedrig qualifizierten Bereich der Produktionsmitarbeiter vollzieht sich seit Jahren in der Industrie Deutschlands und auch bei weltweiten Wettbewerbern der ifm der Trend zur Verlagerung in die lohnstrukturell günstigeren asiatischen oder osteuropäischen Länder. Eine überproportionale Entwicklung der Lohnfertigungskosten hätte Überlegungen zu Produktionsverlagerungen eher beschleunigt. Grundsätzlich wollte man seitens der ifm aber auch aufgrund anderer Vorteile (zum Beispiel der starken Vernetzung von Entwicklung und Produktion) möglichst am Produktionsstandort Deutschland festhalten. Weil man zudem auch mehr Freiheitsgrade in der Entgeltgestaltung anstrebte, trat die ifm kurzerhand aus dem Arbeitgeberverband aus.

3.2.2.2 Erwartungen an ein neues System als Alternative zu ERA
Mit Verbandsaustritt gab die Geschäftsführung an die Personalabteilung den Auftrag, alternativ zu ERA ein strategisches Vergütungssystem zu entwickeln und umzusetzen. Insbesondere sollte ein neues Entgeltsystem

- Leistung fördern,
- die Leistungsbeurteilung vereinheitlichen und transparenter und einfacher gestalten,
- eine Vergleichbarkeit zwischen den dezentral organisierten Standorten ermöglichen,
- möglichst wenige Komponenten aufweisen,
- einheitliche Bewertungsmerkmale enthalten,
- Flexibilität in der Entgeltfindung gewährleisten und trotzdem systematisch sein,
- bei der Umstellung die erreichte Entgelthöhe garantieren,
- wie ERA auch die Trennung zwischen Löhnen und Gehältern aufheben.

3.2.2.3 Konzeptionsphase
Rasch wurde ein kleines Projektteam zusammengestellt, das zunächst das neue Entgeltsystem (siehe Abschn. 3.2.3) theoretisch entwickelte. Beschlossen und dann auch umgesetzt wurde zudem, …

- das System schrittweise im Form von Pilotprojekten in kleineren Einheiten beziehungsweise Standorten einzuführen (vergleiche nachfolgende Abb. 3.6),
- gesammelte Erfahrungen ständig in die Verbesserung des Systems einfließen zu lassen[8],

---

[8]Da das NExx-System an verschiedenen Standorten stufenweise über Jahre eingeführt wurde und zudem in Betrieben mit Betriebsrat individuelle Betriebsvereinbarungen entstanden, wurde die Ursprungsfassung ständig überdacht und weiterentwickelt.

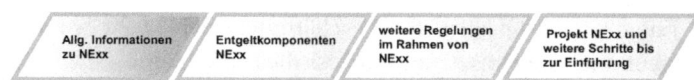

Ziel und divisionale Einführungsphasen

<u>Zielsetzung</u>: Einheitliches und leistungsorientiertes Entgeltsystem an allen deutschen ifm-Standorten

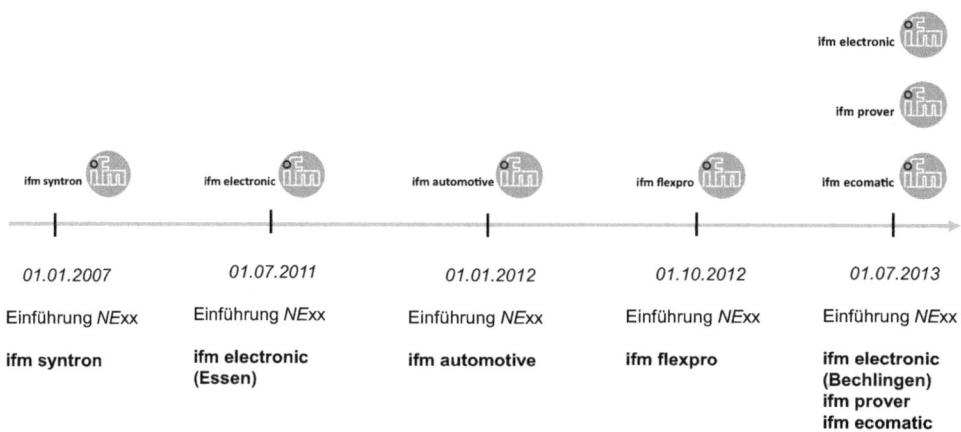

Abb. 3.6 Einführungsplan

- die aus dem Verbandsaustritt resultierenden Befürchtungen eines Teils der Mitarbeiterschaft und des Betriebsrats von Nachteilen im Vergleich zum ERA-System ernst zu nehmen und nichts zu überstürzen (der Einführungsprozess dauerte letztlich sechs Jahre und mündete am größten, vormals tarifgebundenen Produktions- und Entwicklungsstandort mit über 1600 Beschäftigten in ein über ein Jahr andauerndes Einigungsstellenverfahren[9]),
- die Logik der Verknüpfung von Leistungsbewertung und Entgeltsteigerung im Nachfolgejahr als wesentlicher Kern des NExx rasch vorab als Zwischenlösung einzuführen, um die Mitarbeiter schrittweise an diesen Mechanismus zu gewöhnen[10],

---

[9]Die betriebsverfassungsrechtliche (gemäß § 76 BetrVG) Einigungsstelle ist eine Art „betriebliches Schiedsgericht", um gescheiterte Verhandlungen zwischen Arbeitgeber und Betriebsrat zu einer Einigung zu führen. Bei der ifm war der Streitpunkt der, inwiefern der Betriebsrat mit dem Arbeitgeber überhaupt eine Entgeltregelung treffen konnte oder ob Tarifbindung besteht.

[10]Einer der Kerngedanken des neuen Systems, die leistungsabhängigere Verteilung der linearen Entgelterhöhung, wurde an einem Standort in einer Art Vorstufe über mehrere Jahre so umgesetzt, dass durch ein Bonus-Malus System Mitarbeiter mit einer über- oder unterdurchschnittlichen Leistungsbewertung in geringen Stufen unterschiedliche Entgelterhöhungen im Vergleich zu einem durchschnittlich bewerteten Mitarbeiter bekamen. Eine durchschnittliche Entgelterhöhung von 3 % bedeutete für den einzelnen Mitarbeiter eine Entgeltsteigerung von 1,5 bis 4,5 % – je nachdem, wie die letzte Leistungsbewertung ausfiel. Nachteil einer solchen Vorgehensweise ist allerdings, dass

Projektplanung Einführung *NExx* 2013

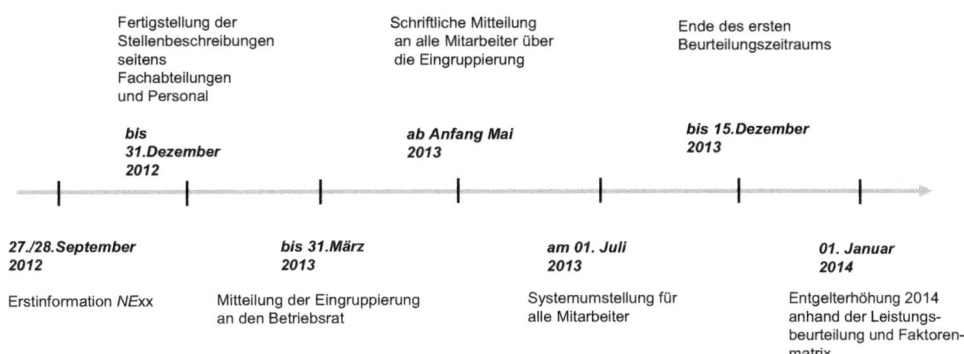

Abb. 3.7 Projektplanungsübersicht

- regelmäßig über die standortübergreifende Einführung und die gesammelten Erfahrungen an die Geschäftsleitung zu berichten, um sicherzustellen, dass notwendige Änderungen des Projektauftrags zeitnah abgestimmt werden,
- das Projekt NExx als eines von zehn Kernprojekten innerhalb der Personalstrategie mit Priorität auf Geschäftsleitungsebene zu behandeln.

Als Arbeitstitel wurde NExx gewählt, wobei „NE" für Neues Entgeltsystem und „xx" für die verschiedenen Standorte mit den gegebenenfalls notwendigen individuellen Unterschieden steht. Schon früh wurde erkannt, dass beispielsweise für den Vertrieb naturbedingt der variable Anteil als Provision ausgestaltet werden sollte, während für die anderen Einheiten Leistungsentgeltstrukturen (vergleiche Abschn. 3.2.4) aufgebaut wurden.

Erwähnt werden muss, dass die flächendeckende, standortübergreifende Einführung eines solchen Systems in einem dezentral organisierten Unternehmen wie der ifm besondere Anforderungen an die ständige Kommunikation und Projektorganisation stellt. Letztlich handelt es sich um einen komplexen Veränderungsprozess, der tief in den Kernbereich des arbeitsrechtlichen Austauschverhältnisses GELD gegen LEISTUNG eingreift und hohe Anforderungen an eine professionelle Projektorganisation stellt (Abb. 3.7).

---

ein kontinuierlich überdurchschnittlich gut bewerteter Mitarbeiter schließlich von einem gewissen Zinseszins-Effekt profitiert: Da eine neue überdurchschnittliche Leistungsbewertung eines Jahres gleichzeitig immer wieder auf den überdurchschnittlichen Erhöhungen der Vorjahre aufbaut, musste ein System gefunden werden, diese Dynamik leistungsbezogen zu steuern (siehe Abschn. 3.2.3.1).

In der Konzeptionsphase wurden die entscheidenden Weichen systematisch gestellt und auftretende Fragestellungen im Vorfeld kommunikativ aufbereitet, was sich in der späteren Diskussion mit den Vorgesetzten, Mitarbeitern und Betriebsräten als sehr hilfreich erwies. Beschlossen wurde:

- Entgeltbänder und -zonen einzuführen,
- dieselbe Systematik an allen deutschen ifm-Standorten in einen flexiblen Gesamtplan einzubinden,
- die Leistungsbeurteilung durch eine sogenannte Faktorenmatrix mit der jährlichen Entgelterhöhung zu koppeln,
- klare Aufgabenstellungen und -zuständigkeiten zu schaffen, indem alle Stellenbeschreibungen neu überarbeitet und in einem System abgebildet werden,
- die Betriebszugehörigkeit durch einen sogenannten Erfahrungswert im Rahmen der jährlichen Leistungsbeurteilung zu berücksichtigen.

3.2.3   Das Entgeltsystem „NExx" der ifm-Gruppe in Deutschland

3.2.3.1 Überblick zum NExx-System

Im neuen Entgeltsystem NExx wurde wie bei ERA zum einen die entgeltliche Unterscheidung zwischen Arbeitern und Angestellten als auch die im Angestelltenbereich üblichen eigenständigen K-, T- und M- Gruppen[11] abgeschafft und in zehn Bänder überführt (Abb. 3.8).

Im NExx-System sind die Entgeltbestandteile nur im Zusammenhang zu erklären, weil bei einer vollzogenen Entgelterhöhung Festentgelt und Leistungszuschlag durch eine Faktorenmatrix und die Zonenzuordnung in den Entgeltbändern verknüpft ineinander greifen. Die wichtigsten Elemente werden unterschieden in

- Festentgelt auf Grundlage von Entgeltbändern,
- Leistungsbeurteilungswerte,
- Faktorenmatrix (Abb. 3.9).

Festentgelt und Entgeltbandsystem NExx Das monatliche Entgelt besteht zunächst aus den zwei üblichen Bestandteilen, dem Festentgelt und dem Leistungszuschlag. Zusätzlich gibt es noch weitere Vergütungsbestandteile wie Weihnachtsgeld, Urlaubsgeld, Erfolgsprämie, betriebliche Altersvorsorge sowie eventuelle Mehrarbeits- und

---

[11]K-, T- und M-Gruppen standen für die Unterscheidung in eher kaufmännische, technische oder Meister-Tätigkeiten und Berufsbildungsabschlüsse. Diese Unterscheidung hatte sich aber zunehmend überlebt, da oftmals neue Aufgabenbereiche entstanden waren, die ein Abstellen auf einen traditionellen kaufmännischen oder technischen Abschluss schwierig machte. Zum Beispiel werden auf identischen Stellen im operativen Einkauf sowohl Betriebswirte als auch Techniker eingesetzt, die nach der alten Tariflogik unterschiedlich eingruppiert wurden.

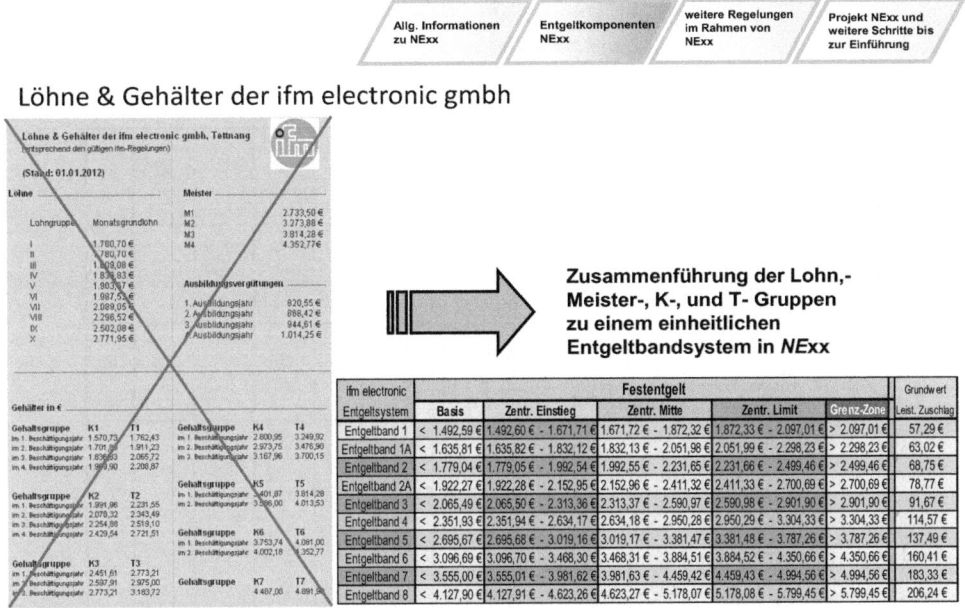

Abb. 3.8 Alte und neue Gestaltung des Entgelts

Schichtzuschläge, auf die hier nicht weiter eingegangen wird. Das Festentgelt und der Leistungszuschlag sind durch die Entgelterhöhung miteinander verknüpft (Abb. 3.10).

Alle Festentgelte wiederum sind in einem Entgeltbandsystem zusammengefasst, bestehend aus zehn Entgeltbändern und fünf Entgeltzonen. Jede einzelne Tätigkeit wurde einem Entgeltband zugeordnet.

Zuvor wurden alle Stellenbeschreibungen überarbeitet. Die Bewertung aller Stellen im neuen Entgeltsystem NExx der ifm electronic erfolgt nach dem Stufenwertzahlverfahren[12]. Je nach Ausprägung der Bewertungsmerkmale werden entsprechende Punkte erreicht, deren Summe ein Entgeltband ergibt. Hierzu wurden circa 200 Stellenbeschreibungen erstellt, die nach der bestehenden Organisation nach einem Schlüsselnummernsystem geordnet wurden.[13] In einer Stellenbeschreibung werden neben der organisatorischen Zuordnung, der Vorgesetztenregelung sowie der Zeichnungsberechtigung alle wertprägenden Tätigkeiten einheitlich erfasst. Der Rückseite können die Beurteilungsmerkmale entnommen werden, die in unterschiedliche Kategorien gegliedert sind. Die Summe der

---

[12]Die Bewertung der Anforderungen der Arbeitsaufgaben erfolgte einheitlich nach fünf Bewertungsmerkmalen: 1) Wissen und Können oder Berufsausbildung und Erfahrung, 2) Denken, 3) Handlungsspielraum/Verantwortung, 4) Kommunikation, 5) Mitarbeiterführung.

[13]Insgesamt wurden zehn Stellenbeschreibungskategorien entsprechend der ifm-blueprint-Organisation gebildet: 1) Produktion, 2) Entwicklung, 3) Qualität, 4) Personal, 5) Einkauf & Logistik, 6) Finanzen, 7) Projektmanagement, 8) Produktmanagement, 9) IT und 10) eine Auffangkategorie für sonstige Bereiche.

Allg. Informationen zu NExx	Entgeltkomponenten NExx	weitere Regelungen im Rahmen von NExx	Projekt NExx und weitere Schritte bis zur Einführung

Wichtige Elemente des Neuen Entgeltsystems NExx

1. Das System besitzt Entgeltbänder, denen sämtliche Tätigkeiten zugeordnet werden

| ifm electronic | Festentgelt | | | | | Grundwert |
Entgeltsystem	Basis	Zentr. Einstieg	Zentr. Mitte	Zentr. Limit	Grenz-Zone	Leist. Zuschlag
Entgeltband 1	< 1.492,59 €	1.492,60 € – 1.671,71 €	1.671,72 € – 1.872,32 €	1.872,33 € – 2.097,01 €	> 2.097,01 €	57,29 €
Entgeltband 1A	< 1.635,81 €	1.635,82 € – 1.832,12 €	1.832,13 € – 2.051,98 €	2.051,99 € – 2.298,23 €	> 2.298,23 €	63,02 €
Entgeltband 2	< 1.779,04 €	1.779,05 € – 1.992,54 €	1.992,55 € – 2.231,65 €	2.231,66 € – 2.499,46 €	> 2.499,46 €	68,75 €
Entgeltband 2A	< 1.922,27 €	1.922,28 € – 2.152,95 €	2.152,96 € – 2.411,32 €	2.411,33 € – 2.700,69 €	> 2.700,69 €	78,77 €
Entgeltband 3	< 2.065,49 €	2.065,50 € – 2.313,36 €	2.313,37 € – 2.590,97 €	2.590,98 € – 2.901,90 €	> 2.901,90 €	91,67 €
Entgeltband 4	< 2.351,93 €	2.351,94 € – 2.634,17 €	2.634,18 € – 2.950,28 €	2.950,29 € – 3.304,33 €	> 3.304,33 €	114,57 €
Entgeltband 5	< 2.695,67 €	2.695,68 € – 3.019,16 €	3.019,17 € – 3.381,47 €	3.381,48 € – 3.787,26 €	> 3.787,26 €	137,49 €
Entgeltband 6	< 3.096,69 €	3.096,70 € – 3.468,30 €	3.468,31 € – 3.884,52 €	3.884,52 € – 4.350,66 €	> 4.350,66 €	160,41 €
Entgeltband 7	< 3.555,00 €	3.555,01 € – 3.981,62 €	3.981,63 € – 4.459,42 €	4.459,43 € – 4.994,56 €	> 4.994,56 €	183,33 €
Entgeltband 8	< 4.127,90 €	4.127,91 € – 4.623,26 €	4.623,27 € – 5.178,07 €	5.178,08 € – 5.799,45 €	> 5.799,45 €	206,24 €

2. Die individuellen Entgeltveränderungen erfolgen grundsätzlich auf der Grundlage der Leistungsbeurteilung

Ermittlung des Leistungswertes

ifm electronic gmbh, Tettnang

Beurteilungszeitraum: 01.01.-31.12.2013

Name: Mustermann
Vorname: Max
Pers.-Nr.: 1111
Eintrittsdatum: 01.01.2000
Beschäftigungsjahre: 12

Beurteilungsstufen: E-- | E- | E | E+ | E++
E = Leistung entspricht der Erwartung
E- = Leistung unterschreitet die Erwartung
E-- = Leistung unterschreitet die Erwartung deutlich
E+ = Leistung überschreitet die Erwartung
E++ = Leistung überschreitet die Erwartung deutlich

Kriterien	Gewicht	E--	E-	E	E+	E++	Saldo
A. Leistungskriterien	80%						
		Zwischenergebnis (Werte gewichtet)					1,50
1 Arbeitsergebnisse	30%				x		0,9
2 fachliche Kompetenz	10%			x			0,3
3 Leistungsmotivation	10%			x			0,3
B. Verhaltenskriterien	80%						
		Zwischenergebnis (Werte gewichtet)					1,50
1 Persönliche Kompetenz	30%				x		0,9
2 Kundenorientierung/ Teamfähigkeit	10%			x			0,3
3 Flexibilität	10%			x			0,3
Summe	100%	Leistungswert I					3,00
Gesamt	Erfahrungswert** 0,2	Leistungswert II					3,20

3. Über die Faktorenmatrix wird der Leistungswert in das Verhältnis zum Entgeltgrad gesetzt

Faktorenmatrix NExx

Leistungswert	1 – 1,9	2 – 2,9	3 – 3,6	3,7 – 4,4	4,5 - 5
Gehaltszonen	Faktoren für die Linearerhöhung				
Grenz-Zone	0	0,25	0,5	0,75	1
Zentral-Bereich Limit	0,25	0,5	0,75	1	1,25
Zentral-Bereich Mitte	0,5	0,75	1	1,25	1,5
Zentral-Bereich Einstieg	0,75	1	1,25	1,5	1,75
Basis-Zone	1	1,25	1,5	1,75	2

Abb. 3.9 Wichtige Elemente von NExx

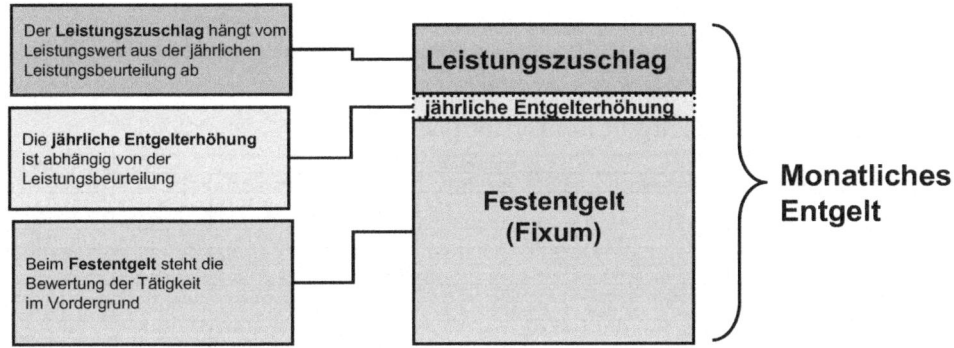

Abb. 3.10 NExx-Entgeltzusammensetzung

einzelnen Beurteilungsausprägungen einer Stellenbeschreibung bildet die Grundlage zur Einstufung in eines der zehn Entgeltbänder. Die jeweilige Entgeltzone ergibt sich durch die Höhe des Festentgelts. Je Entgeltband gibt es einen Grundwert zur Ermittlung des Leistungszuschlags, der mit dem Leistungswert aus der jährlichen Leistungsbewertung[14] (siehe Abb. 3.11) multipliziert wird. Addiert man dieses Produkt mit dem Festentgelt, erhält man das monatliche Entgelt.

Leistungsbeurteilung Die Leistungsbeurteilung wird einmal jährlich zum Ende des Jahres durchgeführt und liefert wie oben dargestellt den sogenannten Leistungswert II. Zuvor muss aber der Leistungswert I ermittelt werden. Dieser ergibt sich durch die Beurteilungskriterien der einzelnen Leistungs- und Verhaltenskriterien und ist in fünf Bewertungsstufen von E- – bis E++gespreizt. Die Stufe E entspricht dabei einem mittleren Leistungswert 3 (vergleiche 3.12). Bis zum 30.6. jeden Jahres ist ein Trendgespräch vorgesehen, in dem ein Feedback zur Einschätzung der bisherigen Leistung gegeben wird. Dabei sollen individuelle Leistungsrückstände und Möglichkeiten zur Verbesserung aufgezeigt werden (Abb. 3.12).

Faktorenmatrix: Verknüpfung von Leistungsbewertung und Entgeltsteigerung Die Faktorenmatrix setzt den bei der Leistungsbewertung gefundenen Leistungswert ins Verhältnis zur Entgeltzone und liefert dadurch den Faktor für die individuelle jährliche Entgelterhöhung. Somit ergibt sich die jährliche Entgelterhöhung anhand des Leistungswerts in Relation zur Position im jeweiligen Entgeltband, das heißt der Entgeltzone. Die Entgelterhöhung fällt umso höher aus, je höher der Leistungswert ist und je tiefer die Lage im Entgeltband ist. Die Faktorenmatrix ermöglicht dadurch die individuelle Verteilung der jährlichen Entgelterhöhung anhand des Leistungswerts.

---

[14]Es gibt bei Mitarbeitern mit einer Betriebszugehörigkeit von über 5 Jahren einen Zuschlag zum eingeschätzten Leistungswert aus der Leitungsbewertung von 0,1 Punktwerten (maximal 0,5) – in diesem Fall spricht man vom Leistungswert II anstatt vom Leistungswert I.

1. Komponente: Das Entgeltbandsystem *NExx*

ifm electronic Entgeltsystem	Festentgelt					Grundwert
	Basis	Zentr. Einstieg	Zentr. Mitte	Zentr. Limit	Grenz-Zone	Leist. Zuschlag
Entgeltband 1	< 1.492,59 €	1.492,60 € - 1.671,71 €	1.671,72 € - 1.872,32 €	1.872,33 € - 2.097,01 €	> 2.097,01 €	57,29 €
Entgeltband 1A	< 1.635,81 €	1.635,82 € - 1.832,12 €	1.832,13 € - 2.051,98 €	2.051,99 € - 2.298,23 €	> 2.298,23 €	63,02 €
Entgeltband 2	< 1.779,04 €	1.779,05 € - 1.992,54 €	1.992,55 € - 2.231,65 €	2.231,66 € - 2.499,46 €	> 2.499,46 €	68,75 €
Entgeltband 2A	< 1.922,27 €	1.922,28 € - 2.152,95 €	2.152,96 € - 2.411,32 €	2.411,33 € - 2.700,69 €	> 2.700,69 €	78,77 €
Entgeltband 3	< 2.065,49 €	2.065,50 € - 2.313,36 €	2.313,37 € - 2.590,97 €	2.590,98 € - 2.901,90 €	> 2.901,90 €	91,67 €
Entgeltband 4	< 2.351,93 €	2.351,94 € - 2.634,17 €	2.634,18 € - 2.950,28 €	2.950,29 € - 3.304,33 €	> 3.304,33 €	114,57 €
Entgeltband 5	< 2.695,67 €	2.695,68 € - 3.019,16 €	3.019,17 € - 3.381,47 €	3.381,48 € - 3.787,26 €	> 3.787,26 €	137,49 €
Entgeltband 6	< 3.096,69 €	3.096,70 € - 3.468,30 €	3.468,31 € - 3.884,51 €	3.884,52 € - 4.350,66 €	> 4.350,66 €	160,41 €
Entgeltband 7	< 3.555,00 €	3.555,01 € - 3.981,62 €	3.981,63 € - 4.459,42 €	4.459,43 € - 4.994,56 €	> 4.994,56 €	183,33 €
Entgeltband 8	< 4.127,90 €	4.127,91 € - 4.623,26 €	4.623,27 € - 5.178,07 €	5.178,08 € - 5.799,45 €	> 5.799,45 €	206,24 €

- Das Entgeltbandsystem besteht aus
  - 10 Entgeltbändern und
  - 5 Entgeltzonen

- Jede Tätigkeit (nicht Person!) wird einem Entgeltband zugeordnet. Voraussetzung hierfür ist eine…
  - Stellenbeschreibung
  - Bewertung anhand einheitlicher Bewertungsmerkmale
  - Zuweisung zu einem Entgeltband über eine Zuordnungstabelle

Abb. 3.11 Entgeltbandsystem mit den Festentgelten

Somit bietet es den Mitarbeitern die Möglichkeit, bei entsprechender Leistung überproportional an den Entgeltsteigerungen zu partizipieren. Ebenso gilt, dass ein Mitarbeiter, der sich in höheren Entgeltzonen befindet, diese Einordnung durch eine höhere Leistungsbewertung unter Beweis stellen muss, um an der durchschnittlichen Entgelterhöhung zu partizipieren.

Die konkrete Berechnung der prozentualen Entgeltsteigerung eines Mitarbeiters erfolgt durch Multiplikation des ermittelten Leistungswerts mit dem Faktor aus der Faktorenmatrix. Diesen Faktor liest man in der Faktorenmatrixtabelle (siehe Abb. 3.13) ab, indem man die fünf Möglichkeiten in der Entgeltzoneneinordnung aus der Entgeltbandtabelle (senkrecht) mit den fünf Bereichen der Leistungswerte (waagerecht) abgleicht.

Zusammenwirken der Komponenten an einem Beispiel Die Funktionsweise im Zusammenwirken der Komponenten Entgeltbandsystem und Leistungsbeurteilung erklärt sich am besten an einem Beispiel (siehe Abb. 3.14):

Laut seiner Stellenbeschreibung befindet sich Max Mustermann im Entgeltband 2. Geht man davon aus, dass er ein Festentgelt von 1800 € bezieht, so befindet er sich im Betrachtungsjahr 2013 in der Entgeltzone „Zentr. Einstieg".

Der Leistungswert II wird durch die Summe aus Leistungswert I und dem Erfahrungswert gebildet. Durch Multiplikation mit dem Grundwert Leistungszuschlag, welcher aus der Entgeltbandtabelle ermittelt wird, kann der Leistungszuschlag ermittelt

Ermittlung des Leistungswertes
ifm electronic gmbh, Tettnang

Beurteilungszeitraum: 01.01 - 31.12.2013

Name:	Mustermann	E = Leistung entspricht der Erwartung
Vorname:	Max	E- = Leistung unterschreitet die Erwartung
Pers.-Nr.:	1111	E-- = Leistung unterschreitet die Erwartung deutlich
Eintrittsdatum:	01.01.2000	E+ = Leistung überschreitet die Erwartung
Beschäftigungsjahre:	12	E++ = Leistung überschreitet die Erwartung deutlich

Kriterien	Gewicht	*E--	*E-	E	E+	E++	Saldo
A. Leistungskriterien	**50%**	Zwischenergebnis (Werte gewichtet):					1,50
1 Arbeitsergebnisse	30%			X			0,9
2 Fachliche Kompetenz	10%			X			0,3
3 Leistungsmotivation	10%			X			0,3
B. Verhaltenskriterien	**50%**	Zwischenergebnis (Werte gewichtet):					1,50
1 Persönliche Kompetenz	30%			X			0,9
2 Kundenorientierung/ Teamfähigkeit	10%			X			0,3
3 Flexibilität	10%			X			0,3
Summe	**100%**	Leistungswert I					**3,00**
Erfahrungswert**							0,2
Gesamt		Leistungswert II					**3,20**

Abb. 3.12 NExx-Leistungsbeurteilung

Faktorenmatrix *NExx*					
Leistungswert	1 – 1,9	2 – 2,9	3 – 3,6	3,7 – 4,4	4,5 - 5
Gehaltszonen	Faktoren für die Linearerhöhung				
Grenz-Zone	0	0,25	0,5	0,75	1
Zentral-Bereich Limit	0,25	0,5	0,75	1	1,25
Zentral-Bereich Mitte	0,5	0,75	1	1,25	1,5
Zentral-Bereich Einstieg	0,75	1	1,25	1,5	1,75
Basis-Zone	1	1,25	1,5	1,75	2

Abb. 3.13 NExx-Faktorenmatrix

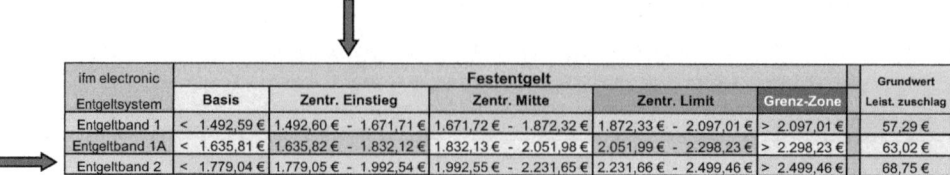

ifm electronic	Festentgelt					Grundwert
Entgeltsystem	Basis	Zentr. Einstieg	Zentr. Mitte	Zentr. Limit	Grenz-Zone	Leist. zuschlag
Entgeltband 1	< 1.492,59 €	1.492,60 € - 1.671,71 €	1.671,72 € - 1.872,32 €	1.872,33 € - 2.097,01 €	> 2.097,01 €	57,29 €
Entgeltband 1A	< 1.635,81 €	1.635,82 € - 1.832,12 €	1.832,13 € - 2.051,98 €	2.051,99 € - 2.298,23 €	> 2.298,23 €	63,02 €
Entgeltband 2	< 1.779,04 €	1.779,05 € - 1.992,54 €	1.992,55 € - 2.231,65 €	2.231,66 € - 2.499,46 €	> 2.499,46 €	68,75 €

Abb. 3.14 Leistungswert II und Matrix

werden. Der Erfahrungswert beträgt 0,1 Punkte für jeweils fünf Jahre Betriebszugehörigkeit mit einer Obergrenze bei maximal 0,5 Punkten.

Bei einer durchschnittlichen Bewertung E, ergibt sich ein Leistungswert von 3,0. Bei einer angenommenen Betriebszugehörigkeit von zwölf Jahren, erhält der Mitarbeiter einen Erfahrungswert von 0,1 Punkten je fünf Jahre Betriebszugehörigkeit. Somit ergibt sich ein Leistungswert II in Höhe von 3,2.

Der Faktor wird durch Betrachtung der Entgeltzone und dem jeweiligen Leistungswert II ermittelt. Durch die Multiplikation mit der Linearerhöhung wird die individuelle Partizipation an der Linearerhöhung bestimmt.

Bei Max Mustermann ergibt sich bei seiner Zone „Zentral-Bereich Einstieg" und einem Leistungswert II von 3,2 ein Faktor von 1,25. Bei einer angenommenen allgemeinen Entgelterhöhung für das Entgeltbandsystem NExx von 2,0 % erhält Max Mustermann individuell 2,5 % (1,25 × 2,0 %). Somit würde Max Mustermann im Jahr der Betrachtung an der jährlichen Erhöhung mit dem Faktor 1,25 überdurchschnittlich partizipieren (Abb. 3.15).

3.2.3.2 Weitere ergebnisorientierte Vergütungselemente

Erfolgsprämienmodell für Mitarbeiter Neben dem oben dargestellten mitarbeiterbezogenen Leistungszuschlag und dessen Verknüpfung zur individuellen jährlichen Entgelterhöhung gibt es im Entgeltsystem der ifm noch ein weiteres zusätzliches ergebnisorientiertes Vergütungselement. Die sogenannte Erfolgsprämie ist ein kollektives Erfolgselement, das ursprünglich als Ausgleichselement zur finanziellen Kompensation aus der Arbeitszeitverlängerung von der 35- auf 40-Stundenwoche entstanden ist. Abhängig vom Ergebnis (siehe Tab. 3.4) der erreichten jährlichen Rendite und des Wachstums bezogen auf die Gesamtleistung des Unternehmens erhalten die Mitarbeiter diese zusätzliche Auszahlung, die bis zu einem halben Monatsentgelt beträgt.[15]

Derzeit gibt es Überlegungen, diese Erfolgsprämienmatrix in den nächsten Jahren stärker auf die jeweiligen Einheiten anzupassen, sodass neben dem Erfolg des gesamten Unternehmens der kollektive Erfolg der kleineren Einheiten stärker gewichtet wird.

---

[15]Bestimmte Mitarbeitergruppen, die ursprünglich mit 35-h-Verträgen eingestellt wurden, erhalten aus Bestandsschutzgründen sogar bis zu circa zwei Monatsentgelte. Durchschnittlich wurden in den letzten Jahren zwischen 60 bis 80 % der Matrixwerte erreicht.

Wichtige Elemente des Neuen Entgeltsystems NExx

Allg. Informationen zu NExx	Entgeltkomponenten NExx	weitere Regelungen im Rahmen von NExx	Projekt NExx und weitere Schritte bis zur Einführung

ifm electronic

Festentgelt

Entgeltsystem	Basis	Zentr. Einstieg	Zentr. Mitte	Zentr. Limit	Grenz-Zone	Grundwert Leist. Zuschlag
Entgeltband 1	< 1.492,59 €	1.492,60 € - 1.671,71 €	1.671,72 € - 1.872,32 €	1.872,33 € - 2.097,01 €	> 2.097,01 €	57,29 €
Entgeltband 1A	< 1.635,81 €	1.635,82 € - 1.832,12 €	1.832,13 € - 2.051,98 €	2.051,99 € - 2.298,23 €	> 2.298,23 €	63,02 €
Entgeltband 2	< 1.779,04 €	1.779,05 € - 1.992,54 €	1.992,55 € - 2.231,65 €	2.231,66 € - 2.499,46 €	> 2.499,46 €	68,75 €
Entgeltband 2A	< 1.922,27 €	1.922,28 € - 2.152,95 €	2.152,96 € - 2.411,32 €	2.411,33 € - 2.700,69 €	> 2.700,69 €	78,77 €
Entgeltband 3	< 2.065,49 €	2.065,50 € - 2.313,36 €	2.313,37 € - 2.590,97 €	2.590,98 € - 2.901,90 €	> 2.901,90 €	91,67 €
Entgeltband 4	< 2.351,93 €	2.351,94 € - 2.634,17 €	2.634,18 € - 2.950,28 €	2.950,29 € - 3.304,33 €	> 3.304,33 €	114,57 €
Entgeltband 5	< 2.695,67 €	2.695,68 € - 3.019,16 €	3.019,17 € - 3.381,47 €	3.381,48 € - 3.787,26 €	> 3.787,26 €	137,49 €
Entgeltband 6	< 3.096,69 €	3.096,70 € - 3.468,30 €	3.468,31 € - 3.884,51 €	3.884,52 € - 4.350,66 €	> 4.350,66 €	160,41 €
Entgeltband 7	< 3.555,00 €	3.555,01 € - 3.981,62 €	3.981,63 € - 4.459,42 €	4.459,43 € - 4.994,56 €	> 4.994,56 €	183,33 €
Entgeltband 8	< 4.127,90 €	4.127,91 € - 4.623,26 €	4.623,27 € - 5.178,07 €	5.178,08 € - 5.799,45 €	> 5.799,45 €	206,24 €

Entgeltband 2 (Zentr. Einstieg), Festentgelt 1.800 €

Leistungswert I + Erfahrungswert = Leistungswert
3,00 + 0,20 = 3,20

Faktor x allg. Linearerhöhung = individuelle Entgelterhöhung
1,25 x 2,0% = 2,5%

Faktorenmatrix NExx

Leistungswert	1 – 1,9	2 – 2,9	3 – 3,6	3,7 – 4,4	4,5 - 5
Gehaltszonen	Faktoren für die Linearerhöhung				
Grenz-Zone	0	0,25	0,5	0,75	1
Zentral-Bereich Limit	0,25	0,5	0,75	1	1,25
Zentral-Bereich Mitte	0,5	0,75	1	1,25	1,5
Zentral-Bereich Einstieg	0,75	1	1,25	1,5	1,75
Basis-Zone	1	1,25	1,5	1,75	2

Ermittlung des Leistungswertes
ifm electronic gmbh, Tettnang

Beurteilungszeitraum: 01.01. – 31.12.2013

Name: Mustermann
Vorname: Max
Pers.-Nr.: 1111
Eintrittsdatum: 01.01.2000
Beschäftigungsjahre: 12

E- = Leistung entspricht der Erwartung
E = Leistung unterschreitet die Erwartung
E+ = Leistung unterschreitet nicht die Erwartung
E++ = Leistung überschreitet die Erwartung deutlich

Kriterien	Gewicht	E-	E	E+	E++	Saldo
A. Leistungskriterien	50%					
1 Arbeitsergebnisse	30%		x			
2 Fachliche Kompetenz	10%			x		
3 Leistungsproduktion	10%			x		
B. Verhaltenskriterien	50%					
1 Persönliche Kompetenz	30%			x		
2 Kundenorientierung / Teamfähigkeit	10%			x		
3 Flexibilität	10%			x		
Summe	100%	Leistungswert I				3,00
Gesamt		Erfahrungswert** Leistungswert II				3,20

Abb. 3.15 Entgeltkomponenten NExx im Zusammenwirken

Tab. 3.4 Matrix für die Erfolgsprämie

	Wachstum der Gesamtleistung		
Rendite	>5 %	>7,5 %	>10 %
>6 %	60 %	80 %	100 %
>4 %	40 %	60 %	80 %
>2 %	20 %	40 %	60 %

Jeweils in Prozent der Maximalprämie in der Höhe eines halben Monatsgehalts

Tantiemen bei AT-Angestellten Als AT-Mitarbeiter sind die Mitarbeiter definiert, die außerhalb oder genauer gesagt, oberhalb der höchsten NExx-Bänder eingruppiert sind. Zusätzlich zum monatlichen „AT-Entgelt" erhält diese Mitarbeitergruppe eine Tantieme, die sich aus bis zu zwei Komponenten (Basisbetrag und Zielerreichung) errechnet.

Berechnungsgrundlage für den Basisbetrag der Tantieme ist wie bei der Erfolgsprämie zunächst die Steigerung der Gesamtleistung unter Berücksichtigung der Bestandsveränderung und der sonstigen Erträge (im Folgenden „Gesamtleistung" genannt) in Verbindung mit der Umsatzrendite der ifm-Firmengruppe weltweit. Die Umsatzrendite stellt das Verhältnis „Ergebnis vor Steuern" zur „Gesamtleistung in Prozent" dar. Belastungen durch die Zahlung der Erfolgsprämie bleiben dabei unberücksichtigt.

Die Tantieme ergibt sich aus der nachfolgenden Tab. 3.5. Sie kommt nur zum Tragen, sofern beide Faktoren einen Wert >0 aufweisen. Eine Berechnung außerhalb des Tabellenbereiches erfolgt nicht.

Bei einer Steigerung der Gesamtleistung von 7 % und einer Umsatzrendite von 5 % ergibt sich eine Tantieme in Höhe von 12.000 € per annum.

Zusätzlich kann bei bestimmten Mitarbeitergruppen eine individuelle Zielvereinbarung abgeschlossen werden. Dazu gibt es in der ifm unterschiedliche Modelle. Immer stärker wird das Modell genutzt, bei dem der Erfüllungsgrad der Zielerreichung in Prozent den Faktor ergibt, der für die Berechnung des Auszahlungsbetrags der zuvor

Tab. 3.5 Beispiel einer Tantiemematrix für AT-Mitarbeiter

Umsatzrendite							
Steigerung der Gesamtleistung	0 bis 1 %	>1 bis 2 %	>2 bis 3 %	>3 bis 4 %	>4 bis 5 %	>5 bis 6 %	>6 %
>0 bis 2 %	1000	2500	4000	5500	7000	8500	10.000
>2 bis 4 %	2500	4000	5500	7000	8500	10.000	12.000
>4 bis 6 %	4000	5500	7000	8500	10.000	12.000	14.000
>6 bis 8 %	5500	7000	8500	10.000	12.000	14.000	16.000
>8 bis 10 %	7000	8500	10.000	12.000	14.000	16.000	18.000
>10 bis 12 %	8500	10.000	12.000	14.000	16.000	18.000	20.000
>12 %	10.000	12.000	14.000	16.000	18.000	20.000	25.000

dargestellten Tantieme herangezogen wird. Bei einer Zielerfüllung von 120 % ergibt sich ausgehend vom obigen Beispiel somit ein Auszahlungsbetrag für die Tantieme von 14.400,00 € (12.000 € × 120 %). Da die Schwankungsbreite der Ziele zwischen 0 und 200 % definiert werden kann, ergibt sich eine vergleichsweise große Schwankungsbreite.

3.2.4 Einführungs- und Umsetzungsprozess

Die Einführung eines neuen Entgeltsystems stellt einen komplexen Veränderungsprozess dar. Der NExx-Projektgruppe war bewusst, wie wichtig dabei die Kommunikationsplanung und Beteiligung der Belegschaft nicht nur in der Erarbeitungsphase des Systems, sondern auch in der Umsetzung ist.

Eine Schlüsselrolle neben den Mitarbeitervertretungen, die ohnehin mitbestimmungsrechtlich zu beteiligen waren, hatten die Führungskräfte. Dabei kam dem Projekt zugute, dass die Führungskräfte parallel in einer sogenannten „Führungswerkstatt" zur proaktiven Gestaltung von Veränderungsprozessen im Rahmen der strategischen Ausrichtung geschult worden waren und man hier anknüpfen konnte (vergleiche nachfolgende Abb. 3.16).

Die Herausforderung bei der Erarbeitung und Ausgestaltung des NExx-Systems lag insbesondere in der Notwendigkeit (vergleiche Abschn. 3.2.2.3), den beteiligten Standorten eine klare Orientierung zum Gesamtprojekt zu bieten. In einem dezentral organisierten Unternehmen wie der ifm, das auf Eigeninitiative und Eigenständigkeit setzt, war bereits in der Erarbeitung klar, dass nicht alle dezentralen Historien und Vorstellungen aufgrund der Unterschiedlichkeit gleichermaßen umgesetzt werden konnten. Insofern war die Einrichtung einer zentralen Projektgruppe, die regelmäßig den Abgleich zur Konzerngeschäftsleitung und den dezentralen Geschäftsführern suchte, dafür erfolgsentscheidend, dass ein einheitliches Entgeltsystem überhaupt abgestimmt werden konnte. Oft kam es hier zu längeren Diskussionen und Grundsatzentscheidungen, ehe man anschließend wieder weitermachen konnte.

Bei der Umsetzung des Systems waren diese Abstimmungsrunden umso wichtiger, weil das zentral konzipierte und in sich stimmige System gleichzeitig dezentral an den verschiedenen Standorten mit den Mitarbeitervertretungen und den Führungskräften abzustimmen war. Das „top-down" erdachte System musste an den eigenständigen Standorten operativ umgesetzt und individuell angepasst werden. Dabei waren individuelle historische Besonderheiten der dezentralen Standorte zu berücksichtigen. Oft zeigte sich erst in der Umsetzungsphase, dass vorbereitete Stellenbeschreibungen und -bewertungen doch noch einmal überarbeitet werden mussten, weil wichtige Details erst im Mitarbeitergespräch erkannt wurden. Um das verabschiedete einheitliche System aber nicht durch allzu

Abb. 3.16 Auszug aus der internen Weiterbildungsveranstaltung für Führungskräfte zur NExx-Einführung

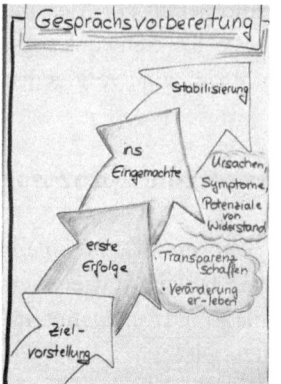

Gesprächsvorbereitung Mitarbeiterkommunikation *NExx*

- Zielsetzung *NExx* verdeutlichen

- *NExx* Systematik erklären

- Aufgaben/Inhalte (Stellenbeschreibung) der jeweiligen Stelle erläutern

- Neue Entgeltzusammensetzung erklären

- Blick in die Zukunft: Perspektiven

große individuelle Anpassungen an den dezentralen Standorten doch wieder in zu viele uneinheitliche Versionen aufzusplitten, hat man sich rasch auf ein Regelwerk geeinigt: Alle „bottom-up"-Rückmeldungen der sich gleichzeitig in der Umsetzungsphase befindlichen dezentralen Standorte, die der Einheitlichkeit des Gesamt-NExx-Systems widersprachen, wurden zurückgemeldet und gemeinschaftlich in der Konzernprojektgruppe NExx besprochen. Erst dann wurden an den jeweiligen Standorten verbindliche Absprachen getroffen. Nur so konnte verhindert werden, dass die bereits verabschiedete Systematik nicht wieder durch zu große Individualität in der Umsetzungsphase verloren ging.

Hilfreich war auch hier, dass das konzernübergreifende HR-Team gerade beim Abgleich der möglichst einheitlichen Stellenbeschreibungen und -bewertungen nicht auf sich allein gestellt war. Notwendige Entscheidungen konnten in übergreifenden Geschäftsführungsrunden ständig abgeglichen werden. Außerdem sind in der Konzern-organisation für acht Funktionalitäten sogenannte Head-of-Verantwortliche[16] vorhanden, die in dem Fall, dass sich die Personalverantwortlichen nicht auf eine Sichtweise einigen konnten, aus ihrer fachlichen Sicht eine Entscheidung für ihren Funktionsbereich treffen konnten. Diese Entscheidungen waren dann für alle Standorte bindend.

Bei der Umsetzung hat sich das Projektteam entschieden, möglichst breit zu kommu-nizieren. Dazu wurden alle denkbaren Kommunikationswege (siehe Abb. 3.17) genutzt:

- Nutzung der vorhandenen Infrastruktur (zum Beispiel Aushänge, Intranet, Betriebs-versammlungen),
- Zweiweg-Kommunikation (Führungskräfteschulungen zum NExx-System und zur Mitarbeiterbeurteilung, Mitarbeiterinformationsveranstaltungen, Überarbeitung aller Stellenbeschreibungen),

---

[16]Konzernübergreifend Verantwortliche gibt es für die Bereiche Produktion, Entwicklung, Einkauf, Finanzen, Produktmanagement, Projektmanagement, Personal und Qualität.

Abb. 3.17   NExx-Kommunikationswege

- Entwicklung spezieller Instrumente (zum Beispiel Einrichtung von Projektteams, Workshops und NExx-Projektdatenbanken),
- Einweg-Kommunikation (zum Beispiel Aushänge, Intranet, Betriebszeitungen, NExx-Broschüren, Flyer, FAQ-Listen, Simulationstools, Video).

3.2.5   Fazit

Die Einführung eines neuen Entgeltsystems ist an für sich schon komplex und schwierig. Die betroffenen Mitarbeiter, Betriebsräte und Gewerkschaften vermuten nicht zu Unrecht, dass es zumeist um eine Neu- beziehungsweise Umverteilung mit geänderten Regeln geht und dass es mithin im Vergleich zum aktuellen Stand neben „Gewinnern" auch Mitarbeiter gibt, die sich als „Verlierer" sehen werden. Das gilt erst recht, wenn man arbeitgeberseitig Leistungskomponenten ausbauen möchte und man von vornherein ankündigt, dass die Umstellung kostenneutral verlaufen soll. Andererseits wird nicht nur von der Unternehmensseite, sondern auch von den zuvor aufgezählten Gruppierungen immer wieder eine – wie auch immer auszugestaltende – Leistungsgerechtigkeit in der Entgeltfindung gefordert. Mit NExx ist ein solches Konzept als Alternative zu Tarifvertragssystemen wie ERA aus unserer Sicht gelungen.

Die Idee, die Leistungsbewertung auch für die Entgeltsteigerung heranzuziehen, ist praktisch umsetzbar. Sie bietet die Möglichkeit, in Kombination mit breiten Entgeltbändern anstatt mit fixen Eingruppierungswerten pro Tätigkeit, variabel und individuell aber zugleich systematisch zu agieren. Bei nachhaltig zu hohen oder zu niedrigen Leistungsbewertungen oder Grundentgelten, sei es, weil die letzte externe Einstellung über dem Betriebsniveau liegt oder weil ein Mitarbeiter aufgrund eines Wechsels unter dem Niveau der Kollegen liegt, sorgt eine Faktorenmatrix systematisch für eine Korrektur, ohne dass manuell – und damit zumeist willkürlich – eingegriffen werden muss. Dies sorgt für innerbetriebliche Entgeltgerechtigkeit und damit für den notwendigen Betriebsfrieden in einem zentralen personalpolitischen Handlungsfeld.

Die Erfolgsfaktoren für die NExx-Einführung sind identisch mit den Erfolgsfaktoren anderer Veränderungsprojekte:

- die intensive konzeptionelle Vorbereitung des Systems,
- das klare Wollen der Geschäftsführung,
- die enge Einbeziehung der Führungskräfte und Mitarbeitervertretungen,
- eine professionelle Projektorganisation, die ein besonderes Augenmerk auf die Kommunikation bei der Systemeinführung legt.

Wer auf der Suche nach einem alternativen Entgeltsystem mit starkem Leistungsbezug ist, dem kann das Entgeltsystem NExx der ifm gute Anregungen für das eigene Unternehmen bieten. Wer die Auseinandersetzung um ein faires und anspruchsvolles Leistungsbewertungsverfahren im Unternehmen scheut, sollte es lieber lassen, weil der Dreh- und Angelpunkt für das Funktionieren eines solchen Systems, die leistungsgerechte Bewertung der Arbeit durch geschulte Führungskräfte mit Beurteilerkompetenzen ist.

3.3   Strategische Unternehmenssteuerung mit dem Ziel- und Prämiensystem bei der TIGGES GmbH & Co. KG

In diesem Praxisbeispiel erfahren Sie, wie ein mittelständisches Unternehmen der Metallindustrie seine gesamte Belegschaft auf die strategisch bedeutsamen Unternehmensziele ausrichtete. Hierzu wurde ein variables Vergütungssystem etabliert, das auf die zielorientierten Leistungsbeiträge auf Team- und Individualebene abstellt. Zur Sicherung der Nachhaltigkeit fungieren entsprechende, zumeist qualitative Ziele als obligatorische Voraussetzungen für die Ausschüttung der Prämie. Mithilfe innovativer Gestaltungselemente wie der Wenn-Dann-Verknüpfung, der Zieloptimierung und der Hebesatz-Kombination sowie einer mitarbeiterzentrierten Einführung und Umsetzung erzielte das Unternehmen in der Folge beachtliche Gewinnsprünge.

Ausgangssituation Im Jahre 1925 gegründet und seither fest im Familienbesitz ist TIGGES weltweit einer der führenden Spezialhersteller von Verbindungselementen. TIGGES lebt das Unternehmensmotto „Alles aus einer Hand". Durch die hauseigene Fertigung in den Bereichen Kaltumformung, Zerspanung und Warmumformung sowie eigener Konstruktion und eigenem Werkzeugbau gelingt TIGGES die Produktion von individuellen Sonderanfertigungen in allen Losgrößen selbst bei zeitkritischen Aufträgen. Zu seinen Kunden zählt TIGGES führende Unternehmen aus den Branchen Automotive, Medizintechnik, Maschinenbau, Elektrotechnik sowie Luft- und Raumfahrt. Sie schätzen insbesondere das individuelle Projektmanagement von der Planungsphase bis hin zu Realisierung und Qualitätssicherung.

Geschäftsführer Jens Tigges erkannte die Relevanz der Vergütungspolitik, insbesondere die der Gestaltung von variablen Vergütungskomponenten, für die präzise Steuerung des Unternehmens. Das bestehende Prämiensystem konnte seine Anforderungen diesbezüglich nicht ausreichend erfüllen. Im Vertrieb beispielsweise, wo Verkäufer Prämien für das Erreichen beziehungsweise Überschreiten von Deckungsbeitragszielen erhielten, konnten mit dem bestehenden Prämiensystem keine zielgerichteten Anreize im Hinblick auf die strategisch bedeutsame Neukundengewinnung in ausgewählten Branchen gegeben werden. Auch das Prämiensystem in der Fertigung hatte sich als zu unflexibel und als zu wenig ergebnisorientiert erwiesen. Gerade in den für die Alleinstellungsmerkmale der strategischen Marktpositionierung zentralen Unternehmenseinheiten wie der Konstruktion, der Qualitätssicherung oder dem Werkzeugbau existierte gar kein variables Vergütungssystem.

Jens Tigges prägte den Grundsatz: „Es sollen alle an Erfolgen beteiligt werden, die daran beteiligt sind.", und machte die Aktualisierung beziehungsweise Einführung des Prämiensystems zur Chefsache. Der Nutzen und die Akzeptanz des künftigen Prämiensystems für alle Anspruchsgruppen – Inhaber, Unternehmensleitung, Führungskräfte, Mitarbeiter und Mitbestimmung – sollten hierbei im Vordergrund stehen. An Gunther Wolf[17] stellte er die Anforderung, die Vorgehensweisen zusammen mit den Führungskräften des Unternehmens zu entwickeln und dabei das für künftige Aktualisierungen erforderliche Know-how an die Mitarbeiter des Unternehmens zu übertragen.

3.3.1 Den Rahmen setzen

Entsprechend war der erste Schritt ein Workshop für die oberen Führungskräfte des Unternehmens, zu dem Jens Tigges alle entscheidenden Schlüsselpersonen hinzuzog. Die Arbeitnehmervertretung zog es vor, ihre Mitbestimmungsrechte erst dann auszuüben, wenn ein verhandlungsfähiger Vorschlag der Geschäftsführung auf dem Tisch lag und beteiligte sich nicht an der Erarbeitung.

Entscheider-Workshop Ziel dieses Entscheider-Workshops war zum einen, die Möglichkeiten für die Gestaltung variabler Vergütungssysteme kennenzulernen und zum anderen, ein gemeinsames Grundverständnis über die Ziele dieses Einführungsbeziehungsweise Modernisierungsprojekts zu erzielen. Die oberen Führungskräfte stellten die folgenden Ziele in den Vordergrund:

- Verbesserung der Möglichkeiten zur Steuerung des Unternehmens,
- Steigerung der Führungswirksamkeit,
- Bindung der Leistungsträger an das Unternehmen,

---

[17]Performance-Consultant der Wolf I. O. Group GmbH (kurz: WIOG).

- Steigerung der Selbst- und Teamverantwortung der Mitarbeiter,
- Förderung des unternehmerischen Mitdenkens und Mitarbeitens,
- Verbesserung der Zusammenarbeit sowie der Arbeits- und Kommunikationsprozesse,
- Förderung kreativer und innovativer Potenziale der Mitarbeiter,
- Senkung von vermeidbaren Kosten und Zeitverschwendung,
- Verbesserung von Produktivität und Qualität.

Bei diesem Entscheider-Workshop wurde auch das Projektmanagement spezifiziert. Jens Tigges übernahm die Rolle der strategischen Projektleitung und -steuerung während das operative Projektmanagement in den Händen von Gunther Wolf auf externer Seite und den jeweiligen Bereichsleitern auf der internen Seite lag. Die Führungskräfte beschlossen zudem, das neue Prämiensystem bereichsweise zu gestalten und einzuführen: Mit einem Pilotprojekt im Vertrieb sollte begonnen werden, und wenn von dort erste Erfahrungen vorlagen, sollten strukturell ähnliche Systeme in Fertigung, Werkzeugbau und Konstruktion etabliert werden. Im dritten Schritt sollte die Übertragung des Systems auf alle weiteren Unternehmensbereiche erfolgen.

Analyse Ziel der ersten Phase „Den Rahmen setzen" im Projektablauf, zu der bereits der Entscheider-Workshop als erster Schritt gehörte, ist es, die technischen und menschlichen Voraussetzungen für das Design des künftigen variablen Vergütungssystems zu prüfen und gegebenenfalls zu schaffen. Hierbei werden nicht nur Soll-Vorstellungen erhoben, sondern auch Behaltenswertes, Rahmenfaktoren, Ressourcen, Zusammenhänge und Vernetzungen erfasst. Insbesondere die quartalsweise Zielvereinbarung mit monatlicher Ausschüttung der Prämien wurde von allen Beteiligten als behaltenswert angesehen. Der Leiter des Controllings konnte umfangreiches Zahlenmaterial bereitstellen, das Rückschlüsse auf anzustrebende sowie zu vermeidende Effekte zuließ.

So hatte etwa die systemimmanente Deckelung der Prämie bei Übererfüllung mehrfach dazu geführt, dass realisierbare Aufträge von den Vertriebsmitarbeitern in die Folgeperiode geschoben wurden. Die Vertriebsleitung berichtete zudem, dass das „Tiefstapeln" – die geringe Bereitschaft der Mitarbeiter zur Vereinbarung anspruchsvoller, hoher Ziele – zu einer geringen Akzeptanz des Prämiensystems und bisweilen sogar zu kontraproduktiven Prozessen geführt hatte. Dies bestätigte sich in den intensiven Analysegesprächen, die in der Folge mit den Vertriebsmitarbeitern geführt wurden. Sie hatten längst erkannt, dass sie die lukrativen Prämien leichter erreichen können, wenn die „Latte" möglichst niedrig liegt.

Im Hinblick hierauf und auf das Ziel der Stärkung der Eigenverantwortlichkeit der Vertriebsmitarbeiter wurde das Verfahren der Zieloptimierung sowohl von der Geschäftsführung als auch von der Vertriebsleitung als besonders geeignet angesehen. Bei diesem Verfahren erhalten sowohl die Höhe der Zielvereinbarung als auch der Grad der Zielerreichung eine Prämienrelevanz. 100-%ige Zielerreichung ist nicht, wie in konventionellen Zielvereinbarungsmodellen, mit dem gleichen Prämienbetrag versehen. Bei Zieloptimierung gilt: Je höher das vereinbarte Ziel, desto höher fällt die Prämie bei Zielerreichung aus. Entsprechend steigt die Bereitschaft der Prämienempfänger, möglichst besonders fordernde Ziele zu vereinbaren.

Zieloptimierung Der Einsatz der Zieloptimierung trägt dem Bedürfnis nach eigenverantwortlichem und mitunternehmerischem Handeln der Mitarbeiter stärker Rechnung als konventionelle Zielvereinbarungen. Auf der Basis der effektiven Maßnahmenkonzeption werden höhere und realistischere Ziele vereinbart. Durch engagierte Umsetzung werden diese Ziele sicherer erreicht. Dies führt zu genauerer Planung, besseren Ergebnissen und auch zu der Ausschüttung höherer Prämien. Gerade für modern geführte Unternehmen ist das klare, genial einfache System der Zieloptimierung eine prüfenswerte Alternative.

Drei Grundsätze der Zieloptimierung

- Die optimale Prämie wird erreicht, wenn die anvisierte und die erreichte Zielhöhe identisch sind.
- Bei Überschreitung steigt die Prämie zwar an, erreicht aber nicht die Höhe, die man erreicht hätte, wenn man gleich ein höheres Ziel festgelegt hätte.
- Die maximale Prämie erreicht man in Zieloptimierungssystemen, bei denen man ein möglichst hohes Ziel vereinbart und es verlässlich erreicht.

Da die Zielvereinbarungen weiterhin quartalsweise erfolgen sollten, um kurzfristigen Steuerungserfordernissen nachkommen zu können, ist die Effizienz der Zielvereinbarungsgespräche bei TIGGES ein höchst bedeutsamer Aspekt. Bei dem Verfahren der Zieloptimierung wird führungsseitig ein Fenster vorgegeben, in dessen Rahmen sich der Mitarbeiter selbst das von ihm angestrebte Ziel auswählt (siehe Tab. 3.6). Jeder möglichen Höhe ist ein Prämienbetrag bei 100-prozentiger Zielerreichung zugeordnet sowie

Tab. 3.6 Zieloptimierungstabelle im Vertrieb, Messgröße Deckungsbeitrag

Zielwahl (T€)	Individuelle Prämie										
140	0	9	50	167	370	639	967	1365	1848	2434	**3146**
136	1	13	71	213	438	723	1070	1490	1999	**2618**	2934
132	2	20	97	267	512	813	1178	1621	**2159**	2434	2734
128	3	30	132	328	589	907	1292	**1760**	1999	2260	2545
124	5	45	176	395	671	1006	**1413**	1621	1848	2095	2365
120	8	67	228	466	758	**1111**	1292	1490	1705	1939	2195
116	13	97	288	542	**849**	1006	1178	1365	1569	1791	2033
112	22	138	354	**621**	758	907	1070	1247	1440	1651	1880
108	36	190	**423**	542	671	813	967	1135	1318	1518	1735
104	60	**250**	354	466	589	723	869	1029	1202	1391	1598
100	100	190	288	395	512	639	777	928	1093	1272	1467
Ab T€	**100**	**104**	**108**	**112**	**116**	**120**	**124**	**128**	**132**	**136**	**140**
Zielerreichung											

die entsprechenden Prämienbeträge bei Über- und Unterschreitung. Indem der Mitarbeiter gegenüber seinem Vorgesetzten das von ihm gewählte Ziel qualitativ und quantitativ durch entsprechende Maßnahmen, die er zu ergreifen plant, untermauert, ist die Zielvereinbarung nach etwa 30 min abschließend erfolgt.

3.3.2   Das Ziel- und Prämiensystem konzipieren

Ziel der zweiten Projektphase „Das Ziel- und Prämiensystem konzipieren" ist es, das unternehmensspezifische Prämiensystem zu erarbeiten und die Umsetzung vorzubereiten.

Zieloptimierungstabellen Die für die Zieloptimierung charakteristischen Tabellen wurden von Controlling und Vertriebsleitung mit Zielhöhen und Prämienbeträgen gefüllt. Der im jeweiligen Monat erzielte Deckungsbeitrag wurde auch für das künftige Ziel- und Prämiensystem als zentrales Ziel des Vertriebs und Messgröße für die individuelle Performance beibehalten.

Die vertikale Achse der Zieloptimierungstabelle gibt den Bereich der vom Vertriebsmitarbeiter selbst zu bestimmenden Zielhöhe wieder, hier 100.000 bis 140.000 € Deckungsbeitrag. Der unterste Wert der Skala (hier: 100.000 € Deckungsbeitrag) spiegelt den niedrigsten Wert wider, für den eine Prämie ausgezahlt werden kann. Um alle Vertriebsmitarbeiter bei der Einführung des neuen Ziel- und Prämiensystems dort abzuholen, wo sie stehen, wurden zwei weitere Varianten dieser Zieloptimierungstabelle erstellt, die niedrigere Deckungsbeiträge, aber auch niedrigere Prämien auswiesen. Die Mitarbeiter sollten wählen können, in welcher Variante sie ihr derzeitiges Leistungsniveau beziehungsweise den Entwicklungsstatus ihres Gebiets am zutreffendsten abgebildet sehen. Sobald die Performance auch der schwächeren Mitarbeiter angestiegen war, konnten sie die nächsthöhere Tab. 3.7 mit entsprechend höheren Prämienbeträgen für sich beanspruchen.

Der höchste Wert der Skala (hier: 140.000 € Deckungsbeitrag) auf der vertikalen Achse dient lediglich als Beispiel. Es stellte sich nicht als zielführend heraus, die anvisierte Zielhöhe zu deckeln. Wohl bestehen stets gewisse Restriktionen im Hinblick auf die Kapazitäten in der Fertigung, doch der Deckungsbeitrag kann von Vertriebsmitarbeitern auch auf andere Weise als durch zusätzliche Aufträge gesteigert werden. Den Mitarbeitern stand bei TIGGES deshalb die Möglichkeit offen, höhere Deckungsbeiträge als Ziel zu wählen und bei Realisation entsprechend höhere Prämienbeträge zu erhalten.

Tab. 3.7 Prämienverlauf bei gewähltem Ziel „120.000 € Deckungsbeitrag"

Zielwahl (T€)	Individuelle Prämie										
120	8	67	228	466	758	1111	1292	1490	1705	1939	2195
Ab T€	100	104	108	112	116	120	124	128	132	136	140

Die horizontale Achse gibt die Zielerreichung an. In der zu der anvisierten Zielhöhe gehörigen Zeile stehen die Prämienbeträge, die bei der jeweiligen Zielerreichung zur Ausschüttung kommen. Die Diagonale zeigt auf, welcher Betrag ausgeschüttet wird, wenn die gewählte Zielhöhe plangenau erreicht wird.

Rechenbeispiel Wird von einem Vertriebsmitarbeiter „120.000 € Deckungsbeitrag" als Ziel gewählt, gilt für seine Prämie die entsprechende Zeile (Tab. 3.7). Erreicht er das gewählte Ziel genau, so enthält er demnach 1111 € Prämie.

Erfüllt er sein selbstgesetztes Ziel jedoch nicht, so verringert sich seine Prämie entsprechend, beispielsweise auf 466 € bei einem erzielten Deckungsbeitrag von 112.000 €. Bei Übererfüllung hingegen steigt die Prämie weiter an: Ab 124.000 € Deckungsbeitrag erhält der Mitarbeiter 1292 € Prämie, bei 140.000 € sogar eine Prämie in Höhe von 2195 €. Damit wird eine wichtige Wirkung erzielt: Der ungehinderten Leistungsentfaltung wird durch das neue Prämiensystem keine Grenze gesetzt und es besteht auch kein Anlass mehr dazu, Aufträge in die Folgeperiode zu verschieben.

Doch hätte der Mitarbeiter die erreichten 140.000 € Deckungsbeitrag vorab als Ziel gewählt, wären ihm 3146 € Prämie sicher gewesen. An diesem Beispiel wird ein weiterer Effekt der Zieloptimierung deutlich: Tiefstapeln lohnt sich nicht und unrealistisch hohe Ziele lohnen sich ebenfalls nicht. Bei der Zieloptimierung geht es um solides Planen und um realistisches Einschätzen des höchstmöglich Erreichbaren. Dieser Charakterzug des Verfahrens der Zieloptimierung ist es, der die freie Bestimmung der Zielhöhe durch die Prämienempfänger überhaupt erst erlaubt. Der Vorgesetzte kann sich aufgrund dieses Mechanismus sicher sein, dass die vom Mitarbeiter gewählte Zielhöhe in höchstem Maße anspruchsvoll und zugleich realistisch ist.

Aufgrund der degressiven Gestaltung der Prämie im Bereich der Zielübererfüllung ist bei dem Verfahren der Zieloptimierung keine Deckelung erforderlich. Auch auf der horizontalen Achse der Zielerreichung ist 140.000 € nur zur Veranschaulichung als oberster Wert festgelegt.

Wenn-Dann-Verknüpfung Die Umsetzung der unternehmensstrategischen Ziele „Steigerung des Exportanteils" sowie „Steigerung des Anteils der Nicht-Automotive-Aufträge" wird durch die sogenannte Wenn-Dann-Verknüpfung erzielt. Bei dieser werden obligatorisch zu erfüllende Voraussetzungen für die Ausschüttung der Prämie führungsseitig formuliert. Neben diesen beiden Zielen bildete die TIGGES-Vertriebsleitung im ersten Schritt vier weitere Kriterien, die den Nutzen der variablen Vergütung für die Steigerung der Führungswirksamkeit unterstrichen und auf die Sicherung der Nachhaltigkeit angelegt waren. Alle Bedingungsziele wurden entsprechend ihrer Relevanz mit Punkten versehen. Sofern der Vertriebsmitarbeiter die 35 Punkte nicht erreicht, verfällt der Anspruch auf die Prämie des betreffenden Monats Tab. 3.8.

Durch konsequente Stammkundenpflege sollten sich die Vertriebsmitarbeiter bereits einen monatlichen Grundstock an Punkten aufbauen können. Allein durch Neukundengewinnung können die erforderlichen 35 Punkte nicht erreicht werden. Neben diesen

Tab. 3.8 Voraussetzungen in der Wenn-Dann-Verknüpfung im Vertrieb

Individuelle Voraussetzungen („Bedingungsziele")		Erzielbare Punkte
Anzahl Gesamtkunden	1–5	5
	6–10	10
	11–20	20
	>20	30
Pro Neukunde		20
Pro Nicht-Automotive-Neukunde zzgl.		10
Offene-Posten-Liste ohne Positionen, die älter als 2 Monate sind		10
Besuchsplanung am Monatsletzten fertig		10
Akquiseplan: Keine Termine, die seit mehr als 2 Wochen fällig sind		10

erfolgs- und damit outputorientierten Zielen standen eher bemühens- beziehungsweise inputorientierte Ziele zur Verfügung wie etwa die Fertigstellung der Besuchsplanung des Folgemonats. Hier werden die zentralen Charakteristika der Voraussetzungen in einer Wenn-Dann-Verknüpfung deutlich: Es geht um das Erzielen von nachhaltigen Verbesserungen sowie um eine Entlastung der Führungskräfte. Zudem kann durch den drohenden Malus ein Anreiz zu Verhaltensweisen gegeben werden, die keiner separaten Prämien würdig sind. Keineswegs aber geht es darum, die Ausschüttung von Prämien zu verhindern.

Hebesatz-Kombination Im Vertrieb wurden Teams gebildet, die eng am Kunden orientiert zusammenarbeiten sollten. Sie bestanden aus drei Verkäufern und je einem Verkaufssachbearbeiter und einem Kalkulator. Erstere sollten sich auch gegenseitig in Abwesenheitsfällen vertreten können. Diese Neuorganisation zielte darauf ab, die Prozesse der Auftragsgewinnung zu beschleunigen, die Fehlerquote bei den Kalkulationen zu verringern sowie die Bereitschaft zu fördern, im Team verantwortungsbewusst und sicher Entscheidungen über Angebote und Preise zu fällen. Nichts lag daher näher, als diese Zusammenarbeit mit einer teambezogenen Prämie zu unterstützen. Hierfür wurde die Messgröße „Auftragstrefferquote" ausgewählt. Diese spiegelt wider, wie hoch der Anteil der erhaltenen Aufträge an den insgesamt erstellten Kalkulationen beziehungsweise Angeboten ist.

Die beiden Ziele „individueller Deckungsbeitrag" und „Auftragstrefferquote auf Teamebene" sollten jedoch nicht jeweils für sich allein stehend eine Prämie auslösen. Um sie zu verknüpfen, nutzte das Projektmanagement die Form der Hebesatzkombination. Ein Hebesatz wird durch eine zweispaltige Tabelle abgebildet, wobei jedem Zielzustand eine Zahl zugeordnet ist, die ihrerseits als Faktor auf die Deckungsbeitragsprämie wirkt (siehe Tab. 3.9).

Wenn ein Mitarbeiter beispielsweise durch Wahl und Erreichen einer bestimmten Deckungsbeitragshöhe eine Prämie in Höhe von 2000 € erzielt hat und die im Team

Tab. 3.9 Hebesatz im Vertrieb, Messgröße Auftragstrefferquote

Trefferquote im Team (%)	Hebesatz
ab 50	1,5
ab 46	1,4
ab 43	1,3
ab 40	1,2
ab 37	1,1
ab 34	1,0

realisierte Auftragstrefferquote über 40 % lag, dann wirkt der Faktor 1,2 auf die individuelle Prämie: Es kommen somit 2400 € zur Ausschüttung.

Im Zusammenwirken dieser beiden Messgrößen wird die unternehmensstrategische Ausrichtung für jeden Mitarbeiter spürbar. Sie konkretisiert sich in einem Ziel- und Prämiensystem mit Aufforderungscharakter, das eigene vertriebliche Handeln insbesondere auf die lukrativen, einen hohen Deckungsbeitrag versprechenden Anfragen zu konzentrieren und diese dann auch in Form von Aufträgen zum Erfolg zu bringen.

Einbindung des Betriebsrats Der Vorschlag für das Ziel- und Prämiensystem im Vertrieb wurde mit den Vertretern der Mitbestimmung diskutiert. Hierbei stellte Geschäftsführer Jens Tigges klar, dass es sich zudem um eine Vorgabe für die Struktur der Prämiensysteme handelt, die nach ersten positiven Erfahrungen in ähnlicher Form auf die noch folgenden Unternehmensbereiche übertragen werden sollen. Lediglich die Voraussetzungen würden inhaltlich auf die jeweiligen Besonderheiten der Bereiche zugeschnitten, zudem kämen funktionsbezogene Ziele und Messgrößen zum Einsatz. Sofern keine Messbarkeit auf Individualebene hergestellt werden könne oder sich dies nicht als zielführend erweisen würde, kämen Teamziele zum Einsatz.

Im Verlaufe der Konzeptionsphase hatte Berater Gunther Wolf die zugehörigen Dokumente (Zielvereinbarungsformular, Maßnahmenplanung, Zielerreichungsreport) erstellt und Regelungen für den Prozess der Zielvereinbarung mitsamt einer entsprechenden Terminschiene entworfen. In Zusammenarbeit mit dem Betriebsrat wurde die Behandlung von Sonderfällen, ausgehend von den Regelungen des bisherigen Systems, ergänzt und überarbeitet. Hier wurden Prämienberechnungsweisen beispielsweise für Teilzeitbeschäftigte festgelegt, für Fälle von Aus- oder Eintritt, Versetzung, Krankheit, Mutterschutz oder Berufsunfall sowie Verfahrensweisen bei Differenzen. Auf dieser Basis wurde von den Parteien eine Betriebsvereinbarung für das TIGGES Ziel- und Prämiensystem geschlossen.

3.3.3 Das Ziel- und Prämiensystem kommunizieren

Es ist das Ziel der dritten Projektphase „Das Ziel- und Prämiensystem kommunizieren", dass die Mitarbeiter und die Führungskräfte das System mit all seinen Regelungen, aber auch seinen Leitgedanken, Zielen und Werten verstehen, unterstützen und regelkonform umsetzen. Gunther Wolf erstellte hierzu einen Qualifizierungsplan und eine Reihe von Schulungsunterlagen. Im ersten Schritt wurden die Vertriebsmitarbeiter über das neue Ziel- und Prämiensystem informiert.

Informieren des Adressatenkreises Die Informationsveranstaltung fand mit ausreichend Abstand vor der geplanten Umstellung statt. Zunächst stellte die Vertriebsleitung die Ziele und Absichten für die Veränderung des Prämiensystems vor. Diese wurden von den versammelten Mitarbeitern sehr positiv aufgenommen. Als Gunther Wolf die Zieloptimierungstabellen erklärte und die Möglichkeit zur selbstbestimmten Wahl der Zielhöhe aufzeigte, ließen sich einige der Vertriebsmitarbeiter zu einem spontanen Tischklopfen hinreißen (Abb. 3.18).

Dennoch äußerten auch einzelne Mitarbeiter ihr Unbehagen darüber, dass sie nun allein für die Festlegung des Deckungsbeitragsziels und damit maßgeblich für die Höhe ihrer Prämie verantwortlich sein würden. Dieses Feedback wurde vom Projektmanagement aufgenommen und es versprach, entsprechende Hilfestellungen anzubieten.

Auch die Bedingungsziele stießen zwar auf Verständnis, nicht jedoch flächendeckend auf Zustimmung. „Wenn ich in einem Monat einen riesigen Deckungsbeitrag erziele, aber nicht die 35 Punkte erreiche, dann soll ich keinen Heller bekommen!?" entrüstete sich einer der Vertriebsmitarbeiter. Die Vertriebsleitung entgegnete:

> Lassen Sie es bitte einfach nicht dazu kommen. Sie haben es in der Hand: Die Bedingungsziele in einem für die 35 Punkte ausreichendem Maße zu erfüllen, ist keine Hürde. Durch Ihren Kundenstamm haben Sie alle einen Grundstock von mindestens 10 Punkten. Niemand hindert sie, dazu noch ein bis zwei Neukunden zu gewinnen. Oder, falls Ihnen dies nicht gelingt, dann zumindest die Besuchsplanung pünktlich zu erstellen, bei den offenen Posten nachzufassen und die Akquise-Planung einzuhalten.

Das Teamziel „Trefferquote" wiederum fand die uneingeschränkte Zustimmung der Vertriebsmitarbeiter, Kalkulatoren und Verkaufssachbearbeiter. An die Stelle des individuellen Deckungsbeitragsziels trat bei den beiden letztgenannten Mitarbeitergruppen der im Team – also über alle Verkäufer des Teams hinweg – erzielte Deckungsbeitrag. Daneben wurde die durchschnittliche Dauer von Anfrage bis Angebotsabgabe als Ziel mit aufgenommen, um Kalkulatoren und Sachbearbeiter dazu anzuregen, bei ihrem Team auf eine kontinuierliche Verbesserung der Prozesse zu achten und Schnittstellen zu anderen Teams und Unternehmensbereichen effektiv zu managen.

Geschäftsführer Jens Tigges händigte allen Mitarbeitern die Betriebsvereinbarung, einen Ausdruck der gezeigten Präsentation, ein vierseitiges Informationsblatt und einen Satz der Formblätter aus. Der Unternehmensberater bat darum, sämtliche noch aufkommenden Fragen oder Anregungen bei den folgenden Schulungen einzubringen.

Qualifizieren der Führungskräfte und Mitarbeiter Im ersten Schritt erfolgte indes eine Schulung der Vertriebsleiterin in Form eines Eins-zu-eins-Coachings. Da diese als Projektbeteiligte inhaltlich umfassend informiert war, konzentrierte sich Gunther Wolf

Individuelle Voraussetzungen

Gesamtkunden (Staffel)	bis 30 Pkt.
Pro Neukunde	20 Pkt.
Pro NK Nicht-Automotive zzgl.	10 Pkt.
OPOS < 2 Mon.	10 Pkt.
Besuchsplanung zu Ultimo fertig	10 Pkt.
Akquiseplan < 2 Wo. fällig	10 Pkt.

Die Voraussetzungen zur Teilnahme am Prämiensystem gelten als erfüllt, wenn mind. 35 Punkte erreicht wurden. Wenn nicht, entfällt die Prämie.

Individuelles Ziel: Deckungsbeitrag

ZIELWAHL											
140.000	0	9	50	167	370	639	967	1.365	1.848	2.434	**3.146**
136.000	1	13	71	213	438	723	1.070	1.490	1.999	**2.618**	2.934
132.000	2	20	97	267	512	813	1.178	1.621	**2.159**	2.434	2.734
128.000	3	30	132	328	589	907	1.292	**1.760**	1.999	2.260	2.545
124.000	5	45	176	395	671	1.006	**1.413**	1.621	1.848	2.095	2.365
120.000	8	67	228	466	758	**1.111**	1.292	1.490	1.705	1.939	2.195
116.000	13	97	288	542	**849**	1.006	1.178	1.365	1.569	1.791	2.033
112.000	22	138	354	**621**	758	907	1.070	1.247	1.440	1.651	1.880
108.000	36	190	**423**	542	671	813	967	1.135	1.318	1.518	1.735
104.000	60	**250**	354	466	599	723	899	1.029	1.202	1.391	1.598
100.000	**100**	190	288	395	512	639	777	928	1.093	1.272	1.467
ab.	100.000	104.000	108.000	112.000	116.000	120.000	124.000	128.000	132.000	136.000	140.000

ZIELERREICHUNG

Wer weiß besser, was möglich ist – als der jeweilige Mitarbeiter selbst?

x

Teamziel

Trefferquote im Team	Hebesatz
ab 50%	1,50
ab 46 %	1,40
ab 43 %	1,30
ab 40 %	1,20
ab 37 %	1,10
ab 34 %	1,00

= Prämie

Abb. 3.18 Struktur des TIGGES Ziel- und Prämiensystems (Beispiel: Vertrieb)

auf die Vermittlung von Techniken der effizienten Gesprächsführung wie beispielsweise Fragetechniken, auf das Erkennen von Mitarbeitermotiven und auf Methoden zur Aktivierung von zielorientierter Willensstärke und Kreativität.

Die Schulung der Mitarbeiter fokussierte sich zum einen auf inhaltliche Aspekte und die einzelnen Schritte im Zielvereinbarungs- und Zielerreichungsprozess, zum anderen auf Techniken zur Freisetzung der persönlichen Ressourcen. Bereits in der Schulung entwickelten die Mitarbeiter innovative und zielorientierte Ideen für Maßnahmen, um die Bedingungsziele sicher zu erreichen, eine hohe Trefferquote zu erzielen und um sich besonders hohe Deckungsbeitragsziele setzen zu können.

3.3.4 Das Ziel- und Prämiensystem umsetzen

Das Feedback aus der Informationsveranstaltung aufgreifend und um das Erreichen der selbst gewählten, höchst anspruchsvollen Deckungsbeitragsziele, die Realisierung der Voraussetzungen und der möglichst hohen Trefferquote zu sichern, lässt sich die Vertriebsleitung im Zielfestlegungsgespräch von jedem Mitarbeiter die Maßnahmen erläutern, die dieser zu ergreifen plant. Einer der zentralen Leitwerte des neuen Ziel- und Prämiensystems ist: Es soll möglichst jeder eine gute Prämie kassieren! Denn auch das Unternehmen TIGGES realisiert den größtmöglichen wirtschaftlichen Nutzen, wenn jeder Mitarbeiter hohe Performance erbringt und auf diese Weise eine hohe Prämie erzielt.

Zielfestlegung Damit innerperiodische Kontrollen der Zwischenergebnisse und gegebenenfalls Korrekturen erfolgen können, werden die Maßnahmen vor dem Zielfestlegungsgespräch von dem Mitarbeiter sehr konkret geplant. Als Mindesterfordernis für die sogenannten Konkreten Aktionspläne (KAP) gelten:

- Wer setzt die Maßnahme um und gegebenenfalls mit wem?
- Was wird genau getan oder verbessert?
- Wann wird die Maßnahme umgesetzt, bis wann stellen sich messbare Ergebnisse ein?
- Welchen Nutzen bringt die Maßnahme im Hinblick auf welches der Ziele?
- Mit welchen Kosten ist die Maßnahme verbunden?
- Welche Einzelschritte sind hierfür erforderlich?

Auf diese Weise wird zum einen der Erfahrungsschatz und das enorme Ideen- und Kreativpotenzial der Mitarbeiter genutzt. Zum anderen verbindet sich hiermit die Erwartung, dass Mitarbeiter mit den KAP ihre selbst entwickelten Ideen besonders engagiert umsetzen (Abb. 3.19).

Diese KAP werden auf einem gesonderten Formblatt festgehalten. Die Zielhöhe wird vom Mitarbeiter im Zielfestlegungsgespräch im wahrsten Sinne des Wortes <u>fest</u>gelegt: Ein einmal gewähltes Deckungsbeitragsziel kann im Verlauf der Prämienperiode nicht

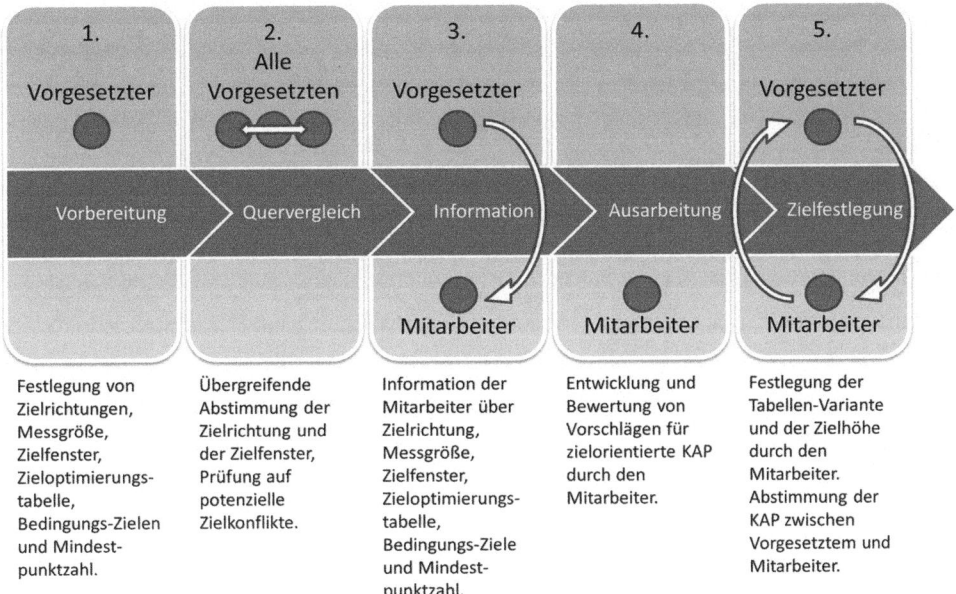

Abb. 3.19 Ablauf der Zielfestlegung

wieder korrigiert werden. Auch die von der Führungskraft festgelegten Voraussetzungen und deren Punktebewertung sind während der Prämienperiode unveränderlich. Die KAP hingegen gelten als Maßnahmen, also als Wege zum Ziel und müssen vom Mitarbeiter flexibel gehandhabt werden können.

Zielerreichung Wenn sich Rahmenbedingungen verändern und andere Maßnahmen zielführender und Erfolg versprechender erscheinen, kann der Mitarbeiter im Verlauf der Prämienperiode kreative Lösungen entwickeln und entsprechend (re-)agieren. Er hat Veränderungen der KAP, sowohl inhaltlicher als auch zeitlicher Natur, lediglich mit seinem Vorgesetzten und seinen Kollegen im Team abzustimmen.

Hierfür bieten ihm regelmäßige Zwischengespräche mit dem Vorgesetzten auf der Basis der vom Controlling erstellten Zielberichte einen Rahmen. Der Vorgesetzte hat seinerseits auf der Grundlage der terminierten Einzelschritte die Möglichkeit, sich jederzeit bei dem Mitarbeiter über den Stand der Realisierung der KAP zu informieren (Abb. 3.20).

Der Zielerreichungsprozess wird durch ein Zielerreichungsgespräch abgeschlossen. In der bei TIGGES gepflegten performance- und erfolgsorientierten Unternehmenskultur werden die kleinen und großen Erfolge der Vertriebsmitarbeiter vor allen Kollegen aufgezeigt und entsprechend gewürdigt. Es hat sich herausgestellt, dass die Anerkennung von Leistungen, wenn sie von Kollegen ausgesprochen wird, auf einer anderen Ebene als die erhaltene Prämie wirksam wird und einen zusätzlichen, hohen Motivationseffekt entfaltet.

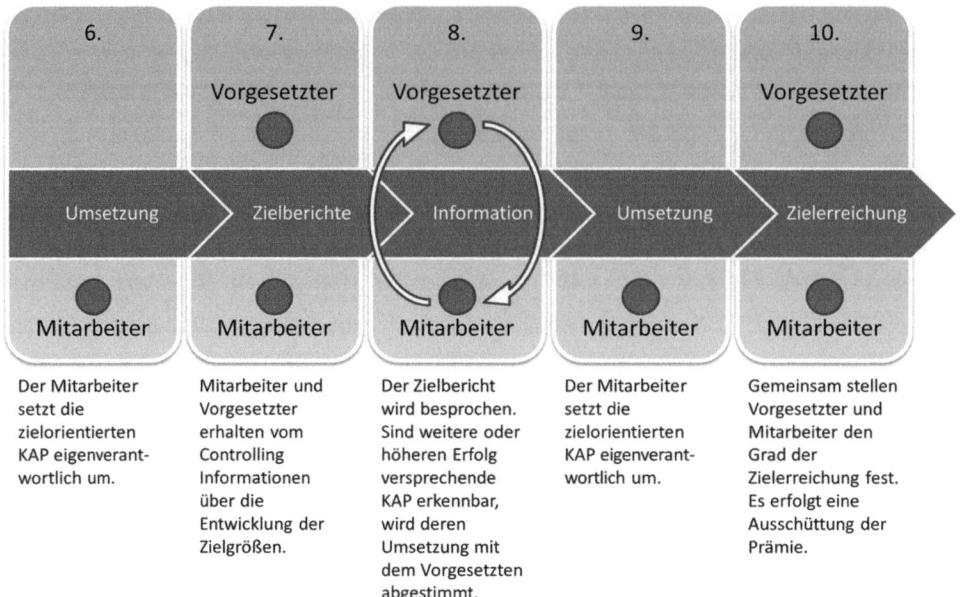

Abb. 3.20 Ablauf der Zielerreichung

3.3.5 Qualitätssicherung

Maßgebliches Ziel der fünften Projektphase, zeitlich nach Abschluss des Zielfestlegungsprozesses gelegen, ist das Erfolgscontrolling sowie die kontinuierliche Verbesserung des TIGGES Ziel- und Prämiensystems. Bereits wenige Tage, nachdem das neue Ziel- und Prämiensystem etabliert war, konnten bedeutsame Verbesserungen beobachtet werden:

- Die Vertriebsmitarbeiter legen wesentlich höhere Deckungsbeitragsziele als in den Vorperioden fest.
- Die geplanten Maßnahmen werden termingerecht umgesetzt und erzielen die anvisierten Ergebnisse.
- Reichen die geplanten Maßnahmen nicht aus, um die Ziele zu erreichen, dann entwickeln die Mitarbeiter weitere schnell greifende Maßnahmen.
- Alle Deckungsbeitragsziele werden erreicht oder sogar übertroffen.
- Die Auftragstrefferquote stieg rapide an und verbleibt seither auf diesem hohen Niveau.

Wie zu erwarten, testete einer der Vertriebsmitarbeiter aus, ob die Nichterfüllung der 35 Punkte bei den Bedingungszielen tatsächlich zu den angekündigten Konsequenzen führen würde. Da sich die Geschäftsleitung zu keinem Kompromiss erweichen ließ, kam dieser Fall fortan nicht mehr vor: Alle Mitarbeiter achten bis heute sehr genau darauf, die Bedingungsziele zu erfüllen.

Dynamisches Wachstum Diese erhöhte Dynamik im Vertrieb bei TIGGES hatte perso-
nelle Folgen. Einer der leistungsschwachen Mitarbeiter kündigte mit den Worten, es ging
mittlerweile zu wie in einem Bienenkorb und sei nicht mehr so gemütlich wie vorher.
Auch die Vertriebsleiterin zeigte sich der Dynamik nicht gewachsen und schied aus dem
Unternehmen aus. Nicht zuletzt mithilfe des attraktiven Ziel- und Prämiensystems konnten die Stellen jedoch verzugsfrei wiederbesetzt werden. Einer der neuen Mitarbeiter
betonte: „Ich habe schon viele Vergütungssysteme im Vertrieb kennengelernt. Dieses hat
mich davon überzeugt, dass TIGGES der richtige Arbeitgeber für mich ist!".

Für das Folgejahr beschlossen die Führungskräfte geringfügige Änderungen bei den
Tabellen und im Bereich der Bedingungsziele. So wurden etwa die Pflege der Kunden-
datenbank und die Erstellung von Besuchsberichten als Nachhaltigkeit sichernde
Bedingungsziele aufgenommen. Zur weiteren Entlastung der Führung kam die pünkt-
liche Abgabe der Reisekostenabrechnung hinzu. Das Ziel- und Prämiensystem wird
bis heute kontinuierlich erweitert und aktualisiert. Es bleibt hierdurch „lebendig", allen
Beteiligten präsent und handlungsleitend und damit auch nachhaltig wirksam.

Bestsellerautor Timur Vermes („Er ist wieder da") nahm die Effekte von variablen
Vergütungssystemen unter die Lupe. Mitten in der Finanz- und Wirtschaftskrise, als viele
Unternehmen der Metallindustrie ums blanke Überleben kämpften und nicht wenige den
Kampf verloren, erfreute sich der von ihm befragte Jens Tigges weiterhin kontinuierlich
steigender Deckungsbeiträge. Dazu betont er die Wirksamkeit der Bedingungsziele. Vermes notiert in seinem Beitrag: „Was den 39-jährigen Chef der Tigges GmbH am meisten
freut, ist, dass er seinen Vertriebsmitarbeitern bei unangenehmen Tätigkeiten nicht mehr
hinterherlaufen muss. Bei der Besuchsplanung etwa oder der Datenpflege."[18]

Übertragung der Systematik auf weitere Unternehmensbereiche Bereits wenige
Monate nach dem erfolgreichen Start des Ziel- und Prämiensystems im Vertrieb startete
Jens Tigges die Übertragung der Ziel- und Prämiensystematik auf die Produktion. In
enger Zusammenarbeit mit dem externen Berater und dem Leiter Controlling entwickelte
der Produktionsleiter zunächst die zentralen Ziele für die jeweiligen Abteilungen.
Sowohl in dem Zerspanungs- wie auch dem Umformungsbereich konzentrierte er sich
auf die beiden Aspekte „Zeitgewinn" und „Bedienerverhältnis".

Der Zeitgewinn sollte über einen SOLL-IST-Vergleich der Fertigungsgesamtzeit
ermittelt werden. Mithilfe des Stundensatzes können erzielte Zeitgewinne unmittelbar monetär bewertet werden. Das Bedienerverhältnis, ermittelt aus dem Vergleich der
benötigten Mannstunden mit den Angaben der Kalkulation, fungierte auf Teamebene als
Hebesatz. Auf ähnliche Weise wurden die Prämien in Arbeitsvorbereitung, Werkzeugbau
und Konstruktion ausgestaltet.

---

[18]Vermes (2009, S. 48–50).

Als Bedingungsziele formulierten die Führungskräfte der Produktion sowohl individuelle wie abteilungsbezogene Kriterien. Damit sollte ein Anreiz dazu geschaffen werden, sich gegenseitig beispielsweise im Bereich der Qualität, der Sauberkeit oder bei der Behälterkennzeichnung zu unterstützen.

Im dritten Schritt, etwa sechs Monate nach der Einführung im Vertrieb, erfolgte die Übertragung des Modells auf die Unternehmensbereiche Logistik, Instandhaltung, Qualitätssicherung und Einkauf. Jens Tigges legte Wert darauf, über das Unternehmen hinweg bis hin zu den Führungskräften eine einheitliche Ziel- und Prämiensystematik ohne logische Brüche und Widersprüche zu etablieren. In diesem Zuge wurde das für die Kalkulation und die Konstruktion geltende System strategisch aktualisiert.

Im Interview mit Profits, dem Unternehmermagazin der Sparkassengruppe, fasst Jens Tigges zusammen: „Die Produktivität steigt seitdem zwischen 2 und 5 % jährlich, während sie vorher lange Zeit stagnierte oder sogar rückläufig war."[19]

Jens Tigges nutzt die Erfolge des Ziel- und Prämiensystems weiterhin konsequent für die Verbesserung des Unternehmensimages und, im Hinblick auf den spürbar werdenden Fachkräftemangel, zur Steigerung der Arbeitgeberattraktivität. „Mit unserem leistungsorientierten Vergütungssystem, das einen starken Schwerpunkt auf die mitunternehmerische Verantwortung jedes einzelnen Mitarbeiters legt, ziehen wir Leistungsträger und High Potentials magnetisch an und binden sie fest an das Unternehmen."

3.4   Fünfzehn Jahre variable Vergütung bei Schwäbisch Media – Ein Erfahrungsbericht

3.4.1   Schwäbisch Media – vom Tageszeitungsverlag zum regionalen Medienhaus

Die Herausgabe der „Schwäbischen Zeitung" war lange Zeit das einzige Geschäftsfeld des Schwäbischen Verlages. Doch seit Mitte der 1990er Jahre hat sich das Unternehmen zu einem regionalen Medienhaus gewandelt. Unter der Dachmarke Schwäbisch Media findet sich ein umfangreiches Angebot. Von regionalen Fernseh- und Radiosendern über zahlreiche Internetportale bis hin zu klassischen Printangeboten deckt die Unternehmensgruppe praktisch alle Medien ab. Im Dienstleistungsbereich ist Schwäbisch Media seit einigen Jahren mit einem Briefdienstleister und einem Call-Center aktiv. Mit rund 900 fest angestellten Mitarbeitern gehört Schwäbisch Media zu den größeren regionalen Medienhäusern in Deutschland.

---

[19]Widrat (2012, S. 14–16).

3.4.2   Not macht erfinderisch – Gründe für die variable Vergütung bei Schwäbisch Media

Die variable Vergütung für alle Mitarbeiter, vom Hausboten bis zum Geschäftsführer, gibt es nun schon seit mehr als zehn Jahren bei Schwäbisch Media. Das ist im Vergleich zu anderen Branchen sicher keine Besonderheit oder gar innovativ. Doch bis heute sind die meisten Medienhäuser in starren Tarifsystemen gebunden und mit Vergütungssystemen ausgestattet, wie man sie sonst allenfalls noch im öffentlichen Dienst findet. In fast allen Häusern sind die Personalkosten der mit Abstand größte Kostenblock (ein Anteil von über 50 % an den Gesamtkosten ist keine Seltenheit). Diese haben praktisch Fixkostencharakter.

In kontinuierlich wachsenden Märkten und in Zeiten fetter Renditen ist dies sicher kein Problem. In jüngster Zeit vergeht aber keine Woche, in der nicht über geändertes Mediennutzungsverhalten und Zeitungssterben gesprochen wird. Geschäftsmodelle und Erlösquellen müssen neu erfunden, Kostenstrukturen überdacht und angepasst werden. Das ist bitter und dramatisch für die betroffenen Mitarbeiter, wenn Kostenanpassung zwangsläufig Personalabbau bedeutet.

Ganz neu sind derartige Prozesse und Veränderungsnotwendigkeiten allerdings nicht. Bereits zu Beginn des neuen Jahrtausends wurde die Medienbrache kräftig durchgerüttelt. Wurden im Jahr 2000 noch Rekordergebnisse verbucht und von großen überregionalen Tageszeitungen Stellenanzeigen abgelehnt (weil die Umfänge einfach nicht mehr druckbar waren), so begann die Krise mit dem Platzen der Internetblase und dies nach 9/11 umso massiver: Umsatzrückgänge von 20 bis 30 % waren in den Jahren 2001 und 2002 die Regel in der deutschen Medienlandschaft. Massive Personalabbaumaßnahmen waren in vielen Medienhäusern die Folge dieser Krise.

Auch bei Schwäbisch Media kam es zu deutlichen Umsatzrückgängen und der Notwendigkeit, Kosten zu reduzieren. Es erforderte keine besonderen Fähigkeiten, um zu erkennen, dass die Personalkosten bei den damaligen Rahmenbedingungen nur durch Personalabbau reduziert werden konnten. Jeder Euro war tariflich vereinbart. Je nach Mitarbeitergruppe wurden zwischen 13,5 und 13,8 Monatsgehältern pro Jahr fällig – ganz unabhängig von der Frage, ob das Unternehmen nun rote oder schwarze Zahlen schrieb. Schwäbisch Media entschied sich jedoch für einen anderen Weg: Die Einführung von flexiblen Vergütungsstrukturen und variablen Vergütungsmodellen für alle Mitarbeiter. Das Ziel war klar: die Möglichkeit kurzfristig auf veränderte wirtschaftliche Rahmenbedingungen reagieren zu können, ohne Personal abzubauen. Denn zwangläufig gehen damit auch wertvolles Wissen und Kompetenzen verloren, um in besseren Zeiten mühsam und mit erneuten Kosten verbunden, wieder aufgebaut zu werden.

3.4.3 Das Glück ist mit den Tüchtigen – Rechtliche Rahmenbedingungen

Als Schwäbisch Media begann, über die Einführung variabler Vergütung nachzudenken, war ein Großteil der Mitarbeiter von Schwäbisch Media tarifgebunden. Als glücklicher Umstand sollte sich erweisen, dass Mantel- und Gehaltstarifvertrag bereits gekündigt beziehungsweise ausgelaufen waren. Die Tarifparteien wollten beides gemeinsam verhandeln und aufgrund der wirtschaftlichen Situation der Branche zogen sich die Verhandlungen über lange Zeit hin. Rechtlich befanden sich die Tarifwerke in der sogenannten Nachwirkungsphase.

Diese Zeit nutzte man bei Schwäbisch Media. Eine ohnehin überfällige Anpassung von Struktur und Organisation wurde vorgenommen. Die Mitarbeiter gingen per Betriebsübergang in tariffreie Tochterunternehmen über. In diesen Unternehmen konnten die vertraglichen Rahmenbedingungen sofort geändert werden. Allerdings nur dann, wenn die Mitarbeiter auch damit einverstanden waren. Es galt also zunächst ein geeignetes Vergütungsmodell zu erarbeiten und die Mitarbeiter davon zu überzeugen.

3.4.4 Das variable Vergütungsmodell von Schwäbisch Media

3.4.4.1 Konzeption und Einführung

Natürlich gab es bei Schwäbisch Media nicht nur Beifallskundgebungen in Zusammenhang mit dem Betriebsübergang in nicht tarifgebundene Unternehmen. Aufgrund der schwierigen Situation in der gesamten Branche herrschten in den Reihen der Mitarbeiter Verunsicherung und Vorbehalte.

Deshalb wurde der Betriebsrat sehr früh in die Erarbeitung des Vergütungsmodells einbezogen. Es war verständlich, dass es ihm schwer fiel, Dinge zu erarbeiten und zu vereinbaren, die bis dahin in der Verhandlungshoheit der Tarifparteien lagen. Alle Beteiligten bewegten sich also auf Neuland. Es dauerte einige Zeit, bis endlich ein gemeinsames Modell stand. Rechtlich fixiert wurde dies dann in Form einer Betriebsvereinbarung – sicher ein wichtiger Schritt um Skepsis in der Belegschaft abzubauen.

Nachdem das variable Vergütungsmodell und dessen Rahmenbedingungen erarbeitet waren, galt es, alle Mitarbeiter zu informieren und für das neue Modell zu gewinnen. Das neue Modell konnte ja nicht einfach angeordnet oder gar per Änderungskündigung eingeführt werden. Von Anfang an wurde betont, dass die Zustimmung freiwillig sei.

Wie wurden die Mitarbeiter für die neue Vergütungsstruktur gewonnen? Nach der Konzeptionsphase wurde auf Niederlassungs- und Abteilungsebene über das neue Vergütungsmodell informiert. Mehr als 50 Informationsveranstaltungen fanden statt. Wichtig dabei war, dass von Anfang an offen und aufrichtig über das Vergütungsmodell, dessen Risiken und Chancen informiert wurde.

Für die Mitarbeiter bedeutete das neue Modell zunächst erst einmal den Verlust von Sicherheit: Denn das bis dahin tarifvertraglich garantierte Weihnachts- und Urlaubsgeld (insgesamt zwischen 1,5 bis 1,8 Gehältern) wurde in einen variablen Vergütungsanteil umgewandelt. Für die Mitarbeiter bestand zunächst das Risiko, diese Gehaltsanteile komplett zu verlieren. Allerdings bot sich auch die Chance, aus 1,5 bis zu 3 Monatsgehälter zu machen. Tatsächlich geglaubt haben in der Einführungsphase wohl nur wenige Mitarbeiter, dass sie auch mehr als bisher erhalten könnten.

Wirklich überzeugt hat aber: Mit der Umwandlung der garantierten Sonderzahlung in einen variablen Vergütungsanteil erhielt Schwäbisch Media die Möglichkeit, auf Umsatz- und Ergebnisrückgang schnell reagieren zu können, ohne sofort Personal abbauen zu müssen. Bis zu 12 % der jährlichen Personalkosten waren mit dem neuen Vergütungsmodell tatsächlich variabel – hätten also im schlechtesten Fall eingespart werden können. Umgerechnet bedeutete dies die Möglichkeit, bis zu 90 Arbeitsplätze zu erhalten und dennoch erhebliche Einsparungen zu erzielen, sollte es dem Unternehmen schlecht gehen. Das war wohl das ausschlaggebende Argument für die Mitarbeiter.

Um den Mitarbeitern den Schritt zum neuen Vergütungsmodell etwas zu erleichtern, hatte Schwäbisch Media im ersten Jahr noch einen variablen Vergütungsanteil in Höhe der bisherigen Sonderzahlung garantiert. Dennoch waren die Verantwortlichen positiv überrascht, dass mehr als 94 % der Mitarbeiter das Angebot schon im Einführungsjahr angenommen haben. Inzwischen gibt es nur noch einen einzigen Mitarbeiter, der keinen variablen Vergütungsanteil hat.

Die konkrete Umsetzung fand jeweils in Form eines Nachtrags zum Arbeitsvertrag statt. In diesem wurde auf die Betriebsvereinbarung Bezug genommen.

3.4.4.2 Die Struktur der variablen Vergütung bei Schwäbisch Media

Wie bereits erwähnt ist das variable Vergütungsmodell bei Schwäbisch Media für alle Mitarbeiter und Führungskräfte beinahe identisch. Das Jahreseinkommen besteht aus dem Grundgehalt und dem variablen Vergütungsanteil.

Das Schaubild (siehe Abb. 3.21) zeigt die einzelnen Bestandteile des Vergütungssystems. Mit jedem Mitarbeiter wird individuell ein Jahreseinkommen vereinbart, das sich wie folgt aufteilt: Der Anteil des Grundgehalts beträgt 80 %, die restlichen 20 % ergeben sich aus dem variablen Vergütungsanteil.

Im „Normalfall" erreichen die Mitarbeiter 100 % des vereinbarten Jahreseinkommens. Da sich der variable Vergütungsanteil je nach Geschäftsverlauf, Bereichserfolg und individueller Performance (siehe unten) verdoppeln, aber auch komplett entfallen kann, erreicht der Mitarbeiter im schlechtesten Fall 80 % und im besten Fall 120 % der vereinbarten Jahresvergütung.

Das Grundgehalt wird in zwölf Teilen jeweils monatlich ausbezahlt. Auf den variablen Anteil erhalten die Mitarbeiter einen Abschlag im November des laufenden Jahres. Die Endabrechnung erhalten sie im Juli des Folgejahres. Der variable Vergütungsanteil setzt sich aus drei Komponenten zusammen: einer Unternehmenskomponente, die mit 40 % den größten Anteil hat. Einer Gruppen- beziehungsweise Bereichskomponente und

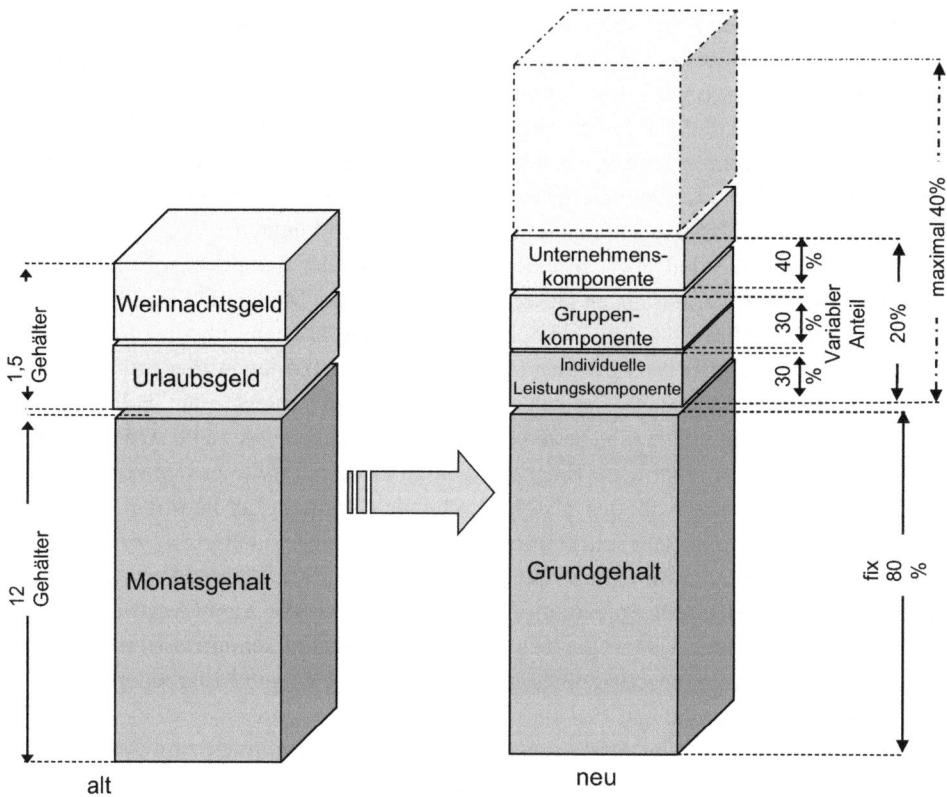

Abb. 3.21 Alte und neue Vergütungsbestandteile

einer individuellen Leistungskomponente, die jeweils 30 % des variablen Vergütungs-
anteils bestimmen.

Natürlich gab es in der Konzeptionsphase Diskussionen darüber, welche Komponenten sinnvoll sind und welche nicht. Fragen wie: „Was kann ich denn dafür, wenn es dem
Unternehmen schlecht geht?" oder „Warum sollen wir dafür büßen, wenn die anderen
Bereiche/Kollegen schlecht arbeiten?" oder „Kann man kreatives Arbeiten überhaupt
beurteilen?" wurden offen und ausführlich besprochen. Bis heute besteht ein Konsens
darüber, dass ein variabler Vergütungsanteil idealerweise die Unternehmensperspektive
sowie die Teamleistung und die individuelle Leistung berücksichtigt.

Neben dieser grundsätzlichen Übereinstimmung war für Schwäbisch Media ebenso
wichtig, ein möglichst unbürokratisches und einfaches Modell zu erarbeiten, denn kaum
ein mittelständisches Unternehmen wird es sich leisten, für die Administration der
variablen Vergütung zusätzliche Mitarbeiter einzustellen.

Die Unternehmenskomponente Dieser Vergütungsanteil ergibt sich aus der wirtschaftlichen Entwicklung der gesamten Unternehmensgruppe. Als Indikator hierfür wird der konsolidierte Cashflow der Unternehmensgruppe Schwäbisch Media im Verhältnis zu deren Umsatz herangezogen. Je nach erreichtem Cashflow-Anteil kann die Unternehmenskomponente zwischen 0 und 200 % der vereinbarten Summe schwanken. Bereits mit der Einführung wurde mit dem Betriebsrat vereinbart, dass die jährliche Berechnung dieser Komponente durch einen unabhängigen Wirtschaftsprüfer vorgenommen wird.

Die Gruppen- oder Bereichskomponente Mit diesem Bestandteil soll der Erfolg der Gruppe, des Bereiches oder der Abteilung bewertet werden. Auch hier sind die Kriterien eindeutig und klar messbar. Bei Schwäbisch Media bilden die selbstständigen Lokalbereiche (Tageszeitungsausgaben), einige Profitcenter und die zentralen Markt- und Dienstleistungsbereiche die jeweiligen Gruppen. Insgesamt gibt es davon rund 50. Jährlich wird für jede Gruppe eine sogenannte Gruppenzielvereinbarung erstellt. Angefertigt und berechnet werden sie in Abstimmung mit den jeweiligen Führungskräften durch die Personalabteilung. Als Grundlage hierfür dient die ohnehin jährlich stattfindende Budgetierung.

Die Gruppenzielvereinbarungen beinhalten meist drei Kriterien: Umsatz-, Auflage/Reichweite- und Kostenplanung. Lediglich in den zentralen Dienstleistungsbereichen wird hiervon abgewichen, aber auch dort sollen nicht mehr als drei quantifizierbare Kriterien vereinbart werden.

Die individuelle Leistungskomponente Die individuelle Leistungskomponente ergibt sich aus einer Leistungsbeurteilung. Zweimal jährlich wird jeder Mitarbeiter durch seine Führungskraft beurteilt. Die hier erzielte Punktzahl bestimmt die Höhe der Leistungskomponente. Für alle Mitarbeiter gilt ein einheitliches Beurteilungssystem. Bei Schwäbisch Media werden insgesamt sechs Kriterien bewertet:

- Qualität der Arbeitsleistung,
- Arbeitsmenge und Zeitausnutzung,
- Fachkenntnisse,
- Initiative und Flexibilität,
- Zusammenarbeit,
- Ausdauer und Belastbarkeit.

Diese sechs Kriterien sind bei Schwäbisch Media bestimmend für die Beurteilung der Leistung. Es gab in der Konzeptionsphase über diese Kriterien hinaus noch eine Reihe weiterer Vorschläge. Um es nicht allzu komplex zu gestalten, hat man sich mit dem Betriebsrat auf diese sechs Beurteilungskriterien geeinigt. Für jedes Kriterium wurde

Tab. 3.10 Leistungsbeurteilungsstufen

1.	Die Anforderungen des Aufgabenbereiches werden häufig oder meist nicht erfüllt
2.	Die Anforderungen werden teilweise nicht erfüllt beziehungsweise es besteht in Teilbereichen der Aufgabenerfüllung noch Anpassungsbedarf
3.	Die Anforderungen des Aufgabenbereiches werden in vollem Umfang erfüllt
4.	Die Anforderungen des Aufgabenbereiches werden teilweise übertroffen
5.	Die Anforderungen an den Aufgabenbereich werden weit und in jeder Hinsicht übertroffen

festgelegt, was darunter zu verstehen ist. So wird beispielsweise bei „Qualität der Arbeitsleistung" Folgendes bewertet:

- Vollständigkeit und Korrektheit der Aufgabenerfüllung,
- Häufigkeit von Fehlern,
- Setzen der richtigen Prioritäten,
- Erfüllung der Aufgaben in sachlich logischer Reihenfolge,
- Einhaltung von Standards und Qualitätsvorgaben,
- Kreativität und Einfallsreichtum bei der Aufgabenerfüllung.

Bei der Beurteilung wird jedes Kriterium wie folgt bewertet (Tab. 3.10):

Nach der ersten Beurteilungsrunde war schnell klar, dass es bei Schwäbisch Media doch recht unterschiedliche Vorstellungen darüber gab, wann eine Anforderung in vollem Umfang oder nur teilweise erfüllt ist. Auf Wunsch der Führungskräfte wurde deshalb für die wichtigsten Mitarbeitergruppen beispielhaft beschrieben, bei welcher Leistung mit welcher „Note" zu bewerten ist.

Diese sogenannten Taxonomien erleichtern den Führungskräften die Einschätzung der Leistung ihrer Mitarbeiter und sollen zu einer Vereinheitlichung des Beurteilungsmaßstabs führen. Sie haben zusätzlich dazu beigetragen, dass die Leistungsbeurteilungen vonseiten der Mitarbeiter als fair und nachvollziehbar empfunden werden. Außerdem wird Klarheit erzeugt, welche konkreten Leistungserwartungen Schwäbisch Media stellt. Beispielhaft hier eine Taxonomie für das Kriterium „Initiative und Flexibilität"[20]: Tab. 3.11

Sowohl Führungskräfte wie auch Mitarbeiter wurden vor den ersten Beurteilungen intensiv geschult. Bei Schwäbisch Media war dies damals unbedingt notwendig, weil offenes Feedback und die Kommunikation gegenseitiger Erwartungen nicht der Regelfall, sondern eher die Ausnahme waren.

---

[20]Für alle Mitarbeitergruppen gültig.

Tab. 3.11 Leistungsbeurteilungsstufen des Kriteriums „Initiative und Flexibilität"

1.	Der Mitarbeiter arbeitet meist nur nach Anweisung und in starrem Zeitrahmen; „Ungewöhnliches" wird als störend empfunden
2.	Bei Vorliegen der entsprechenden Notwendigkeit wird nach Aufforderung auch abweichend von der Regelarbeitszeit gearbeitet. Eigene Ideen/Anregungen werden nur selten eingebracht
3.	Der Mitarbeiter passt seine Arbeitszeit an die betriebliche Notwendigkeit an, er bringt regelmäßig eigene Ideen ein; empfindet Neues/Veränderungen als Normalität und beteiligt sich aktiv an neuen Aufgaben
4.	Der Mitarbeiter übernimmt freiwillig/ungefragt zusätzliche Aufgaben, auch wenn diese nur außerhalb der Regelarbeitszeit erledigt werden können. Bringt häufig neue Ideen ein und beteiligt sich aktiv an deren Umsetzung; sieht Veränderungen als Chance und freut sich darauf
5.	Der Mitarbeiter ist innerhalb seines Bereiches „Motor"/„Triebfeder" für Veränderungen; betriebliche Erfordernisse stehen für den Mitarbeiter an erster Stelle

3.4.5 Fünfzehn Jahre variable Vergütung – Erfahrungen und Bewertung

Mittlerweile werden alle Mitarbeiter von Schwäbisch Media mehr als ein Jahrzehnt im Rahmen dieses Vergütungsmodells entlohnt – Zeit für eine Zwischenbilanz.

Monetäre Auswirkungen Das Modell von Schwäbisch Media ist so angelegt, dass es in guten Zeiten die Mitarbeiter am Erfolg des Unternehmens und der eigenen Arbeitsleistung beteiligt und in schlechten Zeiten hilft, Kosten zu senken. Gleichzeitig mit der Einführung trat eine allgemeine wirtschaftliche Erholung ein und es fanden weitere Kostensenkungsprojekte bei Schwäbisch Media statt. In der Folge kam es zu einer raschen Ergebnisverbesserung, die so nachhaltig war, dass die variable Vergütung bei Schwäbisch Media bisher jedoch nicht zu Kostensenkungen, sondern zu Mehrausgaben führte: Über eine Dekade betrachtet lag die Höhe der variablen Vergütungsanteile im Durchschnitt bei rund 135 % und damit über den Personalkosten des alten, tarifabhängigen Modells.

Allerdings steht diesen zusätzlichen Kosten ein zusätzlicher wirtschaftlicher Nutzen gegenüber. Somit sind dies Kosten, die gerne getragen werden. Dem Unternehmen ging es in diesem Zeitraum sehr gut und davon profitierten auch die Mitarbeiter. Sie haben schließlich wesentlich dazu beigetragen.

Neben den klar messbaren, monetären Konsequenzen hat durch die neue Vergütungsstruktur ein kultureller Wandel stattgefunden. Fragen zum Geschäftsverlauf, zum wirtschaftlichen Erfolg des eigenen Bereiches, zur Sinnhaftigkeit einzelner Investitionen et cetera wurden vor Einführung des neuen Vergütungsmodells nur selten von den Mitarbeitern diskutiert. Dies hat sich geändert. Da nun Teile der Vergütung vom Erfolg des Unternehmens und des eigenen Bereiches bestimmt werden, hinterfragen die Mitarbeiter Entscheidungen kritischer und setzen sich intensiver mit dessen Erfolg und Entwicklung auseinander.

Außer dem Zugewinn an Kostenflexibilität und schneller Reaktionsmöglichkeit auf wirtschaftliche Veränderungen ist dies ein begrüßenswerter Nebeneffekt, der ursprünglich so gar nicht beabsichtigt war.

3.5   Integrationsmeetings – Langzeiterfahrungen eines Beurteilungs- und Führungskräfteentwicklungsinstruments bei der Allgemeinen Gold- und Silberscheideanstalt AG

Unter den Methoden, die für die Bemessung von leistungsvariablem Entgelt angewendet werden, dominiert der Anteil der Leistungsbeurteilung deutlich. Dies wird wohl auch auf absehbare Zeit so bleiben, obwohl die Leistungsbeurteilung sowohl von Beurteilern als auch von Beurteilten teilweise heftig kritisiert wird. Anstatt das Instrument als solches einer Pauschalkritik zu unterwerfen, ohne dass sinnvolle und praktikable Alternativen zur Verfügung stehen, geht es aus Sicht der Autoren vor allem darum, den Beurteilungsprozess zu optimieren und zu professionalisieren. Überraschenderweise ist der Einsatz von Integrationsmeetings im Zuge des Beurteilungsprozesses nur wenig verbreitet, obwohl genau diese wirksam an den Hauptkritikpunkten von Leistungsbeurteilungen ansetzen.

3.5.1   Die Kritikpunkte sind bekannt

Die Kritikpunkte beziehen sich fast alle auf die objektiv vorhandene Subjektivität der Beurteiler. Beschäftigte kritisieren, dass oft schon ein Wechsel des Vorgesetzten zu einer Veränderung der Leistungsbeurteilung führt. Gleichzeitig wird kritisiert, dass Einzelereignisse im Verlaufe eines Beurteilungsjahres verallgemeinert werden und über Gebühr die Leistungsbeurteilung beeinflussen. Beurteiler wiederum weisen darauf hin, dass sie mit der Erstellung der Leistungsbeurteilung alleingelassen werden und keine Möglichkeit haben, ihre Erwartungsniveaus und Beurteilungsmaßstäbe zu „eichen". Die prozessverantwortlichen Personaler verweisen darauf, dass das Beurteilungsinstrument als solches genau beschrieben und funktionsfähig sei, aber die Führungskräfte als Anwender die Werkzeuge nicht ordnungsgemäß „bedienen" würden.

Trotz intensiver Schulung und auch des löblichen Versuchs, Beurteilungsmerkmale und -stufen möglichst genau zu beschreiben, bleibt, dass Beurteiler unterschiedliche Erwartungsniveaus haben, wenn keine entsprechenden Vorkehrungen getroffen werden.

Die daraus resultierenden möglichen Beurteilungsfehler sind allerdings nicht zwangs-läufig. Sie können, wenn nicht ausgeschlossen, so doch gezielt und maßgeblich reduziert werden. Aus diesem Grund hat sich die Agosi AG[21] 2012 nach intensiver Abwägung für einen Leistungsbeurteilungsprozess mit Integrationsmeetings (oft auch als Beurteiler-konferenzen bezeichnet) entschieden.

3.5.2   Wie darf man sich den Verlauf eines Integrationsmeetings vorstellen?

Im ersten Schritt erstellen Beurteiler auf der Basis ihrer unterjährigen Beobachtungen (vor-läufige) Leistungsbeurteilungen für ihre Mitarbeiter. Insbesondere Führungskräfte mit nur wenigen Mitarbeitern, die sie vergleichen können, und neue Führungskräfte stoßen dabei auf das Problem, dass sie nicht wissen, ob sie eher zu streng oder zu milde beurteilen bzw. welche weiteren Beurteilungsfehler sich möglicherweise „eingeschlichen" haben. Im Integrationsmeeting werden die eigenen Beurteilungen mit Kollegen des gleichen Bereichs oder der gleichen Abteilung mit vergleichbaren Funktionen abgeglichen und vervoll-ständigt.

Die vorläufigen Beurteilungen werden z. B. auf Pinnwänden visualisiert und nach Entgeltgruppen und Leistungsstufen dargestellt. Für jeden Beurteiler wird eine eigene Farbe verwendet, sodass optisch immer sichtbar bleibt, auf welchem Beurteilungs-niveau und bei welcher Verteilung einzelne Beurteiler liegen. Jeder Beurteiler erläutert seine Einschätzungen und seine Kollegen hinterfragen und ergänzen. Wenn alle Karten an den Pinnwänden sind, werden Vergleiche gezogen, Informationen werden ergänzt, unterschiedliche Einschätzungen werden diskutiert und es kann verändert, korrigiert und nachjustiert werden. Vorläufige Beurteilungen werden ggf. verändert oder bestätigt und damit entstehen „by doing" gemeinsame Beurteilungsmaßstäbe. Die schrittweise Vorgehensweise von Entgeltgruppe zu Entgeltgruppe hat sich bewährt, da damit glei-che Anforderungsniveaus und nicht „Äpfel mit Birnen" miteinander verglichen werden. Jede Entgeltgruppe ist wie eine „Liga" im Sport zu betrachten. Es wird direkt erlebbar, dass mit jeder „Liga" die Anforderungen steigen und mit höheren Entgeltgruppen höhere Erwartungen an die zu beurteilenden Mitarbeiter gestellt werden (dürfen).

Die Zusammensetzung des Integrationsmeetings ist so organisiert, dass sich jeweils der Leiter einer organisatorischen Einheit mit den ihm zugeordneten Führungskräften zu einem Integrationsmeeting trifft, also z. B. der Leiter einer Entwicklungsabteilung mit den Teamleitern seiner Entwicklungsabteilung oder der Fertigungsleiter mit den Meistern seines Fertigungsbereichs. Sinnvollerweise wird ein Integrationsmeeting vom Personalbereich, der für den Prozess mit verantwortlich ist und für die vollständige Dokumentation sorgt, moderiert.

---

[21]Allgemeine Gold- und Silberscheideanstalt AG in Pforzheim.

Damit Integrationsmeetings ihre volle Wirkung mit entsprechend breiten Vergleichsmöglichkeiten entfalten können, sollte über mindestens 25 Mitarbeiter gesprochen werden. Weiterhin hat sich eine Obergrenze von ca. 100 Mitarbeitern als sinnvoll erwiesen,
um noch eine ausreichende Übersichtlichkeit zu gewährleisten und die Beteiligten des
Meetings nicht zu überfordern.

Für den erfolgreichen Verlauf eines Integrationsmeetings sind Spielregeln hilfreich:

- Gründliche Vorbereitung durch die Beurteiler
- Offener Austausch über Leistungserwartungen und Leistungsergebnisse
- Die Verantwortung für die Leistungsbeurteilung bleibt beim Beurteiler
- Vertraulichkeit
- Das Ergebnis des Integrationsmeetings ist bindend.

3.5.3 Fazit

Seit 2012 werden Integrationsmeetings bei der Agosi AG jährlich durchgeführt. Die
Akzeptanz bei Führungskräften und Mitarbeitern ist nach anfänglichen Zweifeln
inzwischen hoch, weil Beurteiler die Sicherheit erhalten, dass andere Beurteiler mit den
gleichen Maßstäben arbeiten.

Im Ergebnis ist damit erreicht worden, dass das zur umfassenden Beurteilung von
Leistung notwendige Gesamtbild vollständiger geworden ist. Es werden „Mosaiksteine
gesammelt" und gewichtet, um ein ausgewogenes Gesamtbild der Leistung einzelner Mitarbeiter im Vergleich zu anderen entstehen zu lassen. Außerdem hat sich eine gemeinsame
Vorgehensweise bei der Erstellung von Leistungsbeurteilungen entwickelt. Vorher unterschiedliche Beurteilungsmaßstäbe sind angeglichen, „geeicht" oder „kalibriert" worden.

Die Beurteiler im Unternehmen bewerten diese Vorgehensweise mehrheitlich als hilfreich für die Qualität ihrer Leistungsbeurteilungen. Sie investieren mit einer Dauer von zwei
bis vier Stunden (je nach Anzahl der besprochenen Mitarbeiter) zwar einen zusätzlichen
Bearbeitungsschritt im Beurteilungsprozess, haben aber dadurch mehr Sicherheit erlangt,
dass ihre Leistungsbeurteilungen vollständiger und objektiver als vorher sind. In der Folge
erhöhte dies auch die Qualität der anschließenden Beurteilungsgespräche erheblich.

Bei allen Nutzenüberlegungen und Vorteilen gibt es auch kritische Anmerkungen
zu Integrationsmeetings. Obwohl Vertraulichkeit eine wichtige Anforderung und Ver-
pflichtung darstellt, wird in Einzelfällen kritisiert, dass dies nicht immer verlässlich sichergestellt ist. Weiterhin kommen Führungskräfte, die Beurteilungen eher
intuitiv-summarisch erstellen, in die Situation, ihre Ergebnisse erläutern und teilweise
auch verteidigen zu müssen. Manche Beurteiler betrachten dies nachvollziehbar als eine
Einschränkung ihrer Autonomie. Andere wiederum empfinden den gleichen Sachverhalt
als wichtige Vorbereitung auf zu erwartende kritische Fragen ihrer Mitarbeiter.

In der Gesamtschau ist der Aspekt der integrierten Führungskräfteentwicklung als wichtiger Nebeneffekt nicht zu unterschätzen. Führungskräfte sprechen in Integrationsmeetings

systematischer über Leistungsniveaus und Erwartungen, die sie an Mitarbeiter stellen. Sie sprechen auch darüber, wie diese Erwartungen formuliert werden. Dabei klären sich fast nebenbei und automatisch auch innere Bilder und Glaubenssätze, die Beurteiler mit Leistung verbinden. Eher milde Beurteiler werden anspruchsvoller und eher strenge Beurteiler hinterfragen ihre Einschätzungen und können sie im Ergebnis besser erläutern. Gleichzeitig verbessern Beurteiler unmerklich, aber spürbar ihre Argumentation in Beurteilungsgesprächen. All dies sind systematische Beiträge zur Professionalisierung von Führung und mithin ein nicht zu unterschätzender Beitrag zur Führungskräfteentwicklung.

Außerdem stellen wir fest, dass sich Beurteiler bei der Vorbereitung von Leistungsbeurteilungen mehr Mühe geben, weil sie wissen, dass sie sie nachvollziehbar vor ihren Kollegen vertreten müssen – ein Ansporn, der nicht zu vernachlässigen ist.

3.6   Oh mein Gott. Es ist voller Sterne

Wer bitteschön ist Marion Ravenwood?

Wie ein Hammer hallte die Stimme des Hoteldirektors durch die Dunkelheit. Angespanntes Schweigen, als 500 Augenpaare gebannt auf das ungewohnte Schauspiel vor ihnen starrten.

Die gesamte riesige Fläche über der Bühne des Swissôtel-Ballsaals in Zürich war voller Sterne. Es war Zeit, ein neues Ritual einzuläuten, das mit der Einführung der staRHs[22]-Feedback-Applikation einhergehen sollte. Der Mitarbeitende des Monats sollte auserkoren werden – gewählt durch das positive Feedback der Kollegen. Um diese Person für alle sichtbar zu machen, repräsentierten helle Lichtpunkte die Mitarbeitenden des Hotels. Es erschien wie das atemberaubende Bild einer Sternenlandschaft des Hubble-Teleskops. Linien zwischen den einzelnen Sternen machten die Beziehung der Kollegen sichtbar. Jedes positive Feedback, das innerhalb des vergangenen Monats via der staRHs-App geteilt worden war, hing in einer gigantischen Sternenlandkarte vor ihnen. Lichtpunkte huschten wie Sternschnuppen durch diese Galaxie (Abb. 3.22).

In hellen Farben schwebte die Visualisierung des Feedbacks auf der Projektionsfläche vor den Teilnehmern dieses Meetings und jeder suchte nach seinem Lichtpunkt, seinem Platz im großen Ganzen. Die künstliche Intelligenz namens Almee[23] hatte die Sternenlandkarte mit ihren Algorithmen so aufbereitet, dass Kollegen, die sich öfter als andere gegenseitige Wertschätzung zum Ausdruck brachten, eng aneinandergerückt wurden. Viel Feedback zwischen zwei Kollegen ergab eine stärkere Linie, wenig Feedback eine schwächere. Viel erhaltene und vergebene Sterne vergrößerten den Lichtpunkt, der den jeweiligen Swissôtel-Mitarbeitenden repräsentierte. So ergab sich ein lebendiges Bild

---

[22]staRHs ist ein Produkt von Resourceful Humans.

[23]AImee: Abkürzung für Autonomous Intelligent Marauder of Entrepreneurial Environments; Kern der staRHs-Software.

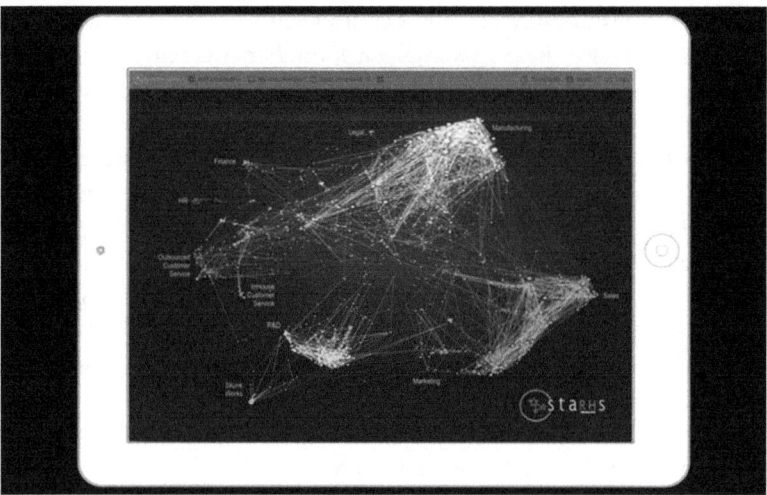

Abb. 3.22 Der Sternenhimmel

derer, die die Beiträge ihrer Kollegen regelmäßig als wertvoll befanden und zentral für das Netzwerk der Organisation waren, und von Kollegen, die eher verloren am Rande der Organisation hingen. AImee zeigte zudem automatisch nur die Namen derer, die überdurchschnittliche viel positives Feedback erhielten und vergaben.

Jeder konnte somit auf einen Blick den Namen im Mittelpunkt der Sternenlandkarte sehen. Die meisten der Linien führten zu diesem einen Namen:

Marion Ravenwood.

Marions Name glänzte und pulsierte wie ein Herz im Zentrum der Organisationsgalaxie, doch dem Hoteldirektor war die junge Dame gänzlich unbekannt. Sie schien kein formeller Manager zu sein. Kein High-Potential. Kein Stabsmitarbeiter. Trotzdem betrachteten ihre Kollegen sie als einen zentralen Dreh- und Angelpunkt der Organisation. Mehr als jedem anderen hatten sie ihrer Kollegin mit der digitalen Sternenwährung ihre Wertschätzung für ihren Wertbeitrag zum Ausdruck gebracht.

Wie konnte dies sein?

Wie konnte dieser Stern am Swissôtel-Himmel so lange verborgen geblieben sein?

3.6.1 Die Origin-Story von staRHs

Um wirklich zu verstehen, was im Jahre 2012 in Zürich geschah, müssen wir eine Zeitreise antreten.

Wir schreiben das Jahr 1960. Die Firma Hewlett-Packard (HP) ist Vorreiter in High Technology, doch der Mitgründer Dave Packard macht sich Sorgen. Die Bürokratie in der nun mehr als 100.000 Mann starken Firma nimmt zu. Die Innovation nimmt ab.

Wie kann man dem entgegenwirken? Diese Gedanken gehen dem jungen CEO durch den Kopf, als er das HP-Way-typische Management by Walking Around (MBWA) praktiziert. Regelmäßig schlendert er ohne Ziel und Plan durch die Büros und Labore der Firma und sucht informelle Gespräche mit seinen Mitarbeitern aller Ebenen. Auch an diesem Morgen in Palo Alto möchte er von den Teammitgliedern in der Forschung und Entwicklung erfahren, woran sie arbeiten. Was ihnen Sorgen bereitet. Was ihnen Energie gibt und wie es ihnen und ihren Familien geht. Das MBWA[24] wurde von allen HP-Managern praktiziert und kennt keine Hierarchien oder klare Regeln. Tatsächlich ist dieser Freestyle Teil des Prinzips von MBWA. Der Weg ist das Ziel.

An diesem Morgen führt ihn sein Weg zu Charles House. Chuck, wie er genannt wurde, hatte vor einem Jahr Besuch von Packard erhalten, als er an einem experimentellen CRT[25]-Bildschirmprototypen arbeitete. Dieser sollte für die FAA[26] den Flugverkehr im Airport Tower in Echtzeit darstellen. Alle Mitkonkurrenten hatten ob der technischen Herausforderungen gepasst. Aufgrund des laut der Marketingabteilung überschaubaren Marktpotenzials von 50 Geräten hatte Packard selbst Chuck angewiesen, die Arbeit an dem Prototyp einzustellen. Nun stand der Geschäftsführer mit hochrotem Kopf vor dem Produktionsmodell und fuhr den jungen Ingenieur laut vor allen Kollegen an:

„Ich hatte doch ausdrücklich gesagt, ich will dieses Teil nicht mehr sehen, Chuck!"

„Nein Sir", erwiderte Chuck respektvoll, „Sie sagten, Sie wollen es nicht mehr in der R&D sehen. Nun ist es in der Produktion. Somit ist es nicht mehr in der R&D."

Ohne ein weiteres Wort zog der Chef von dannen.

Jahre später hatte Chuck den Vorfall fast vergessen. Mittlerweile arbeitete er an einem anderen Projekt seiner Wahl und schlenderte mit seinem Team zu einem der monatlichen Town-Hall-All-Hands-Meetings, auf dem Bill Hewlett und Dave Packard die Neuigkeiten rund um die Company verkündeten. Das Gebäude nahe der Stanford Universität war wie immer randvoll. Nachdem die Zahlen und Updates durch das Senior Management erledigt waren, erhob sich gegen Ende des Meetings nochmals Dave Packard. Vom Rednerpult aus schaute er in die Mitarbeiterschaft.

„Ich möchte Charles House bitten, zu mir auf die Bühne zu kommen. Chuck, bist Du hier?"

Verwirrt bahnte sich Chuck seinen Weg durch die Menge zu seinem Chef. Auf der Bühne angekommen, schüttelte ihm der große, schlaksige Manager enthusiastisch die Hand.

Chuck. Vor Jahren hast Du an einem CRT-Display-Projekt gearbeitet. Ich kam bei Dir vorbei und sagte Dir, Du müsstest es sein lassen. Du hast mich ignoriert, hast einfach hinter meinem Rücken mit Deinen Chefs weiter daran gearbeitet. Ihr habt an den Erfolg eures Produkts geglaubt. Ihr habt es einfach gebaut. Ich muss zugeben, ich war stinksauer. Wir haben

---

[24]MBWA: Abkürzung für Management by Walking Around.

[25]CRT: Abkürzung für Cathode Ray Tube = Kathodenstrahlröhrenbildschirm.

[26]FAA: Abkürzung für Federal Aviation Administration.

in den ersten Monaten nur 40 dieser Geräte verkauft. Doch dann hat es sich durchgesetzt. Doug Engelbart hat damit auf der ‚Mother of All Demos' einen Hollywood-Oscar für technische Grafiken erhalten. Es wurde für die erste künstliche Herztransplantation von Dr. Norman DeBakey verwendet. Als ob dies nicht genug sei, wurde es sogar die technische Basis für die Live-Übertragung von Neil Armstrongs Mondlandung. Chuck, Du hattest recht und ich hatte unrecht. Dein Widersetzen gegen meinen Arbeitsauftrag hat uns alle sehen lassen, wie am 20. Juli 1969 Neil seinen Fuß auf den Mond setzte. Und als ob das nicht genug sei, haben wir seitdem 17.000 Einheiten abgesetzt. 300.000 Dollar Entwicklungskosten stehen somit mehr als sechs Millionen Dollar Profit gegenüber. Und ich hätte diesen Erfolg fast verhindert. Chuck, weißt Du – HP hat sich schon fünfmal neu erfunden. In jedem Jahrzehnt hatten wir ein völlig neues Produkt, das uns in die Zukunft geführt hat. Dreimal war Bill gegen diese Neuausrichtungen. Ich war jedes Mal dagegen. Was ich damit sagen will: Selbst wenn sich das CRT nicht verkauft hätte, hättest Du recht gehabt. Du hast einfach daran geglaubt, Verantwortung übernommen und Dich durchgesetzt. Mit diesem Geist haben Bill und ich in der Garage auf der Addison Avenue angefangen und Du hast mir und uns allen gezeigt, dass wir diesen Geist niemals verlieren dürfen – selbst wenn, nein *besonders* wenn Dein Chef Dich dazu anweist.

Chuck war sprachlos, als sein CEO ihm eine Urkunde überreichte: „Charles H. House, als Anerkennung Deiner famosen Leistung mit außergewöhnlich trotziger Missachtung von Hierarchien, weitab des normalen Rufs Deiner Ingenieurspflicht, überreiche ich Dir diese Medaille des Widerstands. Danke!".

Die Medaille des Widerstands hatte die Form eines Sterns.

Donnernder Applaus seiner Kollegen und seines Chefs prasselte auf den verdutzten Chuck ein.

Inspiriert wurde Hewlett-Packards MBWA und die Sternenmedaille des Widerstands unter anderem von einer anderen Weltklasse-Ingenieursfirma, der Nasa. Dort vergaben die Astronauten des Mercury-Programms kleine Pins an Kollegen, die besonders gute Arbeit leisteten. Der Pin zeige die Peanuts-Figur Snoopy in Astronautenmontur auf einer Sternschnuppe. Snoopy zu tragen war eine große Ehre, die weniger als 1 % der Nasa-Mitarbeiter widerfuhr, denn die vergebenen Snoopy-Pins waren limitiert und allesamt mit auf einer Weltraum-Mission. Chuck trug seine Medaille mit ebenso viel Stolz wie die Nasa-Mitarbeiter ihren Sternen-Snoopy.

staRHs greift diese 1st-Principles, die zugrunde liegenden Gesetze solcher Mitarbeiter-zentrierten Unternehmenskulturen auf und entwickelt sie mit hochmoderner Videospieltechnik für das 21. Jahrhundert weiter.

3.6.2 The Game of Work – Funktioniert in der Praxis, nicht in der Theorie

Fast Forward to 2011: Der Prototyp für staRHs in der jungen Games-Branche reift.

Wir sind in einem Unternehmen mit den typischen Problemen eines typischen, erfolgreichen Mittelständlers. Rapides Wachstum, Talentknappheit, Standortnachteil Deutschland gegenüber Ländern mit weniger als 300 Regentagen und übereifrigen Bürokraten.

Und last but not least, anno Domini 2011, ein industrielles Managementmodell, das mit der Realität der hyperadaptiven Videospielindustrie zu 0 % kompatibel ist.

Das Arbeiten in einer Videospielfirma ist, als ob 300 Leute aus einem Flugzeug springen und auf dem Weg nach unten gemeinsam einen Fallschirm stricken. Und außerdem kommen pro Woche noch zehn neue Fallschirmspringer hinzu. Umtriebige Berater verkaufen das jetzt als die neuesten Management-Silver-Bullets und nennen es „Agile" und „Design Thinking". Wir nannten es „geile Videospiele machen". Doch welchen Sinn machen Jahresboni in einem Unternehmen mit Projektlaufzeiten von drei Jahren oder quartalsweises Performancefeedback durch generalistische Manager bei zweiwöchigen Sprints in Teams mit hoch qualifizierten Spezialisten aus allen zu einem Spiel gehörigen Teilbereichen wie Kunst, Programmierung, Musik und Design? Oder wie sinnvoll sind Fünf-Jahres-Geschäftspläne in einem Umfeld, in dem die Technologie sich monatlich weiterentwickelt? Unmöglich.

Und trotzdem hat die Spieleindustrie staRHs maßgeblich mitgeprägt. Entgegen den typischen Managementansätzen, die auf Fallstudien, Messungen und Forschung basieren, sind Spiele Erfahrungswerte. Spielen, Rückmeldung, Anpassen, wieder spielen. WYSIWYG[27]. Man misst in „Experiences", in Emotionen – das sind die Momente der Wahrheit. Erreicht das Spiel den Spieler? Will er mehr? Und dann die Schizophrenie der Games-Branche: Hyperkreativ sein, aber auch erfolgreich shippen, bevor das Geld ausgeht. Das heißt heute „Lean Startup". Während sich das typische Management 2011 gerne mit Gestalt[28], KPIs, Mindfulness, OKRs, der VUKA-Komplexität und der generellen unerträglichen Schwere des Seins herumschlug, wussten Game Designer schon damals, dass Spieler sich in einem dunklen Korridor zu 100 % auf ein rotes Licht am anderen Ende zubewegen. Besonders in sogenannten „Open World"-Spielen ist es wichtig, die Verhaltensweisen der Spieler durch narrative Stränge positiv zu beeinflussen. Die Geschichte muss den Spieler packen, die Mechanik wie das Atmen in den Hintergrund treten.

Regel Nummer 1: *Simplizität* Wenn die Zombies angreifen und ein Spieler hat die Wodkaflasche und der andere das Feuerzeug, werden sie zum Molotowteam oder sterben. Zentrale Führungsstrukturen funktionieren selten in Spielen. Zu schnell und zu komplex sind die Szenarien, um den Befehlen eines Leaders zu folgen. Spieler arbeiten als adaptives Netzwerk. In einer Situation hat der kampfstarke Spieler die Führung, dann der Magier, dann der Sanitäter oder Dieb. Führung richtet sich situativ nach dem Kontext. Solange die Ziele und Prioritäten des Spiels klar sind, ist das Netzwerk die beste Art zu spielen. Denkt als Team. Denkt zuerst an die anderen! Dynamische Solidarität!

---

[27]WYSIWYG: Abkürzung für What You See Is What You Get.

[28]Die Gestalttherapie ist eine Form der Psychotherapie. Sie ist ein phänomenologisches, erfahrungs- und erlebensorientiertes, psychotherapeutisches Verfahren mit dem Ziel der Stimmigkeit und der Integration psychischer Prozesse und der differenzierenden Reifung der Persönlichkeit nach innen und außen.

Regel Nummer 2: *Soziale Wirkung* Spieler wollen besser werden, bessere Scores erreichen, andere übertrumpfen. Darum geht es in Spielen meistens – wie im Sport –, sein Potenzial alleine und gemeinsam voll auszuloten. Um das optimal tun zu können, brauchen Spieler direkte Rückmeldung vom Spiel, welches Verhalten sich positiv und welches sich negativ auf dieses Ziel auswirkt. Diese Information muss so einfach und nachvollziehbar wie möglich aufbereitet werden, um idealerweise während des Spiels die Spielweise anzupassen. WYSIWYG – What you see is what you get.

Regel Nummer 3: *Echtzeit* Die Idee war, diese Erfahrungen und Regeln aus der Spielewelt in ein Feedback-Tool und einen Feedbackprozess in real existierenden Unternehmen umzusetzen. Ein Tool, das diesen Wertedreiklang von Simplizität, sozialer Wirkung und Echtzeit verinnerlicht, war die Idee für staRHs – ein Interface, das so einfach aufgebaut ist, dass die Vergabe eines positiven Feedbacks mit einem Stern schneller funktioniert als eine E-Mail, ein Facebook-Like oder ein Tweet.

Und so sieht das für den User aus: Man öffnet die staRHs-App (s. Abb. 3.23) auf dem iPhone oder in einem Webbrowser. Alles ist auf einen Blick ersichtlich. Man muss drei Entscheidungen treffen. *Wer. Was. Wie viel.* Zuerst, *wem* will man positives Feedback geben. staRHs erlaubt, jeden in der Organisation auszusuchen. Das heißt, wenn man bei Swissôtel im Roomservice arbeitet und Carmen von der Bar gerade geholfen hat, das richtige Zimmer des betrunkenen Gasts herauszufinden, der noch um zwei Uhr nachts eine Flasche Chateau Petrus haben wollte, dann suchst man einfach Carmens Namen in der staRHs-App auf dem Weg zu Zimmer 1408 heraus.

Jetzt muss man in einem Freitextfeld entscheiden, *was* man ihr sagen möchte. Hierzu sind keine Limits gesetzt. „Danke, dass Du mir zwischen zwei Check-ins geholfen hast, das Zimmer von Tony Stark zu finden. Ohne Dich hätte ich ihn zurückrufen müssen und

Abb. 3.23 Die App als Benutzerinterface

mir eine Standpauke anhören müssen. So kann ich schnell seinem Wunsch nachkommen, und hoffentlich schläft er nach dem guten Roten ein und ruft nicht mehr an."

Zu guter Letzt gilt es, dieses Feedback mit der Sternewährung zu gewichten. *Wie viel* Sterne ist das Feedback wert? Jeder Mitarbeitende, egal in welcher Position, hat zehn Sterne pro Woche, die ausgegeben werden können. Wie man sie verteilt, ist dem Geber überlassen. Hotel vor Wasserschaden in jedem Zimmer durch defekte Sprinkleranlage gerettet? Zehn Sterne für Cal. Ist die Kollegin eben mal kurz eingesprungen, damit man eine rauchen kann? Ein Stern für Kimi. Nicht vergebene Sterne verfallen am Ende der Woche. Der Clou ist die Verknappung der Sterne. Man hat nur zehn, also kann man sie nicht inflationär wie Facebook-Likes verteilen. Es gilt also zu priorisieren, welches Feedback viel und welches weniger wert ist. Das fordert klare Priorisierung ein, worauf Feedback im Sinne des Wertbeitrags für die Organisation bzw. für den Kunden dienen soll. Es fordert auf klarzustellen, was Sinn und Zweck der Organisation sind.

Jetzt nur noch „Senden" drücken und Marion erhält den Stern im selben Moment.

Presto! Simple. Social. Realtime.

Eine Aufgabe hat Marion noch zu erfüllen, wenn sie Sterne erhält. Die künstliche Intelligenz (KI), AImee[29], möchte noch von ihr wissen, wie viel ihr dieses Feedback auf einer Skala von 1 bis 4 geholfen hat, um auf ihr eigenes volles Potenzial hinzuarbeiten. Mit einem Slider muss sie auswählen: Gar nicht, etwas, viel, sehr viel. AImee merkt sich Marions Wahl und lernt, Sternegeber zu coachen, besseres und hilfreicheres Feedback an Kollegen zu geben. Somit fügt die KI eine vierte Dimension zu simple, social und realtime hinzu – smarter.

Dieses „smarter" ist es, was die eingangs erwähnte Sternenlandkarte visualisiert und die Organisation kollektiv lernen lässt.

Die DNA von staRHs ist geprägt durch diese Liebesbeziehung der sexy, impulsiven „Mama Videogames" mit dem verantwortungsvollen, ruhigen „Daddy Großkonzern". Mama macht die Software, Daddy steuert den Unterbau und das Implementierungschromosom bei, eine saubere Implementierung, ohne die auch die beste Software nur ein nutzloses Werkzeug ist.

3.6.3   „Ein Scheißprozess digitalisiert, ist immer nur ein scheiß digitaler Prozess"

Was der CEO von Eurowings Thorsten Dirks mit diesem Zitat auf den Punkt bringt, ist auch für einen digitalisierten Feedbackprozess essenziell. Man muss keine Gallup-Studien oder Harvard Business School-Statistiken zitieren, sondern einfach nur persönliche Erfahrungen auswerten: Jeder von uns muss nur in sich gehen und überlegen, wann er oder sie das letzte Mal richtig wertvolles Feedback aus der Reihe formeller

---

[29]AImee: Abkürzung für Autonomous Intelligent Marauder of Entrepreneurial Environments.

Feedbackprozesse wie 360-Grad-Feedback von einem Kollegen erhalten hat. Sehr wahrscheinlich ist die Antwort nicht „heute" oder „gestern" – sollte sie aber sein.

Damit ein Feedbackprozess und ein Feedback-Tool zum gewünschten Erfolg führen, braucht es gute Führung und einen klaren Rahmen. Feedback zu geben ist wie ein Workout. Und wie bei jedem Workout bringt es nichts, auf der Couch zu liegen, Chips zu essen und sich Workout-Videos anzuschauen. Machen ist wie Wollen, nur krasser. Und das Tool fördert und fordert auf, einfach zu machen. staRHs zu implementieren bedeutet daher seitens der Geschäftsführung (oder der höchsten für die Implementierung relevanten Führungsperson), das Fundament sauber aufzustellen. Es muss bei AImee hinterlegt werden, was der Sinn und Zweck der Organisation sowie die Prioritäten in einfachen Gold-, Silber- und Bronze-Zielen sind – wobei es lediglich ein einziges Gold-Ziel geben darf. Darüber hinaus sollte staRHs an eine konkrete Challenge gekoppelt sein, in die alle Nutzer eingeweiht sind. Das Tool ist also als Alibimaßnahme gänzlich ungeeignet und eher wie der Schwabe sagt, *u-a-gnehm*. Es fordert Führung und Klarheit ein.

Ein konkretes Beispiel

Der Personalvorstand von Swissôtel, Pierre O. Botteron, hatte eine klare Vorstellung, warum und wie er die Feedbackplattform einführen wollte. Swissôtel war seit jeher ein extrem kollegial geführtes Unternehmen mit Schweiz-typischer Dezentralität und einer tief verwurzelten Liebe zur direkten Demokratie. Sein Problem war eine überdurchschnittlich hohe Mitarbeiterfluktuation. In Exitinterviews erklärten die Mitarbeiter, die gekündigt hatten, fast unisono, der Hauptgrund, die Organisation zu verlassen, seien mangelnde Entwicklungsmöglichkeiten. Anhand einer Human-Capital-ROI-Formel von Jac Fitz-Enz errechnete Pierre, dass dieser Mangel seine Organisation ca. 15 Mio. € im Jahr kostete. Das RH-Tool würde sich erkennbar bewähren, wenn es einen positiven Trend gegen die Fluktuation und für die Mitarbeiterentwicklung aufzeigen könnte. Dies waren die klaren Gold- und Silber-Prioritäten. Seit der Einführung von staRHs stieg der Umsatz von Swissôtel in Europa um 8 % und die Mitarbeiterfluktuation wurde signifikant reduziert.

Aus strategischer Sicht konnten Pierre und sein HR-Team jederzeit über die Visualisierung der Wertschätzungsflüsse in Echtzeit verfolgen, ob die HR-Produkte und Serviceleistungen von seinen internen Kunden als wertsteigernd wahrgenommen wurden. Blieb positive Wertschätzung bei Einführung eines neuen Produktes aus, konnte so schnell reagiert werden. HR konnte so mit neuen Leistungen eine Geschichte entwickeln, die die Spieler (die internen Kunden im Unternehmen) in den Bann zog. Auch das Selbstverständnis von HR änderte sich weg von einer Kostenstelle hin zu HR als Unternehmer und Experience-Architekt für Hotelkunden und Mitarbeitende. Die Wertschöpfungskette wurde als eine Story behandelt, deren Kern hoch zufriedene Hotelgäste waren. Anhand der vernetzten Darstellung der Feedbackströme konnte Pierre mit seinem Team nachvollziehen, wo und wie HR-Services sich positiv bis hin zum Hotelkunden auswirkten. Dies war das selbsterklärte Bronze-Ziel.

Dass staRHs als spezielle Eigenart nur positives Feedback erlaubt, unterstützte Pierre. Negatives Feedback sollte weiterhin vis-à-vis geteilt. Zu groß ist das Potenzial für Missverständnisse im rein digitalen Raum. Und alleine das Ausbleiben von Feedback kann Bände sprechen.

Pierres Team ging also den couragierten Weg und brachte einen erfolgreichen Prozess in der Organisation auf den Weg. Innerhalb Swissôtel konnten Mitarbeitende unter sich sogenannte „Heartfelt Service Cards" teilen. Auch Gäste konnten der Hotel-Crew mit diesen vorgedruckten Karten ihr Feedback mitteilen. Das Tool übersetzte diesen Prozess organisch in einen digitalen Kontext.

Effektiv hatte HR bei Swissôtel zeitlos gute Prozesse wie Heartfelt Service Cards, MBWA, die Sternen-Medaille des Widerstands und den Snoopy digitalisiert und demokratisiert. Statt einiger weniger Manager konnte nun jeder Mitarbeitende zur Führungsperson werden und positive Wertbeiträge honorieren.

3.6.4 Wertschätzung von, für und durch Mitarbeitende

Lasst uns einen Blick auf die sexy Mama von staRHs werfen. Videogames!

Eine Frage vorweg. Kennen Sie ein Feedback- oder Bonussystem, das Sie Ihrem besten Freund, der eine Firma gründet, empfehlen würden? Nein?

Leider fühlen sich Mitarbeiter bei den meisten Bonussystemen häufig ungerecht bewertet. Manager haben ebenso oft das Gefühl, durch die Systemvorgaben eingeschränkt sowie durch den Administrationsaufwand gegeißelt zu sein. Dies sind nur zwei Schwachstellen klassischer Ansätze. Das Design von staRHs entwickelte sich aus der Unzufriedenheit der Mitarbeiter eines erfolgreichen Mittelständlers mit der klassischen Leistungsbeurteilung und dem hausinternen Bonusmodell.

Die Inspiration für einen neuen Weg war das Buch „Regierung von, für und durch die Bürger" von US-Präsident Abraham Lincoln. Darin bezeichnet er in seiner berühmten Gettysburg-Address die Demokratie als die höchste Entwicklungsstufe des Zusammenlebens von Menschen. In diesem Sinne war der Arbeitsauftrag für HR: Findet und gestaltet ein Bonusmodell, das Akzeptanz und Enthusiasmus innerhalb der Belegschaft auslöst. Uns trieben folgende Fragen um:

- Gemeinsames Verständnis: Was ist ein Bonus? Wann gibt es Bonus? Wann nicht?
- Wer ist in der besten Position, Leistung zu beurteilen, und wann?
- Was genau stört an der momentanen Lösung?
- Wie könnte eine ideale Lösung aussehen?

Um diese Fragen anzugehen, entwickelten wir das Design mit den Mitarbeitern für die Mitarbeiter. Wie konnte also das Erleben des Feedback- und Bonusprozesses wieder als etwas Wertvolles wahrgenommen werden? Hatten wir überhaupt dasselbe Verständnis von Bonus?

Spoiler: Nein, hatten wir nicht!

Die meisten Mitarbeitenden hatten keine Ahnung bezüglich des PnL[30] der Organisation. Für sie war Bonus ein Zeichen der Wertschätzung harter Arbeit, jedoch ohne Verständnis dafür, wann es sich eine Organisation leisten kann, überhaupt einen Bonus zu zahlen. Deshalb arbeiteten wir mit einem Cartoonisten zusammen, um die Grundmechaniken für jedermann einfach darzustellen.

Konnte der Multiplayer-Ansatz aus der Spielewelt in ein Bonusmodell übertragen werden?

Konnten die neuen agilen Arbeitsweisen der Spieleindustrie und deren technologische Möglichkeiten sinnvoll verbunden werden und sich über Datenbankdesign in ein Konsumprodukt entwickeln, das die Mitarbeitenden gerne nutzen würden?

Mit dem Videospielentwicklungskonzept „Concept Discover" – ähnlich dem Design-Thinking-Ansatz – gewappnet, war die Gestaltungskraft von HR anhand der aufgeworfenen Fragen gefordert.

Hier die Geschichte dazu:

1. Simple. Einfachheit löst komplizierte Abläufe ab Sollten wir nun ein Bonuskomitee gründen? „Wenn Du nicht mehr weiter weißt, gründe einen Arbeitskreis", tönte es von der einen Seite des Tisches. Eine Managerin hatte ihren Kopf schon auf der Tischplatte abgelegt und sagte: „Ob schnell oder langsam, ob Chef oder Kollege, ich will weniger Administration in unserem neuen Bonusmodell. Es macht mich kirre, wie viel Zeit ich mit der Abwicklung des Bonusmodells verschwende, denn darüber freuen tut sich doch keiner." Radikal einfach in der Anwendung, an bekannte Lösungen anknüpfend und einfach in der Administration – das war die Anforderung.

2. Sozial. Gemeinsame verhandelte Ziele statt Unklarheit „Meine Vorgesetzte ist viel unterwegs, den Großteil meiner Arbeit mache ich selbstständig und sitze meiner Chefin nicht auf dem Schoß", hieß es von einem Kollegen. „Meine Chefin bekommt nur einen begrenzten Ausschnitt meiner Arbeit mit, und unsere Gespräche drehen sich meist um Meinungen, nicht um messbare Ziele und Fakten", meinte ein anderer. „Mein Chef hat keine Ahnung von meiner Arbeit, wir haben nur den Product-Owner." Die zweite Anforderung entstand: Der Bonus sollte nicht nur abhängig von der Bewertung eines einzelnen Vorgesetzten sein, sondern relevante Kollegen mit einbeziehen und dabei auf klar nachvollziehbaren, gemeinsam definierten Wertbeiträgen basieren.

3. Echtzeit statt Asynchronität[31] Die Bonusvergabe erfolgte zeitversetzt. Wer also kurz vor der Bonusvergabe gute Ergebnisse erzielte, wurde besser bewertet als diejenigen, die Anfang des Jahres eine Top- Performance brachten. Die erste Anforderung an unser

[30]PnL = Abkürzung für Profit and Loss.
[31]Zeitliche Verschiebung von Kommunikation.

Bonusmodell entstand: Es muss unmittelbarer sein, näher an dem Geschäftsgeschehen, Feedback in der Geschwindigkeit der relevanten Arbeitsabläufe: „Wie bei Facebook – da kann ich doch auch schnell und unkompliziert Feedback geben."

Nun galt es, in kleinen Schritten mit den Mitarbeitenden eine Lösung von, für und durch sie zu gestalten. Nur so entwickelt sich das Gefühl von Ownership einer kleinen Firma in einer größeren Organisation, in der alle gemeinsam an einem Strang ziehen. Gelebtes Feedback in der neuen Bonus- und Feedbacklösung schuf die Grundlage für eine neue gemeinsame Verständnis- und Wertschätzungskultur. staRHs wurde so zum neuen Feedback- und Bonussystem. Der Weg führte über die Fragen zur Lösung.

staRHs kann somit in seiner ultimativen Ausbaustufe sogar zur Bonusberechnung genutzt werden. Mitarbeitende werden tatsächlich zu Mitunternehmern, die den Wertbeitrag von Kollegen für den Kunden bewerten und wertschätzen. Richtig angewandt, werden so die wertvollsten Kollegen identifiziert und letztlich auch die Beschäftigungsfähigkeit jedes Mitarbeiters im Sinne einer nachhaltigen Organisation weiterentwickelt. Wie funktioniert der Bonus durch staRHs?

Wenn jeder Stern einen €-Wert erhält, kann AImee zu einem Stichtag die digitale Feedbackwährung in harte Währung konvertieren. Alternativ kann ein fixer Pott für den Bonus zur Seite gelegt werden und durch die Anzahl vergebener Sterne geteilt werden. Dies markiert die finale Ausbaustufe, um mithilfe von staRHs die Organisation in ein smartes, unternehmerisches Netzwerk zu transformieren. Jedoch setzt dies auch einen hohen Reifegrad aller Beteiligten voraus. AImee kann anhand der Qualität des vergebenen Feedbacks eine Einschätzung abgeben, wann dieser Reifegrad erreicht ist. Ab diesem Zeitpunkt muss allen Mitarbeitenden klar sein, dass Feedback und die dadurch exponentiell höhere Schlagzahl der eigenen und Teamentwicklung *das eigentliche Gold* ist, das mit staRHs geschürft werden kann. Der Geldfluss ist eine Folge des positiven Wertbeitrags, nicht der Treiber. staRHs ist dafür da, vom Kunden aus gesehen zurückzurechnen und die Potenziale *aller* im Team maximal zu aktivieren, um Wert zu schaffen – Bonus folgt der Leistung und macht keine Leistung.

Doch warum überhaupt das Bonusmodell mit staRHs in die Hände aller legen?

„You'll let the inmates run the asylum?", fragte uns ein amerikanischer CEO. In Teilen entspricht das Prinzip dieser Aussage, aber vergessen wir nicht, dass die crazy Mama den verantwortungsvollen Daddy an der Seite hat. Richtig implementiert fördert staRHs konsequent das Potenzial zum unternehmerischen Miteinander durch Einführung neuer Feedbackwege und hilft somit, mindestens vier Probleme in Organisationen zu lösen:

- Gegenseitiges Verständnis des Wertbeitrags für den Kunden statt eines generellen Mangels an gegenseitiger Wertschätzung und Fokus auf das eigene Handeln. Als ganze, vernetzte Wertschöpfungskette vom Kunden aus denken – und zuerst an den anderen!
- Direktes Verknüpfen von Ursache und Wirkung statt Feedback, das durch Jahres-, Halbjahres- oder Quartalsintervalle von der täglichen Arbeit und den zurückliegenden Arbeitsergebnissen entkoppelt ist. Wertschätzung in der Geschwindigkeit der Welt um die Organisation herum.

- Miteinander statt gegeneinander. Sich im internen Wettkampf besser in „Position" zu bringen ist nicht im Sinne des Kunden. Die Netzwerk-Netzwerk-Organisation verabschiedet sich von einem Nullsummenspiel.
- Direkte monetäre Anerkennung von positiver Zusammenarbeit statt einer administrationsaufwendigen und kontraproduktiven Bonusverteilung. Die gesparte Zeit und der Overhead an sich sind ein Gewinn. Transparenz und Ethik ersetzt Kontrolle.

Im Rahmen dessen wird ein Kernfeature von staRHs oft kontrovers diskutiert – die sogenannte „starmap". Die starmap schafft vollkommene Transparenz über alle Feedbacktransaktionen. Ja, die raffinierte Gamesmechanik hinter staRHs fördert und fordert ein unternehmerisches Feedbacknetzwerk ein. Doch dies braucht Zeit für die Entwicklung des Reifegrades der Beteiligten. Von Anfang an reflektiert staRHs jedoch die Kultur des Unternehmens. Die starmap visualisiert die Sternevergabe in Echtzeit wie eingangs beschrieben. Sie zeigt, wo das Netzwerk der Mitarbeitenden auf den Endkunden trifft. Man kann sich dies bildlich wie die Trampelpfade eines MBWA im alten Großraumbüro von HP vorstellen. Dort, wo die Menschen häufig gehen und sich positive Rückmeldung geben, entstehen Spurrillen im Teppich, die man aus der Vogelperspektive sehen kann. Wer gibt wem häufig Feedback? Führen viele Wege in den Verkauf? In den Service?

Was kann so passieren?
In Games arbeiten Gamer. Eine Abteilung versuchte im Trial-Run, das Bonussystem zu hacken, um maximalen Bonus herauszuschlagen. Wir hätten sie abmahnen können oder das System abstellen. Letztlich entschieden wir uns für Variante drei. Wir visualisierten die Bonusvergabe des Trial-Runs in einem All-hands-Meeting. Die Visualisierung war selbsterklärend. Eine Abteilung hatte auf Kosten der anderen unter sich Sterne verteilt. Es folgte eine beredte Stille, dann baten die Mitarbeiter die Geschäftsführung, den Raum zu verlassen: Man würde dies unter sich klären. Es kam nie wieder zu Mauscheleien und die starmap-Visualisierung wurde fester Bestandteil des staRHs-Feedbackrituals. Transparenz ist die beste Strategie gegen Missbrauch oder salopp formuliert: Sonnenlicht ist das beste Desinfektionsmittel.

Im Rahmen eines Transformationsprojekts oder M&A-Prozesses kann diese Visualisierung auch extrem hilfreich sein, um Brückenköpfe und Schwachstellen der Organisation zu identifizieren. Doch die Transparenz kann auch einschüchtern.

Noch eine Anwendungserfahrung
Als Mark Klein als CEO von T-Mobile Holland staRHs im Kontext der T-Spirit-Weiterentwicklung seiner Organisation zu einer Netzwerkorganisation einsetzte, war die Konsternierung bei der ersten Sichtung der starmap in der Geschäftsleitung groß. Der sympathische, mitarbealternahe CEO war keinesfalls zentral zu finden. Mit wenig Feedback hing er am äußeren Rand des Wertschätzungsnetzwerks. Hier war ein CEO, der wie alle anderen an einem Hot Desk arbeitete, dessen nicht-existente Tür immer offen war

und der Fragen ehrlich beantwortete. Nicht wenige CEOs würden nun einfach staRHs abschalten – nicht jedoch Mark. Im Geiste von „challenge accepted" mischte sich der Geschäftsführer unters Volk und versuchte zu lernen, warum er im Gegensatz zu anderen so wenig positives Feedback erhielt. Die Antwort war verblüffend. Die T-Mobile-Mitarbeiter hatten schlicht zu wenig Einblick, was ihr CEO den lieben langen Tag machte bzw. was genau sein Wertbeitrag sei.

Mit dieser Einsicht überlegte sich Mark einen Work Hack[32]. Er führte einen CEO-Swap-Tag ein. Einmal im Quartal konnten Mitarbeiter sich in einem Lotterieverfahren bewerben, um für einen Tag Marks Job als CEO zu übernehmen, und er den ihren. Beide würden sich gegenseitig einweisen und vorbereiten und im Nachgang das Erlebte und Gelernte in einem gemeinsamen Videoblog mit der Organisation teilen. So wurde die Arbeit des CEO durch die Brille der Mitarbeiter und in ihrer Sprache geteilt und der CEO sowie die Extreme, denen er sich täglich ausgesetzt sieht, menschlich greifbar. Plötzlich erhielt Mark auch Sterne für seine Arbeit, für positive Handlungen und Intentionen wie auch für seine Verfehlungen und Offenbarungen des Gelernten. In der starmap rückte Mark mit jedem positiven Feedback mehr ins Zentrum der Organisationsgalaxie.

Doch auch für die größer angelegten Projekte in der Transformation war staRHs hilfreich. Die Kunden-nahen Kollegen entwickelten einen Work Hack, inspiriert durch die spanische Telekommunikationsfirma Pepephone. Diese versprach jedem Kunden, innerhalb von fünf Minuten durch den ersten Ansprechpartner in der Hotline, im Verkauf oder im Websupport zur Zufriedenheit des Kunden Auskunft zu geben oder im Zweifel dem Wunsch des Kunden zu 100 % zu entsprechen. Die Implementierung dieses Fünf-Minuten-Hacks wurde durch staRHs begleitet und zeigte in der starmap den Disconnect zwischen dem In-house-Kundendienst und dem ausgelagerten Kollegen. Da der Kundendienst nicht als Einheit arbeitete, bot er auch dem Kunden keinen einheitlichen Service. Das Management war gefragt, diese Lücke zu schließen.

Der Finanzchef nutzte staRHs, um gemeinsam mit den Mitarbeitern ein neues Gehalts- und Vergütungsmodel zu entwickeln und das beste Modell auszuwählen.

Anstatt in den Widerstand zu gehen, sahen auch die Betriebsratsvorsitzende von T-Mobile, Emma Chapman, und HR-Leiter Marc Huppertz ihre Chancen in staRHs. Wie ihr CEO nutzte auch Emma Chapman die tiefen Einblicke, die die KI AImee ihr offerierte. Die Chance war, die Betriebsratsfunktion gestalterisch in das digitale Zeitalter weiterzuentwickeln. Anhand der Zoomfunktion konnte Emma in die Details der starmap eintauchen und „schwarze Löcher" und „weiße Riesen" identifizieren. Schwarze Löcher zeigten Kollegen, die Feedback erhielten, jedoch keines teilen. Sie sogen positives Feedback auf wie ein Staubsauger und raubten der Organisation so Momentum. Weiße Riesen entsprechen dem Gegenteil. Es handelt sich um Mitarbeiter, die Feedback teilen, jedoch keines erhalten. Gemeinsam mit HR-Leiter Marc Huppertz identifizierte sie darüber

---

[32]Ansatz zur Verbesserung der Produktivität oder auch der Zusammenarbeit vor allem im agilen organisationalen Kontext.

hinaus Mitarbeiter, die als Verbindungselemente zwischen verschiedenen funktionalen Clustern der starmap dargestellt wurden und somit wichtige Bindeglieder der Organisation waren, sowie Manager, die keine Wertschätzung ihrer Teams, Peers oder Kunden erhielten. Sie suchten die Kollegen am Rande der Wertschätzungskarte, die isoliert schienen und abdrifteten. Gemeinsam suchten Emma und Marc das Gespräch mit jedem dieser Mitarbeiter, um ihre Rahmenbedingungen zu verstehen und sie zu verbessern. Zudem baten sie Manager, das staRHs-Feedback aktiv in 1:1 s und Teammeetings einzubauen, um auf den erkannten Stärken aufzubauen. Selbst in der Lobby von T-Mobile konnte auf riesigen Bildschirmen die lebende starmap mitverfolgt werden. Von Mitarbeitern als nicht anonym gekennzeichnete Feedbacks wurden für alle in Echtzeit sichtbar. Jeder konnte mit jedem lernen.

Marc und Emma verstanden sich als Kulturarchitekten in dieser sich entwickelnden Netzwerkorganisation und identifizierten sich mit den Kernthesen, die Dave Packard staRHs schon 1948 mit den Managementwerten des HP-Way in die Wiege legte:

- Denken Sie immer zuerst an den anderen! Das ist DIE Grundlage – die erste Voraussetzung, um mit anderen auszukommen. Und es ist eine wirklich schwierige Leistung, die Sie erreichen müssen. Der Rest wird ein Kinderspiel sein.
- Geben Sie aufrichtige Wertschätzung! Wenn wir glauben, dass jemand etwas gut gemacht hat, sollten wir niemals zögern, es ihn wissen zu lassen. WARNUNG: Dies bedeutet nicht, dass Sie offensichtliche Schmeicheleien verwenden. Schmeichelei erhält bei den meisten intelligenten Menschen genau die Reaktion, die sie verdient – Verachtung.
- Eliminieren Sie das Negative! Kritik erreicht selten das, was sie beabsichtigt, denn sie führt unweigerlich zu Ressentiments. Die kleinste Ablehnung kann manchmal zu Ressentiments führen, die – zu Ihrem Nachteil – jahrelang wie eine Wunde eitern können.

Diese klare kunden- und mitarbeiterzentrierte Philosophie hinter staRHs erlaubte Emma, Mark und Marc Organisations- und Mitarbeiterentwicklung von, für und durch die Mitarbeitenden. Dies lebten sie als Führungstrio konsequent vor.

3.6.5 Unter maximalem Druck erkennst Du, was für ein Leader Du wirklich bist!

Durch mutige Pioniere wie Swissôtel, T-Mobile, Erste Bank und Haufe.umantis hat das staRHs-Design sich deutlich weiterentwickelt. AImee, die KI im Herzen von staRHs, kann also durch ihre Visualisierungen Mitarbeitenden, Teams und Organisationen helfen, ihre verborgenen Fähigkeiten zu erkennen, um das gesamte Potenzial zu entfalten. Darüber hinaus kann staRHs das Feedback vorher definierten Organisationswerten zuordnen und AImee kann daraus gegenchecken, ob diese wirklich gelebt werden.

Es kann selbst zur Karriereentwicklung von, für und durch die Mitarbeitenden eingesetzt werden – und so ein lebendes Netzwerk von selbstorganisierten Teams unterstützen. Mitarbeitende können das Sternefeedback an Skills knüpfen und so eine alternative Art der Karriereentwicklung in der Netzwerkorganisation schaffen – jenseits von starren Hierarchien und abstrakten Kompetenzmodellen. Pierre kann in seinem Nutzerprofil hinterlegen, dass er gut ist in Organisationsentwicklung, Konfliktbewältigung und im Kochen. Wenn er lediglich Sterne für die ersten zwei Attribute erhält, mag er nach zwei Jahren relativ zu seinen Kollegen auf Level 6 in Organisationsentwicklung und sogar Level 9 in Konfliktbewältigung sein – doch als Koch ist er nur auf Level 1. Er würde sich also nicht für die neue Vakanz in der Küche des Swissôtel qualifizieren, wohl jedoch für den Posten als globaler HR-Leiter.

Mittlerweile wird die Einführung von staRHs mit einer Virtual-Reality-Experience für Führungsteams verbunden. Die VR-Simulation namens „The Dive" digitalisiert die Reise von Kapitän David Marquet. Wie in seinem Buch „Turn the Ship Around" beschrieben, führte er auf seinem Atom-U-Boot Santa Fe der US-Navy eine Netzwerkstruktur ein. Statt einer klassischen Boss-Mitarbeiter-Struktur, die auf Genehmigung basiert, setzte er auf Auftragsführung, also ein Leader-Leader-Modell. Jeder muss seine Intention transparent machen und dafür im Gegenzug nicht auf Genehmigung warten, sondern lediglich abwarten, ob es ein Veto eines Kollegen gibt. Dieses Managementmodell machte aus der „Santa Fe", dem vormals schlechtesten U-Boot der Flotte, die beste je getestete Mannschaft in der Geschichte der US-Navy. Die Teilnehmer erfahren, warum und was ein Kapitän in seiner Rolle, in seinem Verhalten, seinen Prozessen und seiner Sprache ändern muss, um aus 150 Befehlsempfängern 150 proaktive, engagierte, mitdenkende Erwachsene zu machen.

In der Simulation bittet David die Teilnehmer, zwischen Missionen immer wieder via staRHs Sterne zu vergeben, um das Erfahrene und Gelernte anzuerkennen und gemeinsam zu verarbeiten. Somit wird die mögliche exponentielle Entwicklung mithilfe von staRHs selbst in einem Tag erlebbar.

AImee verfolgt ebenso die Handlungen der Akteure. Die Spieler stehen in „The Dive" als Team unter enormem Druck, und bei 500 m Wassertiefe und unter Beschuss vergisst auch der hartgesottenste Manager sein Medientraining. AImee registriert dieses Destillat, spiegelt es dem Führungsteam zurück und erlaubt dem Management so, es über staRHs in der Organisation zu skalieren.

Wo liegen die wahren Prioritäten? Wofür und wie schätzt sich die Führungsmannschaft?

All dies kann AImee via staRHs und starmap einfach sichtbar machen, im Sinne der gemeinsamen Entwicklung spiegeln und in die gesamte Organisation einfließen lassen. AImee wird sozusagen über ihre DNA hinaus durch die Führungsmannschaft mit einer Verhaltensbaseline sozialisiert, die dann durch alle Mitarbeitenden weiterentwickelt werden kann. Die Organisation erhält durch AImee eine Seele, die über die Gründer oder wechselnde Kapitäne hinaus eine Kultur der Wertschätzung sichert.

AImee beantwortet letztlich auch die eingangs gestellte Frage: Wer ist Marion Ravenwood?

Marion war Rezeptionistin. Sie war Dreh- und Angelpunkt unterhalb der formellen Hierarchie. Sie war der Klebstoff für den Kunden jenseits der Manager. Wenn Kollegen schnell und unbürokratisch Hilfe benötigten, bot Marion immer wieder ihre Hilfe an. Marion war kein Manager.

Für ihre Kollegen jedoch war Marion ein Leader. Der Kapitän.

staRHs machte sie in der Tiefe für alle sichtbar.

3.7 Leistungsbeurteilungen – Eine Studie zu Anwendungserfahrungen und Anwendungskultur

Rückblende in die 1980er Jahre:

Auch damals schon wird über Leistungsbeurteilungen kontrovers diskutiert. Diese kontroversen Diskussionen beziehen sich auf drei Ebenen von Fragen:

a) Grundsätzlich: Ist es überhaupt möglich und/oder angemessen, die Leistung von Mitarbeitern umfassend zu beurteilen?
b) Die Zielsetzungen: Ist Leistungsbeurteilung das richtige Instrument für das, was wir konkret in unserem Unternehmen erreichen wollen?
c) Anwendungsqualität: Machen es die Beurteiler richtig?

Auf allen drei Ebenen kann man „Leistungsbeurteilungen" kontrovers diskutieren, und wenn man Anwendungserfahrungen aus unterschiedlichen Unternehmen auswertet, dann kann man feststellen, dass diese Anwendungserfahrungen hinsichtlich verschiedener Merkmale sehr unterschiedlich ausfallen:

- Akzeptanz bei Mitarbeitern
- Akzeptanz bei Führungskräften
- Verteilungswirkung
- Prozessaufwand

Zeitsprung in den Sommer 2018:

Wir haben 21 Industrieunternehmen bezüglich ihrer Vergütungsregelungen und der Praxis von Leistungsbeurteilungen untersucht und dabei etwa 37.500 Leistungsbeurteilungen ausgewertet. Im Überblick ergaben sich folgende Ergebnisse:

- Etwa 80 % der Führungskräfte kommen mit der Erstellung der Leistungsbeurteilungen sowie mit dem Führen der Beurteilungsgespräche gut zurecht.
- Bei etwa 80 % der Mitarbeiter ist die Akzeptanz der Entgelt- bzw. Beurteilungsregelungen mindestens mittel bis sehr hoch ausgeprägt.

- Die Verteilungen der Leistungsbeurteilungen über die Leistungsstufen variieren sehr stark von Unternehmen zu Unternehmen – starke Trends zur Mitte sind ebenso zu verzeichnen wie die ausgeprägte Nutzung der ganzen zur Verfügung stehenden Beurteilungsskala, genauso wie annähernd Gauss'sche Normalverteilungen erkennbar sind.
- 75 % der Unternehmen orientieren sich an der Mitte des Beurteilungssystems und halten diese Mitte (bzw. den Durchschnitt) auch über die Jahre.
- 10 % der Unternehmen nutzen Verteilungsvorgaben.
- Alle beteiligten Unternehmen haben zur Steigerung der Beurteilungsqualität und der Akzeptanz einen definierten Reklamations- bzw. Einspruchsprozess für den Fall, dass Mitarbeiter mit ihrer Leistungsbeurteilung nicht einverstanden sind.
- Die durchschnittliche Reklamations- bzw. Einspruchsquote im Zuge des Beurteilungsprozesses liegt bei 1,8 %.
- Mehr als 50 % der Unternehmen nutzen Beurteilerkonferenzen (Integrationsmeetings oder Abstimmungsrunden) zur Vorbereitung der Beurteilungsrunden mit den Beurteilern.

Das sind die Durchschnittsergebnisse aus den untersuchten Unternehmen. In den einzelnen Unternehmen ergeben sich allerdings sehr unterschiedliche Bilder. Zusammengefasst lässt sich festhalten, dass bei teilweise sehr ähnlichen Instrumenten sehr unterschiedliche Anwendungserfahrungen erkennbar wurden. Interessant ist dabei auch, dass sich die Anwendungserfahrungen und Einschätzungen in den verschiedenen Unternehmen über die Anwendungsdauer hinweg kaum verändert haben. Diese Erkenntnis kann daraus abgeleitet werden, dass zum Teil die gleichen Unternehmen in 2010 auch schon untersucht wurden – bei fast gleichen Ergebnissen im Vergleich zu 2018. Aber lassen Sie uns Schritt für Schritt die Ergebnisse im Einzelnen betrachten. Das heißt also, dass wenn in den ersten zwei bis drei Jahren der Einführung eines Beurteilungssystems eine bestimmte Form der Anwendung mit ihren entsprechenden Auswirkungen erkennbar ist, dann ändert sich das über weitere Anwendungsdauer hinweg nicht mehr wesentlich.

Lassen Sie uns als ersten einen Blick auf die prozentuale Verteilung der Leistungsbeurteilungen über die Leistungsstufen hinweg werfen:

Die beteiligten Unternehmen arbeiten mit fünf oder sechs Leistungsstufen und manche davon verwenden eine summarische Leistungsbeurteilung, andere wiederum vergeben Leistungspunkte, die in Leistungszulagen umgerechnet werden. Um diese Unterschiede vergleichbar zu machen, wurden alle Beurteilungsergebnisse auf fünf Leistungsstufen normiert. In den verschiedenen Unternehmen ergab sich daraus eine prozentuale Verteilung der Beurteilungen über die fünf Leistungsstufen hinweg (s. Tab. 3.12).

Noch eine interessante Information: Die durchschnittlichen Beurteilungsergebnisse aller Unternehmen bewegen sich über die verschiedenen Anwendungsjahre hinweg im Durchschnitt auf fast konstantem Niveau. Sie „pendeln" über die Jahre hinweg sehr eng um

Tab. 3.12 Prozentualer Anteil der Beurteilungen auf der jeweiligen Leistungsstufe

	%-Anteil der Beurteilungen auf der jeweiligen Leistungsstufe					Durchschnittliche Leistungsstufe
	(niedrig)				(hoch)	
Unternehmen	**5**	**4**	**3**	**2**	**1**	
1	4,0	18,1	49,9	26,0	2,1	3,0
2	4,6	22,4	37,7	23,9	11,4	2,8
3	1,7	11,6	64,4	20,5	2,0	2,9
4	0,2	7,5	67,0	24,2	1,1	2,8
5	3,4	8,6	80,7	6,9	0,3	3,1
6	8,4	37,2	33,7	19,0	1,6	3,3
7	2,0	21,7	51,0	22,7	2,3	3,0
8	0,0	3,4	56,5	39,3	1,6	2,6
9	0,0	2,0	57,6	37,8	2,6	2,6
10	0,0	1,0	74,8	24,2	0,0	2,8
11	0,0	2,4	68,2	28,4	1,1	2,7
12	12,3	8,7	75,5	3,5	0,0	3,3
13	0,0	0,9	72,1	26,7	0,3	2,7
14	0,0	0,3	73,4	26,3	0,0	2,7
15	10,0	29,7	30,3	26,7	3,3	3,2
16	1,4	27,8	47,2	20,2	3,8	3,0
17	4,2	18,2	52,1	24,0	1,5	3,0
18	2,7	4,6	34,0	50,6	8,2	2,4
19	0,6	7,5	76,4	15,6	0,0	2,9
20	0,0	12,0	46,0	36,5	6,0	2,7
21	2,3	21,1	40,5	24,3	12,0	2,8
Gewichteter Mittelwert[a]	**2,8**	**14,2**	**53,1**	**26,1**	**3,9**	**2,9**

[a]Die Gewichtung des Mittelwerts erfolgte nach der Zahl der Mitarbeiter des jeweiligen Unternehmens

einen Mittelwert. Auch die Verteilungskurven in den jeweiligen Unternehmen bleiben über die Anwendungsjahre hinweg charakteristisch und eher konstant. Die unterschiedlichen Ergebnisse werden noch deutlicher, wenn man die Verteilungskurven der verschiedenen Unternehmen (1 bis 21) betrachtet (s. Abb. 3.24).

Diese deutlich unterschiedlichen Verteilungen lassen sich nicht durch unterschiedliche Leistungskriterien (siehe auch Abschn. 2.2.2.1) und deren Beschreibungen erklären.

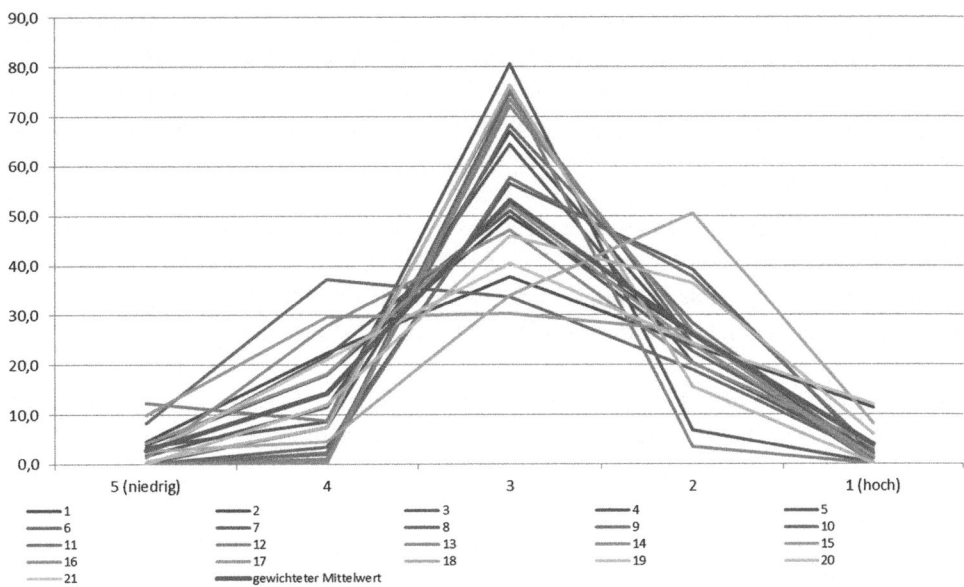

Abb. 3.24 Prozentuale Verteilung der Beurteilungen auf die Leistungsstufen

Mit etwas unterschiedlichen Nuancen verwenden die beteiligten Unternehmen ähnliche Leistungskriterien:

- Arbeitsmenge/Effizienz
- Qualität der Arbeitsergebnisse
- Einsatzbereitschaft (Motivation)/Flexibilität/verantwortungsbewusstes Handeln
- Zusammenarbeit/Kooperation/Umgang mit anderen

Auch die Beschreibungen der Leistungsstufen auf den Leistungsskalen können kaum als Erklärung für die sehr unterschiedlichen Verteilungen dienen. Bei etwas unterschiedlichen Beschreibungen der Leistungsstufen (siehe auch Abschn. 2.2.2.2) gibt es in allen Unternehmen ein mittleres bzw. durchschnittliches Erwartungsniveau (Leistungsstufe 3), eine Spitzenleistungsstufe 1 und eine Leistungsstufe 5 am unteren Ende des Leistungsspektrums.

Trotz dieser recht ähnlichen Ausprägungen der Leistungskriterien und deren Beschreibungen sowie der Ähnlichkeiten bezüglich der Beurteilungsskalen zeigen sich bezüglich der Akzeptanz bei Beurteilern und Mitarbeitern sowie beim Anteil der Reklamationen bzw. Einsprüche deutliche Unterschiede. Im Durchschnitt haben nach Einschätzung der Personalleitungen etwa 20 % der Beurteiler mit dem Erstellen der Leistungsbeurteilung und dem Führen der Beurteilungsgespräche Probleme. Bei genauerer Betrachtung der Situation zeigen sich allerdings von Unternehmen zu Unternehmen erhebliche Unterschiede. Auf die Frage „Wie hoch ist der Anteil der Führungskräfte, die Probleme mit der Erstellung der Leistungsbeurteilung haben?" ergibt sich ein Durchschnitt von 19 %, allerdings bei einer Bandbreite von 2 % bis 50 %. Auf die Frage „Wie hoch ist der Anteil der Führungskräfte, die Probleme beim Führen der Beurteilungsgespräche haben?" zeigt sich bei einem Durchschnitt von 22 % eine Bandbreite von 5 % bis 50 %.

Ähnlich stellt sich die Situation bei der Auswertung der Akzeptanz der Beurteilungsregelungen bei den Mitarbeitern dar. Im Durchschnitt liegt der Anteil der Mitarbeiter, deren Zufriedenheit mit den Beurteilungsregelungen „mittel, hoch oder sehr hoch" nach Einschätzung der Personalleitungen bei 82 %. Die Bandbreite reicht allerdings von 60 % bis 99 %.

Gleichermaßen unterschiedlich gestaltet sich der Anteil von Einsprüchen bzw. Reklamationen der Mitarbeiter nach der Mitteilung des Beurteilungergebnisses. Im Durchschnitt liegt der Anteil bei 1,8 %. Die Bandbreite wiederum liegt zwischen 0 % und 13 % (Median 1,5 %).

Diese Akzeptanzwerte sind außerdem unabhängig davon, ob das Unternehmen Verteilungsvorgaben und/oder Beurteilerkonferenzen verwendet oder sein Beurteilungssystem deutlich an einem anzustrebenden Mittelwert ausrichtet (zur möglichen Gestaltung siehe auch Abschn. 2.2.2.7) oder nicht.

Auch wenn die Anzahl der beteiligten Unternehmen (21) noch keine repräsentativen Ergebnisse erwarten lässt, so kommen andere Untersuchungen doch zu ähnlichen Ergebnissen.

Um auf die Ausgangsfragen dieses Kapitels zurückzukommen:

a) Grundsätzlich: Ist es überhaupt möglich und/oder angemessen, die Leistung von Mitarbeitern umfassend zu beurteilen?
b) Die Zielsetzungen: Ist Leistungsbeurteilung das richtige Instrument für das, was wir konkret in unserem Unternehmen erreichen wollen?
c) Anwendungsqualität: Machen es die Beurteiler richtig?

Es gibt also Unternehmen, die diese drei Fragen vollständig oder mit leichten Einschränkungen mit Ja beantworten, und es gibt Unternehmen, die diese drei Fragen nur mit größeren Einschränkungen mit Ja oder insgesamt eher mit Nein beantworten.

Diese Ergebnisse deuten darauf hin, dass Unterschiede in den Verteilungswirkungen und in den Akzeptanzwerten weniger im Instrument selbst, sondern eher in der Anwendungskultur oder vielleicht auch im Reifegrad der Organisation begründet liegen.

Als Erklärung der Unterschiede in den Verteilungswirkungen und in den Akzeptanzwerten können eher folgende Ursache-Wirkungs-Zusammenhänge dienen:

1. Wenn es keinen weitgehenden Konsens der Stakeholder im Unternehmen dazu gibt, dass Leistungsorientierung und Leistungsdifferenzierung eine wesentliche Rolle spielen sollen, dann ist jedes Leistungsbeurteilungssystem das falsche.

2. Wenn die wesentlichen Beteiligten nicht in den Entstehungsprozess involviert sind und eine wiederholte Diskussion und Abstimmung der Zielsetzungen und deren Umsetzung nicht stattfinden, dann ist jedes Leistungsbeurteilungssystem das falsche.
3. Wenn keine oder zu wenig Information bzw. Anwendungstraining der Führungskräfte und Mitarbeiter über die Zielsetzungen und die Handhabung erfolgen, dann ist jedes Leistungsbeurteilungssystem das falsche.

An anderer Stelle in diesem Buch gibt es bereits eine Reihe konkreter und pragmatischer Hinweise zur Reduzierung nachteiliger Wirkungen der benannten Ursachen. Zur Klärung der Zielsetzungen verweise ich auf Abschn. 4.2 und für Information der Beteiligten und Anwendertraining ist Abschn. 4.3 hilfreich. Für verstärkte Partizipation und Transparenz (insbesondere in agilen Organisationen) bieten die Abschn. 7.1 und 7.2 Anregungen.

Literatur

Vermes. (2009). Vom Affen lernen – Vergütungssysteme im Vertrieb. *Aquisa, 7*(2009), 48–50.
Widrat. (2012). Eindeutige Ziele. *Profits – Das Unternehmermagazin der Sparkassen-Finanzgruppe, 1*(2012), 14–16.

Der Konzeptions- und Einführungsprozess

4

Jürgen Weißenrieder

Zusammenfassung

In den Kap. 2 und 3 haben wir uns intensiv mit der Funktionsweise und den Methoden leistungsvariablen Entgelts beschäftigt. Wir haben mit Kennzahlen, Gewichtungen, Punkten und Prozenten „gekämpft", weil es wichtig ist zu wissen, welche Möglichkeiten sich bieten und wofür man sich guten Gewissens entscheiden kann und von was man sich gegebenenfalls eher verabschiedet. So weit, so gut! Entscheidend ist allerdings nicht, was technisch möglich ist, sondern was betrieblich sinnvoll und realisierbar ist. Deshalb kommt dem Konzeptions- und Einführungsprozess eine besondere Bedeutung zu. Wenn man die nachhaltige Wirksamkeit eines leistungsvariablen Vergütungssystems anstrebt, dann muss der Weg dahin auch dem Ziel gerecht werden. Eine professionelle, projektorientierte Arbeitsweise ist in der Konzeptions- und Einführungsphase unverzichtbar. Ebenso ist die Einbeziehung der späteren Anwender (Führungskräfte, Mitarbeiter und Betriebsräte) unabdingbar. Gleichzeitig erhält das Thema durch diesen Anspruch eine recht hohe Komplexität, die allein schon davon abschrecken könnte, das Thema überhaupt aufzugreifen. Deshalb möchte ich in diesem Kapitel die wesentlichen Aspekte einer nachhaltigen Vorgehensweise in der Konzeptions- und Einführungsphase beleuchten, denn auch hier gilt: „Dem Gehenden schiebt sich der Weg unter die Füße." Ich möchte dieses Zitat von Martin Walser etwas abwandeln und vielleicht so formulieren: „Wer den ersten Schritt tut, dem schiebt sich der Weg unter die Füße." Es ist schon wichtig, einen groben Plan zu haben, aber es hat sich auch gezeigt, dass man mit dem groben Plan beginnen muss, um dann Schritt für Schritt die wichtigen Fragen abzuarbeiten.

J. Weißenrieder (✉)
Am Ranken 9, Tettnang, Deutschland
E-Mail: j.weissenrieder@wekos.com

© Springer Fachmedien Wiesbaden GmbH, ein Teil von Springer Nature 2019
J. Weißenrieder (Hrsg.), *Nachhaltiges Leistungs- und Vergütungsmanagement*,
https://doi.org/10.1007/978-3-658-25967-9_4

4.1   Betriebliche Mitbestimmung

In mitbestimmten Unternehmen unterliegt das Thema „Vergütung" ohne jeden Zweifel der Mitbestimmung.

▶   § 87 Betriebsverfassungsgesetz (Auszug)
       (1) Der Betriebsrat hat, soweit eine gesetzliche oder tarifliche Regelung nicht
       besteht, in folgenden Angelegenheiten mitzubestimmen:
       10. Fragen der betrieblichen Lohngestaltung, insbesondere die Aufstellung
       von Entlohnungsgrundsätzen und die Einführung und Anwendung von
       neuen Entlohnungsmethoden sowie deren Änderung;
       (2) Kommt eine Einigung über eine Angelegenheit nach Absatz 1 nicht
       zustande, so entscheidet die Einigungsstelle. Der Spruch der Einigungs-
       stelle ersetzt die Einigung zwischen Arbeitgeber und Betriebsrat.

Aus meiner Sicht ist das in den meisten Fällen eine Erleichterung. Man hat einen betrieblichen Gesprächs- und Verhandlungspartner und nicht hunderte. Der Betriebsrat ist also ohne Einschränkungen ein Teil des Projekts und man steht nur vor der Frage, wann die Einbeziehung des Betriebsrates sinnvoll ist. Die Frage, ob der Betriebsrat einbezogen werden soll, stellt sich in dieser Form nicht.
    Zwei Möglichkeiten bieten sich:

1. Das Konzept wird erarbeitet und in Form einer Betriebsvereinbarung dem Betriebsrat vorgelegt.
2. Das Konzept wird gemeinsam erarbeitet und dann von den betrieblichen Gremien (Geschäftsleitung und Betriebsrat) entschieden.

Ich neige ausdrücklich zu Variante 2. Die Wahrscheinlichkeit, zu diesem komplexen Thema eine Einigung zu erzielen, ist deutlich höher, wenn man die Diskussions- und Entscheidungsprozesse im Zuge der Konzeption gemeinsam vollzieht. Am Ende eines langen Prozesses ein Ergebnis vorzulegen, enthält dem Partner die Möglichkeit vor, selbst angemessen in das Thema hineinwachsen zu können. Das Risiko einer Ablehnung steigt schon allein deshalb, weil häufig am Ende Missverständnisse bei Begriffen und Prozessen entstehen, für die man kein gemeinsames Verständnis entwickeln konnte. „Gut gemeint" erscheint dann auf einmal als doch nicht „gut gemacht". All das kann man vermeiden, wenn man von Anfang an gemeinsam arbeitet. Manchmal erscheinen die ersten Schritte schwierig, aber auf lange Sicht hat es sich bewährt. Die Ablehnungswahrscheinlichkeit sinkt mit zunehmender Nähe in der Erarbeitung und Beleuchtung des Themas.

4.2 Projektmanagement in der Konzeptionsphase eines neuen Vergütungssystems

In mitbestimmten Unternehmen sind die Betriebsparteien gut beraten, ein Projektteam zusammenzustellen, das ein Konzept ausarbeitet und anschließend dem Betriebsrat und der Geschäftsleitung vorlegt. Diese beiden betrieblichen Gremien entscheiden dann über die weitere Vorgehensweise. Unternehmen, die keinen Betriebsrat haben, sind gut beraten, trotzdem ein Projektteam zusammenzustellen, weil sich gezeigt hat, dass die Konfliktlinien bei diesem Thema nicht immer automatisch zwischen Betriebsrat und Geschäftsleitung verlaufen, sondern auch zwischen Führungskräften und Geschäftsleitung oder zwischen verschiedenen Bereichen verlaufen können.

Die wesentlichen Arbeitsschritte stelle ich in chronologischer Reihenfolge vor:

Auftaktworkshop Im Auftaktworkshop wird der Auftrag des Projekts geklärt, das heißt die Initiatoren setzen sich zusammen und erarbeiten noch nicht das Konzept, sondern klären die Zielsetzungen und Arbeitsbedingungen für das Projekt:

1. Was wollen wir mit dem Projekt erreichen?
2. Welche bisher unerwünschten Wirkungen wollen wir abstellen?
3. Welchen Beitrag soll das neue Vergütungssystem zur Entwicklung des Unternehmens leisten?
4. Wo haben wir gemeinsame Ziele?
5. Wo stellen wir heute vielleicht schon Unterschiede fest?[1]
6. Welche Befürchtungen haben die Beteiligten aus heutiger Sicht?
7. Wer wird im Projektteam mitarbeiten?
8. Welche offenen Fragen stellen sich uns aus heutiger Sicht?
9. Welche terminlichen Vorstellungen haben wir aus heutiger Sicht?
10. Welche Zwischenschritte sehen wir aus heutiger Sicht für die Information der betrieblichen Gremien?

Am Auftaktworkshop nehmen die Entscheider in der Unternehmensleitung teil. Weiterhin ist der Personalbereich und der Betriebsrat[2] vertreten. Führungskräfte, die wichtige Bereiche des Unternehmens repräsentieren, und Gesellschafter, die nicht in der Geschäftsführung sind, aber unter Umständen trotzdem mitentscheiden, sind in dieser Runde ebenso wichtig. Sofern bereits ein interner Projektleiter oder externer Projektleiter benannt ist, sind sie ebenfalls Teilnehmer des Auftaktworkshops. Die Leitung des Auftaktworkshops sollte ein erfahrener Moderator[3] übernehmen.

---

[1]Diese Unterschiede werden im Auftaktworkshop nicht diskutiert, sondern einfach nur festgestellt.

[2]In der Regel Betriebsratsvorsitzender und Stellvertreter.

[3]Der Moderator muss nicht unbedingt im Thema erfahren sein, sollte aber in der Lage sein, eine Besprechung gut vorzubereiten und im Verlauf zu strukturieren.

▶ Es ist in diesem Auftaktworkshop noch nicht wichtig, alle unterschiedlichen Sichtweisen abschließend zu diskutieren oder sogar inhaltliche Entscheidungen zu treffen. Zu diesem frühen Zeitpunkt führt dies sonst eher
dazu, dass die weitere Arbeit im Projektteam nur belastet wird. Oft zeigt sich
in der praktischen Arbeit, dass gute Lösungen für Fragestellungen gefunden
werden können, die zu Beginn sehr abstrakt sind und auf dieser abstrakten
Ebene keiner Lösung zugeführt werden konnten. Also: Einfach offene Fragen
auflisten, auf die später eine Antwort gefunden werden muss.

Außerdem ist eine Eigenheit dieses Themas, dass es dazu viele „Experten"
und manchmal eine babylonische Sprachverwirrung gibt. Jeder hat so sein
Verständnis vom Thema und benutzt Begriffe auf seine Art. Wenn man konkret
in kleinen Schritten alternative Antworten auf konkrete Fragen diskutiert und
anschließend entscheidet, besteht eine hohe Wahrscheinlichkeit, dass man
zum Ergebnis kommt. Ehrlich!

Aufgabe und Zusammensetzung des Projektteams Ein Projektteam ist dann arbeits-
und entscheidungsfähig, wenn es mehr als fünf, aber weniger als zehn Mitglieder und
einen Projektleiter hat. Sollte ein externer Berater eingeschaltet sein, so gibt es eben
einen internen und einen externen Projektleiter. Die Aufgabe des Projektteams besteht
darin, pragmatische Antworten auf all die offenen Fragen zu finden, die sich ergeben.
Deshalb ist die Zusammensetzung des Projektteams wichtig. Es sollte so zusammen-
gesetzt sein, dass alle Bereiche, alle hierarchischen Ebenen vertreten sind. Es ist wichtig,
kritisch-konstruktive Mitarbeiter, Betriebsräte, Multiplikatoren und Schlüsselpersonen
von Anfang an zu integrieren und trotzdem nicht mehr als zehn Personen im Team zu
haben. Das sind die ersten Entscheidungen, die zu treffen sind.

Arbeitsweise des Projektteams
Die erste Aufgabe des Projektteams besteht darin, alle Fragen aufzulisten. Die Leitfrage
lautet:

▶ Welche offenen Fragen haben wir, wenn wir über ein neues Vergütungssystem für unser Unternehmen nachdenken?

Eine Liste offener Fragen hat sich als sehr hilfreich für eine konstruktive Arbeit erwiesen,
weil …

1. … man ihnen eine Reihenfolge zur Abarbeitung geben kann.
2. … man auf Fragen sachliche Antworten suchen kann.
3. … man Fragen für später zurückstellen kann, ohne sie aus dem Auge zu verlieren.
4. … man Fragenlisten ergänzen kann.

Mit dieser Liste offener Fragen lässt sich den Themen relativ einfach eine Reihenfolge geben. Auf S. 327 f. finden Sie ein Beispiel für eine Liste offener Fragen. Symptomatisch für die Arbeit mit einer Liste offener Fragen ist, dass sie zu Beginn der Arbeit eher länger wird. Mit jeder Antwort tauchen manchmal zwei neue Fragen auf. Dann werden die neuen Fragen einfach gelistet und zu einem späteren Zeitpunkt wieder aufgegriffen. Ich kann von Projekten berichten, in denen wir zwischendurch über 100 offene Fragen auf unserer Liste hatten. Das war zwischendurch erschreckend, aber teilweise wurden in einer Projektbesprechung en bloc 20 offene Fragen abgearbeitet, die zusammenhingen.

Das Schöne daran ist, dass sich manche Fragen von selbst erledigen. Manch provozierende Frage wird später zurückgezogen, weil der Fragesteller dabei keinen „erhöhten Blutdruck" mehr hat. Manchmal erledigt sich die Frage für den Fragesteller aus sachlichen Gründen im Laufe der Diskussionen. Die Liste offener Fragen stellt also einigermaßen sicher, dass das Projektteam systematisch und einigermaßen entspannt und sachorientiert arbeiten kann.

Beim Sortieren der offenen Fragen hat es sich bewährt, dem Grundsatz zu folgen: „Bohre nicht die dicksten Bretter zuerst!". Das heißt, das Projektteam läuft sich mit eher einfachen Fragen warm, zum Beispiel:

- Woran erkennen wir die Bedeutung eines Arbeitsplatzes?
- Woran erkennen wir gute Leistung bei uns im Unternehmen?

Am Anfang sollten nicht Fragen wie folgende stehen: „Wie wird die Sekretärin vom Chef beurteilt?" oder „Wie hoch genau ist der Bonus in Krisenjahren?" oder „Was passiert, wenn jemand mit seiner Leistungsbeurteilung nicht einverstanden ist?"

Entscheidungsfindung im Projektteam Es ist nicht immer einfach, bei Fragen des Entgeltsystems gemeinsame Entscheidungen im Projektteam zu treffen, aber es ist öfter möglich, als man landläufig denkt. Man hat eine höhere Wahrscheinlichkeit, wenn man nicht ständig Entscheidungen forciert. Sie fallen früher oder später (in die richtige Richtung) auch ohne Nachdruck. Ich muss mich als Projektleiter auch teilweise bremsen, weil ich natürlich viele Fragen schon oft beleuchtet und diskutiert habe. Aber auch ich mache die Erfahrung, dass nur so die für dieses Unternehmen relevanten Aspekte auch wirklich auftauchen. Bei hohem Tempo übersieht man sie.

Ich plädiere für folgende Vorgehensweise:

1. Fragen genau formulieren
2. Verschiedene Antwortalternativen sachlich diskutieren
3. Alternativen schriftlich formulieren und in einem Protokoll festhalten
4. Ohne Abstimmung ein Meinungsbild im Projektteam einholen (Wer hat welche vorläufigen Einschätzungen?)
5. Darüber schlafen

6. Gegebenenfalls neue Gesichtspunkte diskutieren
7. Noch einmal ein Meinungsbild einholen
8. Durch Abstimmung eine Entscheidung treffen
9. „Können die damit leben, die sich anders entschieden hätten?"
10. Ergebnis im Protokoll festhalten

Mit dieser Arbeitsweise wächst die zu formulierende Betriebsvereinbarung sozusagen Schritt für Schritt.

Information und Einbindung außerhalb des Projektteams Wenn die Wirkung nachhaltig sein soll, dann braucht auch der Weg zum Ziel bereits Transparenz und die Einbindung der Belegschaft. Es ist sicher wenig sinnvoll, über jedes vielleicht noch unausgegorene Detail bruchstückhafte Informationen zu streuen, aber es gibt Themen, bei denen eine Einbindung verschiedener Zielgruppen sinnvoll ist.

Zur Frage der Bewertung der Arbeitsplätze ist es zum Beispiel unumgänglich, die Führungskräfte der jeweiligen Bereiche mit einzubinden. Sie haben die Detailkenntnisse der Arbeitsinhalte, die zu bewerten sind und müssen deshalb bei der Sammlung und Sichtung der Informationen abschnittsweise für ihre Verantwortungsbereiche eingebunden werden. Bevor die Arbeitsplatzbewertungen abschließend entschieden werden, sollten die Führungskräfte über die Zwischenergebnisse informiert werden und sollten ihr Feedback geben können. Das Projektteam ist nach wie vor für die übergreifenden Quervergleiche zuständig und nicht alle Inputs der Führungskräfte werden aufgenommen werden können. Allerdings stellt die Einbeziehung der Führungskräfte sicher, dass nicht kurz vor der Einführung oder im Einführungsprozess Überraschungen entstehen.

Zu der Frage „Woran erkennen wir gute Leistung bei uns im Unternehmen?" sollten mindestens die Führungskräfte einbezogen werden. Wir haben dazu aber auch schon Mitarbeiterbefragungen (schriftlich und auch online) durchgeführt, um Beispiele für beobachtbares Verhalten und Anregungen für Kennzahlen zu sammeln. Auch Kurzworkshops mit Mitarbeitern zu dieser Frage haben schon stattgefunden. Es ist spannend, zu beobachten, dass die Mitarbeiter mehrheitlich die Latten dabei ziemlich hoch hängen. Es manifestieren sich immer recht hohe Anspruchsniveaus. Wenn die Mitarbeiter dazu gefragt werden, dann machen sie sich Gedanken dazu. Damit sind sie an der Entstehung des neuen Vergütungssystems beteiligt und es zeigt sich immer wieder, dass dadurch die Schwellen bei der Einführung deutlich niedriger sind, weil sich die Überraschungen für die Mitarbeiter in Grenzen halten.

Damit wird in der Wahrnehmung der Beteiligten die „Rampe flach gehalten". Im Sinne der Terminologie des Change Management ist diese Vorgehensweise eher evolutionär und wird nicht als Big Bang wahrgenommen.

▶ „Gras wächst nicht schneller, wenn man daran zieht." (aus Sambia).

Diese Arbeitsweise erfordert etwas Geduld und Zeit, führt aber (zumindest in meiner Erfahrung) ausnahmslos zum Ziel.

Geheimhaltung der Arbeit des Projektteams Vergütungssysteme haben immer einen hohen Aufmerksamkeitswert. Dafür interessieren sich viele Mitarbeiter und viele wüssten auch gerne, wie viel die Kollegen (in anderen Bereichen) verdienen. Deshalb wird es auch nicht gelingen, die Arbeit des Projektteams geheim zu halten. Es dringt immer etwas nach außen. Deshalb kann man aus der Not eine Tugend machen. Ich arbeite gerne damit, dass die Projektteammitglieder zwischen den Projektbesprechungen mit jeweils zwei oder drei Personen ihres Vertrauens den aktuellen Stand besprechen und deren Meinung dazu einholen und im Projektteam einbringen. Das Signal ist: Man kann über alles reden und wir haben nichts zu verheimlichen.

Auch diese Botschaft senkt die Schwelle beim Einführungsprozess, weil viele schon davon gehört haben.

Entscheidung Die Aufgabe des Projektteams besteht darin, alle offenen Fragen so weit zu klären, dass eine betriebliche Regelung formuliert werden kann, die der Geschäftsleitung und dem Betriebsratsgremium vorgelegt werden kann. Dieser letzte Arbeitsschritt kann unterschiedlich lange dauern. In der Regel sind bis zu diesem Zeitpunkt alle relevanten Aspekte diskutiert und vorher abgestimmt.

4.3 Projektmanagement in der Einführungs- und Umsetzungsphase

Wenn die Konzeptionsphase abgeschlossen ist und die Betriebsvereinbarungen unterschrieben sind, ist das Projekt noch nicht abgeschlossen. Dann sind vom Gesamtaufwand 20 bis 40 % erledigt, aber der Hauptakt folgt noch. Wer jetzt nur schnell die Betriebsvereinbarungen an die Führungskräfte verschickt und für die Mitarbeiter an das Schwarze Brett hängt, läuft Gefahr, dass die besten Ansätze „verstolpert" werden. Jetzt beginnt die Arbeit erst richtig!

Wir haben verschiedene Bezugsgruppen, die wir im Auge behalten und „betreuen" müssen. Sie haben verschiedene Rollen und Aufgaben im Einführungsprozess:

- Geschäftsleitung,
- Bereichsleiter,
- Führungskräfte,
- Mitarbeiter,
- Betriebsrat,
- Projektteam.

Geschäftsleitung Die Geschäftsleitung spielt eine wesentliche Rolle im Einführungsprozess. Oft hat die Geschäftsleitung zwar zu Beginn des Projekts den Auftrag erteilt. Im Laufe der Diskussionen und der Arbeit des Projektteams erfolgte zwar immer wieder eine Information, aber die Haltung ist oft: „Wenn es heiß wird, schalte ich mich wieder ein."

Manchmal ist der Informations- und Einbindungsstand zum Ende der Konzeptionsphase nicht mehr so hoch, sodass ein intensives Briefing erfolgen muss, um sicherzustellen, dass die Geschäftsleitung in der Einführungsphase alle wichtigen Aspekte wieder präsent hat. Wichtig ist hier vor allem die Antwort auf die Frage: „Welche unternehmerischen Ziele wollen wir mit dem neuen Vergütungssystem erreichen?" Das ist ausgesprochen wichtig, denn die Mitglieder der Geschäftsleitung werden im Zuge der Einführung immer wieder und zwangsläufig in Situationen kommen, in denen über das neue Vergütungssystem diskutiert wird – auch kontrovers. Dann müssen die Mitglieder der Geschäftsleitung die Argumente präsent haben.

Insbesondere zum Auftakt der Führungskräfteschulungen ist es wichtig, dass die Geschäftsleitung noch einmal verdeutlicht, welche unternehmerischen Ziele mit dem neuen Vergütungssystem verfolgt werden und welche Erwartungen an die Führungskräfte gerichtet sind.

Je nach Unternehmensgröße ist es sinnvoll, wenn Mitglieder der Geschäftsleitung auch zum Start der Mitarbeiterinformationsrunden dabei sind, eine kurze Begrüßung machen und auch hier noch einmal erläutern, welche Ziele mit dem Projekt verfolgt werden.

Bereichsleiter (die Ebene unter der Geschäftsleitung) Manchmal verschwindet die Ebene unterhalb der Geschäftsleitung während des Einführungsprozesses in der Versenkung, weil sie keine klare Aufgabe hat und weil sie in der Regel nicht selbst direkt von neuen Vergütungsregelungen betroffen ist. Das ist schade, denn für die nachhaltige Wirkung sind die Bereichsleiter von großer Bedeutung. Sie sind diejenigen, die dauerhaft dafür sorgen müssen, dass die Spielregeln in ihren Verantwortungsbereichen eingehalten werden. Deshalb brauchen auch sie ein spezielles, gemeinsames Briefing, in dem sie auch vereinbaren, dass jeder Bereichsleiter in seinem Bereich für die Einhaltung der Spielregeln sorgen wird. Nach jeder Durchführungsrunde erhalten die Bereichsleiter eine Information darüber, welche Ergebnisse in den jeweils anderen Bereichen erzielt wurden. Diese Form der Transparenz sorgt dafür, dass die Bereichsleiter darauf vertrauen können, dass alle im Schulterschluss agieren und alle gleich konsequent in der Anwendung sind.

Das trägt mehr zur nachhaltigen Wirksamkeit des leistungsvariablen Vergütungssystems bei als viele technische Kunstgriffe.

Führungskräfte Die Anwender im engeren Sinne sind die Führungskräfte, die Leistungsbeurteilungen erstellen oder Zielvereinbarungen mit Mitarbeitern treffen beziehungsweise Feedback zu Teamkennzahlen geben. Für diese Zielgruppe ist bei der Anwendung der Methode „Leistungsbeurteilung" folgende Schrittfolge wichtig:

1. **Beurteilertraining** (etwa ein Tag pro Führungskraft): Hier wird den Beurteilern das Gesamtsystem ausführlich erläutert. Sie haben die Möglichkeit, für einige ihrer Mitarbeiter probeweise Leistungsbeurteilungen zu erstellen und diese mit Kollegen zu diskutieren. Weiterhin wird der Terminfahrplan für die nächsten Einführungsschritte bekannt gegeben.

2. **Vorläufige Beurteilungen erstellen** (etwa ein Tag pro Führungskraft): Mit dem Wissen aus Schritt a) erstellen die Beurteiler in Vorbereitung der Beurteilerkonferenzen die vorläufigen Beurteilungen für ihre Mitarbeiter. Die Beurteilungen sind deshalb vorläufig, weil das „Eichen" und Vervollständigen der relevanten Informationen erst in den Beurteilerkonferenzen erfolgt (siehe Abschn. 2.2.2.3).

3. **Beurteilerkonferenzen** (etwa ein halber Tag pro Führungskraft): Dann erfolgen die Beurteilerkonferenzen, in denen die Leistungsbeurteilungen abschließend festgelegt werden.

4. **Beurteilungen nacharbeiten** (nach Bedarf): Da es in Beurteilerkonferenzen durchaus noch zu Änderungen und Ergänzungen gegenüber den vorläufigen Beurteilungen kommt, müssen manche Beurteilungen nach den Konferenzen noch nachgearbeitet werden.

5. **Training für das Führen von Beurteilungsgesprächen** (etwa ein Tag pro Führungskraft): Zu diesem Zeitpunkt besteht dann Klarheit darüber, mit welchem Mitarbeiter über welche Themen und Ergebnisse gesprochen wird. Somit ist auch absehbar, mit welchen Mitarbeitern die Gespräche eher einfacher oder eher schwieriger verlaufen werden. Einige dieser Gespräche können im Training mit Unterstützung eines Trainers und kollegialer Beratung vorbereitet werden.

6. **Beurteilungsgespräche detailliert vorbereiten:** Alle Beurteilungsgespräche vorbereiten.

7. **Gegebenenfalls kollegiale Beratung:** Bei Bedarf können jetzt noch besonders schwierige Gespräche mit Kollegen oder dem Personalbereich gesondert vorbereitet werden

8. **Beurteilungsgespräche führen**

Wenn die Zielvereinbarung als Methode leistungsvariablen Entgelts verwendet wird, sind die Stufen analog. In beiden Fällen lohnt sich die Mühe dieses mehrstufigen Einführungsprozesses, denn die Schräglagen und Fehlinterpretationen, die im Einführungsprozess entstehen, halten lange und schränken die nachhaltige Wirksamkeit des Entgeltsystems bereits zu einem frühen Zeitpunkt erheblich ein.

Mitarbeiter Die zahlenmäßig stärkste Zielgruppe des Einführungsprozesses sind die Mitarbeiter. Hier bietet es sich an, eine Kurzinformation vorzubereiten, die in einer Broschüre oder im Intranet zur Verfügung gestellt wird. Auch kurze Videos[4], in denen das System

---

[4]Ein Beispiel von ifm electronic, das von den Mitarbeitern über eine QR-Code aufgerufen werden kann: http://www.youtube.com/watch?v=XmB3zuCRReY&feature=youtu.be.

erläutert wird, sind hilfreich. Viel wichtiger ist aber, dass die Mitarbeiter die Informationen zum neuen Vergütungssystem persönlich bekommen. Idealerweise finden Informationsveranstaltungen statt, die Betriebsräte und Personalbereich gemeinsam durchführen. Weiterhin können Sprechstunden angeboten werden, in denen individuelle Fragen geklärt werden können.

Wichtig ist aber auch, dass die direkten Führungskräfte in der Lage sein müssen, ihren Mitarbeitern die wichtigsten Änderungen erläutern zu können.

Betriebsrat Auch wenn der Betriebsrat die Betriebsvereinbarungen unterschrieben hat, ist es wichtig, im Zuge der Einführungsphase im engen Kontakt zu bleiben. Sinnvollerweise erfolgt die Information der Mitarbeiter gemeinsam mit dem Betriebsrat, um zu zeigen, dass das neue System das gemeinsame Ergebnis intensiver Arbeit ist.

Weiterhin ist es nicht ungewöhnlich, dass es während der Einführungsphase manchmal zu Irritationen kommt. In der Anfangsphase ist es deshalb hilfreich, im engen Kontakt zu bleiben und sich regelmäßig abzustimmen, um Fehlentwicklungen zu vermeiden oder einzufangen. Das schafft Vertrauen, das die nachhaltige Wirksamkeit erheblich stützt.

Projektteam Das Projektteam hat seine Aufgabe zwar schon erledigt, ist aber Knowhow-Träger und kann durchaus bei der Information der Mitarbeiter eine wesentliche Rolle spielen. Einen zünftigen Projektabschluss hat das Projektteam für seinen Arbeitseinsatz auf jeden Fall verdient.

4.4 Qualitätssicherung und Evaluation

Unter dem Aspekt der nachhaltigen Wirksamkeit eines neuen leistungsvariablen Vergütungssystems spielt die Zeit nach der Entgeltrunde eine wesentliche Rolle.

Beispiel

Klassicherweise sind alle Beteiligten einfach nur froh, wenn zum Beispiel wieder einmal eine Beurteilungs- oder Entgelterhöhungsrunde vorbei ist. Endlich kann man sich wieder dem Tagesgeschäft widmen und so soll es ja auch sein. Allerdings bleibt nach jeder Runde ein bisschen Sand im Getriebe zurück in Form von Reklamationen oder Beurteilungsgesprächen, die nicht so gut gelaufen sind, oder Versprechungen, die nicht gehalten wurden, und so weiter.

Evaluation der ersten Runde Wenn alle anderen froh sind, dass es vorbei ist, muss jemand den Rückspiegel heben und einen Blick hineinwerfen. Das ist in der Regel der Personalbereich. Insbesondere nach der ersten Runde ist es wichtig, eine ausführlichere Evaluation zur Qualitätssicherung durchzuführen. Die Hauptfragen sind: „Wie gut ist uns die Einführung gelungen?" und „Was lernen wir im Sinne kontinuierlicher Verbesserung fürs nächste Mal?" Im Anhang (Tab. A.6 S. 330) finden Sie einen Vorschlag für die Befragung der Führungskräfte nach der ersten Runde. Die Ergebnisse werden ausgewertet und aufbereitet, sodass sie mit der Führungsmannschaft besprochen werden können.

Dabei sind aus meiner Sicht folgende Erkenntnisse interessant:

- Welche Ziele haben wir in welchem Maße erreicht?
- Was ist uns gut gelungen? Welche Verbesserungen sind uns gelungen?
- Auf welche Schwierigkeiten sind wir gestoßen?
- Welche konkreten Vorschläge zur Verbesserung gibt es?

Das sind die üblichen Fragen, die im Zuge von Veränderungsprozessen relevant sind.

Briefing vor jeder Runde

Beispiel

Bei einer Vortragsveranstaltung hat ein Personalleiter, der die Führungskräfte im Unternehmen auf charmante Art im Griff hat, davon berichtet, dass er vor jeder Beurteilungsrunde in die Bereichsbesprechungen geht, um dort den Zeitplan für die nächste Beurteilungsrunde zu besprechen. Bei der Gelegenheit greift er noch einmal auf die Auswertungen der letzten Runde zurück und weist darauf hin, worauf in der nächsten Runde geachtet werden sollte. Er holt das Okay der Anwesenden ein, spricht sich mit dem Bereichsleiter ab und so hat das Thema wieder Aufmerksamkeit und die Wahrscheinlichkeit ist eher gering, dass einzelne Beurteiler eigene Wege gehen.

Wenn man das nachhaltige Funktionieren eines leistungsvariablen Vergütungssystems als einen sehr langlaufenden Prozess mit sich in größeren Zyklen wiederholenden Schleifen begreift, wird klar, dass immer wieder Feedbackschleifen notwendig sind, um den Gesamtprozess in der richtigen Spur zu halten beziehungsweise unter Umständen korrigieren zu können. Das sind kleine Interventionen und vorbeugende Wartungsmaßnahmen, die verhindern, dass es zu großen Reparaturen kommt.

Wenn vor jeder Runde noch einmal die Erkenntnisse aus der letzten Runde in Erinnerung gerufen werden, die Aufmerksamkeit dafür wieder gewonnen wird, dann leistet dies einen Beitrag zum nachhaltigen Funktionieren leistungsvariabler Entgeltsysteme.

Regelmäßige Auswertungen nach jeder Runde

▶   „Nach dem Spiel ist vor dem Spiel."[5]

---

[5]Zitat von Sepp Herberger, 1897–1977, Fußballbundestrainer.

Jede Entgeltrunde endet mit einem Feedback an die Beurteiler, damit sie ihr Beurteilungs-verhalten weiter optimieren können. Die Tatsache, dass nicht alle Führungskräfte dieses Feedback wünschen, sollte uns nicht daran hindern, es trotzdem zu geben.

Im besten Fall erhält jede Führungskraft einen individuellen Ergebnisbericht, der zum Beispiel folgende Informationen enthält:

- Durchschnittliche Beurteilungen im Unternehmen, im „Heimat"-Bereich und in der eigenen Abteilung;
- Streuung der Beurteilungen anderer Beurteiler im Unternehmen, im „Heimat"-Be-reich und in der eigenen Abteilung;
- Anteil der Mitarbeiter im Zielgehalt, unter Zielgehalt und über Zielgehalt;
- Anteil von Reklamationen im Unternehmen, im „Heimat"-Bereich und in der eigenen Abteilung.

Mit diesen Informationen (wie in Abb. 4.1) hat jede Führungskraft die notwendigen Daten für eine Standortbestimmung. Die Verteilung und Streuung der eigenen Leistungs-beurteilungen im Vergleich zu den Verteilungen und Streuungen der anderen Beurteiler im Unternehmen oder im Bereich sind dafür wichtige Eckpunkte. Diese Daten nehmen in der Regel Einfluss auf zukünftiges Verhalten. Mit Führungskräften, die nicht selbst-ständig die richtigen Schlüsse ziehen, können die Daten bei Bedarf gemeinsam inter-pretiert werden. Normalerweise entwickeln Führungskräfte nach zwei bis drei Zyklen ein Gefühl für die richtige Handhabung.

Diese Feedbackschleifen sind auch gleichzeitig ein Beitrag zur Führungskräfteent-wicklung, denn Führungskräfte lernen dabei etwas über das Niveau der Erwartungen, die sie berechtigterweise an ihre Mitarbeiter stellen dürfen. Sie synchronisieren ihre berechtigten Erwartungen mit den Erwartungen anderer Führungskräfte und werden damit stabiler in der Verfolgung ihrer Erwartungen.

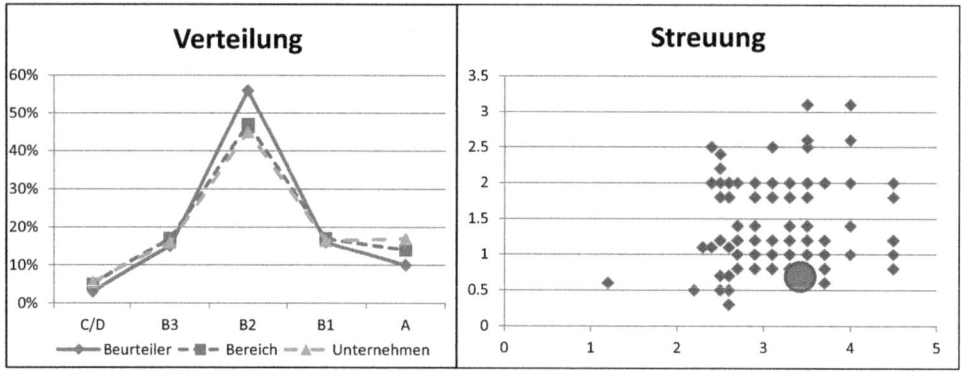

Abb. 4.1 Ergebnisbericht für Beurteiler

Ein weiterer wichtiger Aspekt dieser Feedbackschleifen betrifft die Synchronisierung der Handhabung in den verschiedenen Bereichen des Unternehmens. Es ist nicht ungewöhnlich, dass Führungskräfte anderen Bereichen unterstellen, höhere Beurteilungen zu vergeben oder nachlässiger im Führen der Beurteilungsgespräche zu sein. Wenn durch den bereichsübergreifenden Informationsfluss im Zuge der Auswertungen in den Feedbackschleifen deutlich wird, dass einzelne Bereiche abweichen, dann wirkt dies korrigierend. Wenn es keine Abweichungen gibt, dann wirkt es bestätigend für alle Beteiligten: „Wir wissen, dass sich keiner auf Kosten der anderen nachlässig oder zu großzügig verhält. Wir bewegen uns alle auf ungefähr dem gleichen Anforderungsniveau."

Schulung neuer Führungskräfte Neue Führungskräfte sind ein „Risikofaktor" für ein laufendes Vergütungssystem. Sie haben die Prägung bei der Einführung des Systems nicht erfahren und bringen ihre eigenen Interpretationen mit. Es besteht das Risiko der langsamen unbewussten Veränderung der Handhabung. Deshalb ist es wichtig, regelmäßig die neuen Führungskräfte in den Schritten zu trainieren wie sie beim Einführungsprozess vollzogen wurden.

Teile aktualisieren Es kann notwendig sein, einzelne Teile (Beurteilungsmerkmale oder deren Beschreibungen und Gewichtungen, die Bewertung einzelner Arbeitsplätze, Bonuskennzahlen und so weiter) immer wieder zu überprüfen und zu aktualisieren. Auch das ist ein Beitrag zur nachhaltigen Wirksamkeit, weil es sukzessive Anpassungen ermöglicht, ohne das gesamte System verändern zu müssen.

4.5 Die Überleitung in ein neues Vergütungssystem

Nur selten werden neue Vergütungssysteme eingerichtet, wenn ein Unternehmen neu gegründet wird und alle neuen Mitarbeiter zu diesem Zeitpunkt auf der Basis der Regelungen eines neuen Vergütungssystems eingestellt werden. Es ist eher der Normalzustand, dass ein Unternehmen und seine Mitarbeiter mit ihren individuellen Entgelthistorien aus einer möglicherweise sehr unebenen Vergütungslandschaft in ein neues System mit einer anderen Struktur und anderen Spielregeln überführt werden. Es stellen sich zwei Fragen:

- Wie werden einzelne Mitarbeiter individuell überführt?
- Wie werden neue Entgeltbestandteile finanziert?

Aus der Perspektive des Unternehmens besteht in der Regel die Erwartung, dass die Überleitung kostenneutral erfolgen soll. Die Erwartung ist eher: Bei gleichem Input möchten wir einen höheren Output. Aus der Perspektive der Mitarbeiter und des Betriebsrats wiederum besteht normalerweise die Erwartung, dass es nur Gewinner und keine Verlierer gibt, also Besitzstände sowohl individuell wie auch kollektiv gesichert sind. Beide Bedingungen gleichzeitig in vollem Umfang und im engen Wortsinne zu realisieren, erscheint offensichtlich ausgeschlossen. Das wissen auch alle Beteiligten und sind deshalb meist bereit, zugunsten des erwarteten Nutzens[6] über die Überleitungs-modalitäten zu diskutieren. Wenn also realistischerweise nicht beide der oben genannten Bedingungen gleichzeitig zum Start in vollem Umfang erfüllt werden können, ist davon auszugehen, dass es eine längere Phase des Übergangs geben wird. Das ist die „Spiel-wiese", die wir haben.

4.5.1 Wie werden einzelne Mitarbeiter individuell überführt?

Jeder Mitarbeiter kommt mit seinem historisch in individueller Weise gewachsenen IST-Entgelt in ein neues System, in dem er nach einem neuen ZIEL-Entgelt vergütet werden soll. Das neue ZIEL-Entgelt resultiert aus der Bewertung seines Arbeitsplatzes und einer leistungsvariablen Komponente, die entweder aus Kennzahlen, Leistungsbe-urteilung oder Zielvereinbarung resultiert. Bei der Überleitung wird einer der drei fol-genden Fälle eintreten:

1. Fall 1: IST-Entgelt = Zielvergütung
2. Fall 2: IST-Entgelt > Zielvergütung
3. Fall 3: IST-Entgelt < Zielvergütung

Fall 1 Dieser Fall ist unproblematisch und wird uns nicht weiter beschäftigen.

Fall 2 Dieser Fall betrifft Mitarbeiter, die nach dem alten Wertesystem[7] eine höhere Ver-gütung erhalten, als ihnen nach einem neuen Wertesystem zusteht. Das ist ihm nicht vor-zuwerfen und es ist nicht zu erwarten, dass Mitarbeiter, auf die dies zutrifft, einfach auf etwas verzichten, das ihnen einzelvertraglich zusteht. Es ist also davon auszugehen, dass dieser bestehende Besitzstand zu sichern ist.

▶   Hinweis: Die konkreten Regelungen in Arbeitsverträgen lassen unterschied-
        lichste Varianten von Besitzständen zu und müssen deshalb im Einzelfall
        genau geprüft werden.

Das Prinzip ist allerdings immer folgendes: Für den Mitarbeiter resultiert aus den neuen Regelungen ein niedrigeres Entgelt, das durch eine Ausgleichszahlung (Tab. 4.1) so gestellt werden kann, dass das Monats- oder Jahresentgelt wieder die Höhe des alten Entgelts erreicht.

---

[6]Klarere Strukturen, Beseitigung ungerechter Schieflagen, mehr Leistungsorientierung und so weiter.

[7]Dies ist unabhängig davon, ob tatsächlich bisher ein Vergütungssystem existiert hat. Auch Ver-gütungen, die durch freies Aushandeln entstanden sind, basieren auf einem irgendwie gearteten Wertesystem.

Tab. 4.1 Überleitung mit
Ausgleichszahlungen

	ALT	NEU
Grundentgelt	€ 3500	€ 3300
Leistungszulage	€ 500	€ 400
Ausgleichszahlung	–	€ 300
Gesamtentgelt	*€ 4000*	*€ 4000*

Wenn die folgenden Tariferhöhungen oder generellen Erhöhungen auf die Ausgleichszahlung angerechnet werden, schmilzt dieser Betrag im Laufe der folgenden Jahre ab. Wenn die Tariferhöhung im obigen Beispiel im Durchschnitt der folgenden Jahre 3 % betragen würde, wäre die Ausgleichzahlung nach drei Jahren abgeschmolzen und der Mitarbeiter würde wieder an Tariferhöhungen oder generellen Erhöhungen teilnehmen.

Für das Unternehmen bedeutet dies, dass die Finanzierung von Fall 3 nicht durch ein schnelles Absenken der Entgelte im Fall 2 erfolgen kann. Für diese Mitarbeiter gibt es sozusagen eine „sanfte Landung", die von ihnen allerdings nicht immer als solche empfunden wird. Diese Vorgehensweise, die faktisch vertragliche Besitzstände sichert, lässt Mitarbeiter an zukünftigen Erhöhungen nicht in dem Maße teilnehmen, wie es ohne die Veränderung gewesen wäre.

Man muss davon ausgehen, dass auch über dieses Prinzip der „sanften Landung" diskutiert wird und Unruhe entstehen kann. Die Erfahrung zeigt allerdings, dass sich die Diskussionen nach relativ kurzer Zeit beruhigen.

Fall 3 Wenn alle Mitarbeiter, auf die Fall 3 zutrifft, sofort eine Erhöhung erhalten, die sie zu ihrer Zielvergütung bringt, kann die Kostenneutralität nicht sichergestellt werden. Die Intention muss sein, diese Mitarbeiter in zwei bis drei Schritten über zwei bis drei Jahre zu ihrem Zielentgelt zu entwickeln. Das ist kollektiv mit Blick auf Fall 2 nachvollziehbar und würde die zusätzlichen Kosten in der Übergangsphase begrenzen. Die Erfahrung zeigt aber auch, dass die Mitarbeiter in Fall 3 die Erwartung haben, möglichst schnell ihr neues Zielentgelt zu erhalten.

Es bleibt deshalb an dieser Stelle offen, welche konkreten Überleitungsregelungen als Kompromiss für diese Zielgruppe gefunden werden. Bei längerfristiger Betrachtung der Überleitungsregelungen hat es sich auch bewährt, zwei bis drei Jahre vor der Überleitung bereits niedrigere allgemeine Erhöhungen auszuzahlen und damit Rückstellungen zu bilden, die dann in der Überleitung der Mitarbeiter in Fall 3 zu einer schnellen Anpassung beitragen können.

Fazit

Im Ergebnis zeigt sich aber, dass sich alte Besitzstände auswachsen. Bei der langen Lebensdauer von Vergütungssystemen überwiegt der Nutzen für die Zukunft, auch wenn das „Auswachsen" einige Jahre dauern mag.

4.5.2 Wie können neue Entgeltbestandteile finanziert werden?

Wenn neue Entgeltbestandteile wie Boni oder Jahresprämien eingeführt werden, ist davon auszugehen, dass diese Zahlungen nur geleistet werden, wenn der Zahlung ein wirtschaftlicher Nutzen für das Unternehmen gegenübersteht. Das Prinzip heißt: Wenn zum Beispiel die Umsatzrentabilität höher als in der Vergangenheit ist, dann wird der Bonus höher als die bisherigen fixen Entgeltelemente ausfallen.

Häufig sollen aber bisher fixe Bestandteile wie (Jahressonderzahlungen, 13. Monatsgehalt, Urlaubsgeld und so weiter) abhängig vom Unternehmensergebnis oder individueller Leistung variabel gestaltet werden. Sofern diese Einkommensbestandteile freiwillige Zahlungen[8] darstellen, können sie in das Bonusvolumen übernommen werden und damit den variablen Anteil am Gesamtentgelt erhöhen.

Wir finden in vielen Unternehmen eine bunte Vielzahl von Zulagen vor, für die die Grundlagen oft schon entfallen sind. Die Einführung eines neuen Vergütungssystems ist eine gute Gelegenheit, diese Vergütungsbestandteile entweder ganz aufzulösen oder vielleicht nur noch den Bestandsmitarbeitern zu gewähren, aber für neue Mitarbeiter zu einem variablen Vergütungsbestandteil zu machen.

Eine weitere Option besteht darin, neue Mitarbeiter auf der Basis der neuen Regelungen einzustellen und Bestandsmitarbeitern die neuen Regelungen auf freiwilliger Basis mit der Chance anzubieten, einen höheren Bonus zu erzielen.

Fazit

Auch hier sind die möglichen Konstellationen der rechtlichen Ausgangssituation so vielfältig, dass eine abschließende Beurteilung nur nach genauer Analyse der Ausgangslage möglich ist.

---

[8]Auch dies ist im Einzelfall kollektiv- oder einzelvertragsrechtlich zu prüfen.

Aspekte der Führungskräfte- und Organisationsentwicklung

5

Jürgen Weißenrieder

Zusammenfassung

Die Wirkung der Einführung leistungsvariabler Vergütungssysteme geht weit über das eng gesteckte Feld der Vergütung hinaus. Mit hoher Wahrscheinlichkeit werden neue Anforderungen auf Führungskräfte zukommen. In den folgenden Abschnitten werde ich die Besonderheiten der einzelnen Methoden im Hinblick auf die notwendigen Veränderungsschritte für die Führungskräfte beschreiben.

Unabhängig von der Leistungsentgeltmethode gilt: Führungskräfte führen. Sie definieren Aufgaben, Erwartungen und Ziele. Sie zeigen auf, warum bestimmte Themen wichtig sind oder auch nicht. Sie setzen die Prioritäten und nutzen die Potenziale der Mitarbeiter, denen sie wiederum Feedback geben, inwieweit sie die Erwartungen erfüllen oder die Ziele erreichen. Dieser Regelkreis ist bei der Anwendung aller drei Methoden leistungsvariablen Entgelts gleich. Vergütungssysteme unterstützen sie dabei.

Mein Kollege Gunther Wolf sagt dazu: „Vergütungssysteme *dynamisieren* Führungsleistung, aber sie ersetzen sie nicht, denn auch Vergütungssysteme sind Instrumente, deren Erfolge beziehungsweise Ergebnisse von der Handhabung durch Führungskräfte abhängig sind (Wolf 2010, S. 8)." Das folgende Kapitel weist Wege zum Umgang mit den veränderten Anforderungen an Führungskräfte.

J. Weißenrieder (✉)
Tettnang, Deutschland
E-Mail: j.weissenrieder@wekos.com

© Springer Fachmedien Wiesbaden GmbH, ein Teil von Springer Nature 2019
J. Weißenrieder (Hrsg.), *Nachhaltiges Leistungs- und Vergütungsmanagement*,
https://doi.org/10.1007/978-3-658-25967-9_5

Das folgende Beispiel zeigt, wie sich Anforderungen an Führungskräfte mit der Einführung oder Änderung leistungsvariabler Vergütungssysteme weiterentwickeln oder auch komplett verändern. Führungskräfte, die diese Veränderung nicht mitgehen, werden zum Risikofaktor. Manchmal wird allerdings auch komplett vernachlässigt, die Führungskräfte in diesem Veränderungsprozess mitzunehmen und intensiv zu begleiten.

Beispiel

Ich habe einige Unternehmen begleitet, die in Fertigungsbereichen teilweise über Jahrzehnte mit Akkordsystemen gearbeitet haben. Bei einigen war schon über Jahre hinweg deutlich geworden, dass die Eindimensionalität von Akkord nicht mehr ausreichte, um andere relevante Leistungsdimensionen, wie Qualität, Maschinennutzungszeiten, Liefertermine und so weiter, angemessen steuern zu können. Wenn Stückzahlen und Vorgabezeiten die Prozesse steuern, ist es schwer für andere Leistungsdimensionen, angemessen im konkreten Handeln der Akteure berücksichtigt zu werden. Ein großer Teil der Führungskräfte (Meister und Vorarbeiter) hat seine Karriere ausschließlich im Akkordumfeld erlebt. Akkordergebnisse waren für viele Mitarbeiter das einzige Feedback, das sie erhalten haben, weil die Führungskräfte ihre Rolle teilweise darauf reduziert haben, den Materialfluss abzusichern, Störungen zu beseitigen und so weiter. Für einige dieser Führungskräfte war es unvorstellbar, ihren Verantwortungsbereich ohne Akkord zu steuern. Sie hatten die Sorge, dass die Mengenleistung der Mitarbeiter erheblich nachlassen würde, wenn die „Akkordknute" nicht mehr zu Verfügung stehen würde. Manchen war die Angst tatsächlich ins Gesicht geschrieben, dass sie ihrer Aufgabe nicht mehr nachkommen könnten, wenn der „Antreiber" Akkord abgeschafft werden würde.

In anderen Unternehmen sollte Leistungsbeurteilung durch Zielvereinbarung abgelöst werden und die Führungskräfte waren gewohnt, am Ende eines Jahres die Leistung von Mitarbeitern summarisch zu beurteilen. Sie waren bisher nicht gefordert, ihre Erwartungen als Ziele konkret zu formulieren. So wurden sie als Führungskräfte sozialisiert und konnten sich wiederum nicht vorstellen, mithilfe von Kennzahlen angestrebte Veränderungen als Ziele zu formulieren.

Und was ist passiert? Die allermeisten Führungskräfte haben es trotzdem geschafft, aber eben nicht alle.

Aspekte der Führungskräfte- und Organisationsentwicklung bei der Arbeitsplatzbewertung Die Durchführung der Arbeitsplatzbewertung bei der Einführung eines neuen Vergütungssystems ist bei Führungskräften nicht sonderlich beliebt. Aber sie ist eine gute Übung, um Arbeitsfelder und Verantwortungsbereiche von Mitarbeitern durchzuforsten, unter Umständen auch zu entrümpeln und Klarheit zu schaffen, welche Arbeitsinhalte genau zu einer Stelle gehören. Das ist eine klassische Führungsaufgabe.

Ich habe gute Erfahrungen damit gesammelt, Führungskräfte beim Ranking der Jobs in ihrem Verantwortungsbereich einzubeziehen. Dabei wird offensichtlich, dass es notwendig ist, verschiedene Jobs voneinander abzugrenzen und Prozessschritte in

Arbeitsprozessen klar zuzuordnen. Wenn man in dieser Reihenfolge an diese Aufgabe herangeht, wird die Notwendigkeit des Beschreibens fast von selbst offensichtlich.

Weiterhin scheint mir wichtig zu sein, dass man die Bewertung der Arbeitsplätze als iterativen Prozess beginnt, der mehrere Bearbeitungsschleifen braucht. Der große Wurf im ersten Anlauf gelingt nur selten. Der Start sollte im Projektteam stattfinden. Dieser Zwischenstand sollte mit den verantwortlichen Führungskräften diskutiert werden. Anschließend ist es sinnvoll, diese Zwischenergebnisse den anderen Funktionsbereichen zu zeigen und deren Inputs dazuzuholen. Auch dabei ergeben sich immer wieder neue Gesichtspunkte, die die Beschreibungen vervollständigen, denn Prozesse laufen oft über Bereichsgrenzen hinweg. Damit haben auch andere Bereiche Einblick in die Arbeitsinhalte bestimmter Arbeitsplätze.

Fazit

Die Bewertung der Arbeitsplätze ist zwar eine aufwendige Übung, aber sie schafft Klarheit über Arbeitsinhalte und Anforderungen. Dies ist ein Nutzen, der über die unmittelbare Entgeltwirkung hinausgeht.

Aspekte der Führungskräfte- und Organisationsentwicklung im Umgang mit Kennzahlen und Zielvereinbarung Mit der Forderung nach Kennzahlen und Messbarkeit für alle Arbeitsplätze kann man manche Führungskräfte „in den Wahnsinn treiben". Es ist auch nicht einfach, das richtige Maß zu finden. Für manche Ziele oder Arbeitsergebnisse ist der Aufwand viel zu groß, dafür Messdaten und Kennzahlen zu erheben. Aufwand und Nutzen stehen in keinem guten Verhältnis.

Beispiel

Meine Assistentin bearbeitet das Manuskript für dieses Buch. Diese Aufgabe fällt für sie in fünf Jahren einmal an. Da werden wir nicht mit Kennzahlen arbeiten, aber sehr wohl mit Terminzielen, damit die Koordination zwischen den Autoren und dem Verlag klappt. Es ist wiederum eher meine Aufgabe, die notwendigen Bearbeitungszeiten realistisch einzuschätzen und mit ihr und allen Beteiligten abzusprechen. Was bei uns ab und zu vorkommt, ist im Verlag ein Kernprozess. Im Verlag bearbeiten manche Sachbearbeiter ständig Manuskripte. Hier kann es sehr wohl darum gehen, wie lange die Bearbeitung eines Manuskripts im Durchschnitt dauern kann. Wenn es vielleicht auch keine Vorgabezeiten geben kann, so sind doch Kennzahlen zur Orientierung abhängig vom Manuskriptumfang und der Anzahl der Abbildungen oder Ähnlichem möglich. Sobald sich eine Führungskraft im Verlag damit beschäftigen würde, wäre sie auch „gezwungen", sich intensiver mit dem Prozess der Bearbeitung eines Manuskripts zu befassen und „lernt" dabei etwas über den Prozess, seine Beteiligten, seine Hindernisse und vor allem über Optimierungsmöglichkeiten.

Was will ich mit diesem Beispiel sagen?

Die Suche nach Kennzahlen schärft die Sinne der Führungskräfte für das Wesen und das Wesentliche der Prozesse in ihrem Verantwortungsbereich. Damit ist das Streben nach Messbarkeit der Kernprozesse auch ein Beitrag zur Führungskräfteentwicklung, der über die unmittelbare Wirkung im Zusammenhang mit leistungsvariablen Vergütungssystemen hinausgeht.

Dieser Beitrag zu kontinuierlicher Prozessverbesserung hat damit eine nachhaltige wirtschaftliche Wirkung im Interesse des Unternehmens. Gleichzeitig entsteht dadurch ein Beitrag zur nachhaltigen Wirksamkeit des Vergütungssystems.

Wenn man mit Führungskräften auf dieser Basis diskutiert und nicht nur Kennzahlen um der Kennzahlen willen fordert, besteht eine hohe Wahrscheinlichkeit, auf diesem Gebiet bemerkenswerte Entwicklungsschritte beobachten zu können. Es erfordert allerdings vom Management auch eigenes Vorleben zum Umgang mit Kennzahlen. Führungskräfte führen dann besser mit Kennzahlen, wenn sie selbst auch mit Kennzahlen geführt werden.

Fazit

Kennzahlen und Zielvereinbarung sind Führungsinstrumente, auch ohne Entgeltwirkung. Sie leisten einen nachhaltigen Beitrag durch Prozessverbesserungen. Sie erfordern das Vorleben durch das Management.

Aspekte der Führungskräfte- und Organisationsentwicklung bei der Anwendung der Methode „Leistungsbeurteilung" Der Dreisprung bei Leistungsbeurteilungen war: Beobachten – Beurteilen – Mitteilen. Auch das fordert die Führungskräfte, gibt ihnen aber gleichzeitig etwas zurück. Ihre Rolle verändert sich durch das Beobachten und Geben von Feedback. Sobald sie sich die Zeit dazu nehmen, gewinnen sie Zeit, weil sie viele Potenziale für Verbesserungen entdecken und mit ihren Mitarbeitern darüber im engeren Kontakt sind. Es geht also auch hier nicht vordergründig um Vergütung, sondern um Prozesse und Ergebnisse. Es geht auch nicht darum, *einen Mitarbeiter* in einer Leistungsstufe zu kategorisieren, sondern *seine Leistung* zu beurteilen und mit ihm über *seine Leistung* und seine Ergebnisse zu sprechen. Das sind unterschiedliche Grundhaltungen. Wir sprechen mit einem Mitarbeiter nicht darüber, wie er *ist,* sondern darüber, *was und wie er etwas tut.*

Das ist eine Anforderung an die Führungskräfte und gleichzeitig entwickelt es die Organisation und auch die Art wie Führung stattfindet, weiter. Ab und zu höre ich von HR-Kollegen: „Das können unsere Führungskräfte nicht!" Und ich sage: „Noch nicht!"

Es ist immer wieder bemerkenswert, welche Wegstrecken Organisationen im Zuge der Einführung von Beurteilungssystemen zurücklegen – oder auch nicht. Deshalb sind zum Beispiel die Beurteilerkonferenzen ein elementarer Bestandteil von Beurteilungsprozessen. Führungskräfte lernen dort etwas von ihren Kollegen. Sie setzten Anforderungsniveaus und prüfen diese gegen die Anforderungen ihrer Kollegen. Dieser „Eichprozess" formt die Handhabung von Leistungsbeurteilungen im Unternehmen im positiven Sinne.

Die ersten Beurteilungen gemeinsam mit Kollegen zu erstellen und das Führen von Beurteilungsgesprächen gemeinsam zu trainieren, das formt und prägt den Umgang mit Leistungsbeurteilungen ebenfalls. Diese Schritte zu überspringen, spart ultrakurzfristig und setzt die nachhaltige Wirksamkeit von Leistungsbeurteilungen aufs Spiel.

Ich will allerdings nicht suggerieren, dass alle Führungskräfte mit großem Schwung und maximaler Bereitschaft diese Wege mitgehen. Für manche ist es ein großer Schritt und sie schaffen es. Für manche ist es aber auch ein zu großer Schritt und sie können oder wollen ihn nicht gehen. In jedem Einführungsprozess gibt es Führungskräfte, die nach einiger Zeit signalisieren: „Wenn Ihr das von mir wollt, dann müssen wir einen neue Aufgabe für mich finden." Das ist in Ordnung und leistet ebenfalls einen Beitrag zur Organisationsentwicklung. Dafür eine faire Lösung zu finden, wird nicht schwer sein.

Fazit

Die Einführung von Kennzahlen, Zielvereinbarung oder Leistungsbeurteilung fordert die Organisation und die Führungskräfte. Gleichzeitig leisten sie aber auch einen Beitrag zur Führungskräfteentwicklung und verändern Organisationen. Manche Führungskräfte gehen diese Wege nicht mit. Auch das wird dabei sichtbar.

Wechselwirkung mit anderen Personalmanagementinstrumenten Wenn Instrumente leistungsvariabler Vergütung angewendet werden, dann stellen sie außer vergütungsrelevanten Informationen noch viel mehr zur Verfügung. Sie geben eine Information über die Gruppe der Spitzenleister. Das ist eine Gruppe von Menschen im Unternehmen, die nicht nur Spitzenvergütungen erhalten soll, sondern auch unter besonderer Beobachtung stehen sollte. Das sind die Talente des Unternehmens, die besondere Aufmerksamkeit brauchen. Es braucht kein ausgeklügeltes Talentmanagementsystem, wenn man sich nach der Entgeltrunde überlegt:

1. Wer genau ist in dieser Zielgruppe?
2. Mit wem haben wir noch mehr vor und was genau?
3. Wie können wir diese Mitarbeiter fördern?
4. Wer spricht mit ihnen darüber und ist ihr Mentor?

Solche Perspektivgespräche sind eine einfache Möglichkeit, mit den Spitzenleistern im Gespräch zu bleiben. Zu aufwendig? Denken Sie daran, was es kosten würde, wenn eines Ihrer Talente zum Wettbewerber geht und Sie wieder jemanden aufbauen müssen.

Gleichzeitig könnte diese Zielgruppe eine gute Quelle für Ihre Nachfolgeplanung sein. Auch das ist nicht besonders aufwendig. Wenn Sie die Schlüsselfunktionen in Ihrem Unternehmen oder Bereich auflisten und sich fragen: „Wann geht wer in Rente und wer wäre ein geeigneter Nachfolger?" oder „Wo habe ich ein hohes Risiko, wenn der Stelleninhaber geht und wer wäre denn ein geeigneter Nachfolger?"

Fazit

Es muss ja nicht alles auf einmal passieren, aber leistungsvariable Vergütung bietet gute Anschlussmöglichkeiten für andere Personalmanagementinstrumente wie Talentmanagement oder Nachfolgeplanung.

Literatur

Wolf, G. (2010). *Variable Vergütung. Genial einfach Unternehmen steuern, Führungskräfte entlasten und Mitarbeiter begeistern.* Hamburg: Verlag Dashöfer.

Das Management: Nachhaltige Vergütung und Vergütung der Nachhaltigkeit

6

Jürgen Weißenrieder

Zusammenfassung

Insbesondere bei der Vergütung des Managements kommt es darauf an, nicht nur dafür zu sorgen, dass das Vergütungssystem nachhaltig funktioniert, sondern dass es auch nachhaltiges Handeln vergütet. Dort ist der Hebel am größten. Wenn die Vergütung des Managements nicht auf nachhaltiges Handeln hin ausgerichtet ist, wird nachhaltiges Handeln auf den nachgeordneten Ebenen nicht verankert werden können – im Gegenteil, es wird sogar erschwert werden.

Meine These dazu: Eigentlich ist die Vergütung des Managements und der Mitarbeiter ganz einfach, wenn alle den gleichen Steuerungsgrößen unterliegen. Deshalb wird dieses Kapitel auch nicht besonders lang werden, denn es wird nur eine Grundidee mit ein paar charmanten Ergänzungen und vielen Verweisen auf vorhergehende Kapitel geben.

Wenn ich in diesem Kapitel vom Management rede, dann meine ich die oberste Führungsebene beziehungsweise die beiden obersten Führungsebenen des Unternehmens. Bei inhabergeführten Unternehmen, wenn also die oberste Ebene aus geschäftsführenden Gesellschaftern besteht, ist die Gesamtvergütung der geschäftsführenden Gesellschafter ohnehin vom Unternehmensergebnis abhängig. In diesem Fall beziehen sich meine weiteren Ausführungen nur auf die zweite Führungsebene unterhalb der Geschäftsführung.

J. Weißenrieder (✉)
Tettnang, Deutschland
E-Mail: j.weissenrieder@wekos.com

© Springer Fachmedien Wiesbaden GmbH, ein Teil von Springer Nature 2019   257
J. Weißenrieder (Hrsg.), *Nachhaltiges Leistungs- und Vergütungsmanagement*,
https://doi.org/10.1007/978-3-658-25967-9_6

Alle Überlegungen, die wir für die Vergütung der Mitarbeiter angestellt haben, gelten für die Vergütung des Managements ebenso. Wenn Kennzahlen, Zielvereinbarung oder Leistungsbeurteilung angewendet werden, dann folgt diese Anwendung den gleichen Spielregeln wie bei den Mitarbeitern. Allerdings lassen sich für die Vergütung des Managements recht schnell einige Prinzipien ableiten. Leistungsbeurteilung ist aus drei Gründen eher weniger sinnvoll für die Vergütung des Managements:

1. Leistungsbeurteilung wird eher dort angewendet, wo keine Kennzahlen vorliegen oder die Ermittlung von Kennzahlen zu aufwendig wäre. Auf der Ebene des Managements liegen immer einige wenige Kennzahlen vor, die den Erfolg der Arbeit des Managements beschreiben: das Unternehmensergebnis in einem Jahr oder über einen Zeitraum von zwei bis vier Jahren hinweg und die Entwicklung des Unternehmenswerts sind die Primärkennzahlen. Marktanteile, Umsätze, Umsatzsteigerungen, Kundensegmente et cetera sind Sekundärkennzahlen, die den Erfolg der Arbeit des Managements sehr gut beschreiben. Eine Beurteilung der Leistung ist also nicht notwendig.
2. Mitarbeiter können nur wenige Kennzahlen allein beeinflussen, das Management wiederum hat die Stellhebel wesentlich in der Hand. Es braucht selbstverständlich die Mitarbeiter, aber deren Entscheidungen tragen in aller Regel nicht so weit.
3. Wer soll die Leistung des Managements beurteilen? In der Regel sind die Gesellschafter zu weit vom Tagesgeschäft weg, um eine Leistungsbeurteilung in dem Sinne zu erstellen, wie wir sie uns in Abschn. 2.2.2 erschlossen haben.

Prinzip 1 für die Vergütung des Managements heißt also:
Kennzahlen und Zielvereinbarung sind für die Vergütung des Managements in besonderer Weise geeignet.

Beispiel

Vor einiger Zeit hat mir ein Bekannter erzählt, dass er die Welt an seinem Arbeitsplatz momentan nicht verstehen würde. Er berichtete, dass es in den letzten Monaten häufiger vorgekommen sei, dass sie freitags im Lager Überstunden machen und samstags arbeiten mussten. Das ginge ja noch, aber sie hätten dann teilweise montags nach zwei Stunden schon keine Arbeit mehr und wären morgens um sieben Uhr nach Hause geschickt worden. Das sei doch mehr als ärgerlich und vollkommen sinnlos. Er war richtig wütend, weil die Erklärung, dass das zum Quartalsende wichtig sei, für die Mitarbeiter keine Erklärung war. Bloß weil der Kalender von einem Quartal ins nächste wechselt, sollten sie sinnlose Sachen machen? Ich konnte das Thema mit meinem Bekannten nicht weiter vertiefen, aber ich machte mir schon meinen Reim auf die Sache.

Was ist passiert?

Ich erkundigte mich bei einer der nächsten Gelegenheiten bei einem der Bereichsleiter, den ich in diesem Unternehmen gut kenne. Er erzählte mir, dass die

Bereichsleiter jetzt an Zielen gemessen und vergütet würden. Ein Ziel sei, den Lagerbestand und damit die Kapitalbindung zu reduzieren – sinnvoll und nachvollziehbar, allerdings schwach in der tatsächlichen Wirkung. Die Kennzahl bildet nicht die durchschnittlichen Lagerbestände ab, sondern den Lagerbestand zum Stichtag Quartalsende. Kurz vor Quartalsende werden noch schnell alle irgendwie möglichen Lieferungen auf den Weg gebracht – und wenn es sein muss samstags. Mehrarbeit wird vergütet, Mitarbeitern wird das Wochenende beeinträchtigt und am Montag die Sinnlosigkeit der Maßnahme vor Augen geführt, wenn sie nach zwei Stunden Arbeitszeit am frühen Morgen nach Hause geschickt werden. Für die Geschäftsprozesse ist die Maßnahme in keiner Weise hilfreich, weil die Kunden ihre Lieferungen teilweise sogar zu früh bekamen und das eigentliche Ziel der reduzierten Kapitalbindung im Lager nicht erreicht wurde, weil sie nur an vier Tagen im Jahr niedriger war, nämlich jeweils am Quartalsende. Aber diese vier Stichtagsergebnisse bildeten einen Teil der Zielvergütung der Bereichsleiter. Wenigstens diese profitierten, aber sonst niemand – das Unternehmen schon gar nicht.

Was wäre eine einfache Lösung gewesen, um diese Fehlsteuerung zu vermeiden? Wenn Lagerbestände zum Quartalsende erfasst werden können, können sie auch zu jedem beliebigen anderen Tag erfasst werden. Stichtagsbetrachtungen sind wenig hilfreich, sondern Durchschnitte über einen längeren Zeitraum hinweg. Das unterstützt nachhaltiges Handeln und reduziert Fehlsteuerungen auf der Basis von „Eintagsfliegen".

Prinzip 2 für die Vergütung des Managements heißt also:

Um nachhaltiges Handeln im Management zu unterstützen, ist es hilfreich, die Zeiträume beziehungsweise die Laufzeiten, die die Grundlage für die Vergütung bilden eher länger als kürzer zu halten und sich eher an längerfristigen, mehrjährigen Durchschnitten als an wenigen Stichtagen zu orientieren. Eine interessante Variante der mehrjährigen Betrachtungszeiträume ist das 40-30-20-10-System. Es werden jeweils 40 % der erreichten variablen Vergütung zeitnah ausgeschüttet, die restlichen 30, 20 und 10 % jedoch erst nach Abschluss der drei folgenden Geschäftsjahre. Der jeweils ausgeschüttete Gesamtbetrag wird bei Zielunterschreitung oder -übererfüllung in der aktuellen Periode entsprechend gekürzt oder erhöht.[1]

Aus dem obigen Beispiel lässt sich noch ein weiteres Prinzip ableiten. Wie wäre die Wahrnehmung der Mitarbeiter im Lager dieses Unternehmens gewesen, wenn sie eine Gruppenprämie bekommen würden, die ebenfalls vom Lagerbestand abhängig wäre? In der Stichtagsbetrachtung wäre es zwar für das Unternehmen immer noch wenig hilfreich, aber die Mitarbeiter hätten wahrscheinlich die Zähne zusammengebissen und wären samstags gekommen. Sie hätten damit ja ihre Prämie positiv beeinflusst. Wir sind

---

[1]Wolf (2011).

uns einig, dass auch dies eine Fehlsteuerung gewesen wäre, aber es lassen sich für diese Grundidee auch viele positive Beispiele finden, wo Management und Mitarbeiter entlang der gleichen prozessbeschreibenden Kennzahlen vergütet werden können. Wohlgemerkt, auch hier geht es erst in zweiter Linie um den Aspekt der Vergütung, in erster Linie geht es um die Frage: „Woran erkennen wir, dass wir gut sind?" beziehungsweise „Was wollen wir denn eigentlich steuern?"

Gute Beispiele dafür sind:

- Umsatz bestimmter Produktgruppen,
- Umsatzsteigerungen bestimmter Produktgruppen,
- Deckungsbeiträge bestimmter Produktgruppen,
- Marktanteile,
- Neukundenanteile,
- Maschinennutzungszeiten beziehungsweise Rüstzeiten,
- Reklamationsquoten,
- Qualität,
- Auftragsdurchlaufzeiten.

All diese Kennzahlen beschreiben die Qualität von Prozessen. Nicht alle sind unbedingt für alle Bereiche des Unternehmens in gleicher Weise relevant, aber es können durchaus für die Mitarbeiter in unterschiedlichen Bereichen unterschiedliche Kennzahlen für eine Gruppen- oder Bereichsprämie relevant sein. Für die Vergütung des Managements können wiederum die verschiedenen Bereichsergebnisse insgesamt relevant sein.

Prinzip 3 heißt folglich:

Nachhaltig wird die Vergütung des Managements dann, wenn Management und Mitarbeiter entlang der gleichen Steuerungsgrößen vergütet werden. Dann ziehen sie am gleichen Strang in die gleiche Richtung.

Prinzip 4 heißt:

Im Management ist Zielvereinbarung wirklich sinnvoll. Dort liegen die Stellhebel auch in wenigen Händen und das ist eine der wichtigsten Voraussetzungen für funktionierende Zielvereinbarungen mit Entgeltwirksamkeit. Die Vorgehensweise ist ausführlich in Abschn. 2.2.3 beschrieben.

Prinzip 5:

Der Anteil der leistungsvariablen Vergütung darf und muss beim Management größer als bei den Mitarbeitern sein. Der variable Anteil richtet sich sinnvollerweise nach Kennzahlen oder wird von der Erreichung vereinbarter Ziele abhängig gemacht. Das Risiko eines Malus darf also beim Management größer sein (Abb. 6.1).

Ich möchte der Vergütung des Managements tatsächlich an dieser Stelle keine weitere Aufmerksamkeit widmen, da sie bis auf die oben genannten fünf Prinzipien der gleichen Logik folgt wie die Vergütung der Mitarbeiter. Für die Wirkung der Vergütung in Bezug auf die Unterstützung der Nachhaltigkeit ist das Prinzip 2 von besonderer Bedeutung.

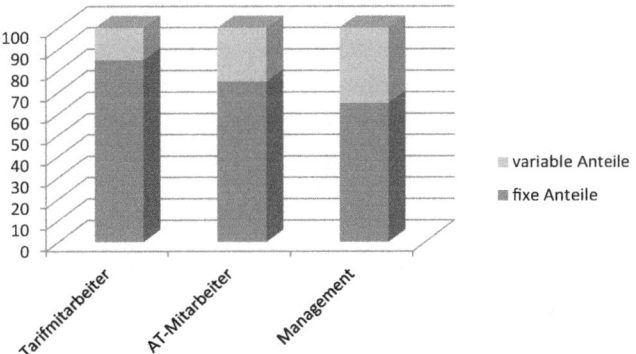

Abb. 6.1 Anteile variabler Vergütung im Management

Außerdem haben sich in den letzten Jahren einige rechtliche Rahmenbedingungen für die Managementvergütung in Richtung Nachhaltigkeit verändert.[2] Mit dem „Deutschen Nachhaltigkeitskodex" und den ethischen Handlungsempfehlungen des „Deutschen Corporate Governance Kodex" wird ein Handlungsrahmen für Nachhaltigkeit in der Unternehmensführung gesetzt. Mit dem Gesetz zur Angemessenheit der Vorstandsvergütung wurde Nachhaltigkeit als verpflichtendes Kriterium für die jeweiligen Vorstandsvergütungen verankert. Die Wirkungen reichen aber schon weiter: Manche Unternehmen fordern von ihren Zulieferbetrieben Nachhaltigkeitsaudits, um selbst hohe Nachhaltigkeitsstandards gegenüber ihren Kunden einhalten zu können. Dabei sind die Führungssysteme immer auch Gegenstand dieser Audits[3] – keine Führungssysteme zu haben, ist dabei keine gute Lösung.

Literatur

DGFP e. V. (Hrsg). (2011). *Personalmanagement nachhaltig gestalten. Anforderungen und Handlungshilfen* (S. 27 ff.). Bielefeld: Bertelsmann.
Wolf. G. (2011). http://www.arbeitgeber.monster.de/hr/personal-tipps/personalmanagement/vergütung/nachhaltige-boni-79862.aspx. Zugegriffen: 30. Okt. 2013.

---

[2]Vergleiche DGFP e. V. (2011).
[3]Vergleiche DGFP (2011). a. a. O., S. 109 ff., 135 ff.

Performance Management und Vergütung in agilen Zeiten

Jürgen Weißenrieder

Zusammenfassung

Agile Organisationen ticken anders, aber haben trotzdem Gemeinsamkeiten mit konventionellen Organisationen. Somit werden auch Vergütungssysteme in agilen Organisationen nicht ganz anders funktionieren. Vermutlich werden zwar einzelne neue Elemente in Vergütungssystemen wirksam werden, die wir in diesem Kapitel betrachten werden. Hauptsächlich wird es aber um mehr Partizipation der Mitarbeiter und Führungskräfte im Entstehungs- und Anwendungsprozess von Vergütungssystemen gehen. Methoden, die systematische Partizipation ermöglichen, sind hier unser Thema.

In Abschn. 1.6 haben wir die sich aus heutiger Sicht mit hoher Wahrscheinlichkeit verändernden Rahmenbedingungen ausführlich beleuchtet, die nahelegen, dass sich daraus auch für Performance-Management- und Entgeltsysteme Veränderungen ergeben werden. Für manche Führungskräfte und Mitarbeiter hat sich bisher noch wenig verändert, aber viele Beteiligte nehmen Veränderungen wahr, wenn auch mit unterschiedlichen Geschwindigkeiten und unterschiedlichen Intensitäten. Für unsere Betrachtung der Auswirkungen von Veränderungen auf Performance-Management- und Entgeltsysteme sind folgende Aspekte relevant:

- Die Gesamtentwicklung der Gesellschaft, der Wirtschaftsbedingungen und damit auch der Arbeits- und Führungswelt in Richtung einer VUKA-Welt (siehe vor allem Abschn. 1.6)
- Digitalisierung und die Entwicklung der Industrie und der Arbeitswelt in Richtung 4.0

J. Weißenrieder (✉)
WEKOS Personalmanagement GmbH, Tettnang, Deutschland

© Springer Fachmedien Wiesbaden GmbH, ein Teil von Springer Nature 2019
J. Weißenrieder (Hrsg.), *Nachhaltiges Leistungs- und Vergütungsmanagement*,
https://doi.org/10.1007/978-3-658-25967-9_7

- Andere Erwartungshaltungen der Generationen Y ff. und die demografische Entwicklung
- Zunahme der Bedeutung von Agilität sowie mehr flexibel organisierte Projektteams und -methoden

Wenn die VUKA-Welt ein Auslöser von Veränderung in Performance-Management- und Entgeltsystemen ist, dann dürfen wir gleichzeitig davon ausgehen, dass sukzessive auch die Art der Anwendung von Performance-Management- und Entgeltsystemen mehr „VUKA" wird. Ich möchte diese Betrachtungsweise an einem anderen Beispiel durchdenken, das derzeit eher in einer breiten Diskussion ist als Performance-Management- und Entgeltsysteme, nämlich „Mobilität".

Exkurs

Die Zukunft der Individualmobilität ist aktuell stärker in der Diskussion, als es jemals bisher der Fall war. Noch bis vor wenigen Jahren war klar, junge Menschen machen den Führerschein und bei der Beschaffung eines Pkw war klar, welche Entscheidungsalternativen bezüglich des Antriebs bestehen. Man konnte sich entscheiden, ob es ein Diesel oder ein Benziner werden sollte. Abgesehen davon, dass es auch da schon „Fundis" und „Glaubenskrieger", also eingefleischte Diesel- und Benziner-Fans gab, konnte man einigermaßen treffsicher beurteilen und ausrechnen, welche Alternative den persönlichen Bedürfnissen am besten gerecht wird. Und wenn man das für sich vor zwanzig Jahren einmal durchgerechnet hat und sich an den persönlichen Lebensumständen nichts Wesentliches geändert hat, dann konnte man davon ausgehen, dass man diese Beurteilung und Berechnung auch nach ein paar Jahren nicht bei jeder Anschaffung wieder vollständig neu anstellen musste. Es war überschaubar und einigermaßen bequem, auch wenn zwischendurch noch die Möglichkeit aufkam, mit Erdgas zu fahren. Aber das wurde von den wenigsten ernsthaft in Erwägung gezogen und für den User hat sich ja auch nicht viel geändert. Man hat weiterhin einen Verbrennungsmotor unter der Haube und fährt an eine Tankstelle. Das änderte die Nutzungsbedingungen nicht wesentlich. Ich erinnere mich aber auch schon in dieser Zeit an teilweise hitzige Diskussionen am Stammtisch und unter Freunden, was denn nun quasi für „das Glück der Menschheit" das Richtige ist. Im Rückblick habe ich Folgendes verstanden: Viele Menschen wollen wissen, was denn nun *das Richtige* ist, und wünschen sich damit implizit, sich nicht mehr mit dem Thema befassen zu müssen, wenn sie *das Richtige* einmal kennen.

In den vergangenen wenigen Jahren ist die Anzahl der bisher drei Antriebsalternativen sprunghaft gestiegen. Bevor vollelektrische Autos zu haben waren, gab es schon Hybridfahrzeuge im Angebot, und schon waren es fünf Alternativen, die die Welt komplizierter machten. Aber die Entscheidungsmuster im Sinne der Suche nach einer Entscheidung, die wieder für lange Zeit *die Richtige* ist, sind bei vielen Menschen immer noch die gleichen geblieben. Inzwischen werden die zum großen Teil interessengeleiteten Diskussionen schon mit einigermaßen verhärteten Fronten geführt, und die Frage scheint immer noch zu sein: Was ist denn nun *das für alle Beteiligten abschließend Richtige?* In diese Diskussion platzen neue Alternative: Wasserstoffgetriebene Fahrzeuge und Fahrzeuge, die mit synthetischen Kraftstoffen betrieben werden, und schon haben wir innerhalb kurzer Zeit sieben Antriebsalternativen.

Ich kann und will gar nicht bewerten, welche der mir mittlerweile bekannten sieben Antriebsalternativen für die nächsten Jahre *die für alle Beteiligten abschließend Richtige* sein wird, denn ich rechne eher damit, dass VUKA auch hier zutrifft und

- wir mehrere Antriebsalternativen als bisher nebeneinander haben werden,
- beim Kauf eines Fahrzeugs nicht mehr klar sein wird, ob die Entscheidung am Ende der Lebensdauer des Fahrzeugs immer noch die Richtige gewesen sein wird, und
- wir häufiger, also in kürzeren zeitlichen Abständen als bisher, überlegen müssen, was das Richtige für unsere persönliche Mobilität ist.

Und das kann bedeuten, dass für manche Menschen in der Stadt Carsharing mit Elektrofahrzeugen sinnvoll ist und man in den Urlaub mit dem Zug fährt oder sich ein größeres Dieselfahrzeug mietet. Das stellt sich für Singles, Paare, kleinere oder größere Familien, die näher am Zentrum oder eher außerhalb wohnen, möglicherweise wieder anders dar. Gleichzeitig nutzt ein Paar, das eher auf dem Land wohnt, für den täglichen Gebrauch ein Elektrofahrzeug sowie ein E-Bike und ab und zu für längere Trips ein gemietetes Benziner-Cabrio. Und, und, und: Die denkbaren und individuell sinnvollen Varianten möchte ich hier nicht alle aufzählen. Und klar ist weiterhin, dass sich die Situation zu diesem Thema in wenigen Jahren schon wieder anders darstellen wird. Einstellungen, Nutzerverhalten, Infrastruktur und Angebot werden sich bis dahin mit hoher Wahrscheinlichkeit schon wieder wesentlich geändert haben – oder auch nicht, wir können nicht sicher sein.

Mit diesem Exkurs in ein ganz anderes Themenfeld möchte ich überleiten auf die Betrachtung der Frage, welche Bedeutung die oben genannten Veränderungen möglicherweise für die uns bisher bekannten Performance-Management- und Entgeltsysteme haben kann. Schlagworte wie „New Work braucht New Pay" machen die Runde, und das ist für manche Unternehmen nachvollziehbar und für andere Unternehmen etwas, was sich am Rande der Wahrnehmung abspielt. Was aber weiterhin eine Rolle spielt, ist, dass das Thema Entgelt, wenn mehr Partizipation und mehr Transparenz gefordert sein werden, bei aller Agilität weiterhin klare Regeln braucht. Klare und einheitliche Regelungen sichern Transparenz und Nachvollziehbarkeit. Nur daraus ergeben sich in der Folge Vertrauen und Akzeptanz, auch wenn nicht alle eigenen Erwartungen für jeden Mitarbeiter erfüllt werden.

▶   **Also:** Es wird weiterhin Regelungen und Prozesse geben, wenn man nicht mit
        jedem Mitarbeiter einzeln ganz persönliche Vereinbarungen treffen will, was
        tendenziell nur bei überschaubaren Unternehmensgrößen denkbar ist.

Aber wir werden uns möglicherweise verabschieden müssen von der bisher ausgesprochen langen Gültigkeit betrieblicher oder tariflicher Regelungen. Ich bin seit 1987
im Berufsleben in der Metall- und Elektroindustrie. In dieser Zeit habe ich in der Metall-
und Elektroindustrie zwei Entgelttarifverträge erlebt, den Lohn- und Gehaltsrahmen-
tarifvertrag, der mit geringfügigen Unterschieden bundesweit die Entgeltgestaltung seit
den 1970er Jahren wesentlich prägte. Entstanden ist diese Entgeltregelung auf der Denk-
und Arbeitswelt der 1950er und 1960er Jahre. Anfang der 2000er Jahre, also nach etwa
dreißig Jahren Gültigkeit, wurde der alte Tarifvertrag durch ERA abgelöst. Das war vor
fünfzehn Jahren. Die entstandenen Regelungen wurden allerdings schon seit Mitte der
1980er Jahre diskutiert und verhandelt und sind auf der Basis der Denk- und Arbeitswelt der 1970er und 1980er Jahre entstanden. Seit 1996 habe ich gemeinsam mit Kunden
über fünfzig betriebliche Entgeltsysteme konzipiert und eingeführt. Mit Ausnahme eines
Unternehmens sind alle Systeme heute noch in Betrieb – wenn überhaupt, dann nur mit
geringfügigen Anpassungen. Die eine Ausnahme: Das Unternehmen wurde aufgekauft
und hat das System der neuen „Mutter" übernommen. Was ich damit sagen will: Das
Feld der Performance-Management- und Entgeltsysteme war bisher nicht die Spielwiese
für übereilte Innovation und schnelle Veränderung. Ich gehe davon aus, dass wir auch
auf diesem Feld weiterhin eher Evolution als Revolution wahrnehmen werden, aber die
Veränderungsgeschwindigkeit wird zunehmen. Wir werden nicht alles über Bord werfen
und vor allem nicht gleichzeitig, aber wir werden uns mit alternativen und ergänzenden
Wegen auseinandersetzen (müssen).
    Neben dem Aspekt der Häufigkeit von Veränderung hält sich auch die Vielfalt der
Systeme in Unternehmen bis heute in eher engen Grenzen. In vielen Fällen gelten zwei
bis drei Regelungen für das ganze Unternehmen. Für die obere(n) Leitungsebenen und
für den Außendienst gelten häufig andere Regelungen. Wenn wir den Erkenntnissen aus
Abschn. 1.6 folgen, werden die Bedürfnisse und Erwartungen der unterschiedlichen
Funktionsbereiche und Zielgruppen wahrscheinlich eher heterogener, als es heute der
Fall ist.
    Ich fasse zusammen:

1. Wahrscheinlich werden wir häufiger bestehende Lösungen und Regelungen ändern
   müssen.
2. Wir werden wahrscheinlich mehr unterschiedliche Regelungen parallel zueinander im
   Unternehmen haben als bisher.

Deshalb dürfen wir gespannt bleiben, aber: Das ist nur Arbeit, die wir wahrscheinlich
häufiger und schneller erledigen müssen. Wir werden also entweder mehr Ressourcen
dafür verwenden oder effizienter werden müssen. So weit ist das nicht neu und mit den
bekannten Routinen beherrschbar.

Spannender ist ein weiterer Aspekt, dem ich mich deshalb umso ausführlicher widmen werde. Er betrifft die Art und Weise, wie Entgeltsysteme entstehen und wie Entgeltsysteme „gelebt" und angewandt werden.

7.1   Der Status quo arbeitet top-down

Entscheidungen über Entgeltsysteme und Entscheidungen über individuelles Entgelt werden herkömmlich in der überwiegenden Mehrzahl aller Fälle von oben nach unten getroffen. Eine Ausnahme gilt vielleicht für Mitarbeiter in einer starken Verhandlungsposition in Umgebungen ohne Entgeltsysteme mit klaren Spielregeln. Entgeltsysteme mit leistungsvariablen Elementen[1] sind meist stark geprägt durch die Rolle von Führungskräften. Dort, wo Leistung beurteilt wird, um Entgelt daran zu knüpfen, wird diese Leistungsbeurteilung in aller Regel durch die Führungskraft erstellt, im Idealfall gut erläutert und mit nachvollziehbaren Beobachtungen und Beispielen unterlegt. Auch wenn das gut gemacht wird, ist es dennoch eher ein Mitteilen als ein gemeinsames Suchen und Aushandeln eines gemeinsam erzielten Ergebnisses.

Ähnliches gilt für Zielvereinbarungen mit Entgeltwirkung – wohlgemerkt immer unter der Prämisse, dass alle Beteiligten sich gut vorbereiten und fit in den Themen sind. Aber auch dann müssen Führungskräfte dafür sorgen, dass sich die individuellen Ziele zu einem Ganzen fügen, das unternehmerischen Zielen dient. Das ist ausgesprochen spannend und sinnvoll, aber gleichzeitig schon anspruchsvoll, wenn individuelle Ziele ohne Entgeltwirkung vereinbart werden. Bei Zielvereinbarungen mit Entgeltwirkung entsprechend einem Zielerreichungsgrad gilt außerdem die Herausforderung, dass Führungskräfte mit all ihren Mitarbeitern Ziele mit Anspruchsniveaus vereinbaren, die zu anderen Mitarbeitern vergleichbar sind. Nur dann können bei vergleichbaren Tätigkeiten ähnlich anspruchsvolle Ziele mit vergleichbaren Entgeltwirkungen bei ähnlichen Zielerreichungsgraden vereinbart werden. Ein kooperatives Aushandeln zwischen einer Führungskraft und einem Mitarbeiter auf Augenhöhe ist damit zumindest insoweit eingeschränkt, wenn es auch im Vergleich zu anderen fair sein soll. Den Einblick hierfür haben die Mitarbeiter eines Teams in den bisher klassischen Zielvereinbarungsprozessen eher weniger. Die vollständige Information und den Quervergleich über alle Mitarbeiter und alle vereinbarten Ziele hat in der Regel nur die Führungskraft.

Auch bei der dritten Entgeltmethode, den kennzahlengebundenen Prämien, ist der Entscheidungsprozess eher top-down angelegt. In einem in der Regel eher kollektiven als individuellen Prozess werden Vorgabezeiten, Zielkorridore, Grenzwerte oder Schwellenwerte für Kennzahlen und deren Verbindung zu Entgelt festgelegt. Die individuelle Einflussnahme und Gestaltungsmöglichkeit ist bei der Festlegung des Regelungsrahmens in

---

[1]Wir vergleichen an dieser Stelle die drei zur Verfügung stehenden Leistungsentgeltmethoden Leistungsbeurteilung 1), Zielvereinbarung 2) und Kennzahlenvergleich 3).

der Regel nicht gegeben. Sie liegt fast ausschließlich in der persönlichen Entscheidung über die Leistungserbringung. Die kooperativen Elemente sind offensichtlich auch bei dieser Leistungsentgeltmethode begrenzt.

Diese Form der Handhabung soll an dieser Stelle nicht kritisiert, sondern zum Zweck der Analyse nur festgestellt werden. Im Status quo der Ausprägung der Leistungsentgeltmethoden handelt es sich somit tendenziell um Top-down-Prozesse, die eher wenige kooperative Anteile zeigen. Die angewandten Methoden basieren trotz aller Weiterentwicklungen auf der Denk- und Arbeitswelt der 1960er bis 1980er Jahre. Auch das soll an dieser Stelle nicht kritisiert werden. Solange sich die Rahmenbedingungen und die Akzeptanz der Anwendung bei den Beteiligten nicht ändern, ist die Anwendung auch weiterhin nicht infrage zu stellen. Dort, wo die Funktionsfähigkeit zur Zufriedenheit aller Beteiligten sichergestellt ist, besteht auch nicht zwingend ein Handlungsbedarf. Wenn sich die Rahmenbedingungen nicht ändern, gilt dies auch mittel- und langfristig, denn Veränderung um der Mode oder der Veränderung willen ist wenig sinnvoll. Sie kostet zusätzlich Energie, ohne zusätzlichen Nutzen zu stiften.

Allerdings sind mehrere parallel verlaufende Veränderungen (siehe dazu insbesondere Abschn. 1.6) zu beobachten, die zumindest ein Nachdenken, wenn nicht sogar in manchen Umgebungen[2] ein Umdenken nahelegen. In einigen Wirtschaftssegmenten, manchmal auch nur in einigen Funktionsbereichen von Unternehmen ist festzustellen: Der Arbeitsmarkt dreht sich weg von einem Anbieter- zu einem Nachfragermarkt, also von einem Arbeitgeber- hin zu einem Arbeitnehmermarkt. Das ist allerdings auch nicht ganz neu. Zeitweise waren als Engpassqualifikationen Elektrotechnik- oder dann Maschinenbauingenieure erkennbar, dann wieder Vertriebs- und IT-Experten oder in manchen Regionen handwerklich-technisches Fachpersonal. Gleichzeitig entwickeln sich Organisationen oder Teile von Organisationen in Richtung häufiger wechselnder Zusammensetzung von Projektteams mit der Folge, dass damit auch bisher langzeitstabile Organigramme mit klaren Über-Unterordnungs-Verhältnissen verschwimmen. Dabei Ziele zu vereinbaren oder anschließend Leistung zu beurteilen, wird zunehmend schwieriger. Dieser Effekt verstärkt sich noch, wenn sich Rollen und Funktionen in agilen Organisationen häufiger verändern. In einem Projekt die Leitungsrolle zu übernehmen und im Folgeprojekt Expertenwissen einfließen zu lassen, um dann in einem weiteren Projekt, in dem das eigene Expertenwissen nicht so bedeutsam ist, einfaches Projektmitglied zu sein, stellt auch an die klassische Arbeitsplatzbewertung und Eingruppierung neue Anforderungen. Wenn dann gleichzeitig noch in stark verzweigten und vernetzten Organisationen individuelle Leistung und individuelle Arbeitsergebnisse nur noch teilweise für direkte Vorgesetzte als Beurteiler sichtbar sind, dann gewinnt leistungsvariable Vergütung noch weiter an Komplexität, die durch klassische Top-down-Prozesse nur noch schwer zu greifen ist.

Allen diesen Entwicklungen ist gemeinsam, dass die persönliche Leistung vielschichtiger wird, die Anzahl der Empfänger individueller Leistung größer wird und

---

[2]Mit Umgebung können bestimmte Branchen, bestimmte Zielgruppen, bestimmte Funktionsbereiche etc. gemeint sein.

durch die eine direkte Führungskraft wie in klassischen hierarchischen Systemen kaum noch umfassend und vollständig erfasst und beurteilt werden kann. Damit sinken fast zwangsläufig die Qualität der Ergebnisse der darauf zugeschnittenen Prozesse und verständlicherweise auch die Akzeptanz dieser Prozesse.

Wohlgemerkt trifft dies noch nicht flächendeckend auf alle Funktionsbereiche in Unternehmen und auch noch nicht auf alle Unternehmen in gleicher Weise zu. Es ist also nicht notwendig, in panischer Reaktion alles über Bord zu werfen. Bei Unzufriedenheit mancher Beteiligter ist es manchmal schon ausreichend, das Bestehende richtig zu machen, weil die Ursache der Unzufriedenheit eben nicht auf das jeweils angewandte System, sondern auf die Art der Anwendung durch die jeweiligen Beteiligten zurückzuführen ist. Es kommt nach wie vor darauf an, zur richtigen Zeit die richtigen Instrumente zur Verfügung zu stellen und diese auch richtig zu nutzen. Und das kann durchaus ein Tool oder ein Prozess sein, der in dem einen Unternehmen ausgedient hat und in dem anderen aus guten Gründen gut funktioniert bzw. sogar neu eingeführt wird.

Aber es ist aufgrund der in manchen Bereichen oder Unternehmen vielschichtigen Veränderungen (siehe dazu Abschn. 1.6) nichtsdestotrotz ein Trend erkennbar, der nahelegt, sich damit zu beschäftigen, wie den (partiell) sich ändernden Bedürfnissen und Erwartungen stärker Rechnung getragen werden kann:

- Stärkere Einbeziehung und Mitwirkung vs. „dem System ausgeliefert sein" (s. Abschn. 7.2, 7.3 und 7.4)
- Größere Transparenz vs. undurchschaubare Mechanismen und Ursache-Wirkungs-Zusammenhänge (s. Abschn. 7.2, 7.3 und 7.4)
- Stärkere Betonung von gemeinschaftlichem Handeln (Team-/Gemeinschaftserlebnis) vs. Einzelleistung (s. Abschn. 7.4 und 7.5).

Zwischenfazit: Je mehr Anteile der VUKA-Welt wir in einem Unternehmen finden und je mehr dort nach agilen Prinzipien gearbeitet wird, umso mehr wird es wohl darum gehen, Verantwortung auch in Bezug auf die Entstehung und Anwendung von Entgeltsystemen zu teilen. Diese Betrachtungsweise wird uns helfen, eine Antwort auf die Frage zu finden, was am ehesten zu den Menschen dieses Unternehmens passt und gleichzeitig der Wertschöpfung des Unternehmens dient.

7.2 Partizipation und Transparenz im Entstehungsprozess von Entgeltsystemen

Vermutlich werden sich im Zuge dieser absehbaren Entwicklungen auch die Anforderungen an unsere Personalentwicklungs- sowie unsere Entgeltfindungsprozesse sukzessive verändern. Auch wenn Mitarbeiter mittelfristig ihr Entgelt in den wenigsten Unternehmen und Funktionsbereichen selbst bestimmen werden, so stellt sich doch die Frage, wie sich dort, wo die oben genannten Entwicklungsrichtungen zusammentreffen, Transparenz,

Partizipation und Einflussnahme der Mitarbeiter steigern lassen. Wichtig scheint mir, Entgeltentscheidungen weiterhin als Verteilungsentscheidungen über ein Budget zu begreifen, das in der Regel begrenzt ist. Wenn die Erwartungen hinsichtlich Beteiligung, Transparenz und gemeinschaftlichem Handeln bei der Verteilung des Budgets erfüllt werden sollen, dann steht eine ganze Bandbreite von Möglichkeiten an verschiedenen Stellen der Entscheidungsprozesse zur Verfügung, die ich im Folgenden systematisch betrachten und auf die Prämissen ihrer Einsatzmöglichkeiten hin prüfen werde.

Unabhängig davon, wer in welcher Form zukünftig Entscheidungen trifft oder an Entscheidungen beteiligt wird, wird die Anforderung an Transparenz nur dann erfüllt werden können, wenn auch für die neu zu definierenden Prozesse klare Spielregeln gelten. Transparenz kann für die Entstehung dieser Spielregeln wie auch für deren Anwendung gelten. Transparenz ohne Spielregeln würde bedeuten, dass im Extremfall alle alles wissen und dabei nur erkennen, dass es keine Spielregeln gibt. Diesem möglichen Entwicklungspfad werde ich nicht weiterfolgen, weil ich nicht davon ausgehe, dass er Organisationen hilft, sich positiv zu entwickeln.

Um mehr Partizipation und Einflussnahme von Mitarbeitern in Entgeltprozessen konstruktiv zu gestalten und nicht in Missstimmung und Verwirrung enden zu lassen, geht es darum, Möglichkeiten von mehr organisierter und systematischer Partizipation und Einflussnahme der Mitarbeiter sowohl im Entstehungs- als auch im Anwendungsprozess von Entgeltsystemen zu untersuchen. Dabei lassen sich bereits angewandte und erprobte Felder für die Prozesselemente Arbeitsplatzbeschreibung/-bewertung und Leistungsentgelt (hier: durch Leistungsbeurteilung) unterscheiden (s. Tab. 7.1).

Bezüglich der Stärkung der Partizipation und Einflussnahme in den verschiedenen Prozessschritten im Entstehungsprozess von Entgeltsystemen (Felder C und D aus Tab. 7.1) stehen erprobte Möglichkeiten zur Verfügung, die nicht erst erfunden werden müssen, die in ihrer Anwendungskombination aber durchaus innovativen Charakter haben (s. Abb. 7.1).

Ich möchte Ihnen noch einen Hinweis geben: Für die meisten Leser werden die kommenden Anregungen in Tab. 7.2 auf den ersten Blick ungewohnt wirken. Vielleicht geht es auch noch nicht darum, sich eine Anwendung für das ganze Unternehmen vorzustellen, sondern sich zuerst einmal mit der Denkweise und den Methoden vertraut zu machen. Dann könnte die erste Überlegung sein: In welchem Bereich könnten wir das denn einmal zuerst in Teilen ausprobieren und später vielleicht großflächiger anwenden?

Ein Tipp dazu: Bohren Sie nicht die dicksten Bretter zuerst, sondern sammeln Sie Erfahrung mit Zielgruppen, die Ihnen dafür eher geeignet erscheinen, weil sie

- Übung darin haben, „breite und tiefe" Themen gemeinsam zu bearbeiten,
- sachlich an kompliziertere Aufgaben herangehen,
- belastbare Arbeitsbeziehungen haben,
- Individual-, Team- und Unternehmensinteressen unterscheiden und betrachten können,
- auch bei anderen Themen schon gute gemeinsame Lösungen gefunden haben.

Zu den in Tab. 7.2 beschriebenen Methoden möchte ich noch eine Reihe von Hinweisen und Beispielen geben.

Tab. 7.1 Partizipation im Entstehungs- und Anwendungsprozess von Entgeltsystemen

		Anwendungsprozess des Entgeltsystems	
		Weniger partizipativ	Eher partizipativ
Entstehungs prozess des Entgeltsystems	Weniger partizipativ	**A** Traditionell: Entgeltsystem entsteht top-down und wird auch top-down ausschließlich durch Führungskräfte angewendet	**B** Entstehung top-down, aber Anwendung ganz oder teilweise unter Einbeziehung der Mitarbeiter bei der Erfassung, Beschreibung und Bewertung von Arbeitsplätzen sowie durch Kollegial(-leistungs-) Beurteilung
	Eher partizipativ	**C** Einbeziehung der Mitarbeiter bei der Entstehung des Instruments sowohl bei der Erfassung, Beschreibung und Bewertung von Arbeitsplätzen als auch bei der Definition des Leistungsbeurteilungsprozesses. Aber die Anwendung erfolgt traditionell top-down ausschließlich durch Führungskräfte →s. Abschn. 7.2	**D** Einbeziehung der Mitarbeiter bei der Entstehung des Instruments und Anwendung z. B. durch Einbeziehung der Mitarbeiter bei der Erfassung, Beschreibung und Bewertung von Arbeitsplätzen wie auch bei der Definition und der Durchführung des Leistungsbeurteilungsprozesses →s. Abschn. 7.3, 7.4 und 7.5

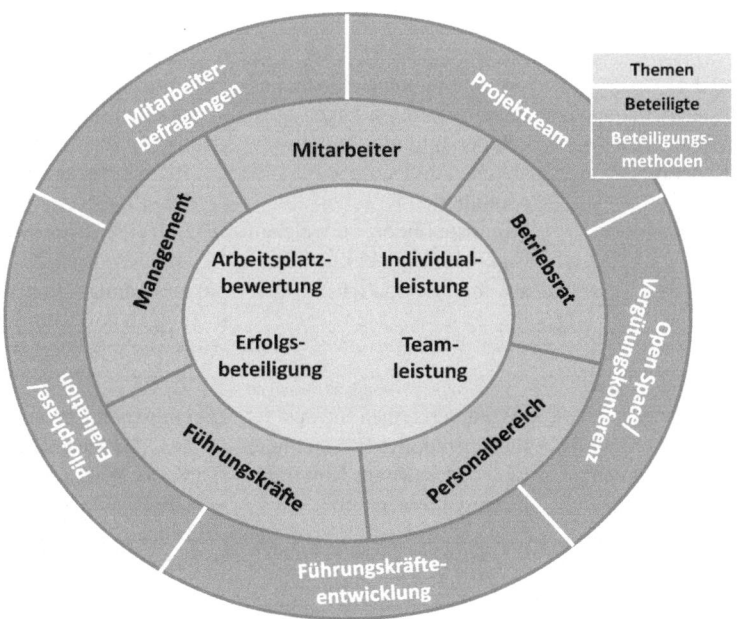

Abb. 7.1 Themenfelder, Beteiligte und Beteiligungsmethoden bei der Gestaltung von Entgeltsystemen

Tab. 7.2 Prozessschritte, Leitfragen und Methoden der Partizipation

Prozessschritt	Leitfrage	Erprobte Methoden der Partizipation
1. Festlegung der Kriterien zur Bewertung von Arbeitsplätzen	„Wenn Sie unterschiedliche Arbeitsplätze im Unternehmen miteinander vergleichen, woran (an welchen Merkmalen) erkennen Sie aus Ihrer persönlichen Sicht dann den Wert eines Arbeitsplatzes (nicht der Person) für das Unternehmen?"	a) Kurze Workshops mit repräsentativen Gruppen b) Einzelbefragung von Mitarbeitern nach Zufallsauswahl c) Fragebogen mit der offenen Leitfrage ohne weitere Vorgaben d) Online-Befragung und anschließende Clusterung der Ergebnisse e) Als Variante ist auch a) und b) mit anschließender Durchführung von d) möglich. f) Anschließende Veröffentlichung des Ergebnisses
2. Erfassung bewertungsrelevanter Tätigkeiten an den verschiedenen Arbeitsplätzen des Unternehmens	„Welches sind aus Ihrer persönlichen Sicht an Ihrem Arbeitsplatz die drei bis fünf wertigkeitsprägenden Tätigkeiten?" (Tipps und Anregungen zur Arbeitsplatzbewertung siehe auch Abschn. 2.1)	a) Erfassung und Dokumentation durch die Mitarbeiter b) Bereichsbezogenes Zusammenführen der Entwürfe durch ein kleines Team c) ggf. mit anschließender Besprechung und Ergänzung mit den jeweiligen Führungskräften d) Anschließende Veröffentlichung des Ergebnisses
3. Bewertung der beschriebenen Arbeitsplätze auf der Basis der festgelegten Kriterien	„Wenn Sie unterschiedliche Arbeitsplätze im Unternehmen miteinander vergleichen und auf der Basis der vereinbarten Kriterien eine Rangliste bilden, zu welchem Ergebnis kommen Sie dann aus Ihrer persönlichen Sicht?"	a) Online-Befragung aller Mitarbeiter und Auswertung b) (Mehrere) Workshops mit Repräsentanten verschiedener Funktionsbereiche c) Einzelbefragung von Mitarbeitern nach Zufallsauswahl d) Zusammenführen der Bewertungen durch ein kleines Team e) Anschließende Veröffentlichung des Ergebnisses
4. Festlegung und Beschreibung der Kriterien für die Beurteilung von Leistung	„Woran erkennen Sie aus Ihrer persönlichen Sicht gute Leistung in Ihrem Umfeld/in Ihrem Unternehmen?"	a) Online-Befragung und anschließende Clusterung b) Kurze Workshops mit repräsentativen Gruppen c) Einzelbefragung von Mitarbeitern nach Zufallsauswahl d) Zusammenführung der Ergebnisse durch ein kleines Team e) Anschließende Veröffentlichung des Ergebnisses

(Fortsetzung)

Tab. 7.2 (Fortsetzung)

Prozessschritt	Leitfrage	Erprobte Methoden der Partizipation
5. Festlegung des Anteils von leistungsvariablen Elementen an der Gesamtvergütung	„Wenn Sie das heutige monatliche Entgelt (100 %) betrachten, was wäre aus Ihrer persönlichen Sicht ein angemessener Anteil (in %), der von Ihrer persönlichen Leistung abhängig sein sollte?"	a) Online-Befragung b) Kurze Workshops mit repräsentativen Gruppen c) Zusammenführung der Ergebnisse durch ein kleines Team d) Anschließende Veröffentlichung des Ergebnisses
6. Festlegung des Anteils von Individualleistung und Teamleistung an der Gesamtvergütung (Mehr zum diesem Thema in Abschn. 7.5)	„Wenn wir das heutige Leistungsentgelt (100 %) in eine Teamleistungskomponente und eine Einzelleistungskomponente aufteilen, welchen Anteil (in %) sollten diese beiden Komponenten aus Ihrer persönlichen Sicht haben?"	a) Online-Befragung b) Kurze Workshops mit repräsentativen Gruppen c) Anschließende Veröffentlichung des Ergebnisses

Diese Methoden zeigen Möglichkeiten auf, die Partizipation und Einflussnahme der Mitarbeiter zu erhöhen. Sie sind als Erweiterung der **Arbeit von Projektteams** zu verstehen, wie sie in Kap. 4 beschrieben ist. Es ist möglich, aber nicht immer notwendig, alle Schritte mit allen zu gehen.

Die Anwendung dieser Methoden ist kein Ersatz für, sondern eine Ergänzung der **Mitbestimmung des Betriebsrats** und immer unter Beteiligung des Betriebsrats zu verstehen. Trotz dieser klaren rechtlichen Sachlage gehen Betriebsräte und Betriebsratsgremium Stand heute sehr unterschiedlich mit der breiteren Einbeziehung von Führungskräften und Mitarbeitern im Gestaltungsprozess von Entgeltsystemen um. Die Bandbreite reicht von Begeisterung bis hin zur vermuteten Umgehung der Mitbestimmungsrechte des Betriebsrats und Ablehnung oder auch zum stillen Boykott. Aus meiner Sicht sind die Mitbestimmungsrechte des Betriebsrats bei Gestaltungsfragen von Entgeltsystemen vollkommen unstrittig. Für mich ist die Erwartungshaltung der Mitarbeiter und Führungskräfte an dieser Stelle der Maßstab. Wenn die Erwartungshaltung der Mitarbeiter tatsächlich in Richtung stärkerer Mitwirkung und Einbeziehung geht und der Betriebsrat diese Erwartungshaltung repräsentiert, wird es zur oben genannten Vorgehensweise auch Konsens geben. Die VUKA-Welt und alle weiteren Veränderungen stellen auch für Betriebsräte eine Herausforderung dar und bringen einen Lernprozess mit sich, der in unterschiedlichen Geschwindigkeiten vollzogen wird.

Die Durchführung von Workshops mit repräsentativen Gruppen mag für manchen Betrachter im Zusammenhang mit der Gestaltung von Entgeltsystemen nur schwer vorstellbar sein. Wenn die Leitfragen, entlang derer gearbeitet werden soll, mit stringenter Moderation bearbeitet werden, dann sind die Ergebnisse in der Regel belastbar. Gleichzeitig ist auch bei diesen Workshops für die Beteiligten spürbar, dass diese Themen nicht ganz einfach sind. Die Komplexität und gleichzeitig die Verantwortung zu spüren, ist ein wichtiger Teil dieses Entscheidungs- und Lernprozesses. In den meisten Fällen wird die Erfahrung gemacht, dass die Beteiligten mit Schwung und ideenreich an die Arbeit gehen und wesentliche Beiträge leisten. Es gilt aber auch, dass, wenn die Workshops nur als Alibiveranstaltung stattfinden, dies von den Beteiligten auch bemerkt wird. Dass dies eher nicht zur Identifikation mit den Ergebnissen führt, ist nachvollziehbar.

Die Durchführung von Online-Befragungen über PCs, Tablets und Smartphones ist inzwischen technisch auf einfache Art und Weise möglich. Dazu können verschiedene einfach konfigurierbare Plattformen genutzt werden. Entscheidend ist dabei die Präzision der Fragestellung und ggf. die Vorbereitung von Leitfragen oder Auswahlmöglichkeiten aus den Ergebnissen von vorangegangenen Workshops mit ausgewählten oder zufällig zusammengesetzten Gruppen.

Beispiel 1

In einem Maschinenbauunternehmen mit 1500 Mitarbeitern wurden in einer Kombination aus Fragebogen und Online-Befragung die Sichtweisen der Mitarbeiter zu der Frage „Woran erkennen Sie aus Ihrer persönlichen Sicht gute Leistung in Ihrem Umfeld bzw. bei XY GmbH?" eingeholt. Bei einer Beteiligungsquote von knapp unter 30 % erhielt das Projektteam etwa 2000 Anregungen in Form von Begriffen wie „Qualität" oder beobachtbarem Verhalten „Macht es beim ersten Mal richtig". Hilfreicher waren Inputs zu beobachtbarem Verhalten, die anschließend vom Projektteam sortiert, ausgewählt, komprimiert und veröffentlicht wurden (detailliertere Hinweise zur Vorgehensweise in Abschn. 2.2.2). Die Ergebnisse wurden direkt bei der Gestaltung der Leistungsbeurteilung eingesetzt. Spannend war folgende Erkenntnis: Es wurde in ausgesprochen hohem Maße deutlich, dass die Befragten ein sehr umfassendes Verständnis von Leistung haben. Wenn früher Leistung im Entgeltsystem noch weitgehend darauf reduziert wurde, was man zählen, messen und wiegen kann, dann wurde der Begriff „Leistung" in diesem Unternehmen von einem Tag auf den anderen vollkommen neu definiert. Mitdenken in den Prozessen, gegenseitige Unterstützung, effizientes Nutzen der Zeit, Verbessern im eigenen Umfeld usw. sind als Beschreibungen entstanden, die beobachtbar sind und der Wertschöpfung des Unternehmens dienen.[3]

---

[3]Mehr zur Beschreibung von Leistung durch beobachtbares Verhalten finden Sie in Abschn. 2.2.2.

Nicht unerwartet wurde die Gelegenheit der Befragung auch von manchen Mitarbeitern genutzt, um Aspekte (und auch Frust) zu ganz anderen Themen loszuwerden. Das Projektteam hat auch dies unter der Rubrik „Kritisches und Heiteres" gesammelt und hat seinen Umgang damit wie folgt erläutert:

„Liebe KollegInnen,

wir haben bei unserer Befragung „Woran erkennen Sie aus Ihrer persönlichen Sicht gute Leistung in Ihrem Umfeld bzw. bei XY GmbH?" viele wertvolle Anregungen bis hin zu sehr konkreten Formulierungen erhalten. Etwa 500 KollegInnen haben sich die Mühe und Gedanken gemacht. Dafür möchten wir uns sehr herzlich bedanken. Wir haben die Vorschläge zum Teil sogar wörtlich übernehmen können. Viele Anregungen haben sich natürlich überschnitten, sodass wir sie zusammengeführt haben. Inhaltlich, also bezogen auf den Sinn, haben wir nichts verändert. Manches hatte mit der Frage, die wir gestellt haben, nichts zu tun. Deshalb können wir uns als Projektteam nicht darum kümmern. Wenn Ihnen Ihr Thema wichtig ist, dann bitten wir Sie, sich mit Ihrem Anliegen an Ihren Vorgesetzten, gerne auch den nächsthöheren Vorgesetzten oder den Betriebsrat zu wenden."

Beispiel 2

In einem Engineering-Tochterunternehmen mit 60 Mitarbeitern, das zu einer international tätigen Firmengruppe der Elektronikindustrie gehört, wurden alle sechs Prozessschritte, die in Tab. 7.2 beschrieben sind, gemeinsam in verschiedenen Workshops durchlaufen. Die Zwischenergebnisse wurden jeweils im Prozess zwischendurch allen Beteiligten zur Verfügung gestellt und teilweise nochmals überarbeitet. Im Ergebnis wurde eine Betriebsvereinbarung zu einem neuen Entgeltsystem nach einer Konzeptionsphase von neun Monaten mit einer nachfolgenden einjährigen Umsetzungsphase abgeschlossen. Der Gesamtaufwand lag bei ca. 200 Manntagen. Darin sind die Anwendertrainings für die neun Führungskräfte auf zwei Ebenen bereits enthalten[4]. Die Reibungsverluste im Zuge der Einführung waren gering, aber selbstverständlich in Einzelfällen trotzdem vorhanden. Auch unter Beteiligung des Betriebsrates werden gefühlte Besitzstände berührt und Komfortzonen gestört. Das ist bei der Arbeit an Entgeltsystemen nicht anders als bei anderen Veränderungsprozessen.

Veränderungen mit vielen Menschen an Bord[5] Entgeltsysteme berühren Menschen intensiv. Sie geben Feedback, sie ordnen Mitarbeitern einen Platz im System „Unternehmen" zu, sie beurteilen Leistung und sie regeln den Anteil jedes Mitarbeiters an monatlichen, quartalsweisen oder jährlichen Zahlungen. Änderungen von

---

[4]Zur Vorgehensweise siehe auch Abschn. 4.3.

[5]Siehe dazu auch Jürgen Weißenrieder/Marijan Kosel: Nachhaltiges Personalmanagement. Acht Instrumente zur systematischen Umsetzung. Gabler, Wiesbaden 2005, Seite 111 ff.

Entgeltsystemen berühren all diese Themen naturgemäß ebenfalls und Menschen machen sich deshalb Gedanken und Sorgen. Das ist wie bei vielen anderen Veränderungen auch hier der Fall. Änderungen von Entgeltsystemen unterliegen damit auch den gleichen Gesetzmäßigkeiten wie andere Change-Prozesse.

Partizipation von vielen Menschen bei der Gestaltung von Entgeltsystemen scheint aus heutiger Sicht vielen Beteiligten wie „ein Buch mit sieben Siegeln". Aber die Konzepte sind vielfältig erprobt, auch bei der Gestaltung von Entgeltsystemen. Methoden[6] wie Open Space, Real Time Strategic Conference und Dynamic Facilitation lassen sich auch im Entstehungsprozess von Entgeltsystemen nutzen.

Ich weiß, dass dies manchem „altgedienten", in vielen Verhandlungsrunden gestählten B&C-Experten vielleicht absurd vorkommen mag, unter Umständen sogar mit einfachen Leuten aus Produktion und Logistik ein Entgeltsystem zu „bauen". Wenn man das nach den Regeln der Kunst vorbereitet, setzen sich vernünftige Lösungen mit deutlich höherer Akzeptanz durch[7].

Neumodisches Zeug? – Design Thinking[8] geht auch bei Entgelt! Design Thinking ist ein Ansatz zur Problemlösung, der konsequent mit den Augen des Anwenders betrachtet. Ursprünglich ging es dabei um die Entwicklung von Produkten, die man in die Hand nehmen kann, aber auch von Software für unterschiedlichste Anwendungen. Die Logik dieser Vorgehensweise lässt sich auf fast alle Problemstellungen anwenden und gleichzeitig wird systematisch Partizipation ermöglicht. Die drei Hauptelemente sind:

- Multidisziplinäre Teams
- Ein multifunktionaler Raum mit vielen Möglichkeiten zur körperlichen und geistigen Bewegung, der Zusammenarbeit in unterschiedlichen Zusammensetzungen ermöglicht
- Ein multifokaler Prozess mit Moderatoren, die das Team durch die notwendigen Prozessschritte (z. B. die Leitfragen aus Tab. 7.2) führen

Das klingt alles nicht ganz neu. Allerdings: Im Vergleich zu *keinem Projektmanagement* oder einem *eher starren Projektmanagement* wird diese Methode einer sich ändernden Umgebung und einer sich ändernden Zielgruppe in der Vorgehensweise eher gerecht.

---

[6]Siehe dazu vor allem Matthias zur Bonsen und Peter Bauer: Real Time Strategic Change: Schneller Wandel mit großen Gruppen (systemisches Management). Klett-Cotta, Stuttgart 2008 und Rosa Zubizaretta/Matthias zur Bonsen (Hrsg.): Dynamic Facilitation. Die erfolgreiche Moderationsmethode für schwierige und verfahrene Situationen. Beltz, Weinheim 2014.

[7]Ständig entstehen neue Tools, die diese Wege unterstützen. So lassen sich zum Beispiel auch in großen Gruppen in Sekundenschnelle mit Apps wie Mentimeter Beiträge sammeln, Stimmungsbilder visualisieren oder Entscheidungen herbeiführen.

[8]Mehr zu Design Thinking finden Sie bei Nowottny, Valentin: Agile Unternehmen. Was sich nicht bewegt, kann sich nicht verbessern. Business Village, Göttingen 2017, Seite 157 ff.

▶ **Das heißt:** Es stehen Methoden zur Verfügung, mit deren Hilfe die notwendigen Themen entlang der Leitfragen aus Tab. 7.2 systematisch abgearbeitet werden können. Die bisher gemachten Erfahrungen zeigen, dass bei den unterschiedlichen Vorgehensweisen vernünftige und belastbare Ergebnisse erzielt werden, deren Akzeptanz vergleichsweise hoch ist. Interessant zu beobachten ist auch, dass sich Partikularinteressen nur selten durchsetzen. Trotzdem brauchen auch diese Ergebnisse in der Anwendung „Wartung und Pflege" und werden nicht automatisch zum Selbstläufer.

7.3 Partizipation und Transparenz im Anwendungsprozess von Entgeltsystemen

Entgeltsysteme haben auch in Zukunft eine Feedbackwirkung. Sie bringen in Euro auf den Punkt, wie der Beitrag des Mitarbeiters und seine Funktion im Unternehmen mit allen Unschärfen und teilweise berechtigt kritisierten Schwachpunkten gesehen wird. Feedback ist wichtig, muss aber nicht zwingend mit Entgeltentscheidungen verbunden sein. Zu Beginn der folgenden Überlegungen ist mir wichtig anzumerken, dass Feedback einen eigenen Wert darstellt, auch ohne Entgeltwirkung. Wir Menschen brauchen Feedback, weil wir uns im Spiegel der anderen sehen, erleben und wahrnehmen. Wenn Feedback fehlt, fehlt Orientierung, und fehlendes Feedback macht viele Menschen unsicher. Wenn Feedback fehlt, beginnen nicht wenige Menschen, jedes Schmunzeln, jeden hochgezogenen Mundwinkel oder jede andere Äußerung auf unausgesprochene Urteile zu prüfen.

Viele Unternehmen haben sehr ausgefeilte und von hoher Akzeptanz getragene Jahres-/Personalentwicklungs-/Mitarbeitergespräche. Die hohe Akzeptanz rührt in der Regel nicht vom Instrument selbst her, sondern von der Atmosphäre und der Kultur, mit der die beteiligten Mitarbeiter und Führungskräfte das Instrument spielen. Und trotzdem ist der Anteil von Führungskräften und Mitarbeitern, die nicht (mehr) zufrieden mit der gängigen Form von Leistungsbeurteilungen, Zielvereinbarungs- und Feedbackprozessen sind, existent. Sie haben aber nicht zwingend mit der Entgeltwirkung des Systems zu tun.

Immer dann, wenn diese Gespräche hohe Akzeptanz bei den Mitarbeitern und einen hohen Stellenwert für die Führungskräfte haben, sind es wirkungsvolle Gespräche im Sinne von Auslösern für weitere Entwicklung. Nicht immer ist das auch mir selbst in meiner Rolle als Führungskraft gelungen. Wenn es mir nicht gelungen ist, dann habe ich im besten Fall ein ordentliches Beurteilungsgespräch geführt. Im schlimmeren Fall ist es mir „gelungen", trotz hehren Zielen in weniger als einer Stunde ggf. die Motivation und die Produktivität einer Mitarbeiterin vorübergehend oder nachhaltig zu stören.

Klassische Beurteilungsgespräche im Zusammenhang mit Entgeltsystemen nehmen leider nicht immer den Verlauf, dass sie eine gute Standortbestimmung liefern, Ausgangspunkt für weitere Entwicklung sind und Mitarbeiter anschließend guter Dinge neue Themen aufgreifen und voller Energie und mit großem Antrieb gewichtige Projekte und

Sonderaufgaben anpacken. Das hat wahrscheinlich damit zu tun, dass die Gespräche so empfunden werden, wie sie zum Teil auch bewusst oder unbewusst gedacht sind: Durch das Feedback, das wir geben, wollen wir, dass Menschen etwas so tun, wie wir es wollen oder – mit noch stärker negativen Folgen – so werden sollen, wie wir es wollen. Beides erscheint aus dem Blickwinkel einer Führungskraft, die Ziele erreichen will und muss, legitim nach dem Motto „Das Leben ist kein Ponyhof und die Arbeitswelt ohnehin nicht"!

Über Jahre und Jahrzehnte haben wir versucht, Beurteilungs- und Vergütungssysteme zu optimieren, besser zu erklären und Führungskräfte zu trainieren, ihren Job in dem Zusammenhang richtig und gut zu machen – und wir sind besser geworden. Was sich dabei auch gezeigt hat, ist nach meiner Wahrnehmung, dass die Entwicklung von Beurteilungsverfahren weg von Kontroll- und Verurteilungsinstrumenten hin zu einem Dialog, der sich an Inhalten orientiert, nur dort gelungen ist, wo weniger „beurteilt" wird im Sinne von Notengebung wie in der Schule, sondern eher den folgenden Leitfragen nachgegangen wird:

1. Was ist im vergangenen Jahr aus deiner/meiner Sicht gut gelaufen und worauf können wir damit auch stolz sein?
2. Was hast du/habe ich dabei im Verlauf des vergangenen Jahres gelernt?
3. Was ist nicht so gut gelaufen oder was hättest du/hätten wir anders machen können?
4. Was lernen wir beide daraus?
5. Was kommt im nächsten Jahr auf dich/auf uns zu?
6. Wie kann ich dir/wie kannst du mir dabei helfen?

Das sind die Leitfragen, die mit höherer Wahrscheinlichkeit zu einem positiven Effekt hinsichtlich der Entwicklung des Mitarbeiters, der Entwicklung der Arbeitsbeziehung und auch der Bewältigung zukünftiger Aufgaben führen können. Dann wird das Gespräch nicht im Stil einer „Unterwerfung", sondern in der ehrlichen Haltung des gemeinsamen Untersuchens der Situation und der gemeinsamen Pläne geführt.

Nur die Leitfragen 1 und 3 würden in diesem Kontext der Leistungsbeurteilung dienen und ggf. entgeltwirksam werden. Die anderen Leitfragen setzen den Schwerpunkt gegenüber klassischer Leistungsbeurteilung anders. Sie sind eher zukunfts- und entwicklungsorientiert und nicht nur vergangenheitsbezogen.

Konkret heißt das somit, dass nicht die Beurteilung im Vordergrund steht, sondern das Besprechen von Ereignissen, Ergebnissen, Erfolgserlebnissen und Lernfeldern. Aus diesen Erkenntnissen heraus abgeleitet darf am Ende auch über die folgende Frage gesprochen werden:

„Wenn wir das jetzt alles zusammenfassen, wo sehe ich dich im Vergleich zu Kollegen mit ähnlichen Aufgabengebieten auf einer Skala von +2 (viel besser) …. 0 (gleich) …. −2 (mit Rückstand)?"

Damit sind wir dann wieder bei einer für Entgeltsysteme verwertbaren Skala. Ich bin mir im Klaren darüber, dass sich die Realität in unseren Unternehmen dazu sehr heterogen darstellt. Wir haben die ganze Bandbreite aller möglichen Entwicklungs-stadien auf dem Weg dahin, und gleichzeitig besteht das Problem, dass wir im Zusammenhang mit Beurteilungssystemen, die nicht nur Entwicklungscharakter haben, sondern auch Entgeltrelevanz, nicht nur inhaltliches Feedback geben, sondern auch Leistungsergebnisse und -vergleiche auf den Punkt bringen müssen. Und das geschieht in der Regel einseitig. Das ist bisher der Part, der der Führungskraft zugeschrieben wird, und es ist in aller Regel kein Dialog von Partnern auf Augenhöhe. Dazu gehört fast zwangsläufig, dass man nicht nur stärkenorientiert eine Reflexion auf der Basis der oben genannten Leitfragen durchführen kann. In solchen Gesprächen sind die Rollen und auch die Macht klar verteilt und zugeordnet. Ein wesentlicher Bestandteil ist auch, dass auf den Punkt gebracht wird, was noch fehlt und wo die Defizite sind. Sonst ist ein im Quervergleich faires und differenziertes Entgelt nach dem heutigen Weltbild kaum zu realisieren. Das ist von den Beteiligten mehr oder weniger akzeptiert, zumindest hat man sich daran gewöhnt.

Das ist für viele Unternehmen der Status quo und natürlich gilt auch hier, dass es in jedem Unternehmen bei gleichen Instrumenten unterschiedlichste Qualitäten der Anwendung gibt, abhängig von der Unternehmenskultur und den Usern, also den Führungskräften und den Mitarbeitern. Es gelingt nicht allen und es gelingt auch nicht mit allen gleich gut.

Wenn jetzt noch der Anspruch in Bezug auf Stärkung der Partizipation und Einflussnahme der Mitarbeiter bzw. der Teams in der Durchführung, also im Anwendungsprozess von Entgeltsystemen (Felder B und D aus Tab. 7.1) zunimmt, dann steigen, wenn man besseren Output erzielen will, auch gleichzeitig die Anforderungen an den Prozess. Der Nutzen bzw. die Steigerung der Prozessqualität lägen darin, dass damit der Blickwinkel durch die Sichtweisen anderer Beteiligter vergrößert und die Datenbasis bzw. die Grundlage für die Beurteilung erhöht würden. Das Bild würde mehr Pixel bzw. das Mosaik würde mehr Steine bekommen.

Gedanklich schieben wir den Partizipationsregler in Tab. 7.3 also langsam nach rechts und prüfen die jeweiligen Stufen der Partizipation und Einflussnahme gleichzeitig auf notwendige Rahmenbedingungen für die Anwendbarkeit für Vergütung. Ich möchte vorausschicken, dass alle folgenden Anregungen bereits in Unternehmen umgesetzt sind und nicht meiner (sicher lebhaften) Fantasie entsprungen sind.

Tab. 7.3 Der Partizipationsregler

Wer beurteilt Leistung bzw. trifft Entgeltentscheidungen?			
Status quo: Direkte Führungskraft alleine	Direkte Führungskraft nach Einholung von Einschätzungen des Mitarbeiters/des Teams → Abschn. 7.3.1	Direkte Führungskraft gemeinsam mit dem Team → Abschn. 7.3.2	Mitarbeiter bestimmen ihr Entgelt selbst bzw. Team verteilt autonom ein Budget → Abschn. 7.3.3

▶Partizipation und Einflussnahme der Mitarbeiter/des Teams nehmen zu◀

Wenn in diesem Zusammenhang von Teams die Rede ist, dann geht es um eine organisatorische Einheit mit bis zu zwölf Menschen, die im Alltag zusammenarbeiten. Teams, die größer sind, bieten in der Regel zu wenige Kooperationssituationen, als dass eine gegenseitige Beurteilung fundiert und sinnvoll wäre. Wenn zu wenige Berührungspunkte auftreten, verliert Feedback seine Kraft im Sinne einer Einschätzung der Gesamtleistung über zum Beispiel ein Jahr hinweg.

7.3.1 Die direkte Führungskraft beteiligt die Mitarbeiter und holt Einschätzungen ein

Die Haltung dazu ist: „Ich bin sehr interessiert an euren Sichtweisen und nehme sie sehr ernst. Auf der Basis eurer Inputs im Abgleich mit meinen Sichtweisen werde ich die Leistungsbeurteilungen erstellen."

Das Einholen von Einschätzungen dient also dazu, die Einschätzungen der Führungskraft zu ergänzen, zu hinterfragen oder zu festigen. Dazu werden in der Praxis verschiedene Vorgehensweisen und Tools genutzt.

a) Der Mitarbeiter erstellt und begründet die Leistungsbeurteilung aus seiner Sicht und stellt sie dem Chef vorab zur Verfügung. Zur Vorbereitung kann das im Unternehmen verwendete Beurteilungsformular dienen, das vielleicht einleitend durch folgende Leitfragen ergänzt wird:
   - Was ist im vergangenen Jahr aus meiner Sicht gut gelaufen und worauf bin ich sogar ein bisschen (sehr) stolz?
   - Was habe ich dabei im Verlauf des vergangenen Jahres gelernt?
   - Was ist nicht so gut gelaufen oder was hätte ich anders machen können?
   - Was lerne ich daraus?

   Vielleicht noch eine Information für diejenigen, die davon ausgehen, dass sich Mitarbeiter grundsätzlich besser beurteilen, als das die Führungskraft tut: In 85 % der Fälle beurteilen sich Mitarbeiter gleich oder kritischer als die Führungskraft. Damit haben wir „nur" einen Anteil von ca. 15 % negativer Abweichungen von Selbstbild zu Fremdbild. Ich überlasse es Ihrer Risikobewertung, ob das aus Ihrer Sicht angemessen ist. Wenn Sie in Ihrem Team einen höheren Anteil von Mitarbeitern befürchten, bei denen Sie davon ausgehen, dass das Selbstbild besser ist als das Fremdbild, dann ist es umso wichtiger, intensiver Feedback zu geben und Ihre Erwartungen klarer mitzuteilen. Dann werden Selbsteinschätzungen realistischer und manchmal werden auch Beurteilungen dadurch vollständiger und realistischer. Um im Bild von oben zu bleiben, das Bild bekommt mehr Pixel.

b) In Abschn. 2.2.2.2 haben wir davon gesprochen, dass Leistungsbeurteilungen, die mit Beschreibungen beobachtbaren Verhaltens hinterlegt sind, als konkreter wahrgenommen werden und leichter zu erstellen sind. Ein Beispiel hierzu befindet sich im Anhang. Es erleichtert einen differenzierteren Blick auf sich selbst, wenn man dies

„durch die Brille dieser Beschreibungen" tut. Punkt a kann dadurch ergänzt werden. Es ist aber auch möglich, ohne ein Beurteilungsformular mit einer Beurteilungsskala, die Leitfragen …

– Was ist im vergangenen Jahr aus meiner Sicht gut gelaufen und worauf bin ich sogar ein bisschen (sehr) stolz?
– Was habe ich dabei im Verlauf des vergangenen Jahres gelernt?
– Was ist nicht so gut gelaufen oder was hätte ich anders machen können?
– Was lerne ich daraus?

… entlang der Beschreibungen der Leistungsmerkmale zu beantworten. Damit wird also keine Leistungsbeurteilungsstufe oder ein Ergebnis vorgeschlagen, sondern es werden ausschließlich inhaltliche Hinweise gegeben, die für eine Leistungsbeurteilung bzw. für ein Feedback hilfreich sind. Diese Hinweise werden der Führungskraft zur Vorbereitung der Leistungsbeurteilung zur Verfügung gestellt.

c) Im Vorfeld des Beurteilungsprozesses holt der Beurteiler/die Führungskraft von allen Teammitgliedern Feedback über jedes Teammitglied mit der Frage ein:
… (Name)… leistet für unser Team/für unser Unternehmen (viel) mehr oder (viel) weniger als ich …. +3 …. 0 …. −3?
Diese Vorgehensweise ist etwas weniger differenziert, aber dafür deutlich auf den Punkt gebracht. Methodisch gesehen geht es hier um das Zusammenführen von Paarvergleichen, in denen sich jeder Mitarbeiter mit jedem anderen Kollegen im Team und auch die anderen Kollegen untereinander vergleicht. Sie ist weniger inhaltlich geprägt, lässt sich aber mit dem in Abb. 7.2 gezeigten Übersichtsblatt leicht auswerten.

Aus dieser Kollegialbeurteilung leitet sich nach einer Sortierung nach den Ergebnissen in der Spalte „Punktesumme" ein Peer-Ranking ab (s. Abb. 7.3).

Das sind in komprimierter Form die Einschätzungen der Leistungen bzw. Beiträge der Teammitglieder untereinander, die die Führungskraft nun kennt und bei der eigenen Beurteilung einfließen lassen kann. In welchem Maße die Kollegialbeurteilung einfließt und wie stark dieses Kollegenfeedback in einem Gespräch thematisiert wird, ist damit noch offen.

Diese Kollegialbeurteilung durch eine reine Bewertung mit Punkten kann qualitativ erweitert werden. Folgende Leitfragen können helfen, das Rating mit Inhalten zu hinterlegen, die jedem Mitarbeiter auch Entwicklungstipps bzw. Hinweise zu den wahrgenommenen Stärken geben:

– Was ist bei X im vergangenen Jahr aus meiner Sicht gut gelaufen und worauf kann er/sie stolz sein?
– Welche Fortschritte habe ich bei X im vergangenen Jahr wahrgenommen?
– Was ist bei X nicht so gut gelaufen oder was hätte er/sie anders machen können?
– Worauf müsste X im kommenden Jahr besonders achten?

An dieser Stelle wird es vermutlich sehr unterschiedliche Reaktionen auf diese Vorgehensweise geben. Manche werden vielleicht denken: „Das kann doch nicht funktionieren. Das gibt doch nur Mord und Totschlag und dieses Team wird anschließend nicht mehr zusammenarbeiten können." Andere werden möglicherweise denken:

	Harry	Hannes	Mike	Tami	Mohammed	Niklas	Josip	Rick	Charli	Manfred	Paul	Jörg	Bernd	Punkte-summe
Harry		1	3	2	2	2	1	1	3	2	2	2	1	22
Hannes	1		3	2	1	2	1	-2	3	2	1	2	1	17
Mike	-1	2		2	3	1	-1	2	-1	2	3	1	-1	12
Tami	0	3	2		2	2	1	3	2	1	2	2	1	21
Mohammed	1	0	1	2		2	2	0	1	2	-1	2	2	14
Niklas	2	-1	1	-1	0		-2	-1	1	-1	0	1	-2	-3
Josip	-1	-2	0	1	0	-1		-2	0	1	0	-1	-1	-6
Rick	-2	-2	0	1	0	1	-1		0	1	0	1	-1	-2
Charli	0	0	-1	1	0	-2	-1	0		1	0	-2	-1	-5
Manfred	0	1	-2	1	-1	0	-1	1	-2		0	0	-1	-5
Paul	-3	0	-3	0	-1	-2	-2	0	-3	0		-2	-2	-18
Jörg	0	2	-2	1	-1	1	-1	2	-2	1	-1		-1	-1
Bernd	2	1	0	1	-1	-1	-1	1	0	1	-1	-1		1

von Beurteilern vergebene Punkte senkrecht eintragen

erhaltene Punkte jeweils waagrecht addieren

Abb. 7.2 Leistungsbeurteilung mit Paarvergleich – Ergebnisdaten

von Beurteilern vergebene Punkte senkrecht eintragen	Harry	Hannes	Mike	Tami	Mohammed	Niklas	Josip	Rick	Charli	Manfred	Paul	Jörg	Bernd	Punktesumme
Harry		1	3	2	2	2	1	1	3	2	2	2	1	22
Tami	0	3	2		2	2	1	3	2	1	2	2	1	21
Hannes	1		3	2	1	2	1	-2	3	2	1	2	1	17
Mohammed	1	0	1	2		2	2	0	1	2	-1	2	2	14
Mike	-1	2		2	3	1	-1	2	-1	2	3	1	-1	12
Bernd	2	1	0	1	-1	-1	-1	1	0	1	-1	-1		1
Jörg	0	2	-2	1	-1	1	-1	2	-2	1	-1		-1	-1
Rick	-2	-2	0	1	0	1	-1		0	1	0	1	-1	-2
Niklas	2	-1	1	-1	0		-2	-1	1	-1	0	1	-2	-3
Charli	0	0	-1	1	0	-2	-1	0		1	0	-2	-1	-5
Manfred	0	1	-2	1	-1	0	-1	1	-2		-1	0	-1	-5
Josip	-1	-2	0	1	0	-1		-2	0	1	0	-1	-1	-6
Paul	-3	0	-3	0	-1	-2	-2	0	-3	0		-2	-2	-18

erhaltene Punkte jeweils waagrecht addieren

Abb. 7.3 Leistungsbeurteilung mit Paarvergleich – Ranking

„Das ist doch nur ehrlich und ehrliches Feedback bringt ein Team doch nur weiter. Ich weiß dann, was von mir erwartet wird." Oder: „Das wird für den einen oder anderen ein ganz schöner Schock werden!"

▶ **Tipp:** Ich möchte in Erinnerung rufen, dass wir diesen Fragen nur nachgehen, weil für manche Zielgruppen zu erwarten ist, dass die Bedeutung von Partizipation und Transparenz zunehmen wird. Wäre das nicht der Fall bzw. funktioniert die Anwendung heutiger Systeme gut, dann sind diese Überlegungen nicht notwendig.

Und alle Sichtweisen können richtig oder falsch sein, denn VUKA gilt auch hier. Wenn wir uns auf die Suche nach *der einen richtigen Lösung* machen, die immer hilft, dann werden wir nicht fündig werden. Denn es wird Teams geben, für die das genau das Richtige ist, und für andere Teams ist es definitiv (noch) falsch.

Das wirft die Frage auf, was uns helfen würde zu erkennen, ob eine Kollegialbeurteilung bzw. ein Peer-Ranking passt oder nicht? Wenn folgende Aspekte auf das Team zutreffen, dann ist die Wahrscheinlichkeit hoch für Folgendes:

- Die Erwartung, bei der Bemessung Leistungsentgelt bzw. der Beurteilung von Leistung mitzuwirken, kommt aus dem Team selbst.
- Die Führungskraft ist tatsächlich bereit, die Sichtweisen des Teams in Betracht zu ziehen und diese ernsthaft zu prüfen.
- Die Feedbackkultur in dem Team ist bereits gut ausgeprägt. Das kann man u. a. daran erkennen, dass offen und freundschaftlich/respektvoll über erfüllte und weniger erfüllte Erwartungen gesprochen wird. Das heißt, das Team hat belastbare Arbeitsbeziehungen.
- Das Team hat bereits Übung darin, gemeinsam Entscheidungen von einiger Tragweite zu treffen, und geht sachlich an komplizierte Aufgaben heran.
- Das Team kann Individual-, Team- und Unternehmensinteressen unterscheiden und berücksichtigen.

Was können Sie damit erreichen?
Es ist zu erwarten, dass sich Selbstbild und Fremdbild in vielen Fällen decken werden, nahe beieinander liegen, aber in manchen (wenigen) Fällen auch massiv voneinander abweichen können. Wenn das nicht transparent gemacht wird, ändert sich an dem Sachverhalt selbst nichts. Es bleibt bei der Deckung bzw. der Abweichung. Im Falle der Deckung und der positiven Abweichung ist das bedauerlich, weil der betreffende Mitarbeiter nicht weiß, dass er besser gesehen wird, als er sich selbst einschätzt. Im Falle der negativen Abweichung ist das ebenfalls bedauerlich, denn damit wird die Chance vergeben, eine positive Entwicklung in Gang zu setzen und Unterstützung dafür zu bekommen.

Das Geben von Feedback ist ein Lernprozess und gleichzeitig trägt erhaltenes Feedback zu einem Lernprozess bezüglich der eigenen Selbsteinschätzung bei. Wir erhalten Informationen darüber, wie wir von anderen gesehen werden. Die Übereinstimmung von Selbst- und Fremdwahrnehmung ist ein wesentlicher Faktor der persönlichen Arbeitszufriedenheit, im weiteren Sinne sogar der allgemeinen Zufriedenheit im Leben.

Der angesprochene Lernprozess bezüglich des Gebens von Feedback kann unterstützt und beschleunigt werden, indem er professionell begleitet wird.

d) Die Führungskraft holt Einschätzungen nicht nur im Team, sondern in der Prozesskette ein. Die Einholung von Einschätzungen der Kollegen aus dem Team lässt sich ergänzen bzw. erweitern durch das Einholen von Einschätzungen außerhalb des Teams bei Menschen, die entlang der Prozesskette unmittelbar zusammenarbeiten. Das ist dort sinnvoll, wo Menschen aus verschiedenen Teams „Hand in Hand" arbeiten. Damit ist ausdrücklich nicht eine entfernte Zuarbeit gemeint wie zum Beispiel von internen Servicebereichen wie Arbeitsvorbereitung, IT, Betriebsmittelbau oder Instandhaltung usw., von deren Beiträgen in der Regel viele abhängig sind, sondern tatsächlich regelmäßiges (tägliches) Zusammenarbeiten in der Prozesskette.

Der Kerngedanke in Abschn. 7.3.1 ist also: Die Führungskraft beurteilt nicht nur selbst top-down, sondern holt in einem definierten und bekannten, also transparenten Prozess Sichtweisen des Mitarbeiters, des Teams oder aus der Prozesskette ein, um seine eigenen Einschätzungen zu vervollständigen und zu verifizieren. Die eingeholten Informationen werden nicht nur für die Entscheidungsfindung herangezogen, sondern auch im weiteren Diskussionsprozess verwendet.

Alle Bearbeitungsschritte dienen letztlich einer möglichst fairen Verteilung eines vorhandenen Leistungsbudgets unter Einbeziehung der Sichtweisen der jeweiligen Mitarbeiter selbst und des Teams.

Folgende Erfahrungen, die dabei gemacht wurden, möchte ich Ihnen nicht vorenthalten:

- Erfahrungen sind dann eher positiv, wenn nicht arithmetisch, sondern inhaltlich gearbeitet wird. Das heißt, es werden zum Beispiel bei Peer-Rankings nicht einfach nur Durchschnitte oder Summen gebildet, um das Ergebnis quasi zu errechnen. Dann wird mehr über Gewichtungen und den zugrunde liegenden Algorithmus diskutiert und weniger über die Trends und Inhalte der Feedbacks.
- Es gibt Teams, die an der Wahrnehmung dieser Aufgabe gewachsen sind.
- Andere Teams wiederum haben es ausprobiert und wieder verworfen. Sie haben für sich geschlossen, dass sie die Verantwortung für Beurteilung und Entgelt nicht übernehmen möchten, und haben diese wieder an den Chef zurückdelegiert. Auch dann war in allen Fällen die Erfahrung wertvoll zu spüren, dass diese Aufgabe nicht einfach ist.
- In allen Fällen wurde verantwortungsbewusst mit der Aufgabe umgegangen. Anfängliche Befürchtungen, dass vielleicht zu positiv beurteilt wird, haben sich

nicht konkretisiert. Im Gegenteil: Es wurde tendenziell eher über zu hohe als zu niedrige Erwartungen und Maßstäbe diskutiert.

- Gegenseitige Erwartungen wurden präzisiert.
- In keinem Fall wurden Arbeitsbeziehungen nachhaltig beschädigt.
- Es kam aber durchaus vor, dass Selbstwahrnehmungen infrage gestellt wurden und ab und zu auch Tränen der Enttäuschung geflossen sind.

Eine Gesamtbewertung aller gemachten Erfahrungen möchte ich an dieser Stelle nicht abgeben, weil sie für den Einzelfall nicht relevant ist. Die Vorgehensweise muss entwickelt, ausprobiert und von den Beteiligten gelernt werden. Gemachte Erfahrungen müssen reflektiert und zur Weiterentwicklung genutzt werden. Auch hier gelten also Grundsätze agiler Organisationen im Sinne von anfangen, ausprobieren, ggf. korrigieren und anpassen, aber: ANFANGEN.

7.3.2 Die direkte Führungskraft regelt Entgelt gemeinsam mit dem Team

Wir schieben den Partizipationsregler aus Tab. 7.3 noch weiter nach rechts. Die Haltung dazu ist: „Lasst uns zusammen an einen Tisch sitzen und unsere Sichtweisen systematisch sowie kollegial zusammenzutragen und abgleichen, sodass wir zu einem gemeinsamen Ergebnis kommen."

Es geht also noch einen Schritt weiter: Der Unterschied zum vorherigen Kapitel besteht darin, dass sich das Team mit seiner Leitung trifft, um gemeinsam eine Entscheidung zu treffen. Die Führungskraft bereitet vor, moderiert den Prozess oder lässt den Prozess moderieren, steuert eigene Sichtweisen bei, hinterfragt, ergänzt und vervollständigt. Eine Entscheidung wird gemeinsam getroffen und die Führungskraft hat eine Stimme wie jedes andere Teammitglied.

Es ist wichtig, nicht nach der Antwort auf die Frage zu suchen „Wer hat das letzte Wort für den Fall, dass wir uns nicht einigen können?". Das führt eher dazu, dass es häufiger zu Situationen kommt, in denen das letzte Wort notwendig erscheint oder auch ausgesprochen wird.

Die Aufgabe ist: „Wir finden eine vernünftige Lösung, indem wir gemeinsam danach suchen!"

Das setzt voraus, dass sich alle Beteiligten intensiv auf diesen Prozessschritt vorbereiten. Ohne einen fundierten Input wird auch das Ergebnis der gemeinsamen Entscheidung wenig fundiert und akzeptiert sein. „GIGO – Garbage In, Garbage out" gilt nicht nur, wenn Führungskräfte Entscheidungen treffen, es gilt selbstverständlich auch, wenn Teams gemeinsam Entscheidungen treffen.

Dazu können auch hier die Leitfragen bzw. Tools aus Abschn. 7.3.1 zur Vorbereitung verwendet werden. Die Leitfragen können genutzt werden, um das vergangene Jahr mit Licht und Schatten in Erinnerung zu rufen und qualitativ zu beschreiben.

Die Kollegialbeurteilung und das Peer-Ranking stehen zur Verfügung, um die Eindrücke auf den Punkt zu bringen.

Eine unterstützende Maßnahme, wenn nicht sogar eine entscheidende Erfolgsvoraussetzung ist, dass diese Entscheidungssituation nicht nur einmal jährlich stattfindet und alle Beteiligten mehr oder weniger unvermittelt davon betroffen sind. Von Führungskräften, die qualitativ gute Beurteilungen (siehe auch Abschn. 2.2.2) abgeben sollen, wird erwartet, dass sie sich im Laufe eines Jahres positive und kritische Beobachtungen und Ergebnisse notieren, um sie für eine Gesamtbeurteilung zur Verfügung zu haben und auf den Punkt bringen zu können. Gleiches gilt im übertragenen Sinne auch dann, wenn Mitarbeiter eines Teams sich gegenseitig beurteilen, um ein vorhandenes Budget zu verteilen.

Wie kann man das konkret umsetzen?

Immer dann, wenn wichtige Aufgaben oder Projekte abgeschlossen sind, oder dann, wenn zeitliche Abschnitte (Monat, Quartal) beendet werden, triff sich das Team, um mit dem Ziel gemeinsamen Lernens und Verbesserns „kurz in den Rückspiegel zu schauen". Eine Reflexion des Zeitraums oder der Projekte mithilfe der folgenden (inzwischen bekannten) Leitfragen hilft, die Ereignisse in Erinnerung zu rufen und daraus verwertbare Erkenntnisse für den weiteren Prozess zu gewinnen[9]

- Was ist im vergangenen Monat/Quartal/Projekt aus meiner Sicht gut gelaufen und worauf können wir stolz sein?
- Wer/was hat wesentlich dazu beigetragen und soll an dieser Stelle „bemerkt" werden?
- Welche Fortschritte habe ich im vergangenen Monat/Quartal/Projekt wahrgenommen?
- Wer/was hat wesentlich dazu beigetragen und soll an dieser Stelle „bemerkt" werden?
- Was ist im vergangenen Monat/Quartal/Projekt nicht so gut gelaufen oder was hätten wir anders machen können/müssen?
- Wer müsste darauf im kommenden Monat/Quartal/Projekt besonders achten?

Wenn diese Leitfragen im Sinne von „Lernen und Verbessern" besprochen werden, hilft dies zum einen auf der Ebene von Prozessverbesserungen und zum anderen liefern die Antworten für alle Beteiligten wichtige Inputs für gegenseitiges Feedback und Beurteilung am Ende einer Beurteilungsperiode im Zusammenhang mit Entgeltverteilung.

Sie haben vielleicht beim wiederholten Lesen der Leitfragen bemerkt, dass der Schwerpunkt eher auf den positiven Aspekten, positiven Beiträgen und deren Wertschätzung gelegt ist. Vielleicht vermissen sie einen aus Ihrer Sicht angemessenen

---

[9]Vergleiche hierzu auch agile Methoden im Projektmanagement nach Scrum (z. B. in Nowottny, Valentin: Agile Unternehmen. Was sich nicht bewegt, kann sich nicht verbessern. Business Village, Göttingen, 2017, Seite 91 ff.). Das Team trifft sich nach einem Sprint, also einem Projektabschnitt, macht eine Retrospektive (früher hieß das Manöverkritik oder Lessons Learned) und verwendet die Erkenntnisse im nächsten Projektabschnitt.

Anteil von kritischen Fragen und die Gewichtung dessen, was nicht gut gelaufen ist. Ich möchte an dieser Stelle keinen Diskurs über Defizitorientierung vs. Ressourcen-orientierung führen, gehe aber davon aus, dass das Umfeld, im dem die in diesem Kapitel thematisierten Tools Anwendung finden, eher durch ein „Bauen auf Stärken" beschrieben werden kann. Das heißt nicht, dass Fehler und Niederlagen tabuisiert werden, sondern dass das Ausbauen von Stärken in diesen Organisationen im Vordergrund stehen wird. Es wird vermutlich im Interesse der Organisation/des Unternehmens sein, Kompetenzen wie Selbsthilfe und Selbstorganisation weiterzuentwickeln[10]. Gleichzeitig gilt, dass sich in diesen Feedback- und Beurteilungsprozessen bei aller Orientierung an vorhandenen Stärken Unterschiede zwischen Mitarbeitern in den Teams bezüglich der Menge der positiven Beiträge und des positiven Feedbacks zeigen. Klar formuliert: Auch die geringe Anzahl oder die Abwesenheit von positivem Feedback ist eine verwertbare Information in diesem Zusammenhang.

In Abschn. 3.6 hat Heiko Fischer in seinem Werkstattbericht ein Tool beschrieben, mit dem Feedback auf eine effiziente Weise in digitaler Form zur Verfügung gestellt werden kann.

Wir stellen also fest, dass es, wenn Teams Beurteilungs- und Entgeltentscheidungen treffen, von Bedeutung ist, dass diese Entscheidungen gut vorbereitet werden und dass unterjährig häufig Feedback- und Reflexionssituationen quasi als Input in den Ent-scheidungsprozess geschaffen werden müssen. Dann ist die Wahrscheinlichkeit hoch, dass ein Konsens im Sinne von „Die Entscheidung ist für alle Beteiligten akzeptabel" gefunden wird.

Es bleibt trotzdem noch die Frage offen: „Wie wird die Entscheidung getroffen, wenn auch nach reiflicher Diskussion kein Konsens erzielt werden kann?" Wird dann abgestimmt? Entscheidet die Mehrheit? Wird einfach der Durchschnitt aller Kollegial-beurteilungen der Teammitglieder errechnet und verwendet? Geschieht dies geheim oder offen?

Es ist wichtig, nicht gleich zu Beginn des Prozesses nach der Antwort auf die Frage zu suchen „Wer hat das letzte Wort für den Fall, dass wir uns nicht einigen können?". Die Wahrscheinlichkeit, dass es überhaupt so weit kommt, ist umso geringer, je weni-ger theoretisch über diese Frage diskutiert wird. Es hat sich gut bewährt, die offene Entscheidung als solche erst einmal zu erkennen, den Prozess an dieser Stelle zu unter-brechen. Das Team erhält die Gelegenheit, zu überlegen und Vorschläge zum Umgang mit der Situation einzuholen, wenn diese eintritt. Dann kann anschließend darüber beraten und auch abgestimmt werden. Auch hier kommt es vor, dass Teams die Ver-antwortung für den Prozess und das Ergebnis wieder nach oben zurückdelegieren.

---

[10]Mehr dazu in Laloux, Frederic: Reinventing Organizations. Ein Leitfaden zur Gestaltung sinn-stiftender Formen der Zusammenarbeit. Verlag Franz Vahlen, München 2015, Kap. 2.

7.3.3 Mitarbeiter bestimmen ihr Entgelt selbst – Eine romantische Vorstellung oder gibt es einen Weg, wenn man ihn braucht?

Mitarbeiter bestimmen ihr Entgelt selbst. Das ist rein sachlich betrachtet die maximale Partizipation. Wir schieben den Partizipationsregler aus Tab. 7.3 ganz nach rechts und die Haltung dazu ist: „Ich übergebe die Verantwortung für die Beurteilung der Leistung und die Verteilung eines Entgeltbudgets an euch. Bitte teilt uns euer Ergebnis bis zum …. mit."

Streng genommen ist das nicht mehr eine Stufe der Partizipation, sondern die Übernahme der Verantwortung für die Festlegung von Entgelt. Mir ist persönlich bis heute kein Unternehmen bekannt, das diesen Grundsatz mit vollständiger Entgeltautonomie in größerem Maßstab und über einen längeren Zeitraum umgesetzt hat. Laloux[11] berichtet von dem Unternehmen W.L. Gore, das bereits seit den späten 1950er Jahren mit Kollegialbeurteilungen arbeitet und die Verantwortung für die Erhöhung von Entgelt zum Teil in die Hände der Mitarbeiter gelegt hat. Weiterhin wird an verschiedenen Stellen von der Firma Elbdudler[12], einer Kreativagentur mit aktuell 120 Mitarbeitern in Hamburg, berichtet, in der jeder Mitarbeiter mit vier Fragen …

- Welches Gehalt brauche ich?
- Was verdiene ich auf dem freien Markt?
- Was verdienen meine Kollegen?
- Was kann sich die Firma für mich leisten?

… einen Vorschlag zu seinem Gehalt machen kann. Wer über den Vorschlag dann entscheidet, ist mir bisher nicht bekannt.

Aleweld/Rahn[13] berichten von einem agilen Softwareentwicklungsunternehmen mit 120 Mitarbeitern, in dem ein Komitee aus zwölf Mitarbeitern anhand von Kriterien wie Verantwortungsübernahme, Kompetenz, Erfahrung und Benchmarkdaten gemeinsam Vergütungsentscheidungen für alle Mitarbeiter trifft.

Insgesamt gibt es also eher wenig Anschauungsmaterial, aus dem man tragfähige Schlüsse aus einem reichhaltigen Erfahrungsschatz ziehen könnte. Bei dem Ansatz von Elbdudler, wenn er in den Quellen vollständig wiedergegeben wurde, fehlt aus meiner Sicht zum Beispiel eine strukturierte Betrachtung des Beitrags des Mitarbeiters zu den Ergebnissen des Unternehmens/der Abteilung/des Teams.

---

[11]Vgl. Frederic Laloux, a. a. O, S. 131 ff.

[12]http://www.faz.net/aktuell/beruf-chance/beruf/mitarbeiter-bestimmen-arbeitszeit-und-gehalt-selbst-13186671.html; https://www.huffingtonpost.de/2016/04/06/mitarbeiter-bestimmen-gehalt-selbst_n_9617224.html; https://blog.zhaw.ch/humancapital/2016/03/01/mitarbeiter-bestimmen-ihr-gehalt-selbst/.

[13]Aleweld, T./Rahn, M.: Vergütung in agilen Organisationen. Lassen Sie sich inspirieren!, Comp&Ben 1/2018, S. 8.

Angesichts der Tatsache, dass wir nicht über eine Vielzahl von Beispielen über einen längeren Zeitraum verfügen, von deren Erfahrung wir zehren könnten, dürfen wir feststellen: Wir sind dabei, Neuland zu betreten, und müssen uns dessen auch bewusst sein.

Allerdings können wir vor dem Hintergrund der zu erwartenden Veränderungen der Arbeitswelt und der Erwartungen der Mitarbeiter, über die wir in diesem Kapitel nachdenken, bereits gemachte Erfahrungen auf anderen Feldern der kooperativen Entscheidungsfindung und Einbeziehung von Mitarbeitern verwerten. Diese Erkenntnisse möchte ich gerne verwenden, um ein Szenario zu entwerfen, auf dessen Basis Beurteilungs- und Entgeltentscheidungen an Mitarbeiter delegiert werden könnten. Mir liegt es fern, zu diesem Thema romantischen Vorstellungen nachzuhängen, sondern ich möchte ernsthaft überlegen: Was wäre, wenn sich ein Unternehmen so entwickelt, dass diese Option richtig und notwendig ist, um Akzeptanz einerseits und Wertschöpfung für das Unternehmen andererseits zu schaffen? Wie müsste das aussehen, damit nachvollziehbare und haltbare Entscheidungen getroffen werden?

Da auch der Entscheidungsprozess der Mitarbeiter eine Vorbereitung braucht, bevor wir uns der Entscheidung selbst widmen, bietet es sich an, diese Prozessschritte in der in Abb. 7.4 dargestellten Reihenfolge zu durchdenken:

a) Festlegung eines Erhöhungsbudgets für das Team
   Viele Unternehmen arbeiten auch heute schon mit Bandbreiten für bestimmte Funktionen oder sie sind tarifgebunden[14], woraus sich Tarifgruppen ergeben. Sie entscheiden schon regelmäßig über Erhöhungen, seien es allgemeine Erhöhungen[15] und darüber, welches Budget für individuelle Erhöhungen vorgesehen ist. In beiden Vorgehensweisen ist es möglich, diese beiden Budgets für kleinere organisatorische Einheiten zu berechnen[16].
   Die Budgetierung auf der Ebene der organisatorischen Einheiten, die gemeinsam Entgeltentscheidungen treffen, scheint mir eine wichtige Rahmenbedingung für die Funktionsfähigkeit dieses Entscheidungsprozesses zu sein. Wenn es um Verteilungsentscheidungen geht, sollten die Rahmenbedingungen für den Verteilungsspielraum geklärt sein. Das gilt auch in Bezug auf die Fairness zwischen den Teams. Der „Kuchen" wird meist begrenzt sein und der Verteilungsspielraum ist nur selten nach oben offen. Aus diesem Grund dürfen Verteilungsentscheidungen des einen Teams auch nicht zulasten anderer Teams gehen – es sein denn, dass ein Team bewusst Budget an andere Teams abgibt.

---

[14]Die Regelungen mancher Tarifverträge, z. B. der Metall- und Elektroindustrie, würden aktuell schon eine budgetierte Entscheidung durch die Mitarbeiter möglich machen, auch wenn das von den Tarifvertragsparteien so wahrscheinlich nicht bewusst vorgenommen wurde.

[15]Das sind in tarifgebundenen Unternehmen die Tariferhöhungen.

[16]Siehe dazu auch Abschn. 2.4. Die Systematik mit Entgeltbändern und einer Vergütungsmatrix kann auch zur Budgetierung verwendet werden.

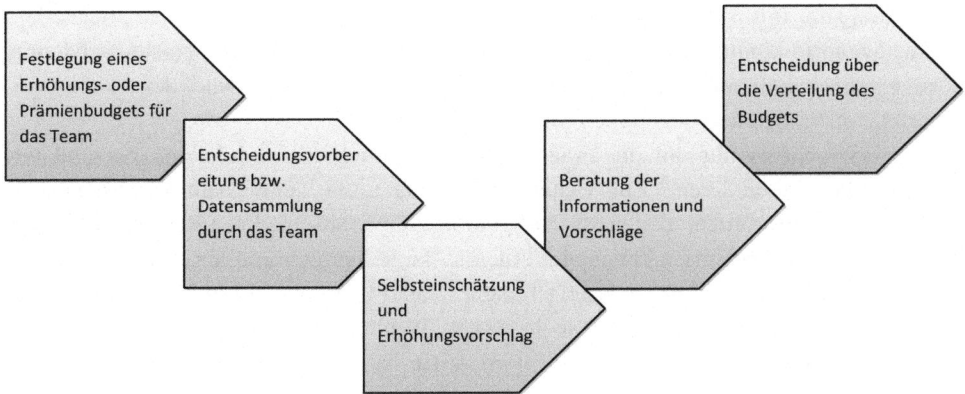

Abb. 7.4 Teamentscheidungsprozess zur Verteilung eines Budgets

b) Entscheidungsvorbereitung bzw. Datensammlung

Alle bisher in Abschn. 7.3 genannten Prozessschritte und Tools wie Feedback-situationen, gemeinsame Reflexionen von Ergebnissen und Kollegialbeurteilungen bzw. Peer-Ranking sind auch hier wieder nutzbar – allerdings ohne Beteiligung der Führungskraft. Vielleicht bewegen wir uns sogar in einer Organisationsform, in der es disziplinarische Führung im bisherigen Verständnis nicht mehr gibt. Sie verschaffen dem Team eine „Datenbasis" für die Beurteilung von Leistung. Somit besteht ein ers-ter Schritt darin, dass sich das Team darüber abstimmt, welche dieser Tools genutzt werden sollen. Vielleicht gibt es auch eine Vorgabe oder eine Empfehlung des Unter-nehmens, welche Tools genutzt werden müssen bzw. sollen, sodass „das Rad nicht von jedem Team neu erfunden werden muss".

Wenn diese Entscheidung über die Art und Weise der „Datensammlung" nicht getroffen wird, wird die Qualität der Entscheidung vermutlich eher eingeschränkt sein und die Akzeptanz der Ergebnisse wird eher nicht besser sein, als wenn eine Führungskraft schlecht vorbereitete Entscheidungen trifft.

Weiterhin ist Transparenz hinsichtlich der Entgelte vergleichbarer KollegInnen im Umfeld notwendig, um nicht nur überlegen zu können „Was brauche ich?" oder „Was hätte ich gerne?", sondern erkennen zu können, wie man selbst bezüglich des Ent-gelts im Vergleich zu anderen Mitarbeitern in vergleichbaren Funktionen liegt. Aus der absoluten Betrachtung wird dann eher realistische vergleichende Betrachtung.

c) Selbsteinschätzung und Erhöhungsvorschlag

Aus diesen Erkenntnissen, also des Erhöhungsbudgets, des eigenen aktuellen Ent-gelts, der Vergleichsdaten der Kollegen und einer Selbsteinschätzung der Leistung, können Mitarbeiter einen qualifizierten Vorschlag für ihr Entgelt oder ihre Entgelt-erhöhung ableiten.

d) Beratung der Informationen und Vorschläge

Das Szenario könnte zukünftig so aussehen, dass Mitarbeiter ihre Selbsteinschätzung in einem qualifizierten Prozess mit zwei bis drei Kollegen und dem Linienvorgesetzten beraten und abgleichen müssen.

Letztlich geht es nur um die Frage: Wie schätze ich meine Leistung ein und wie sehen das die anderen? Zur Beantwortung kann ein gemeinsam verabschiedetes Beurteilungsinstrument dienen, das auf gemeinsam verabschiedeten Kriterien beruht.[17] Die gegenseitigen Einschätzungen werden so lange beraten und abgeglichen, bis alle relevanten Informationen ausgetauscht sind. Dabei kann der Mitarbeiter seine Selbsteinschätzung überarbeiten oder so belassen. Wenn ein Konsens erzielt wird, ist es hilfreich, wenn kein Konsens erzielt wird, trifft der Mitarbeiter eine Entscheidung in eigener Verantwortung.

Wir dürfen davon ausgehen, dass dabei auch Entscheidungen getroffen werden, die nicht die uneingeschränkte Zustimmung aller Beteiligten finden. Das ist allerdings durchaus auch so, wenn Führungskräfte Entscheidungen treffen. Eine Organisation, die gemeinsam mit ihren Mitarbeitern auch auf anderen Handlungsfeldern bereits einen Lernprozess der stärkeren Partizipation durchlaufen hat, wird diesen Lern- und Veränderungsprozess auch bei Entgeltentscheidungen durchlaufen. Dabei geht es immer um das Abwägen zwischen sofortiger Intervention und Zulassen des Lern- und Entwicklungsprozesses mit einer damit einhergehenden Erhöhung des Reifegrades. Wenn die Entwicklung des Reifegrades nicht eintritt und das Konfliktpotenzial zunimmt, ist Intervention ratsam. Die Beschreibung dieser Gratwanderung zeigt auf, dass dies keine schnelle Lösung darstellt, sondern eher einen langen Atem erfordert.

e) Entscheidung über die Verteilung des Erhöhungsbudgets des Teams

Aus der abgeglichenen und diskutierten Selbsteinschätzung jedes Mitarbeiters resultieren Beurteilungspunkte, und der individuelle prozentuale Anteil an der Summe aller Beurteilungspunkte des Teams bestimmt den prozentualen Anteil am Erhöhungsbudget des Teams. Dieser Grundsatz ist sehr simpel und man kann ihn durch Ausgleichsberechnungen für unterschiedliche Tätigkeiten oder Senioritätsaspekte usw. ergänzen. Jedenfalls hat dieser Grundsatz bei der leistungsbezogenen Verteilung von Teamprämien oder anderen Sonderzahlungen seine Funktionsfähigkeit bereits gezeigt[18].

f) Mögliche Ergänzung des Entscheidungsprozesses

Es ist zu erwarten, dass es Teams gibt, die nicht die vollständige Verantwortung für Entgeltentscheidungen übernehmen wollen. Genauso ist es möglich, dass Unternehmen die Verantwortung für Entgeltentscheidungen nicht vollständig in die Hand der einzelnen Mitarbeiter oder Teams legen möchten. Auf dem Weg zur vollständigen Autonomie oder zu deren bewusster Einschränkung kann der Beratungsprozess, wie

---

[17]Der Prozess zur Gestaltung eines Beurteilungsinstruments ist in Abschn. 7.2 beschrieben.

[18]Mehr zu diesem Verteilungsprinzip finden Sie in Abschn. 2.3.1.

er unter d. beschrieben wurde, durch ein Gremium von gewählten Mitarbeitern und Führungskräften ergänzt werden, das nach einer weiteren Beratung die endgültige Entscheidung über die Vorschläge trifft.

Wenn ein solches Gremium Entscheidungen trifft, also Vorschläge annimmt, aber auch verändert bzw. korrigiert, liegt es nahe, dass dieses Gremium nicht angenommene oder veränderte Vorschläge inhaltlich erläutern muss. Es ist vermutlich nicht ausreichend, einfach nur eine Mehrheitsentscheidung mitzuteilen. Damit wird genauso wenig Akzeptanz erzielt, wie wenn eine Führungskraft eine Entscheidung nicht erläutert.

Weiterhin ist zu bedenken, dass der Grad der Verantwortung für das eigene Beobachten, Bedenken und Bewerten eher abnimmt, wenn Entscheidungen in Gremien delegiert werden. Die Verantwortung verlagert sich in der Kette der Beteiligten tendenziell zum letzten Entscheider und entlastet die vorher am Prozess Beteiligten. Im Interesse der verantwortlichen Partizipation ist diese mögliche Ergänzung genau abzuwägen.

Für viele Führungskräfte und HR-Verantwortliche stellen diese Überlegungen aus Abschn. 7.3 Gedankenspiele dar, die von ihrer persönlichen Wahrnehmung der betrieblichen Realität erheblich abweichen – das ist nicht überraschend. Ich verbringe einen großen Anteil meiner Arbeitszeit in Unternehmen der Metall- und Elektroindustrie und dort selbstverständlich auch in Funktionsbereichen, in denen „einfache Leute" und gut ausgebildete Fachkräfte tätig sind. Würden wir die Diskussion über Abschn. 7.3 heute dort führen, würden wir vermutlich überwiegend Raunen und Kopfschütteln bei Führungskräften, Mitarbeitern und auch Betriebsräten ernten. In vielen Bereichen sind die Beteiligten froh, wenn ordentlich Feedback gegeben wird, Leistungsbeurteilungen systematisch erstellt und professionell besprochen werden.

Aber ich treffe in den gleichen Unternehmen auch ab und zu auf Führungskräfte und Mitarbeiter in Engineering-Bereichen oder in IT-Teams, die selbst auf hohem professionellen Niveau arbeiten und die zielsicher Schwächen in den heutigen Prozessen identifizieren und ansprechen. Sie erwarten zunehmend andere als die bekannten Antworten und sind auch teilweise bereit, stärker Verantwortung zu übernehmen – also nicht nur mitzureden, sondern mitzugestalten, mitzuentscheiden und auch mit den Wirkungen der Entscheidungen zurechtzukommen.

Dann tragen die Überlegungen aus Abschn. 7.3 zu einer Steigerung der Akzeptanz der Entgeltsysteme bei gleichzeitigem Beitrag zur unternehmerischen Wertschöpfung bei.

7.4   Gleiches Entgelt für alle: Die einfache Lösung?

Für manche Leser mag die Variante, dass alle Mitarbeiter bei gleicher Tätigkeit oder sogar bei unterschiedlichen Tätigkeiten das gleiche Entgelt erhalten, absurd klingen. Für andere Leser ist dies eine Option, die zumindest ernsthaft geprüft werden sollte.

Und es gibt auch Unternehmen und Organisationen, in denen es gelebte Realität ist, dass alle Mitarbeiter für die gleiche Tätigkeit das gleiche Entgelt erhalten – unabhängig von ihrer persönlichen Leistung. Es ist immer eine Frage der Rahmenbedingungen und ich möchte jetzt anhand von drei Beispielen der Frage nachgehen, unter welchen Rahmenbedingungen dieser Ansatz sinnvoll sein kann.

Es ist wichtig, vorher noch zu klären, was mit gleichem Entgelt gemeint ist. In der folgenden Betrachtung gehe ich davon aus, dass es darum geht, Mitarbeitern bei gleicher Tätigkeit gleiches Entgelt zu bezahlen. Welchen Zielsetzungen wird dies gerecht und in welcher Umgebung wird welche Wirkung erzielt?

Beispiel 1

Wenn Maschinen bzw. der Arbeitsprozess den Takt angeben, sind persönliche Leistungsunterschiede in Bezug auf Arbeitsmenge und Arbeitsqualität eher unerwünscht und/oder vom Mitarbeiter im Arbeitsprozess wenig beeinflussbar. Dann ist das Ziel eher, einen stetigen Arbeitsprozess zu haben und Leistungsunterschiede zu glätten. Die gemeinsame, verkettete Erledigung von Aufgaben steht im Mittelpunkt. In solchen Konstellationen ist es meist eher zielführend, weniger persönliche Leistungsunterschiede, sondern eher den Erfolg des Teams, der Abteilung oder des Produktbereichs in den Vordergrund zu stellen und zu vergüten (mehr dazu in Abschn. 7.5).

Beispiel 2

Allerdings ist die Wahrscheinlichkeit durchaus gegeben, dass trotz des Hauptaugenmerks auf der Teamleistung individuelle Unterschiede in der Art und Weise erkennbar werden, wie die Tätigkeiten von den einzelnen Mitarbeitern wahrgenommen werden. Solche Unterschiede zeigen sich ganz praktisch häufig bezüglich folgender Aspekte:

- Werden Leerlaufzeiten für andere sinnvolle Aufgaben genutzt?
- Werden Kollegen unterstützt?
- Werden Tipps, Tricks und Kniffe weitergegeben?
- Wer ist bereit, Überstunden oder Sonderschichten zu leisten?
- Wer stellt eher persönliche Interessen hinter Team- oder Unternehmensinteressen?
- usw.

Das heißt, dass neben der reinen Mengen- oder Qualitätsleistung auch noch andere Aspekte eine Rolle spielen, die auch im Vergleich der Kollegen für die Mitarbeiter erkennbar einen Unterschied machen und für die Gemeinschaftsleistung unterstützend wirken. Meist erwarten Mitarbeiter, die diese „Zusatzleistungen" zeigen, dass diese auch gesehen und fair vergütet werden. Unabhängig von der Frage der Vergütung ist es elementar, dass die Unterschiede, die Spitzenleister zeigen, auch gesehen und zumindest sozial/immateriell honoriert werden. Bezogen auf Vergütung ist es in diesem Fall wahrscheinlich hilfreich, über eine Kombination aus Team- und Individualleistung und vor allem über den jeweiligen Anteil derselben nachzudenken. Dies ist eine wichtige „Stellschraube" im Vergütungskonzept[19].

Beispiel 3

Aktuelle Forschung[20] zeigt, dass die Betonung individueller Leistung bei variabler Vergütung von nicht-gestalterischen Tätigkeiten mit hohen repetitiven Anteilen wirksamer ist als in kreativen Funktionen mit höherem Handlungsspielraum. Dort wirken individuelle Entgeltanreize eher kontraproduktiv, weil eher intrinsische Motivation den Antrieb liefert. Auch hier ist es möglicherweise zielführender, den Erfolg des Teams, der Abteilung oder des Unternehmens in den Vordergrund zu stellen (mehr dazu in Abschn. 7.5).

Bei der Überlegung, ob gleiches Entgelt für alle eine passende Vergütungslösung für das Unternehmen oder Unternehmensbereiche ist, muss man sich die vielfach untersuchte Erwartungshaltung[21] von Leistungs- und Potenzialträgern bewusst machen. Soziale Anerkennung, überdurchschnittliche Entwicklungsmöglichkeiten und auch materielle Anerkennung in Form einer über dem Teamdurchschnitt liegenden Vergütung sind eindeutige Ergebnisse dieser Studien. Auch hier kommt es also wieder darauf an, Forschungsergebnisse als Orientierungsmarke für unternehmensspezifische Lösungen zu berücksichtigen. Trotzdem ist im konkreten Fall aber sehr genau zu prüfen, ob diese Lösung zur Kultur im Unternehmen passt, ob sie bei den wesentlichen Beteiligten im Unternehmen konsensfähig ist oder auch welche Kulturveränderung gegebenenfalls erreicht werden soll.

7.5 „Mannschafts"-Prämien – Stärkere Betonung von gemeinschaftlichem Handeln (Gemeinschaftsergebnis) vs. Einzelleistung

Wenn wir uns an die verschiedenen Ebenen von Vergütungssystemen in Abb. 7.5 erinnern, dann wird deutlich, dass auch für die Honorierung von „Mannschafts"-Leistung wieder drei Methoden zur Verfügung stehen. Ich möchte mich in diesem Kapitel auf die Gestaltung von kennzahlenbasierten Entgeltelementen konzentrieren. Über Vereinbarung

---

[19]Wichtige Hinweise dazu ergeben sich aus der in Abschn. 1.6 beschriebenen Längsschnittstudie Kampkötter und Sliwka et al. 2018 im Auftrag des Bundesministeriums für Arbeit und Soziales, Bericht zum Forschungsmonitor „Variable Vergütungssysteme", a. a. O.

[20]Im Überblick s. Pink, D.H.: Drive – The Surprising Truth about what motivates us. New York, Riverhead Books, 2009.

[21]Z. B. Bravery, K. et al.: Global Talent Trends 2018 Study. Unlocking growth in the human age. Mercer 2018. Stellt auch Ergebnisse aus anderen Studien zur Verfügung.

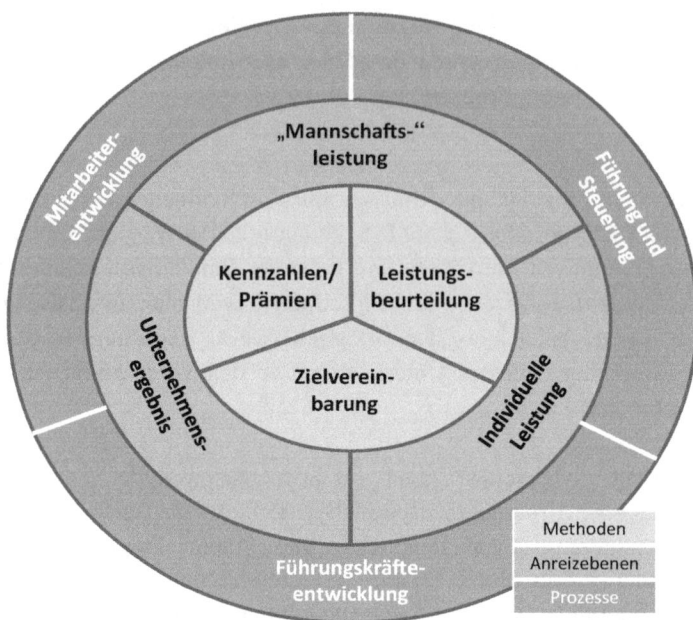

Abb. 7.5 Verschiedene Ebenen der Konzeption und Einführung von Vergütungssystemen

von Teamzielen erfahren Sie mehr in Abschn. 2.2.3 und die Beurteilung von Teamleistung ist in Abschn. 2.2.2 zu finden.

Im weiteren Verlauf dieses Kapitels werde ich meist salopp von Mannschaftsleistung sprechen und meine das auch ernst. Es geht tatsächlich darum, ein System zu finden, das auf der Gemeinschaftsleistung eines Teams, einer Abteilung oder auch eines ganzen Werkes basiert, zu der alle beigetragen haben. Deshalb können auch alle Mitarbeiter in allen Funktionen des Werkes (prozentual) gleich profitieren. Die Leitgedanken dabei sind:

1. „Wie im Sport gewinnt die ganze Mannschaft, wenn es gut läuft ... oder es verliert die ganze Mannschaft und dann hilft es nichts, wenn man Schuldige sucht oder selbst toll gespielt hat."
2. „Wenn wir miteinander gut sind und/oder besser werden, dann profitieren wir davon."

Wir werden in diesem Kapitel sehr bewusst Beispiele aus Industrieunternehmen inklusive der Fertigungs- und Logistikbereiche verfolgen, um deutlich zu machen, dass Agilität nicht nur in Mediaunternehmen, Software-Engineering-Companies und Produktentwicklungsbereichen stattfindet. Das ist umso spannender, weil es viel einfacher ist, mit ein paar jungen (hippen) Ingenieuren, die ohnehin den Reiz des Neuen schätzen, „ätschail" zu sein, als dies in und mit einer größeren Belegschaft unterschiedlichster Qualifikationsniveaus und Erwartungen an Arbeit zu entwickeln.

Entscheidend, auch im Sinne von Agilität, ist es, der Mannschaft die Möglichkeit zu geben, ihr Zusammenspiel zu verbessern, die Verbesserungen sichtbar und erlebbar zu machen und Erfolge wie auch Misserfolge in einer Prämie abzubilden. Wenn dieses „Spiel" transparent gespielt wird, sind Verbesserungen sehr wahrscheinlich das Ergebnis.

Eine Erkenntnis und ein Erlebnis werden uns durch dieses Kapitel führen
Erkenntnis „Im Vergütungsmix für Beschäftigte (ohne Führungsverantwortung) im verarbeitenden Gewerbe, in der Metallindustrie, im Dienstleistungs- sowie im Kommunikationssektor ist ein Rückgang der Bedeutung der persönlichen Leistung zu beobachten. Unternehmens- und Teamerfolg werden wichtiger."[22] In der gleichen Studie ergibt sich aus einer Befragung der Mitarbeiter, dass die Arbeitszufriedenheit und das Commitment dann höher sind, wenn variable Entgeltanteile auf Unternehmens- bzw. Gemeinschaftserfolg basieren. Wahrscheinlich hat dies auch damit zu tun, dass die Arbeitszufriedenheit dann höher ist, wenn Menschen wissen, wozu sie etwas tun und wenn sie wissen, wie gut ihnen das gelungen ist.

Erlebnis Im Rahmen eines Vergütungsprojekts haben wir im Projektteam über die Frage diskutiert, welche Kennzahlen denn eine „Mannschafts-,,Prämie[23] steuern könnten. Einer der beteiligten Meister sagte: „Das ist doch ganz einfach. Wir müssen doch nur schauen, woran wir merken, ob ein Tag ein guter Tag oder ein Monat ein guter Monat war. Und weil wir das mit unseren Mitarbeitern ohnehin dauernd diskutieren, können wir doch gar nicht anders, wir müssen genau diese Zahlen nehmen – und das gilt für die Boni der Führungskräfte übrigens genauso!"

Dieses Vergütungsprojekt wurde vor Kurzem in einem Unternehmen mit mehreren Tausend Mitarbeitern abgeschlossen, das sich seine Marktführerposition dadurch erhalten hat, dass in den Fertigungs- und Logistikprozessen alle sinnvollen Lehren aus Lean Management und Kanban-Philosophie gezogen worden sind. Die Herausforderungen dort bestehen darin, bei großer Produktvielfalt und hoher Produktkomplexität sowohl bei kleinen als auch bei großen Auftragsstückzahlen hoch flexibel lieferfähig zu sein – und dabei auch noch immer etwas besser zu werden. Vielen Industrieunternehmen wird das bekannt vorkommen. Während der vergangenen Jahre wurden außerordentlich viele technische und organisatorische Änderungen umgesetzt, die die ganze Organisation stark gefordert haben. Nur die Vergütungsregelungen sind seit den 1970er Jahren im Wesentlichen unverändert geblieben und basierten auf Quasi-Akkord, der die vollzogenen Veränderungen nicht nur nicht unterstützt hat, sondern teilweise deutlich behindert hat.

Die gleiche Logik wandten wir in einem kleineren Unternehmen der metallverarbeitenden Industrie an, in dem in einem Fertigungsbereich als Pilotprojekt stärker

---

[22]Längsschnittstudie im Auftrag des Bundesministeriums für Arbeit und Soziales, Bericht zum Forschungsmonitor „Variable Vergütungssysteme", a. a. O.
[23]Weitere Beispiele für kennzahlengebundene Team- bzw. Unternehmensprämien finden Sie in Abschn. 2.2.2.

selbstverantwortete Teamarbeit mit einer entsprechenden Entgeltlösung entwickelt und umgesetzt wurde.

In beiden Fällen wurde übrigens nicht allein auf Teamprämien gesetzt, sondern die Mitarbeiter wurden aktiv einbezogen bei der Frage, welche Anteile der neu zu gestaltenden leistungsvariablen Vergütung auf „Mannschafts"-Leistung bzw. individuelle Leistung entfallen sollten[24]. Führungskräfte und Mitarbeiter wurden auch bei der Frage einbezogen, welche der zur Verfügung stehenden Kennzahlen denn am besten Aufschluss darüber geben, ob ein Monat ein guter Monat war.

Ich möchte ausdrücklich betonen, dass im Kontext agiler und flexibler Organisationen in der Konzeptionsphase diesem interaktiven Projektmodus eine außerordentlich wichtige Bedeutung zukommt. Die ständige Kommunikation im Entstehungs- wie auch im Anwendungsprozess ist von elementarer Bedeutung, wenn Menschen in agilen Organisation für ihre Arbeit und ihr Arbeitsergebnis in die Verantwortung gehen sollen.

Im Folgenden möchte ich mich um der Klarheit willen trotzdem auf die entgelttechnischen Aspekte konzentrieren und weniger auf Partizipationsprozesse[25]. Wir sind einem Projektteam, das ständig Impulse von außen erhalten und aktiv eingeholt hat, folgenden Fragen[26] nachgegangen:

1. Welche Kennzahlen geben am besten Auskunft darüber, wo die Mannschaft steht und ob der Monat ein guter Monat war?
2. Wer ist die Mannschaft? (Teams, Abteilungen, Werk, Unternehmen)
3. Welchen Anteil soll die Mannschaftsleistung (im Unterschied zur individuellen Leistung) an der gesamten leistungsvariablen Vergütung haben?
4. Welche Gewichtung sollen die jeweiligen Kennzahlen haben?
5. Wie stark soll die Prämie schwanken dürfen (Sockel/Deckel)?
6. Wie stellen wir sicher, dass wir uns weiter verbessern und diese Verbesserungen honoriert werden?
7. Wie gehen wir mit Störungen um?
8. Wie werden wir auf dem Laufenden gehalten, wo die Mannschaft in Bezug auf die Kennzahlen steht?

Die Beantwortung der offenen Fragen lieferte dem Projektteam den roten Faden in der Konzeptionsphase
1. Welche Kennzahlen geben am besten Auskunft darüber, wo die Mannschaft steht und ob der Monat ein guter Monat war? Wie in vielen Unternehmen, die ich kenne, steht auch in diesem Unternehmen eine Fülle von Kennzahlen zur Verfügung.

---

[24]Bezüglich der Formate für diese Entscheidungsprozesse möchte ich auf Abschn. 7.2 verweisen.

[25]Mehr zu Partizipationsprozessen in Abschn. 7.1 f.

[26]Diese Liste bildet nur einen Ausschnitt der offenen Fragen ab. Auch die offenen Fragen konnten zu jedem Zeitpunkt von den Mitarbeitern an das Projektteam gerichtet werden.

Angefangen von Finanzkennzahlen über Stückzahlen, Durchlaufzeiten, Maschinenstill-standszeiten, Personalstückkosten, Qualitätskennzahlen, Termineinhaltung etc. Die Frage war nicht: „Haben wir Kennzahlen?", sondern: „Welche dieser Kennzahlen gibt uns auf gut verständliche Art und Weise eine Information darüber, ob der Monat ein guter Monat war?" Eine weitere Anforderung war, dass die Kennzahl drei Jahre rückwirkend zur Verfügung steht, um unter Entgeltgesichtspunkten Schwankungsbandbreiten und Ent-wicklungen erkennen und mögliche Prämienverläufe simulieren zu können. In mehreren Diskussions- und Abstimmungsrunden, bei denen in unterschiedlichen Konstellationen Führungskräfte und Mitarbeiter involviert waren, wählten wir drei Kennzahlen aus dem „magischen Dreieck" von Q-K-Z Qualität-Kosten-Zeit wie in Abb. 7.6 aus.

Ich möchte anmerken, dass ich bezüglich der Kennzahlen keine Favoriten habe. Aus meiner Sicht ist wichtig, dass

- die Kennzahlen eine Relevanz für die Beteiligten im Alltag haben,
- sie möglichst umfassend die Leistungsergebnisse der Mannschaft abbilden,
- sie nicht zu stark untereinander korrelieren,
- sie verlässlich erhoben werden,
- sie idealerweise täglich, mindestens wöchentlich zeigen, wo die Mannschaft steht,
- sie rückwirkend für Simulationen zur Verfügung stehen.

Es ist zwar möglich, aber nicht unbedingt hilfreich, Kennzahlen ausschließlich des-halb zu kreieren, weil man eine Mannschaftsprämie gestalten möchte. Oft fehlt dann das Gefühl dafür, was die Zahlen aussagen, und auch das Vertrauen der Beteiligten in die Aussagekraft wie auch in Richtigkeit der Zahlen. Es ist auch sinnvoller, mit vor-handenen, vertrauten Zahlen in die Prämienwelt zu starten, die vielleicht noch nicht vollständig die Realität abbilden, statt auf die letzten akademischen Weihen für ein aus-gefeiltes Kennzahlenkonzept zu warten. Kennzahlen sind nie perfekt und sie bilden nie vollständig die Wirklichkeit ab. Aber: Organisationen können trotzdem damit arbeiten.

Wir werden im weiteren Verlauf der Bearbeitung der offenen Frage sehen, dass es auch möglich ist, mit einem Set von Kennzahlen zu starten und in der laufenden

Produktivität (%)	Σ der Vorgabezeiten der rückgemeldeten Fertigungsaufträge * 100/ Gesamtanwesenheitsstunden aller Mitarbeiter des Werks
Lieferservicegrad (%)	Anzahl der pünktlichen Aufträge zum geplanten Fertigungstermin * 100/ Anzahl aller Aufträge
Fehlerquote (ppm)	Menge der eigenverursachten Fehler * 1.000.000/ produzierte Menge

Abb. 7.6 Kennzahlen für Mannschaftsleistung

Anwendung andere, vielleicht aussagefähigere Kennzahlen zu entwickeln, die möglicherweise das Ausgangsset ergänzen oder teilweise ersetzen. Das kann auch dann passieren, wenn andere Themen mehr Aufmerksamkeit brauchen, als es am Anfang der Fall war. Zum Beispiel kann die Kennzahl Fehlerquote (also intern erkannte Fehler) durch die Kundenreklamationsquote ersetzt werden, wenn es sinnvoll ist, das Feedback vom Markt stärker spürbar zu machen. Dieses Austauschen von Kennzahlen kann jedenfalls erfolgen, ohne dass das gesamte Mannschaftsprämienkonzept geändert werden muss.

2. Wer ist die Mannschaft? (Teams, Abteilungen, Werk, Unternehmen) Alles ist möglich, aber nicht alles ist im konkreten Fall hilfreich. Was ist bei einer Abwägung zu berücksichtigen?

Wenn man mit Pilotbereichen beginnt, ist naheliegend, dass die Pilotbereiche auch die Mannschaft sind. Bei verketteten Prozessen über mehrere Abteilungen oder Bereiche hinweg ist es wiederum sinnvoll, ganze Prozessketten als Mannschaft zu verstehen und an eine Mannschaftsprämie zu binden – übrigens durchaus inklusive der Führungskräfte. Genauso sinnvoll kann folgende Betrachtung sein: Eigentlich sind alle Funktionen eines Werkes (oder einer anderen organisatorischen Einheit) von Fertigungsteams über Logistik, Arbeitsvorbereitung, Fertigungssteuerung, Betriebsmittelbau, Konstruktion, bis zu Entwicklung, IT usw. nur dazu da, gemeinsam, also als Mannschaft, dafür zu sorgen, dass mit hoher Produktivität qualitativ gute Produkte wie versprochen pünktlich zum Kunden gelangen. Es gibt keine Funktion im Werk, die dazu keinen Beitrag leistet – die einen etwas mehr, die anderen etwas weniger. Folglich können auch alle an den gleichen Kennzahlen und der gleichen Mannschaftsprämie „angehängt" werden.

Das ist eine Sichtweise, der sich nicht immer alle Zielgruppen spontan anschließen. Und selbstverständlich kommt es vor, dass vermeintlich schwache Glieder in den Prozessketten identifiziert werden, die „schuldig" sind, wenn sich die Zahlen nicht positiv entwickeln. Aber das macht nur offensichtlich und spürbar, was ohnehin vorhanden ist: Verbesserungspotenzial. Und das ist genau das, was durch Mannschaftsprämien identifiziert werden kann und auch identifiziert wird. Aber es erfordert realistischerweise geduldige Diskussionen darüber, dass es wenig hilft, Schuldige zu suchen und anzuprangern, sondern Störungen und unerfüllte Erwartungen entlang der Prozesse zu besprechen und konkrete Verbesserungen im Kleinen wie auch im Großen zu starten und dranzubleiben – das ist zwar nicht neu, aber spielt auch noch in der agilen Welt eine Rolle.

In meinen beiden Beispielen von oben ist die Mannschaft in dem einen Fall der Pilotbereich für Teamarbeit mit etwa 40 Mitarbeitern in einem Fertigungsbereich mit hohem Anteil von Anlernarbeitsplätzen. Im anderen Fall ist die Mannschaft jeweils ein Werk mit etwa 400 Beschäftigten auf unterschiedlichen Qualifikationsniveaus und einem definierten Produktbereich mit fast allen Supportfunktionen, die dezentral im Werk angesiedelt sind: Fertigung, Logistik, Instandhaltung und Wartung, Arbeitsvorbereitung, Fertigungssteuerung und Qualitätssicherung.

3. Welchen Anteil soll die Mannschaftsleistung (im Unterschied zur individuellen Leistung) an der gesamten leistungsvariablen Vergütung haben? Das ist eine gute Frage, aber leider gibt es keine schnelle Antwort! Wie immer kommt es auch bei dieser Frage auf die Umstände und Rahmenbedingungen an. Erfahrungsgemäß können wir uns hier dem Ergebnis nur in Schleifen nähern. Und ein Ergebnis, das für die Mehrzahl der User trag- und konsensfähig ist, ist besser als ein ausgefeiltes Konzept aus dem Leanteam und dem Produktionscontrolling. Hilfreich für solche Diskussionen sind Simulationsrechnungen mit den konkreten Entgeltwirkungen bei den tatsächlichen Kennzahlenverläufen der vergangenen drei Jahre. Damit ist gut zu erkennen, was gewesen wäre, wenn es die Prämie schon seit drei Jahren gegeben hätte.

Dann kann man auch gemeinsam abwägen, Vor- und Nachteile diskutieren, einen Vorschlag machen, Auswirkungen simulieren und erneut diskutieren. Ob dabei im Ergebnis ein Verhältnis von Mannschaftsleistung zu individueller Leistung von 70:30, 30:70 oder 50:50 entsteht, ist immer richtig, wenn es sich für alle Beteiligten als hilfreich oder zumindest als verträglicher Kompromiss zeigt.

Im Übrigen empfehle ich auch hier, in eine Pilotphase zu starten, um Erfahrungen zu sammeln, diese offen zu besprechen sowie zu bewerten und ggf. die Anteile von Mannschaftsleistung und individueller Leistung zu verändern. Auch diese Veränderung der Anteile kann erfolgen, ohne dass das gesamte Mannschaftsprämienkonzept geändert werden muss.

4. Welche Gewichtung sollen die jeweiligen Kennzahlen haben? Auch die Gewichtung der Kennzahlen ist eine Stellschraube im System, die nicht nur zu Anfang justiert, sondern auch im Laufe der Handhabung verändert werden kann. In einem der Beispielunternehmen wurden die Kennzahlen zum Start jeweils gleich mit einem Drittel gewichtet. Im anderen Unternehmen wurde die Produktivität zum Start mit 50 % gewichtet, Qualität mit 30 % und Termintreue mit 20 %. Derzeit ist die Diskussion darüber im Gange, aus aktuellem Anlass die Termintreue stärker zu gewichten. Spannend in der konkreten Situation ist, dass die Diskussion des aktuellen Anlasses, also Probleme in der Termintreue, das stärkere Gewicht in der Diskussion hat. Die Auseinandersetzung mit dem Problem steht im Vordergrund und die entsprechende Vergütungswirkung folgt bzw. unterstützt die Veränderung.

5. Wie stark soll die Prämie schwanken dürfen (Sockel/Deckel)? An dieser Stelle könnte bezüglich des Abwägungs- und Entscheidungsprozesses ebenfalls auf 3. verwiesen werden. Allerdings spielt hier noch ein weiterer Aspekt eine Rolle, der beleuchtet werden soll. Wenn ein zusätzliches Entgeltelement, also eine zusätzliche Prämie geschaffen werden soll, die für die Beschäftigten zusätzliche Verdienstmöglichkeiten bedeutet, dann ist dieser Aspekt sicher weniger bedeutsam. Wenn allerdings bisherige Vergütungselemente durch eine Mannschaftsprämie ersetzt werden sollen, dann ist es auch hier wieder notwendig, konkrete Auswirkungen zu simulieren (s. Abb. 7.7).

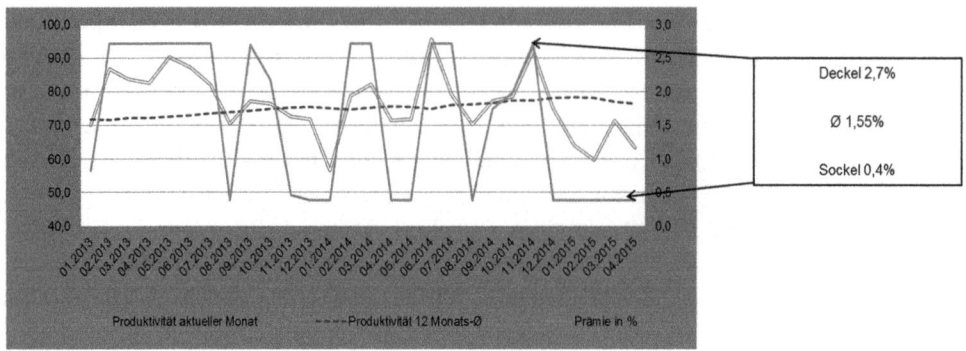

Abb. 7.7 Deckel und Sockel für die Mannschaftsprämie

Der Ausgangspunkt dieser Simulation: Produktivität ist eine von drei Kennzahlen, die bei durchschnittlichem Ergebnis 1,55 % Prämie ergeben, jeweils bezogen auf das (in diesem Fall tarifliche) Grundentgelt. In diesem Beispiel liegt der Deckel beim 1,75-Fachen der durchschnittlichen Prämie und der Sockel symmetrisch um die gleiche Prozentdifferenz nach unten bei 0,4 % vom Grundentgelt. In der Summe von drei Kennzahlen beträgt die Schwankungsbandbreite bei gleicher Gewichtung der Kennzahlen 6,9 %-Punkte mit einem Sockel bei 1,2 % und dem Deckel bei 8,1 % – somit einer Differenz von 6,9 %-Punkten, die bei einem Grundentgelt von 2600 € einen Mannschaftsprämienunterschied von etwa 180 € zwischen einem guten Monat und einem schlechten Monat bewirken.

In diesem Unternehmen wurde diese Schwankungsbandbreite nach ausführlichen Diskussionen mit den Beschäftigten als konsensfähig für den Start vereinbart und im weiteren Verlauf auf einen Sockel bei 0 % sowie einen Deckel bei 9,3 % und einen Durchschnitt bei 4,65 % erweitert. Die Mannschaftsprämie liegt in diesem Unternehmen im Verhältnis zur individuellen Leistung bei 1/3 zu 2/3.

Auch hier hat sich bewährt, dass im laufenden Betrieb Anpassungen vorgenommen werden können, ohne das Gesamtkonzept ändern zu müssen.

6. Wie stellen wir sicher, dass wir uns weiter verbessern und diese Verbesserungen honoriert werden? An dieser Stelle möchte ich einen Grundpfeiler bzw. eine Grundidee dieses flexiblen, sich anpassenden Modells beschreiben. In anderen Modellen wird ein Zielwert definiert und die Prämie steigt oder fällt bei Überschreitung bzw. Unterschreitung des Zielwerts. Oder es wird ein Zielwert als Schwellenwert definiert. Bei Unterschreitung wird keine Prämie ausgeschüttet, darüber erhöht sich die Prämie nicht – also eher digital: Prämie/keine Prämie. Ein Kernelement dieser Funktionsweise ist, dass der Zielwert festgelegt oder vereinbart werden muss und in vielen Unternehmen ständiger Stein des Anstoßes ist. Die Herausforderung ist, dies entweder mit vielen Mitarbeitern zu diskutieren, ob sozusagen die Latte für sie höher gelegt wird, oder dies in mitbestimmten Unternehmen mit dem Betriebsrat zu tun. Die Verhandlungssituationen, die ich bisher kennengelernt habe, zeigen mir, dass die Beteiligten dies in der Regel als eher unerfreulich wahrnehmen. Trotzdem müssen diese Diskussionen bzw. Verhandlungen bei Veränderung geführt werden, weil der Zielwert sonst nicht mehr zur Entwicklung passt.

Aus dieser Erkenntnis heraus ist die Idee entstanden, den Zielwert sozusagen nicht verhandeln zu müssen, sondern sich immer nur an der Verbesserung gegenüber den Ergebnissen der Vergangenheit zu orientieren.

In dieser Logik richtet sich die Prämie danach, ob die durchschnittliche Leistung der vergangenen 6/12/24 Monate überschritten oder unterschritten wird (s. Tab. 7.4).

Es geht also immer darum, den aktuellen Monat mit dem Durchschnitt der vergangenen Monate zu vergleichen. Ein guter Monat ist demzufolge ein Monat, in dem die Mannschaft besser ist, als sie bisher war – im folgenden Beispiel also besser als in den vergangenen 24 Monaten. Dann ist die Prämie für die Mannschaft überdurchschnittlich. Ein beispielhafter Prämienverlauf ist in Abb. 7.8 erkennbar.

Somit passt sich der Bezugswert für die Berechnung der Prämie immer an die konkret stattfindende Entwicklung an. Das Beispiel in Abb. 7.8 wurde nicht zufällig ausgewählt.

Tab. 7.4 Das Prinzip der Prämie

Leistung	Ergebnis
Aktueller Monat besser als die vergangenen 6/12/24 Monate	Überdurchschnittliche Prämie
Aktueller Monat gleich wie die vergangenen 6/12/24 Monate	Durchschnittliche Prämie
Aktueller Monat schlechter als die vergangenen 6/12/24 Monate	Unterdurchschnittliche Prämie

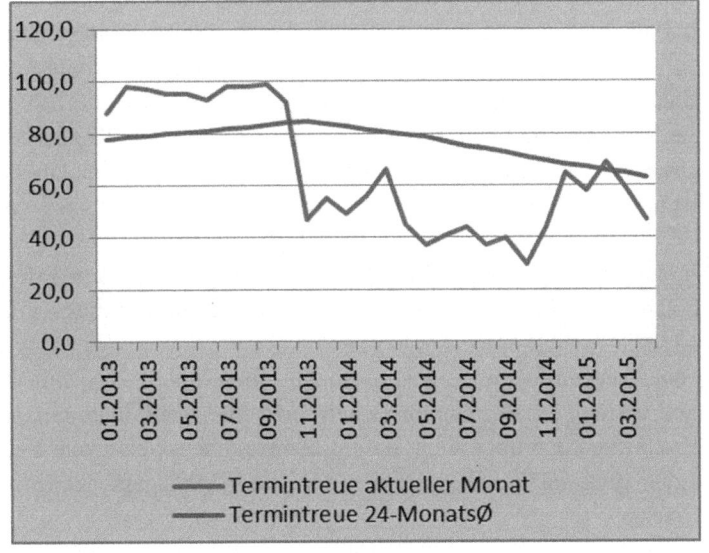

Abb. 7.8 Aktueller Monat im Vergleich zur Vergangenheit

Der Trend in der Entwicklung der Termintreue in diesem Beispiel ist aus unterschiedlichen Gründen unerfreulich, aber die Entwicklung lässt sich nicht ignorieren und bleibt damit auf der Tagesordnung – im wörtlichen Sinne, jeden Tag und jeden Monat. Im konkreten Beispiel wurde der Trend gewendet, ebenfalls wieder aus unterschiedlichen Gründen, aber mit vereinten Kräften.

Auch hier findet sich wieder eine Stellschraube im System: die Länge des Bezugszeitraums. Je länger der Bezugszeitraum ist (z. B. 24 Monate), desto mehr glättet sich die Kurve der Vergangenheit. Je kürzer der Bezugszeitraum (z. B. 6 Monate), desto mehr Dynamik bekommt das System und desto kürzer sind die Reaktionszeiten des Systems. Auch das ist zum Start eine Vereinbarung, die getroffen werden muss und im Laufe der Anwendung wieder verändert und angepasst werden kann.

7. Wie gehen wir mit Störungen um? Manche können sich noch an die guten alten Zeiten erinnern, in denen Produktionsbereiche störungsfrei funktionierten. Das richtige Material war immer verfügbar, produziert wurde planbar auf Lager und Kunden konnten dort Produkte abrufen und wurden pünktlich beliefert. Mitarbeiter waren (fast) nie krank und einmal eingerichtet liefen Maschinen problemlos mit großen Stückzahlen über lange Zeit. Wenn Fehler passierten, war immer genügend Zeit für Nacharbeit, sodass Kunden ausschließlich fehlerfreie Ware erhielten. Für Audits oder Ähnliches war immer genügend Zeit. Das waren noch Zeiten! Sie erinnern sich nicht? Ehrlich gesagt: Ich auch nicht. Deshalb haben sich auch die meisten Menschen, Mitarbeiter und Führungskräfte, daran gewöhnt, dass Störungen Teil unserer Arbeit sind. Sie sind nicht erfreulich, aber sie sind da, sie sind ein Teil der Realität und es geht nur darum, so professionell und klug wie möglich mit diesen Störungen umzugehen. Oft gelingt es auch, häufig wiederkehrende Störungen zu erkennen und abzustellen. In den Leistungskennzahlen der Vergangenheit sind all die Störungen, die stattgefunden haben, abgebildet. Die Leistungen wurden wegen oder trotz der Störungen erzielt, egal ob es um Produktivität, Qualität oder Termineinhaltung oder andere Kennzahlen geht. Wenn also die Störungen in den Kennzahlen der Vergangenheit und in der Kennzahl des aktuellen Monats enthalten sind, dann müssen wir sie prämientechnisch nicht mehr berücksichtigen. Über einen etwas längeren Betrachtungszeitraum wird es sich immer um ein ähnliches Set von Störungen handeln.

Somit sind die Störungen unter Prozessverbesserungs- wie auch Prämiengesichtspunkten das Potenzial für Verbesserung und der Spielraum für überdurchschnittliche Prämien (s. Abb. 7.9).

Die Umsetzungserfahrungen zeigen, dass alle Beteiligten (bis auf wenige Ausnahmen) schnell verinnerlichen, worum es geht, und ihre Aktivitäten entsprechend ausrichten. Die Erfahrung zeigt aber auch, dass diese Vorgehensweise kein Selbstläufer ist, sondern als Ergänzung im Sinne modernen Shopfloor-Managements Information und Diskussion braucht.

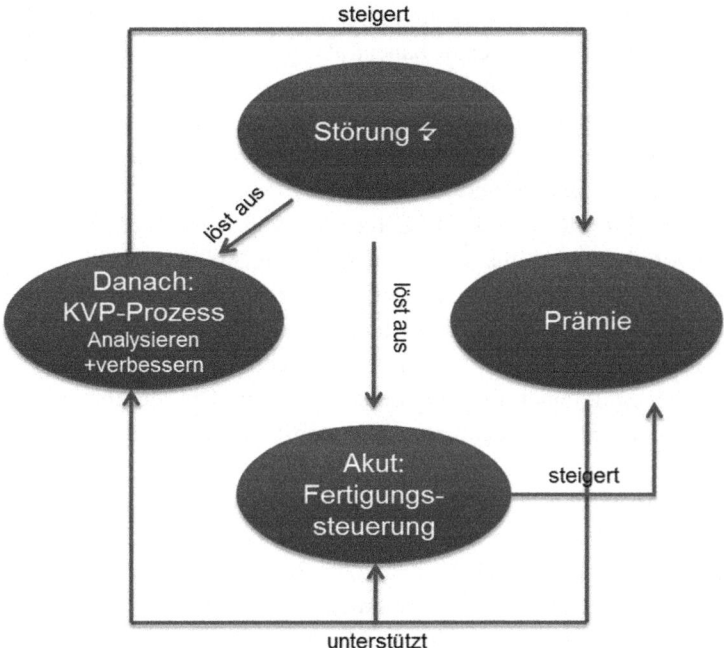

Abb. 7.9 Störungen sind das Potenzial für Verbesserung

8. Wie werden wir auf dem Laufenden gehalten, wo die Mannschaft in Bezug auf die Kennzahlen steht? Es geht also darum, nicht nur technokratisch Leistung zu vergüten, sondern die Kennzahlen und deren Entwicklung unabhängig von Entgelt als Orientierungsmarken zu verwenden. Dann richtet sich eine Organisation auch sukzessive an diesen Orientierungsmarken aus. Die Vergütungsregelung unterstützt, ist aber nicht das alleinige Maß der Dinge, sondern folgt der Entwicklung.

Dazu ist es unabdingbar, die Beteiligten regelmäßig über den aktuellen Stand zu informieren. Um im oben genutzten Bild aus dem Sport zu bleiben: Die Spieler müssen den Tabellenstand und die Daten der vergangenen Spiele kennen. Die Umsetzung kann im Sinne modernen Shopfloor-Managements[27] zum Beispiel in Fünf-Minuten-Startgesprächen zum Schichtbeginn erfolgen. Andere Unternehmen haben dezentrale Infotafeln oder Monitore, auf denen die Informationen abrufbar sind. In welcher geeigneten Form der „Tabellenstand" und die daraus resultierenden Aktivitäten auch immer kommuniziert und besprochen werden, es ist entscheidend, dass die Information darüber stattfindet. Ansonsten verkommt die Prämienregelung zu einem rein technokratischen Element mit begrenzter Wirkungsdauer.

---

[27]Mehr dazu in Hutz, A./Stolz, M.: Shopfloor-Management. Wirksam führen vor Ort. Göttingen, Business Village, 2013.

Offen gesagt, ich kenne Unternehmen, die diese Denk- und Arbeitsweise schon praktiziert oder zumindest entwickelt haben, als die Buzzwords „agil" und „Shopfloor-Management" noch nicht den aktuellen Bekanntheitsgrad hatten.

Wenn man die „Stellschrauben" aus diesen verschiedenen Überlegungen justiert und vorläufig festzieht, dann kann daraus ein Mannschaftsprämiensystem wie in Abb. 7.10 dargestellt (aus dem laufenden Betrieb) entstehen:

In der Spalte rechts außen ist die TLZ Teamleistungszulage in Euro ausgewiesen, die sich für einen Mitarbeiter mit einem Grundentgelt von 2800 € ergibt.

Und was ist daran jetzt neu oder gar agil? Es ist ein Set von Elementen, das in seinem Zusammenwirken die Entwicklung in Richtung „Agilität" unterstützt. Die Erkenntnis ist ja nicht neu, dass Veränderungen in die richtige Richtung nicht monokausal sind und in Unternehmen eher evolutionär als revolutionär verlaufen. Die Merkmale, die in Richtung „Agilität" weisen, möchte ich nochmals zusammenfassen:

- Modularer Aufbau und langfristige Haltbarkeit, weil Veränderungen im System abgebildet werden können, ohne das System als solches zu verändern (Kennzahlen, Gewichtungen, Anteile, Deckel/Sockel etc. sind Stellschrauben)
- Das System passt sich an veränderte Rahmenbedingungen an
- Orientierung der Prämie an der Verbesserung gegenüber der Vergangenheit
- Störungen sind normal und Teil des Systems
- Steht in einer positiven Wechselwirkung mit anderen Veränderungsprozessen wie Lean Management, Shopfloor-Management etc.

9. Was heißt denn nun Performance Management und Entgelt in agilen Zeiten oder New Pay? Auch in agileren Zeiten gibt es keine einfachen und schnellen Lösungen, die man kurz auf „einem Bierdeckel" nach dem Motto „One size fits all" beschreiben könnte. Aber es gibt als Resultat aus den Beispielen und Überlegungen aus Kap. 7 ein paar grundsätzliche Indikatoren, die als Fazit für eine Entwicklung ausgehend vom Status quo (wo immer dieser gerade ist) hin zu Entgeltlösungen mit agileren Eigenschaften gezogen werden können:

1. Mehr Partizipation für Mitarbeiter sowohl in der Entstehungsphase als auch in der Anwendung von Vergütungssystemen
2. Größere Transparenz der Vergütungsregelungen, der Vergütungsprozesse und unter passenden Umständen auch der Entgelte selbst
3. Größere Vielfalt von unterschiedlichen Regelungen innerhalb von Unternehmen
4. Größere Anpassungsfähigkeit für sich verändernde Rahmenbedingungen als Eigenschaft des Systems

Aber machen wir uns nichts vor: Selbst wenn sich Führungsrollen und Führungsverständnis im agileren Umfeld ändern, bleibt es weiterhin eine wesentliche Führungsaufgabe, Aufgaben abzustecken, Ziele zu vereinbaren, Feedback zu geben, Ergebnisse

Produktivität	Produktivität aktueller Monat	Produktivität 12-Ø	TLZ in %	TLZ auf Grundlohn	Liefergrad	Liefergrad aktueller Monat	Liefergrad 12-MonatsØ	TLZ in %	TLZ auf Grundlohn	Trefferquote	Trefferquote aktueller Monat	Trefferquote 12-MonatsØ	TLZ in %	TLZ auf Grundlohn	TLZ gesamt
Mai 2017	104,0	108,0	0,7	20 €	Mai 2017	96,6	97,4	0,7	19 €	Mai 2017	99,3	99,4	1,4	39 €	78 €
Jun 2017	105,4	107,3	1,1	31 €	Jun 2017	88,7	97,5	0,4	10 €	Jun 2017	99,4	99,4	1,5	42 €	83 €
Jul 2017	107,3	107,2	3,0	83 €	Jul 2017	95,7	96,6	0,5	14 €	Jul 2017	99,3	99,4	1,3	37 €	133 €
Aug 2017	109,5	107,7	4,5	125 €	Aug 2017	98,5	96,3	2,5	70 €	Aug 2017	99,6	99,4	1,6	45 €	240 €
Sep 2017	101,9	107,4	0,7	20 €	Sep 2017	98,1	96,4	2,5	70 €	Sep 2017	99,1	99,4	1,1	31 €	121 €
Okt 2017	100,9	107,5	0,7	20 €	Okt 2017	94,4	96,4	0,4	10 €	Okt 2017	99,7	99,4	1,7	48 €	78 €
Nov 2017	107,4	106,8	3,4	94 €	Nov 2017	90,8	96,1	0,4	10 €	Nov 2017	99,6	99,4	1,6	46 €	150 €
Dez 2017	94,6	107,1	0,7	20 €	Dez 2017	90,8	95,3	0,4	10 €	Dez 2017	99,1	99,4	1,1	32 €	62 €
Jan 2018	87,5	106,5	0,7	20 €	Jan 2018	95,9	94,7	2,5	70 €	Jan 2018	99,2	99,4	1,3	35 €	125 €
Feb 2018	81,4	105,2	0,7	20 €	Feb 2018	98,8	94,6	2,5	70 €	Feb 2018	99,4	99,4	1,4	40 €	129 €
Mrz 2018	102,8	102,8	0,7	20 €	Mrz 2018	94,7	94,7	1,4	39 €	Mrz 2018	98,9	99,4	1,0	27 €	86 €
Apr 2018	97,7	100,4	0,7	20 €	Apr 2018	97,7	94,8	2,5	70 €	Apr 2018	99,6	99,3	1,7	48 €	137 €
Mai 2018	93,9	98,5	0,7	20 €	Mai 2018	98,0	94,9	2,5	70 €	Mai 2018	99,7	99,4	1,8	51 €	140 €
Jun 2018	100,2	97,7	5,0	140 €	Jun 2018	92,2	95,0	0,4	10 €	Jun 2018	99,3	99,4	1,3	37 €	187 €
Jul 2018	112,9	97,3	5,0	140 €	Jul 2018	95,9	95,3	2,1	57 €	Jul 2018	99,1	99,4	1,1	32 €	229 €
	Durchschnittliche TLZ aus Produktivität	2,85%				Durchschnitt aus Liefergrad	1,43%				Durchschnittliche TLZ aus Trefferquote	1,43%			Durchschnitt aus 1/17-7/18
	Gewichtung Produktivität	50%				Gewichtung Liefergrad	25%				Gewichtung Trefferquote	25%			

Beispielsrechnung mit Grundentgelt 2.800 €
Deckelung/Sockelung bei Faktor 1,75
Anteil TLZ 30%   5,7% rechnerische durchschnittliche TLZ
Gesamtleistungszulage 19%

Abb. 7.10 Berechnung der Teamleistungszulage TLZ aus Kennzahlen

und Leistungen einzuschätzen sowie zu vergleichen und daraus im Rahmen von transparenten Spielregeln Entgeltentscheidungen abzuleiten oder mindestens herbeizuführen. Manche Führungskräfte würden es zwar bevorzugen, dafür nur Data-Input zu liefern, und die Entscheidungen über Entgelt lieber einem Algorithmus überlassen – aber das wird vermutlich auch in einer agileren Zukunft nicht so sein.

Literatur

Aleweld, T. & Rahn, M. (Januar 2018). Vergütung in agilen Organisationen. Lassen Sie sich inspirieren!, *Comp&Ben*, 7–9.

Bravery, K. et al. (2018). Global talent trends 2018 study. Unlocking growth in the human age. Mercer.

Hutz, A., & Stolz, M. (2013). *Shopfloor-Management. Wirksam führen vor Ort*. Göttingen: Business Village.

Kampkötter, P. & Sliwka, D. et al. (2018). Forschungsbericht 507, Bericht zum Forschungsmonitor: „Variable Vergütungssysteme". Längsschnittstudie im Auftrag des Bundesministeriums für Arbeit und Soziales.

Kosel, M., & Weißenrieder, J. (2005). *Nachhaltiges Personalmanagement. Acht Instrumente zur systematischen Umsetzung*. Wiesbaden: Gabler.

Laloux, F. (2015). *Reinventing organizations. Ein Leitfaden zur Gestaltung sinnstiftender Formen der Zusammenarbeit*. München: Franz Vahlen.

Nowottny, V. (2017). *Agile Unternehmen. Was sich nicht bewegt, kann sich nicht verbessern*. Göttingen: Business Village.

Pink, D. H. (2009). *Drive: The surprising truth about what motivates us*. New York: Riverhead Books.

Zubizaretta, R., & zur Bonsen, M. (2014). *Dynamic facilitation. Die erfolgreiche Moderationsmethode für schwierige und verfahrene Situationen*. Weinheim: Beltz.

zur Bonsen, M., & Bauer, P. (2008). *Real time strategic change: Schneller Wandel mit großen Gruppen (Systemisches management)*. Stuttgart: Klett-Cotta.

Nachlese und Fazit

8

Jürgen Weißenrieder

Zusammenfassung

Dieses Kapitel fasst die zentralen Thesen des Buches zusammen und bringt sie in einen Zusammenhang. Es wird deutlich, dass erst das Zusammenspiel von Führung und Vergütungssystemen eine nachhaltige Wirkung entfalten kann. Außerdem wird erkennbar, dass auch die viel diskutierten, aber nur selten konkretisierten New-Pay-Ansätze nicht disruptiv, sondern eher Weiterentwicklungen sind.

Nach den vielen Schichten, durch die wir uns gearbeitet haben, und nach den vielen unterschiedlichen Perspektiven, die wir eingenommen haben, mag es im Moment so erscheinen, als wäre das anfänglich beschriebene dicke Brett eher dicker als dünner geworden. Und vielleicht scheint es so, dass die Bohrung länger dauert als erwartet. Vielleicht schätzen Sie das Risiko, dass der Bohrer sogar bricht, im Moment sogar wieder höher als am Anfang – und das, obwohl (oder weil) Sie jetzt mehr wissen als zuvor.

Das kann sein!

Aber was haben wir gemacht?

Wir haben die Alternativen nüchtern geprüft und die Arbeitsschritte transparent gemacht – sowohl für Anwendungen im eher traditionellen als auch im eher agil geprägten Umfeld. Somit kann jedes Unternehmen für sich Aufwand und Nutzen abwägen.

Vor Kurzem sagte der Geschäftsführer eines neuen Kunden: „Lieber kein Vergütungssystem als eines, das nicht funktioniert. Das gibt nur Fehlsteuerungsimpulse!"

Dieser Sichtweise kann ich mich nur insoweit anschließen, als dass ein Vergütungssystem, das nicht funktioniert, tatsächlich Fehlsteuerungsimpulse aussendet.

J. Weißenrieder (✉)
Tettnang, Deutschland
E-Mail: j.weissenrieder@wekos.com

© Springer Fachmedien Wiesbaden GmbH, ein Teil von Springer Nature 2019
J. Weißenrieder (Hrsg.), *Nachhaltiges Leistungs- und Vergütungsmanagement*,
https://doi.org/10.1007/978-3-658-25967-9_8

Das stimmt!

Aber ist dann die Alternative wirklich, kein Vergütungssystem zu haben?

Was ist, wenn Unternehmen kein Vergütungssystem, also keine systematische Vorgehensweise für Vergütungsfragen, die ständig auftauchen, haben?

Gibt es dann keine Fehlsteuerungsimpulse?

Aber sicher gibt es diese!

Sie könnten nur dann vermieden werden, wenn sinnvolle und nachvollziehbare Unterschiede in der Vergütung von Mitarbeitern gemacht werden. Dann ist es wieder ein System. Auch das gilt sowohl für Anwendungen im eher traditionellen als auch im eher agil geprägten Umfeld.

Oder es kommt zu den gleichen Fehlsteuerungen wie in Systemen, die nicht funktionieren: Spitzenleister verdienen zu wenig, Minderleister zu viel und Mitarbeiter im Unternehmen wundern sich über die seltsamen Schräglagen, die die Führungskräfte auch nicht verstehen und deshalb auch nicht erklären können. Also: Kein System ist auch keine Alternative, sondern es muss das richtige sein und es muss gut gemacht sein.

Aus diesem Grund möchte ich nach den Betrachtungen der vielen Details noch einmal etwas vom Objekt zurücktreten, ein paar wesentliche Aspekte zusammenfassen und das Zitat von Martin Walser wiederholen: „Dem Gehenden schiebt sich der Weg unter die Füße." – Also gehen wir los!

Leistungsvariable Vergütungssysteme führen nicht, im besten Fall unterstützen sie Führung! Vergütungssysteme haben keinen eigenen Wert an sich und tragen auch nicht durch ihre bloße Existenz zur Wertschöpfung im Unternehmen bei. Vergütung ist ein Nebenprodukt. Vergütungssysteme funktionieren dann nachhaltig, wenn sie die Sekundärwirkung eines Steuerungssystems darstellen, das nicht primär der Vergütung dient. Das können dann sowohl die Methoden Kennzahlen, Zielvereinbarung und Leistungsbeurteilung leisten:

- Kennzahlen, die abbilden, woran man im Unternehmen einen guten Tag, einen guten Monat oder ein gutes Jahr erkennt, werden meist ohnehin dazu verwendet werden, das Unternehmen zu steuern oder Planungen zu erstellen (s. Abschn. 2.2.1)
- Leistungsbeurteilungen, die tatsächlich das abbilden, was im Unternehmen als gute Leistung wahrgenommen wird und nicht irgendwelche Artefakte (s. Abschn. 2.2.2)
- Zielvereinbarungen, die sich an den ohnehin vorhandenen qualitativen und quantitativen Zielen des Unternehmens ausrichten (s. Abschn. 2.2.3)

Erst das Zusammenwirken von Führung und Vergütungssystem lässt also nachhaltiges Leistungs- und Vergütungsmanagement wirksam werden. Und das gilt sowohl im eher traditionellen als auch im eher agilen Umfeld.

Leistungsvariable Vergütungssysteme motivieren nicht, sie steuern nur! Nicht alle Menschen sind aufgrund ihrer Neigungen und Talente in ihrem Beruf. Es wäre schön, wenn es so wäre, aber leider kann es auch anders sein (Abschn. 1.3). Deshalb sind auch nicht alle Menschen intrinsisch motiviert bezüglich der Art und Weise, wie sie sich am Arbeitsplatz einbringen. Führungskräfte können mithilfe der Vergütungssysteme Menschen beim Arbeiten klare Hinweise geben, welche Erwartungen an sie gerichtet sind, und sie können auch klare Signale geben, ob diese Erwartungen erfüllt werden. Etwas technokratisch ausgedrückt, würde ich es als Steuer- und Regelkreis bezeichnen. Damit wird Orientierung und Ausrichtung gegeben, und das ist vielleicht ein Teil dessen, was landläufig als Motivation bezeichnet wird. Der größte Teil von Motivation spielt sich wahrscheinlich eher zwischen den beteiligten Menschen ab und nur zum Teil in oder zwischen den Systemen.

Vergütungssysteme regeln Leistung und materielle Gegenleistung! Mein Anspruch an Vergütungssysteme ist weiterhin der der Regelung von Leistung und materieller Gegenleistung. Wenn das gut gemacht ist, dann entsteht eine motivierende Wirkung (Abschn. 1.3) dadurch, dass Leistung und materielle Gegenleistung in einer guten Balance sind. Der Mindestanspruch ist, dass diese Regelungen nicht demotivieren, und das ist weit weniger, als sich manche Führungskraft erhofft.

Nachhaltige Vergütung braucht auf lange Sicht verschiedene Elemente! Manchmal kann man nicht alles auf einmal erledigen. Aber auf lange Sicht brauchen nachhaltige Vergütungssysteme drei Elemente (Kap. 2), sodass alle wesentlichen Einflussgrößen zum Tragen kommen: die Anforderungen und damit der Wert der Tätigkeit eines Mitarbeiters für das Unternehmen, die Leistung, die er individuell erbringt oder zu der er in einem Team beiträgt, und das Ergebnis des gemeinsamen Handelns, das Unternehmensergebnis. Im Idealfall schlägt sich das Unternehmensergebnis systematisch auf das Entgelt nieder und möglichst sollen diejenigen, die mehr zum Ergebnis beigetragen haben, auch mehr von dem „Kuchen" abbekommen. Wenn dann die individuelle Leistung auch die Entwicklung des Entgelts in der Zukunft steuert (Abschn. 2.4), dann wird Vergütung nachhaltig.

Arbeitsplatzbewertung ist (auch im agilen Umfeld) nicht sexy, aber wichtig! Niemand bekommt dabei leuchtende Augen, aber eine funktionierende Rollen- oder Arbeitsplatzbewertung (Abschn. 2.1) ist die Basis und elementarer Bestandteil nachhaltiger Vergütungssysteme. Ohne diesen stabilen Sockel halten variable „Aufbauten" nicht lange. Die Kunst besteht darin, bei allem Streben nach Genauigkeit nicht zu detailliert zu werden. Ein summarischer und vergleichender Ansatz führt in der Regel schneller zum Ziel und hält länger als ein analytischer und detaillierter Ansatz. Drei Vergütungskategorien mit insgesamt neun bis zwölf Vergütungsstufen reichen aus (Abschn. 2.1.3), um alle Funktionen (ohne Managementlevel) zu bewerten. Mehr Vergütungsstufen machen das Unterscheiden nur schwieriger, aber nicht genauer und der Spielraum für den Faktor „Leistung" wird geringer.

Ein stabiler Sockel widerspricht nicht dem Anspruch agiler Organisationen nach mehr Beweglichkeit und Flexibilität (Abschn. 2.1.6). Die Rollen können weiterhin beschrieben und bewertet werden. Wie diese neu beschriebenen Rollen im internen Vergleich bewertet werden und wie sich dies auf den „Marktwert der Spieler" auf diesen Positionen auswirken wird, ist naheliegend – vermutlich steigt der Wert dieser Rollen, schon alleine deshalb, weil der Kreis derer, die die notwendigen Kompetenzen mitbringen, kleiner wird.

You get what you pay for! Die verschiedenen Methoden für leistungsvariables Entgelt (Abschn. 2.2.1, 2.2.2 und 2.2.3) entfalten unterschiedliche Wirkungen. Mit jeder Methode und deren Ausgestaltung können andere Akzente gesetzt werden. Und es ist viel wichtiger, sich zuerst über die Akzente, die man setzen will, Gedanken zu machen, als über das System. Deshalb ist die Frage elementar: „Woran erkennen wir gute Leistung bei *uns* im Unternehmen?" und: „Welche Prozesselemente haben wir schon?" Unternehmen, die Zielvereinbarungsprozesse einführen, um über Zielerreichungsgrade Vergütung zu steuern, machen sich auf einen langen und mühevollen Weg, bei dem sie vermutlich das Tool „Zielvereinbarung" beschädigen, weil sie Vergütung regeln wollen. Umgekehrt wird ein Schuh draus: Wenn ein vorhandener Zielprozess gut funktioniert, dann kann er auch für Vergütungslösungen verwendet werden.

Das Suchen nach den richtigen Antworten kann durchaus ein bisschen Zeit in Anspruch nehmen, aber die Antworten bestimmen in hohem Maße alle weiteren Entscheidungen für die Methoden und deren Ausgestaltung.

Nachhaltigkeit in der Vergütung Während der Suche nach den Antworten auf die Frage „Woran erkennen wir gute Leistung bei *uns* im Unternehmen?" ist auch die erste gute Gelegenheit, das Thema „Nachhaltigkeit" mit zu überdenken. Wenn nachhaltiges Handeln für das Unternehmen wichtig ist, dann müssten einige Antworten in diese Richtung gehen: der verantwortungsbewusste Umgang mit Ressourcen – sparsamer Umgang mit Materialien, schonender Umgang mit Betriebsmitteln–, das Beisteuern von Verbesserungsvorschlägen, der Blick über den Tag hinaus und die Selbstkontrolle von Arbeitsergebnisse sind Beispiele dafür. Wenn es hier nicht auftaucht, wird nachhaltiges Handeln nur mühsam im Unternehmen verankert werden können.

Kennzahlen sind eine wunderbare Methode, … wenn sich individuelle Leistung umfassend mit drei bis vier Kennzahlen fassen lässt (Abschn. 2.2.1). Sie sind klar, sie machen Leistung transparent und sie orientieren sich an Ergebnissen und weniger an dem Aufwand oder dem Weg, der zum Ergebnis geführt hat. Die Aufgabe besteht darin, die Bereiche im Unternehmen zu identifizieren, in denen die Rahmenbedingungen für diese Methode gut sind. Akkord- oder Prämiensysteme brauchen stabile Prozesse, geringe Volatilität und wenige Parameter, die Leistung umfassend abbilden. Diese Rahmenbedingungen findet man am ehesten in Produktions- und Vertriebseinheiten, aber eben in einer Arbeitswelt mit immer mehr VUKA (siehe Abschn. 1.6) auch immer seltener.

Leistungsbeurteilung kann richtig cool sein und kooperativ gestaltet werden! Leistungsbeurteilung wird in der Regel dann eingesetzt, wenn man viele Parameter für die Erfassung von individueller Leistung bräuchte und diese nur mit unangemessen hohem Aufwand gemessen werden könnten. Sie funktioniert dann gut und nachhaltig,

- wenn Beurteilungsmerkmale gut definiert sind,
- durch Verhaltensanker, also durch beobachtbares Verhalten, beschrieben sind,
- wenn die Beurteiler die Möglichkeit haben, sich in Beurteilerkonferenzen zu kalibrieren,
- wenn die Beurteiler Orientierung für ihre Verteilungen erhalten,
- wenn die Beurteiler nach jeder Runde Feedback erhalten und Lernschleifen bezüglich der Erwartungen an die Mitarbeiter durchlaufen können (Abschn. 2.2.2).

Bei allen bekannten Risiken der Subjektivität von Leistungsbeurteilungen tragen diese Ergänzungen zu einer Objektivierung der Leistungsbeurteilung und zur Steigerung der Akzeptanz bei Beurteilern und Beurteilten bei.

Leistungsbeurteilung entwickelt dann eine besondere Dynamik, wenn man nicht versucht, Erwartungen und Leistung ein für alle Mal statisch zu definieren, sondern immer wieder bestrebt ist, diejenigen Mitarbeiter zu erkennen, die in besonderem Maße zum gemeinsamen Ergebnis beigetragen haben. Es kommt also darauf an, das Spitzentrio der Liga im Vergleich zu den anderen immer wieder neu zu identifizieren. Auch hier kommt wieder der vergleichende Ansatz zum Tragen. Vergleichende Leistungsbeurteilungssysteme halten länger als absolute Beurteilungssysteme.

Die nachhaltige Wirkung liegt weiterhin darin begründet, dass nicht nur eine Leistungsbeurteilung zum Zwecke der Steuerung leistungsvariablen Entgelts erstellt wird, sondern dass durch diesen entwicklungsorientierten Ansatz auch Verhaltensänderungen und Lernprozesse sowohl bei Führungskräften als auch Mitarbeitern ausgelöst werden.

Mehr Partizipation mit Blick auf veränderte Erwartungen der Mitarbeiter oder veränderte Führungsstrukturen in agilen Organisationen ist in unterschiedlichen Prozessschritten in unterschiedlicher Intensität (s. Abschn. 7.3) wirksam möglich.

Zielvereinbarung ist ein hoch wirksames Führungsinstrument in traditionellen und agilen Organisationen, … wenn die Ziele einzelner Mitarbeiter von der Unternehmenszielpyramide abgeleitet sind, wenn die Anforderungsniveaus der Ziele auch im Quervergleich zwischen den Mitarbeitern abgeglichen sind und die vereinbarten Ziele tatsächlich angepeilte, zukünftige Arbeitsergebnisse beschreiben. Ziele sind umso wirksamer, je weiter sie am Ende der Prozesskette liegen, also tatsächlich angestrebte Ergebnisse und nicht notwendige Maßnahmen auf dem Weg zum Ergebnis (Abschn. 2.2.3). Auch hier kommt es darauf an, Zielvereinbarung im geeigneten Umfeld anzuwenden. Die Anforderungen sind die gleichen wie bei Kennzahlen und hinzu kommt, dass die Mitarbeiter mit leistungsvariablem Entgelt aus Zielvereinbarung auch tatsächlich Einfluss auf das Erreichen der Ziele haben. Es gilt das Motto: Je höher in der Hierarchie, umso besser funktioniert Zielvereinbarung als Instrument leistungsvariabler Vergütung.

Zielvereinbarungssysteme werden häufig dann mit Vergütung kombiniert, wenn es darum geht, besondere Leistungen zusätzlich zu vergüten. Sie führen in der Regel zu zusätzlichen Kosten, die nur dann sinnvoll investiert sind, wenn diesen ein entsprechender betrieblicher Nutzen gegenübersteht. Sie werden nur selten im Bereich tariflicher Vergütung genutzt.

In agilen Organisationen erfordert der Einsatz dieses Instruments wegen „der kürzeren Distanzen" der Projekte meist kürzere Zyklen der Abstimmung und Anpassung der Ziele „im Laufe des Rennens".

Leistung steuert auch die zukünftige Entgeltentwicklung! Bei jeder Umstellung von Vergütungssystemen treten Mitarbeiter mit ihren Besitzständen in die neue Welt ein. Die Vergütung von Mitarbeitern, die mit ihrem aktuellen Ist-Entgelt über dem neuen Zielentgelt liegen, kann in der Regel nicht spontan gekürzt werden und gleichzeitig sollen Mitarbeiter, die mit ihrem aktuellen Ist-Entgelt unter dem neuen Zielentgelt liegen, zügig ins Ziel geführt werden. Wenn Entgelterhöhungen linear für alle gleich erfolgen, ist das nicht ohne erhebliche Kosten zu bewerkstelligen. Der Ausweg besteht darin, dass allgemeine Erhöhungen nicht linear, sondern abhängig von ihrer Entfernung vom Zielentgelt erfolgen. Das belohnt fast ausschließlich Mitarbeiter mit stabil hoher Leistung und führt im Ergebnis dazu, dass sich alte Besitzstände auswachsen. Dies regelt den Übergang und kann gleichzeitig Handlungsmaxime für alle zukünftigen allgemeinen Entgelterhöhungen sein (Abschn. 2.4).

Das Unternehmensergebnis gehört dazu! Wenn Mitarbeiter spüren, wie es dem Unternehmen geht, dann haben sie auch eine faire Chance, ihr Handeln daran auszurichten, und sie können davon profitieren. Das ist der Sinn und Zweck von Vergütungselementen, die durch das Unternehmensergebnis gesteuert werden. Die „Größe eines Prämienkuchens" wird durch das Unternehmensergebnis gesteuert und die Verteilung des „Kuchens" kann unterschiedlichen Ideen folgen: Alle erhalten einen gleichen Anteil in Euro oder alle erhalten einen bestimmten Prozentsatz ihres Monatsgehalts oder …? Der Kuchen wird nach Leistung verteilt und das systematisch. Je nach Zielsetzung können alle drei Varianten verwendet werden und führen zu unterschiedlichen Ergebnissen (siehe Abschn. 2.3). Spannend!

Es gibt einen Zielkonflikt zwischen Genauigkeit und Komplexität! Es ist in der Tat ein Spagat: Wenn man Vergütungssysteme bis in das letzte Detail präzise ausgestalten möchte, nimmt der notwendige Aufwand in der Regel eine Dimension an, die die Beteiligten schreckt, und außerdem nimmt die Verständlichkeit ab. Zugunsten der Übersichtlichkeit und Verständlichkeit neige ich eher dazu, Vergütungssysteme nicht zu kompliziert zu gestalten. Die Genauigkeit muss dabei nicht auf der Strecke bleiben, aber die Übersichtlichkeit und Verständlichkeit für alle Beteiligten haben Vorrang. Man kann fast alle Ergebnisse auch bei Unschärfen erklären, wenn die Beteiligten noch wissen: Was wollten wir eigentlich erreichen? Worum ging es uns denn ursprünglich? Reduzierte Komplexität schafft ab und zu Lücken, aber fordert gleichzeitig die Führungskräfte, sich damit auseinandersetzen zu müssen und Vergütung nicht dem „Automaten" zu überlassen. Das ist gut so, denn Führungskräfte, die gerne den „Automaten" hätten, führen nicht nachhaltig gut! Ich weiß, diese These klingt provozierend für manche Führungskräfte, aber ich nehme sie trotzdem nicht zurück.

Charmante Varianten der Gesamtvergütung Leistungsvariable Vergütung hat eine gewisse Komplexität und ich neige nicht zu vorschnellen Empfehlungen. Trotzdem möchte ich gerne das Bedürfnis derer stillen, die gerne auf die Schnelle eine grobe Struktur für verschiedene Funktionsbereiche im Unternehmen möchten. Das könnte aussehen, wie in Tab. 8.1 dargestellt:

In Anhang befindet sich eine Checkliste mit den wesentlichen Stellschrauben, mit denen die einzelnen Elemente noch weiter vertieft werden können. Ein neues leistungsvariables Vergütungssystem ergibt sich daraus nicht automatisch, aber sie leistet Unterstützung.

Vergütungssysteme sind eigentlich ganz einfach! Die Wirkung der Einführung leistungsvariabler Vergütungssysteme geht weit über das eng gesteckte Feld der Vergütung hinaus. Mit hoher Wahrscheinlichkeit kommen neue Anforderungen auf Führungskräfte zu. Unabhängig von der Leistungsentgeltmethode gilt: Führungskräfte führen. Sie definieren Aufgaben und Erwartungen und Ziele. Sie zeigen auf, warum bestimmte Themen wichtig sind oder auch nicht. Sie setzen die Prioritäten und nutzen die Potenziale der Mitarbeiter, denen sie wiederum Feedback geben, inwieweit sie die Erwartungen erfüllen oder die Ziele erreichen. Dieser Regelkreis ist bei der Anwendung aller drei Methoden leistungsvariablen Entgelts gleich. Vergütungssysteme unterstützen Führungskräfte dabei und leisten damit auch einen Beitrag zur Führungskräfteentwicklung, machen aber auch gleichzeitig Führungskräfteentwicklung notwendig (s. auch Abschn. 5).

Tab. 8.1 Charmante Varianten der Gesamtvergütung

Verwaltungs-/ Entwicklungsbereiche	Produktion und Logistik	Produktion und Logistik	Vertrieb
Gewinnbeteiligung oder andere Unternehmenskennzahlen		Gewinnbeteiligung oder andere Unternehmenskennzahlen	Gewinnbeteiligung oder andere Unternehmenskennzahlen
	Gruppenprämie aus Teamkennzahlen	Gruppenprämie aus Teamkennzahlen	
Individuelle Leistung aus Leistungsbeurteilung	Individuelle Leistung aus Leistungsbeurteilung	Individuelle Leistung aus Leistungsbeurteilung	Individuelle Leistung aus Kennzahlen oder Zielvereinbarung
Grundvergütung	Grundvergütung	Grundvergütung	Grundvergütung

VUKA-Welt, New Work und Agilität brauchen natürlich New Pay ... aber das heißt nicht, dass alles gleichzeitig über Bord geworfen wird und alles ganz anders wird. New Work braucht nicht ganz andere Lösungen, die wir heute noch nicht kennen, sondern im Gegenteil: New Work braucht eine Anpassung der Instrumente an neue Anforderungen in Bezug auf

- Anpassungen in der Änderungsgeschwindigkeit,
- Vielfalt der Regelungen,
- mehr Partizipation der Beschäftigten in der Entstehung von Vergütungssystemen,
- mehr Partizipation und Transparenz in der Anwendung.

Sie sind also kooperativer und eher auf Augenhöhe sowohl in der Entstehung als auch in der Anwendung. Das ist New Pay, wie ich es in einem überschaubaren Zeitraum sehe. Ich erwarte in Bezug auf Vergütungslösungen keine disruptiven Veränderungen. Auch die in der B&C-Community diskutierten Ansätze sind Modifikationen von schon Bekanntem sowie Weiterentwicklungen bestehender Tools mit einer guten Brise von mehr Transparenz und Partizipation (s. Kap. 8). Damit folgen die Vergütungslösungen in gesundem Abstand den organisatorischen Veränderungen, sodass die Menschen in diesen Veränderungsprozesses auch eine faire Chance haben, Veränderungen mitzugehen. Dies gilt insbesondere dann, wenn man zur Kenntnis nimmt, dass auch künftig die Arbeitswelt nicht nur aus Angehörigen der Generationen X, Y ff. besteht, sondern auch noch lange Zeit aus Angehörigen der 1960er- und 1970er-Jahrgänge.

Prozesse und Anwendungskultur Auch weiterhin gilt: Die Anwendung der Prozesse und Tools ist immer nur dann sinnvoll, wenn sie dem Reifegrad der Unternehmenskultur entsprechen oder die Anwendung der Prozesse und Tools eine beabsichtigte und konsequent verfolgte Änderung der Unternehmenskultur hin zu mehr Partizipation unterstützen.

Denn es gilt auch bei New Work und agilem Umfeld: Prozesse und Tools müssen zur Unternehmenskultur passen, aber sie können auch Unternehmens- und Führungskultur verändern.

Zum guten Schluss! Leistungsvariable Vergütungssysteme unterstützen Führung, aber sie ersetzen sie nicht. Sie sind ein Instrument und immer nur so gut wie die Virtuosität der Spieler des Instruments. Auch schwache Spieler müssen das Spiel lernen! Und auch das gilt sowohl im eher traditionellen als auch im eher agilen Umfeld.

Anhang

Beispiele für die Beschreibung der Referenzjobs. (Tab. A.1)

Tab. A.1 Beispiele für die Beschreibung der Referenzjobs

Bewertungsmerkmal	Beschreibung	Maschinenbediener I	Meister II
Notwendige Ausbildung	Typische Berufsausbildung oder vergleichbare Fachkenntnisse, die einer formalen Ausbildung entsprechen		Meister
Erfahrung/ Zusatzqualifikation[a]		Anlernzeit bis zu acht Wochen, CNC-Grundlagen, Umgang mit Längenmessgeräten	Mehrjährige Führungserfahrung, Weiterbildungen im Bereich Management und Personalführung
Entscheidungsrahmen und Verantwortung	Verantwortung für Menschen, Betriebsmittel, Material und Budget/Personalverantwortung/Entscheidungsfreiheit, Kompetenzen, Befugnisse/Auswirkungen von Fehlern auf das Unternehmens-/Bereichsergebnis	Z. B. einfache CNC-Maschinen programmieren, einfache Programmänderungen an CNC-Maschinen durchführen, komplexere technische Zeichnungen lesen, einfache Maschinen nach wiederkehrenden Vorgaben ein richten, Montage von Standardprodukten	Führt homogene Verantwortungsbereiche, hat disziplinarische Führungsverantwortung und nimmt diese auch selbstständig wahr, ist Vorbild

(Fortsetzung)

© Springer Fachmedien Wiesbaden GmbH, ein Teil von Springer Nature 2019   317
J. Weißenrieder (Hrsg.), *Nachhaltiges Leistungs- und Vergütungsmanagement*,
https://doi.org/10.1007/978-3-658-25967-9

Tab. A.1 (Fortsetzung)

Bewertungs-merkmal	Beschreibung	Maschinenbediener I	Meister II
Komplexität	Komplexität der Aufgabenstellung/Kenntnisse über Gesamtzusammenhänge/Grad der Flexibilität/Kreativität/Grad der Selbstständigkeit/Anforderungen an Selbstorganisation		Abläufe und Zusammenhänge über Abteilungsgrenzen weg kennen, Engpässe rechtzeitig erkennen
Soziale Kompetenz	Anzahl der Schnittstellen/Teamfähigkeit/Repräsentation nach außen/Anforderungen an die Kommunikationsfähigkeit		Kontinuierliche Prozessoptimierung
Bewertungs-merkmal	*Beschreibung*	*Produktmanager I*	*Entwickler III*
Notwendige Ausbildung	Typische Berufsausbildung oder vergleichbare Fachkenntnisse, die einer formalen Ausbildung entsprechen	Technisches Studium	Ingenieur-Studium (MB, MT, ET)
Erfahrung/Zusatzqualifikation	Siehe Fußnote a auf Seite 221	Erste Berufserfahrung, betriebswirtschaftliche Grundkenntnisse, gute Englischkenntnisse	Allgemein: Projektmanagement; Erstellung von Projektdokumentationen Speziell Mechanik: … Speziell Mechatronik: … Speziell Elektrotechnik: … Speziell Software: …
Entscheidungsrahmen und Verantwortung	Verantwortung für Menschen, Betriebsmittel, Material und Budget/Personalverantwortung/Entscheidungsfreiheit, Kompetenzen, Befugnisse/Auswirkungen von Fehlern auf das Unternehmens-/Bereichsergebnis	Ist mitverantwortlich für Auf- und Ausbau einer Produktlinie, bildet Bindeglied zwischen Entwicklung, Vertrieb, Marketing und Produktion, sowie auch Bindeglied zwischen allen Informations-/IT-Prozessen. Ist mitverantwortlich für den Marketingmix	Arbeitet sehr selbstständig und eigenverantwortlich komplexe Projekte ab. Ergreift selbstständig Korrekturmaßnahmen bei technischen oder organisatorischen Abweichungen. Koordiniert und gibt die Vorgaben für alle Schnittstellen und Ansprechpartner intern und extern

(Fortsetzung)

Tab. A.1 (Fortsetzung)

Bewertungs-merkmal	Beschreibung	Maschinenbediener I	Meister II
Komplexität	Komplexität der Aufgaben-stellung/Kenntnisse über Gesamtzusammenhänge/ Grad der Flexibilität/Krea-tivität/Grad der Selbststän-digkeit/Anforderungen an Selbstorganisation	Koordiniert und integriert unterschiedliche Funk-tionsbereiche entlang der Prozesskette. Gute Selbstorganisation, unter-nehmerisches Denken und Handeln	Sehr hohe Komple-xität, Kreativität und Selbstständigkeit, hohes Maß an Selbst-organisation, unter-nehmerisches Denken und Handeln
Soziale Kom-petenz	Anzahl der Schnittstellen/ Teamfähigkeit/Reprä-sentation nach außen/ Anforderungen an die Kom-munikationsfähigkeit	Gute Kommunikati-onsfähigkeit, Verhand-lungsgeschick und Durchsetzungskraft nach innen und außen, höchste Anforderungen an Team-fähigkeit da vernetztes Agieren	Abteilungsübergrei-fende Schnittstellen, gute Kommunikation, Verhandlungsge-schick und Durchset-zungskraft nach innen und außen

[a]Notwendige Anlernzeit/Berufserfahrung im Sinne verwertbarer Kenntnisse und Fertigkeiten/ besondere methodische und/oder manuelle Fertigkeiten, die über eine übliche Berufsausbildung hinausgehen/besondere, für die Tätigkeit notwendige und eine Ausbildung ergänzende Zusatz-kenntnisse (zum Beispiel besondere Sprachkenntnisse)

Entwicklungspfade in der Tätigkeitsfamilie „Entwickler". (Tab. A.2)

Tab. A.2 Entwicklungspfade in der Tätigkeitsfamilie „Entwickler I bis IV"

Arbeitsplatzbewertungsmerk-mal	Entwickler I	Entwickler II
Notwendige Ausbildung	Technischer Zeichner	Techniker (MB, MT, ET)
Erfahrung/Zusatzqualifikation	3D-Erfahrung, ausreichende Konstruktionserfahrung	Allgemein: Projektmanage-ment Konstruktions- und 3D-Erfah-rung, Technische Mechanik Speziell Mechatronik: Simu-lationstechnik, Konstruktions-erfahrung
Entscheidungsrahmen und Ver-antwortung	Arbeitet selbstständig und eigenverantwortlich Entwick-lungsaufträge ab.	Arbeitet selbstständig und eigenverantwortlich Aufträge und Projekte ab. Überwacht den Projektfortschritt und schlägt bei technischen oder organisatorischen Abweichun-gen Korrekturmaßnahmen vor.

(Fortsetzung)

Tab. A.2 (Fortsetzung)

Arbeitsplatzbewertungsmerkmal	Entwickler I	Entwickler II
Komplexität	Mittlere Komplexität und Kreativität, hohe Selbstständigkeit	Höhere Komplexität und Kreativität, hohe Selbstständigkeit, gute Selbstorganisation
Soziale Kompetenz	Abteilungsübergreifende Schnittstellen, gute Kommunikation nach innen und außen	Abteilungsübergreifende Schnittstellen, gute Kommunikation und Verhandlungsgeschick nach innen und außen
Arbeitsplatzbewertungsmerkmal	*Entwickler III*	*Entwickler IV*
Notwendige Ausbildung	Ingenieur-Studium (MB, MT, ET)	Ingenieur-Studium
Erfahrung/Zusatzqualifikation	Allgemein: Projektmanagement; Erstellung von Projektdokumentationen, Konstruktions- und 3D-Erfahrung; FEM-Kenntnisse; Technische Mechanik, Simulationstechnik, Konstruktionserfahrung, Softwareentwicklung; Technische Mechanik	Mehrjährige Erfahrung in der Abwicklung komplexer Projekte, höchste Fachkenntnisse und Lösungskompetenz insbesondere im Spezialgebiet, z. B. durch Promotion
Entscheidungsrahmen und Verantwortung	Arbeitet sehr selbstständig und eigenverantwortlich komplexe Projekte ab. Ergreift selbstständig Korrekturmaßnahmen bei technischen oder organisatorischen Abweichungen. Koordiniert und gibt die Vorgaben für alle Schnittstellen und Ansprechpartner intern und extern.	Arbeitet in einem wichtigen Spezialgebiet komplett selbstständig. Höchstes Maß an Selbstorganisation, unternehmerisches Denken und Handeln. Höchste Eigeninitiative.
Komplexität	Sehr hohe Komplexität, Kreativität und Selbstständigkeit, hohes Maß an Selbstorganisation, unternehmerisches Denken und Handeln	Höchste Komplexität, Kreativität und Selbstständigkeit, hohes Maß an Selbstorganisation, unternehmerisches Denken und Handeln
Soziale Kompetenz	Abteilungsübergreifende Schnittstellen, gute Kommunikation, Verhandlungsgeschick und Durchsetzungskraft nach innen und außen	Abteilungsübergreifende Schnittstellen, gute Kommunikation, Verhandlungsgeschick und Durchsetzungskraft nach innen und außen, fachliche Repräsentation intern und extern auch international (vor allem auf Kongressen)

Übersichtspinnwand Arbeitsplatzbewertung (Auszug). (Tab. A.3)

Tab. A.3 Übersichtspinnwand Arbeitsplatzbewertung (Auszug)

VS[b]	Produktion und Logistik	Vertrieb und Marketing	Entwicklung und Konstruktion
9	Abteilungsleiter I	Gruppenleiter I	Gruppenleiter I
8	Meister III	Teamleiter V Produktmanager II Technischer Berater IV Branchenmanager II	Teamleiter V Entwickler IV Konstrukteur IV Patentingenieur II
7	Meister II	Produktmanager I Technischer Berater III Teamleiter IV	Entwickler III Konstrukteur III Patentingenieur I Versuchsingenieur
6	Meister I Programmierer	Technischer Berater II Teamleiter III Exportkoordinator	Entwickler II Konstrukteur II Versuchsmitarbeiter III Teamleiter III
5	Instandhalter II Teamleiter II	Technischer Berater I Mediengestalter I Exportkoordinator I Messekoordination	Entwickler I Konstrukteur I Versuchsmitarbeiter II
4	Maschinenbediener II Instandhalter I	Messebau Mediengestalter I	Versuchsmitarbeiter I Technischer Zeichner
3	Maschinenbediener I Logistik III	Katalogversand	
2	Produktionshelfer II Logistik II		
1	Produktionshelfer I Logistik I		
VS	*Organisation/Kaufmännisch/IT*	*Qualitätssicherung*	
9	Gruppenleiter I	Gruppenleiter I	
8	Teamleiter V Externe Rechnungslegung	Werkstoffspezialist Servicetechniker III	
7	Personalreferent II Controller II Technischer Ausbilder II	Teamleiter III Servicetechniker II Koordinatenmesstechniker	
6	Sachbearbeiter IV Personalreferent I Controller I Technischer Ausbilder I Systemadministrator	Servicetechniker I	

(Fortsetzung)

Tab. A.3 (Fortsetzung)

VS[b]	Produktion und Logistik	Vertrieb und Marketing	Entwicklung und Konstruktion
5	Sachbearbeiter III IT-Support II Programmierer	Prüfmittelüberwachung	
4	Sachbearbeiter II IT-Support I	Qualitätskontrolle	
3	Sachbearbeiter I		
2			
1			

[b]*VS* vergütungsstufe

Beispiele für Beschreibungen der Leistungsmerkmale auf der Basis beobachtbaren Verhaltens (Verhaltensanker)

Was leisten diese Beschreibungen und wie sollen sie verwendet werden?

- „Dienst nach Vorschrift" ist bereits mit dem Grundentgelt abgegolten. Wir suchen hier nach dem, was über die Grundanforderungen hinausgeht.
- Die Beschreibungen der Leistungsmerkmale helfen, Leistungsunterschiede zwischen Mitarbeitern zu finden: Wer im Vergleich zu KollegInnen mehr von den Beschreibungen erfüllt („weiter springt oder schneller läuft"), erbringt eine höhere Leistung und dessen Leistung wird besser beurteilt.
- Es handelt sich nicht um „absolute" Messlatten, sondern vielmehr um Hilfen beim Vergleichen der Mitarbeiter.
- Es geht immer um den Vergleich zu KollegInnen des gleichen Anforderungsniveaus („der gleichen Liga")
- Keine der Formulierungen beschreibt für sich allein genommen Leistung.
- Die Beschreibungen treffen nicht auf alle Arbeitsplätze in gleicher Weise zu.
- Die Beschreibungen sind Beispiele, um das Leistungsmerkmal zu erläutern. Sie sind nicht vollständig.

I. Arbeitsmenge und Effizienz

- Handelt zielorientiert.
- Bewältigt ein überdurchschnittliches Arbeitspensum.
- Arbeitet konzentriert und zielstrebig.
- Arbeitet selbstständig.
- Organisiert sich selbst.
- Trifft selbstständig Entscheidungen im Rahmen seiner Kompetenzen.

- Denkt mit und schaut über den Tellerrand hinaus.
- Stimmt Prioritäten ab und handelt danach.
- Arbeitet rationell und geht sorgfältig mit seiner Zeit um.
- Konzentriert sich auf das Wesentliche.
- Erkennt Probleme und löst sie systematisch.
- Erkennt Zusammenhänge laufender Prozesse und denkt ans Ganze (zum Beispiel an die Arbeitsschritte anderer Beteiligter).

II. Arbeitsqualität

- Handelt nach den Qualitätsstandards und -vorgaben des Unternehmens.
- Hält seinen Arbeitsplatz und seine Arbeitsumgebung sauber und ordentlich.
- Arbeitet sorgfältig und fehlerfrei.
- Kontrolliert seine Arbeit selbst.
- Erzielt auch unter Zeitdruck gute Arbeitsergebnisse.
- Behält auch in kritischen Situationen den Überblick.
- Hält vereinbarte Termine ein.
- Erfüllt im Rahmen der Richtlinien und Vorgaben die Kundenanforderungen.
- Kann sich in die Lage des Kunden versetzen.
- Präsentiert Arbeitsergebnisse und Sachverhalte umfassend und verständlich.
- Verfügt über umfassende und vielseitige Fachkenntnisse, auch in Randbereichen.
- Sammelt, analysiert und bewertet relevante Informationen.
- Denkt und handelt vorausschauend.

III. Einsatzbereitschaft und Flexibilität

- Bringt sich aktiv ein (zum Beispiel bei TPM, in Projekten oder bei Sonderaufgaben).
- Identifiziert sich mit seinen Aufgaben.
- Zeigt eine hohe Eigenmotivation und Eigeninitiative (keine Einstellung „Mal schauen …“).
- Macht Vorschläge zur Verbesserung der täglichen Arbeit.
- Interessiert sich für Neues und unterstützt notwendige Veränderungen.
- Findet sich bei Veränderungen schnell zurecht.
- Übernimmt Zusatzaufgaben.
- Richtet seine Arbeitszeit nach dem betrieblichen Arbeitsaufkommen.
- Ist an verschiedenen Arbeitsplätzen einsetzbar.
- Ist bereit, zeitweise auch Aufgaben zu übernehmen, die nicht direkt in sein Aufgabenfeld fallen.
- Engagiert sich – in kritischen Fällen oder bei wichtigen Terminen – auch über das normale Maß hinaus.
- Kommuniziert Gründe und Inhalte von Veränderungen motivierend und überzeugend.

IV. Verantwortungsbewusstes Handeln

- Hält sich an Anweisungen und die betrieblichen Regelungen.
- Vermeidet unnötige Kosten.
- Behandelt seine Arbeitsmittel pfleglich.
- Handelt bei Arbeitssicherheitsmängeln.
- Hält seine Fähigkeiten und Fertigkeiten aktiv auf dem Laufenden.
- Dokumentiert seine Arbeitsergebnisse.
- Greift bei erkennbaren Abweichungen ein und gibt Informationen weiter.
- Denkt nicht nur lokal, sondern global, das heißt im Sinne des Unternehmens.
- Verhält sich loyal gegenüber Vorgesetzten und dem Unternehmen.
- Hinterfragt, prüft Fakten und wägt verschiedene Möglichkeiten ab.
- Bindet andere in Problemlösungsprozesse ein und sucht fachliche Unterstützung.

V. Zusammenarbeit mit anderen

- Informiert bei Problemen und Erfolgen selbstständig.
- Tritt internen und externen Kunden gegenüber freundlich und zuvorkommend auf.
- Geht offen, ehrlich und respektvoll mit Kollegen und Vorgesetzten um.
- Hat positiven Einfluss auf das Arbeitsklima innerhalb der Abteilung und wirkt motivierend auf die Mitarbeiter.
- Gibt angemessen positiv und negativ Feedback.
- Spricht Konflikte offen und konstruktiv an.
- Vereinbart im Konfliktfall allgemein zufriedenstellende Kompromisse.
- Bietet in Gesprächen aktiv Lösungsvorschläge an.
- Vertritt seinen Standpunkt bei Gesprächen intern sowie extern angemessen.
- Unterstützt andere Kollegen und gibt Informationen weiter.
- Lässt Kritik zu und äußert Kritik angemessen.

VI. Führung (zusätzlich bei Führungskräften und Koordinatoren)

- Unterstützt Unternehmensvisionen und -entscheidungen.
- Handelt als Vorbild.
- Passt das Führungsverhalten situativ an.
- Fördert Teamarbeit und Informationsaustausch.
- Trifft effektive Entscheidungen in komplexem Umfeld.
- Fördert und entwickelt die Fähigkeiten und Kompetenzen des Teams für aktuelle Tätigkeiten sowie künftige Anforderungen.
- Gibt den Mitarbeitern rechtzeitig und konstruktiv Feedback.
- Bezieht die Teammitglieder in die Entscheidungsfindung entsprechend ihrer Funktion und Fähigkeiten ein und schätzt deren Beiträge.
- Kann Arbeitsabläufe koordinieren und angemessen delegieren.

- Gibt klare Anweisungen.
- Gibt Anerkennung bei guten Leistungen.
- Steht für die Mitarbeiter ein.

Beispiele für verschiedene Beurteilungsskalen. (Tab. A.4)

Tab. A.4 Verschiedene Beurteilungsskalen

Bsp.	Stufe 6	Stufe 5	Stufe 4	Stufe 3	Stufe 2	Stufe 1
1	Das Leistungsniveau entspricht nicht den Erwartungen	Das Leistungsniveau entspricht selten den Erwartungen	Das Leistungsniveau entspricht meistens den Erwartungen	Das Leistungsniveau entspricht in vollem Umfang den Erwartungen	Das Leistungsniveau liegt über den Erwartungen	Das Leistungsniveau liegt weit über den Erwartungen
2	Die Grundanforderungen der Arbeitsaufgabe werden nicht erfüllt.	Die Grundanforderungen der Arbeitsaufgabe werden erfüllt: Es sind aber deutliche Verbesserungen notwendig, um zum Leistungsdurchschnitt aufzuschließen	B 3 — Die Anforderungen der Arbeitsaufgabe werden in vollem Umfang, aber mit unterschiedlichen Leistungsergebnissen erfüllt. Der Leistungsdurchschnitt liegt in B2	B 2	B 1	Spitzenleistung: Die Leistung liegt deutlich über dem Leistungsdurchschnitt
3		Das Leistungsergebnis entspricht dem Ausgangsniveau der Stelle	Ohne Beschreibung	Ohne Beschreibung	Ohne Beschreibung	Das Leistungsergebnis liegt weit über den Erwartungen
4		Das Leistungsergebnis liegt deutlich unter dem Leistungsdurchschnitt	Das Leistungsergebnis liegt unter dem Leistungsdurchschnitt	Das Leistungsergebnis liegt im Leistungsdurchschnitt	Das Leistungsergebnis liegt über dem Leistungsdurchschnitt	Das Leistungsergebnis liegt deutlich über dem Leistungsdurchschnitt

(Fortsetzung)

Tab. A.4 (Fortsetzung)

Bsp.	Stufe 6	Stufe 5	Stufe 4	Stufe 3	Stufe 2	Stufe 1
5		Das Leistungsergebnis erfüllt die Erwartungen unzureichend	Das Leistungsergebnis erfüllt die Erwartungen in vollem Umfang			Das Leistungsergebnis übertrifft die Erwartungen
6		Das Leistungsergebnis bedarf einer deutlichen Verbesserung	Das Leistungsergebnis bedarf einer Verbesserung	Das Leistungsergebnis liegt im Firma xx-Leistungsdurchschnitt	Das Leistungsergebnis liegt über dem Firma xx-Leistungsdurchschnitt	Das Leistungsergebnis liegt deutlich über dem Firma xx-Leistungsdurchschnitt
7		Die Leistung entspricht dem Ausgangsniveau der Arbeitsaufgabe	Die Leistung entspricht im Allgemeinen den Erwartungen	Die Leistung entspricht in vollem Umfang den Erwartungen	Die Leistung liegt über den Erwartungen	Die Leistung liegt weit über den Erwartungen
8		Das Leistungsergebnis erfüllt die Anforderungen nicht ausreichend	Das Leistungsergebnis erfüllt die Anforderungen überwiegend	Das Leistungsergebnis entspricht den Anforderungen in vollem Umfang	Das Leistungsergebnis übertrifft die Anforderungen	Das Leistungsergebnis übertrifft die Anforderungen deutlich
9		Geringer als Normalleistung	Normalleistung	Besser als Normalleistung	Sehr gute Leistung	Spitzenleistung
10		Verfehlt die Erwartungen	Erfüllt die Erwartungen nicht vollständig	Erfüllt die Erwartungen	Übertrifft die Erwartungen	Übertrifft regelmäßig die Erwartungen
11		Entspricht selten den Anforderungen	Entspricht i. d. R den Anforderungen	Normalleistung	Übertrifft die Anforderungen	Hervorragend

Beispiel für eine Liste offener Fragen (Original)

Grundentgelt

1. Wie gehen wir bei der Arbeitsplatzbewertung vor?
2. Bewerten wir alle Arbeitsplätze?
3. Welche Vorgaben machen wir für die Arbeitsplatzbeschreibungen?
4. Welche Kriterien legen wir für die Arbeitsplatzbewertung fest (Teamfähigkeit, Ausbildung)?
5. Wie bewerten wir Zusatztätigkeiten, wie beispielsweise die Maschinenpflege oder das Kümmern um Ordnung und Sauberkeit?
6. Wie können wir folgendes Problem lösen: Um mehr zu verdienen, werden Positionen geschaffen, die vom Umfang her von der Person nicht geleistet werden „können" ➔ guter Facharbeiter wird Meister et cetera?
7. Lohngruppe nach oben oder unten durch Arbeitsplatzbeschreibung?
8. Lohngruppe neu definieren?

Leistungsentgelt

1. Wie „messen" wir Leistung? (Pünktlichkeit, Flexibilität, persönlicher Einsatz, kostenbewusster Umgang mit Betriebsmitteln, Einbringen von Verbesserungsvorschlägen)
2. Wie stellen wir sicher, dass das Leistungsverhalten des ganzen Jahres einfließt und nicht nur einzelne besonders sichtbare Zeiträume oder Situationen?
3. Faulheit nicht belohnen: Warum muss immer erst etwas in Aussicht gestellt werden? Eigentlich muss über Jahre gute Leistung gebracht werden.
4. Wie wird die Leistungsbeurteilung aussehen?
5. Welchen Beurteilungszeitraum geben wir vor?
6. Was ist mit Mitarbeitern, die zwei bis drei Arbeitsplätze haben? Mehrmaschinenbedienung?
7. Welche Rolle spielt Fortbildung (wird nicht wahrgenommen)?
8. Wie werden Überstunden zukünftig gehandhabt?
9. Welche Verbindung gibt es zum „Vorschlagswesen"?
10. Wie gehen wir mit Hindernissen um, die guter Leistung im Wege stehen, wie zum Beispiel einer schlechten Informationspolitik?
11. Wie wird ein Meister/Vorgesetzter beurteilt und von wem?
12. Wer kontrolliert, ob ein Vorgesetzter seinen Mitarbeiter richtig eingestuft hat? eventuell Schulung der Vorgesetzten?

13. Wann werden die nächsten Gespräche geführt?
14. Was heißt mehr Flexibilität der Mitarbeiter?

Bonussystem (abhängig von der Entwicklung des Unternehmens)
1. Welchen Einfluss hat der einzelne Mitarbeiter auf die Entwicklung des Unternehmens?
2. Fließt das Urlaubs-/Weihnachtsgeld ein?
3. Wie werden Mitarbeiter über das Jahr hinweg über die Entwicklung des Unternehmens informiert?
4. Prämiensystem beim Weihnachtsgeld?
5. Lohn später abhängig vom Umsatz der Firma?
6. Stimmen die vorgelegten Kennzahlen?
7. Kennzahlen der letzten Jahre?

Zukünftige Erhöhungen
1. Lohnerhöhung: Wer sagt wie viel Prozent Lohnerhöhung es gibt?
2. Komplett vom Tarif abgekapselt?
3. Wann werden die Entscheidungen getroffen? Von Jahr zu Jahr?

Sonstiges
1. Vorgesetztenbeurteilung durch die Mitarbeiter erwünscht. Dem Meister/Vorgesetzten sollen seine Fehler/Defizite aufgezeigt werden.
2. Neue Abteilung mehr oder weniger Geld? (zurückgestuft/befördert)
3. Haben wir Zugriff auf Löhne?
4. Wie läuft es in anderen Firmen, in denen das neue System eingeführt wurde?
5. Welche Firmen sind das?
6. Sucht die Firma neue Möglichkeiten, um die Mitarbeiter noch mehr über den Tisch zu ziehen?
7. Warum müssen wir überhaupt ein neues Vergütungssystem einführen?
8. Wie sieht das Lohnmodell bei langer Krankheit (Unfall/OP) aus?
9. Werden durch das neue Entlohnungssystem neue Arbeitsverträge aufgesetzt?

EULE-Leistungsbeurteilung. (Tab. A.5)

Tab. A.5 EULE-Leistungsbeurteilung

Leistungsbeurteilung_/200_					
Name:		**Abteilung:**		**Tätigkeit:**	
	Leistungsergebnis bedarf einer deutlichen Verbesserung	Leistungsergebnis bedarf einer Verbesserung	Leistungsergebnis entspricht dem Leistungsdurch-schnitt	Leistungsergebnis liegt über dem Leistungsdurch-schnitt	Leistungsergebnis liegt deutlich über dem Leistungsdurch-schnitt
Gesamteinschätzung (ankreuzen)	**C**	**B3**	**B2**	**B1**	**A**
Arbeitsmenge und Effizienz	Bemerkungen und Erwartungen:				
Qualität der Arbeitsergebnisse	Bemerkungen und Erwartungen:				
Einsatzbereitschaft und Flexibilität	Bemerkungen und Erwartungen:				
Zusammenarbeit mit anderen	Bemerkungen und Erwartungen:				
Sonstige Vereinbarungen und Kommentare (z.B. konkrete Maßnahmen, Weiterbildungen, Qualifizierung etc.):					
Datum:		Mit mir besprochen am:			
		Unterschrift Mitarbeiter:			
Beurteiler:		Kenntnisnahme: Vorgesetzter des Beurteilers			

Beispiel für eine Evaluationsbefragung nach der ersten Runde

Wir möchten gerne mit etwas Abstand Ihre Erfahrungen aus der ersten LEV[1]-Runde auswerten und in die zweite Runde, die zum xx ansteht, einfließen lassen. Deshalb bitten wir Sie, die folgenden Fragen zu beantworten und bis zum xx an mich zurückzuschicken. Über die Ergebnisse werden wir Sie informieren.

Im Folgenden finden Sie die Ziele, die LEV auf den Weg gegeben wurden (Tab. A.6).

Bitte bewerten Sie, inwieweit diese Ziele durch LEV aus Ihrer persönlichen Sicht bis heute erreicht wurden.

Bitte ankreuzen!

Was ist Ihnen bei der Umsetzung von LEV aus Ihrer Sicht gut gelungen?

_____

_____

Auf welche Schwierigkeiten oder Probleme sind Sie gegebenenfalls persönlich gestoßen?

_____

_____

Ihre Anregungen zu LEV?

_____

_____

Vielen Dank!

Bitte zurück an WEKOS Personalmanagement GmbH

j.weissenrieder@wekos.com

Tab. A.6 Evaluationsfragebogen

LEV-Ziele	Erreichung der Ziele		
	Nicht erreicht	Teils/teils	Erreicht
Klare Spielregeln für Vergütung schaffen			
Unterschiedliche Anforderungen an unterschiedlichen Arbeitsplätzen im Verhältnis zueinander richtig bewerten und bezahlen			
Leistungsanforderungen transparent machen			
Sicherstellen, dass über Leistung und Ergebnisse gesprochen wird			
Stärkere Differenzierung der Vergütung nach Leistung			
Akzeptanz bei den Mitarbeitern			

---

[1]LEV = leistungs- und ergebnisorientierte Vergütung

Checkliste mit Stellschrauben für Vergütungssysteme

Mit der folgenden Checkliste können die wichtigen Aspekte leistungsvariabler Entgeltsysteme systematisch geprüft und gestaltet werden. In der rechten Spalte befinden sich die Verweise zu den jeweils relevanten Abschnitten des Buches.

				Abschnitt
Arbeitsplatzbewertung/Grundentgelt				Abschn. 2.1
Bewertungsmerkmale festlegen				Abschnitte 2.1.1
Anzahl der Referenzjobs?				Abschnitte 2.1.2
Anzahl der Vergütungskategorien?				Abschnitte 2.1.3
Anzahl der Vergütungsstufen?				Abschnitte 2.1.3
Anzahl der beschriebenen und bewerteten Tätigkeiten?				Abschnitte 2.1.4
Leistungszulage				Abschnitte 2.2
Kennzahlen	Welche Kennzahlen?			Abschnitte 2.2.1
Methode?	Akkord oder Prämie?			Abschnitte 2.2.1.1 und 2.2.1.2
Leistungsbeurteilung				Abschnitte 2.2.2
Leistungsmerkmale mit beobachtbaren Verhaltensbeschreibungen hinterlegt?				Abschnitte 2.2.2.1
Summarisch oder analytisch?				Abschnitte 2.2.2.1
Anzahl der Leistungsmerkmale?				Abschnitte 2.2.2.2
Gewichtung der Merkmale?				Abschnitte 2.2.2.2
Anzahl der Beurteilungsstufen?				Abschnitte 2.2.2.2
Beschreibung der Beurteilungsstufen?				Abschnitte 2.2.2.2
Durchschnittsvorgabe?	Ja	Nein	Welche?	Abschnitte 2.2.2.7
Verteilungsvorgaben?	Ja	Nein	Welche?	Abschnitte 2.2.2.7
Beurteilerkonferenzen?	Ja	Nein		Abschnitte 2.2.2.3
Häufigkeit der jährlichen Beurteilungen?				Abschnitte 2.2.2.7
Leistungs-/Entgeltrelation				Abschnitte 2.2.2.5
Bandbreite des Leistungsentgelts				Abschnitte 2.2.2.5
Zielvereinbarung				Abschnitte 2.2.3
Gibt es einen Unternehmenszielprozess?				Abschnitte 2.2.3.1
Wer vereinbart Ziele mit wem?				Abschnitte 2.2.3.1
Anzahl möglicher Ziele, die vereinbart werden?				Abschnitte 2.2.3.2
Gewichtung der Einzelziele?				Abschnitte 2.2.3.2
Berechnung des Zielerreichungsgrades?				Abschnitte 2.2.3.2
Leistungs-/Entgeltrelation?				Abschnitte 2.2.3.2

Arbeitsplatzbewertung/Grundentgelt				Abschn. 2.1
Bandbreite des Leistungsentgelts?				Abschnitte 2.2.3.2
Häufigkeit der jährlichen Zielvereinbarungen?				Abschnitte 2.2.3.3
Durchschnittsvorgabe?				Abschnitte 2.2.3.3
Abgleich der Anspruchsniveaus der Ziele zwischen den Führungskräften?				Abschnitte 2.2.3.3
Unternehmensentwicklungskomponente				Abschnitte 2.3
Kennzahl(en) für die Bemessung des „Kuchens"?				Abschnitte 2.3.1
Verteilungsmethode?	Alle gleich viel €?	Alle gleich viel %?	Leistungsbezogen?	Abschnitte 2.3.2
Form der Auszahlung?				Abschnitte 2.3.3
Form der Mitteilung?				Abschnitte 2.3.3

Ihr Bonus als Käufer dieses Buches

Als Käufer dieses Buches können Sie kostenlos das eBook zum Buch nutzen.
Sie können es dauerhaft in Ihrem persönlichen, digitalen Bücherregal
auf **springer.com** speichern oder auf Ihren PC/Tablet/eReader downloaden.

Gehen Sie bitte wie folgt vor:
1. Gehen Sie zu **springer.com/shop** und suchen Sie das vorliegende Buch
   (am schnellsten über die Eingabe der eISBN).
2. Legen Sie es in den Warenkorb und klicken Sie dann auf:
   zum Einkaufswagen/zur Kasse.
3. Geben Sie den untenstehenden Coupon ein. In der Bestellübersicht wird
   damit das eBook mit 0 Euro ausgewiesen, ist also kostenlos für Sie.
4. Gehen Sie weiter **zur Kasse** und schließen den Vorgang ab.
5. Sie können das eBook nun downloaden und auf einem Gerät Ihrer Wahl lesen.
   Das eBook bleibt dauerhaft in Ihrem digitalen Bücherregal gespeichert.

EBOOK INSIDE

eISBN	978-3-658-25967-9
Ihr persönlicher Coupon	ktme6cSstEma9a8

Sollte der Coupon fehlen oder nicht funktionieren, senden Sie uns bitte
eine E-Mail mit dem Betreff: **eBook inside** an **customerservice@springer.com**.

Printed by Printforce, the Netherlands